**DIANWANG TONGXIN SHIYONG JISHU**

# 电网通信实用技术

国网浙江省电力有限公司    组编

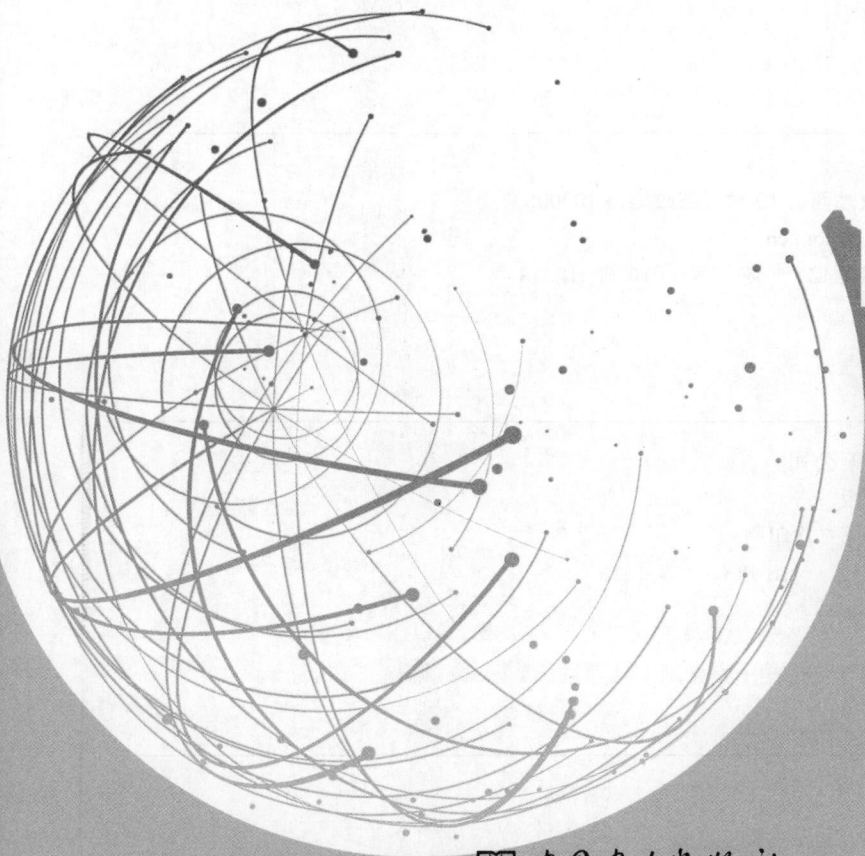

中国电力出版社
CHINA ELECTRIC POWER PRESS

## 内 容 提 要

本书共分11章,主要介绍了通信机房、电源典型配置及案例分析;电力特种光缆典型应用及案例分析;传输技术要求、组网典型配置及案例分析;交换技术现状、典型配置及案例分析;会议电视系统要求、典型配置及案例分析;通信数据网技术、典型系统配置及案例分析;终端通信接入网应用及典型配置;电网业务接入通信网技术、典型应用及案例分析;通信项目管理;通信支撑网典型应用及案例分析;电网新技术。

本书可供从事电力通信技术与专业管理、电力通信建设与运维的专业人员学习阅读,也可作为在职培训和岗前培训教材,以及安全培训的辅助教材。

**图书在版编目(CIP)数据**

电网通信实用技术 / 国网浙江省电力有限公司组编 . —北京:中国电力出版社,2018.8(2020.3重印)
ISBN 978-7-5198-2361-0

Ⅰ . ①电… Ⅱ . ①国… Ⅲ . ①电力通信系统 Ⅳ . ① TN915.853

中国版本图书馆 CIP 数据核字(2018)第 203733 号

出版发行:中国电力出版社
地　　址:北京市东城区北京站西街 19 号(邮政编码 100005)
网　　址:http://www.cepp.sgcc.com.cn
责任编辑:刘丽平(010-63412342) 陈　丽(010-63412348)
责任校对:黄　蓓 李　楠
装帧设计:赵丽媛
责任印制:石　雷

印　　刷:河北华商印刷有限公司
版　　次:2018 年 10 月第一版
印　　次:2020 年 3 月北京第二次印刷
开　　本:787 毫米×1092 毫米　16 开本
印　　张:22.75
字　　数:549 千字
印　　数:1501—2500 册
定　　价:90.00 元

# 编　委　会

# 前　言

电网通信技术是电网实现"大云物移智"的支撑技术,通信技术在电网智能化运营中不断改型升级,其业务呈现多样性、复杂性。本书立足电网通信现状,突出电网通信网应用的核心技术,通过对当前通信网的典型配置举例,强化通信核心技能,分析通信网典型案例,为电网通信的安全稳定运行提供支撑。

电力通信网伴随电网升级,通信机房、通信电源的改造成为常态,通信电源"牵一发而动全身",其可靠性成为通道可靠性的重中之重。传输技术中新型 SDH 成为融合动态带宽的多业务接入的平台,OTN 提供核心带宽支撑。国家电网公司要求行政交换网向 IMS 技术演进,目前,程控交换、软交换、IMS 交换三种技术并存;调度交换网考虑交换机与调度台的北向开发应用,仍采用程控技术。电力特种光缆如专用的海底光缆、海底复合光缆、光纤复合架空地线、全介质自承式光缆的性能和维护具有电力特殊性。会议电视系统提高了工作效率,也为紧急救援、网上培训等提供便捷、经济、高效的手段。通信数据网作为通信传输网的延伸,VLAN 技术、VPN 技术、为 IP 业务接入的分层分区的安全性提供通道。终端接入网综合研究"最后一公里"业务、覆盖与接入技术、业务匹配分析,给出适配的接入网络和架构。继电保护业务、自动化业务接入传输网有特殊的规定和要求。支撑网中同步网、网管网技术不断完善。通信项目管理贯穿规划、设计、评审、验收等环节。为了抛砖引玉,书中还简单介绍了 5G 技术、软件定义网络技术 SDN、窄带物联网 NB-IOT 技术。

本书共分 11 章。第 1 章通信机房由郑文斌编写,第 2 章光纤技术及光缆由王嵚编写,第 3 章传输技术由陈旻、张云峰编写,第 4 章交换网技术由徐前茅、贺琛、卢晓帆、史俊潇、王来红编写,第 5 章会议电视系统由杨鸿珍编写,第 6 章通信数据网由斯艳(华北电力大学)编写,第 7 章终端通信接入网由俞佳捷编写,第 8 章电网业务接入通信网技术由温亦浔、陈水耀编写,第 9 章项目管理由庄峥宇编写,第 10 章通信支撑网由潘捷凯编写,第 11 章电网新技术由汤亿则编写。

本书可作为新上岗人员岗位培训、通信运维人员岗位轮训、电网通信专业人员技能等级考核的培训教材,也可作为安全培训的辅助教材。

由于编者水平有限,电网通信技术各地发展又呈现不均衡的特点,希望藉此书抛砖引玉,共同提高电网通信的运维水平。

编　者

2018 年 8 月

前　言

# 目　　录

第1章

# 通 信 机 房

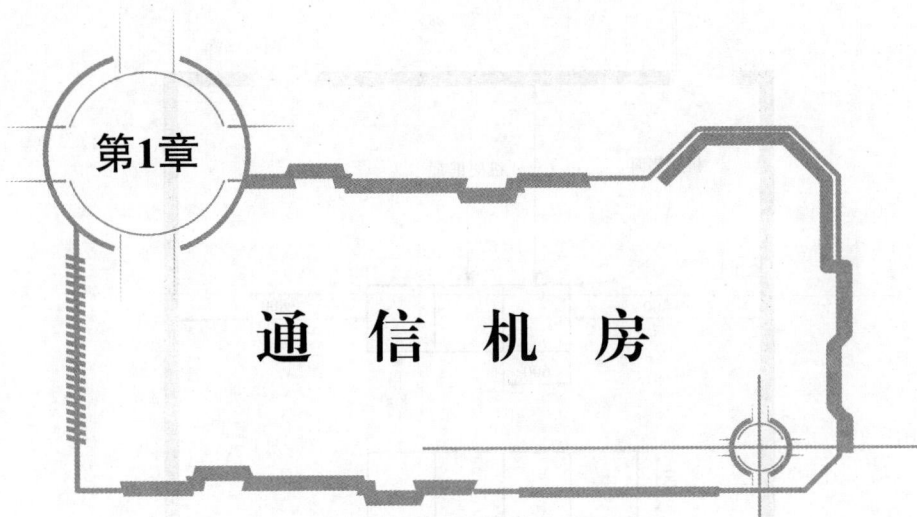

通信机房是安装传输设备、接入设备、配线设备、电源等配套设备的场所，是电力通信网的重要组成部分，本章主要介绍通信机房建设、机房动力环境监控系统、通信电源系统等内容。

## 1.1　通 信 机 房 建 设

本节主要介绍通信机房布局要求、建筑要求、环境要求、供电要求，以及防雷接地要求等内容。

### 1.1.1　通信机房布局要求

通信机房应由具有通信建筑设计资质的专业设计单位设计。对于新建局（站）的机房，设计单位应根据建设规模和中长期规划进行合理设计，同时要满足机房设备安装和运维管理等相关的技术要求，如室内最低净高度、地面荷载、照明等；对于改（扩）建工程，设计单位应根据机房现状条件和设备安装需求，合理安排机房的平面布局，确定设备的安装位置，必要时对机房的配套设施进行相应改造，使之满足设备安装、使用、维护的需求。

机房内不同类型的设备应分区安装，各分区之间应有专用的、用于连接设备的线缆走线通道，如桥架、走线槽道等，通信线缆、电源线等布放要整齐美观、避免迂回，以减少线缆投资、降低通信故障率、提高工作效率。机房内传输室设备布放一般包括矩阵排列布放、面对面布放和背靠背布放三种形式。一般以矩阵排列布放居多，另外两种特殊形式布放也有应用。通信机房设备矩阵排列布放如图1-1所示。

### 1.1.2　室内建设要求

通信机房在房屋建设、室内结构、温控通风等方面应符合国家现行标准和规范。房屋建筑设计还应符合工矿企业、环保、消防及人防等有关规定。通信机房室内建设基本要求见表1-1。

1

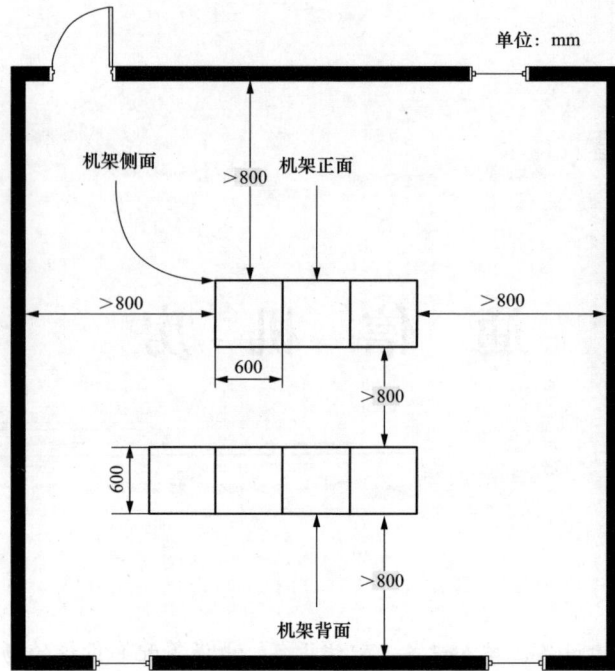

图 1-1  通信机房设备矩阵排列布放示意图

| 表 1-1 | 通信机房室内建设基本要求 |
| :---: | :--- |
| 具体项目 | 指标要求 |
| 机房面积 | 通信机房的使用面积应根据通信设备的数量、外形尺寸和布置方式确定，并应预留今后业务发展需要的使用面积。在对通信设备外形尺寸未完全掌握的情况下，通信机房的使用面积 $A$（m²）可按下式确定：<br>（1）当通信设备规格已确定时，可按 $A=K\sum S$ 计算，其中 $K$ 可取 5～7，$S$ 为通信设备的投影面积（m²）；<br>（2）当通信设备规格未确定时，可按 $A=KN$ 计算，其中 $K$ 为单台设备占用面积，可取 3.5～5.5（m²/台），$N$ 为主机房内所有设备（机柜）的总台数 |
| 室内净高度 | 机房净高应根据机柜高度及通风要求确定，且不宜小于 2.6m |
| 室内地板 | 室内的地板要求半导电，不起尘，通常铺防静电活动地板；没有活动地板时，铺设导静电地面材料（体积电阻率为 $1.0\times10^7\sim1.0\times10^{10}\Omega\cdot m^3$）；导静电地面材料或活动地板必须进行静电接地，可以经限流电阻及连接线与接地装置相连，限流电阻的阻值为 1MΩ。<br>当铺设防静电地板时，活动地板的高度应根据电缆布线和空调送风要求确定，并应符合下列规定：<br>（1）活动地板下空间只作为电缆布线使用时，地板高度不宜小于 250mm。活动地板下的地面和四壁装饰，可采用水泥砂浆抹灰。地面材料应平整、耐磨。<br>（2）如既作为电缆布线，又作为空调静压箱时，地板高度不宜小于 400mm。<br>（3）当机房面积较大、线缆较多时，应适当提高活动地板的高度。<br>（4）活动地板下的地面和四壁装饰应采用不起尘、不易积灰、易于清洁的材料。楼板或地面应采取保温防潮措施，地面垫层宜配筋，维护结构宜采取防结露措施 |
| 荷载要求 | 应根据机柜的摆放密度确定荷载值，设备安装机房地面荷载应大于 6kN/m² |
| 房内门窗 | 门、窗必须加防尘橡胶条密封，窗户建议装双层玻璃并严格密封 |
| 室内墙面 | 墙面可以贴壁纸，安装彩钢板，也可以刷无光漆；不宜刷易粉化的涂料 |
| 房内的沟槽 | 室内的沟槽用于铺放各种电缆，内面应平整光洁。预留长度、宽度和孔洞的数量、位置、尺寸均应符合所需安装的传输设备或程控交换设备布置摆放的具体要求 |
| 给水排水消防 | 给水管、排水管、雨水管不宜穿越机房，消防栓不应设在机房内，应该在明显且易于取用的走廊内或楼梯间附近 |

## 1.1.3 环境要求

通信机房内应清洁无灰尘，光线明亮但应避免阳关直射，温湿度应保持在适宜的范围内，以利于通信设备正常运行和检修维护。机房应避开经常有大振动或强噪声的地方。

**1. 机房室内洁净度要求**

通信机房应保持清洁，远离污染源，保持门、窗密封，室内的墙面与顶层面最好贴墙纸或刷无光漆，也可采用金属复合壁板、铝塑板，避免粉尘脱落。一旦灰尘进入通信设备，将造成静电吸附，使金属接插件或金属接点接触不良，不但会影响设备寿命，而且易造成设备故障。通信机房内尘粒限值见表1-2，有毒气体浓度限值见表1-3。

表1-2　　　　　　　　　　　通信机房内尘粒限值

| 机房类型 | 尘粒直径（μm） | 浓度（1m³ 所含颗粒） |
|---|---|---|
| 一、二类机房 | >0.5 | ≤3.5×10⁵ |
| | >5 | ≤3×10³ |
| 三类机房、蓄电池室和变（配）电机房 | >0.5 | ≤1.8×10⁷ |
| | >5 | ≤3×10⁵ |

表1-3　　　　　　　　　　通信机房内有毒气体浓度限值

| 气体 | 平均值（mg/m³） | 最大值（mg/m³） |
|---|---|---|
| 二氧化硫（SO₂） | 0.2 | 1.5 |
| 硫化氢（H₂S） | 0.006 | 0.03 |
| 二氧化氮（NO₂） | 0.04 | 0.15 |
| 氨（NH₃） | 0.05 | 0.15 |
| 氯（Cl₂） | 0.01 | 0.3 |

**2. 机房温度和湿度的要求**

不同用途的机房对温度和湿度（以下简称温湿度）要求各不相同：一类机房的温度一般应保持在10～26℃，相对湿度一般应保持在40%～70%；二类机房的温度一般应保持在10～28℃，相对湿度一般应保持在20%～80%（温度≤28℃，不得凝露）；三类机房的温度一般应保持在10～30℃，相对湿度一般应保持在20%～85%（温度≤30℃，不得凝露）。机房的各种通信设备对环境温度和相对湿度的要求也有所不同，通信设备对环境温湿度见表1-4。

表1-4　　　　　　　　　　通信设备对环境温湿度要求

| 具体项目 | | 要求指标 |
|---|---|---|
| 环境温度 | 长期工作 | +15～+30℃ |
| | 短期工作 | 0～+45℃ |
| 相对湿度 | 长期工作 | 40%～65% |
| | 短期工作 | 20%～90% |

**注** 短期工作是指设备连续工作时间不超过48h且每年累计时间不超过15天。

温湿度测量点位置一般在地板上方1.5m和设备前方0.4m处，该位置应避开出风口、回风口。

**3. 照明要求**

通信机房内应以电气照明为主，避免阳光直射到机房内和设备表面上。

机房照明一般要求有正常照明、保证照明和事故照明三种。正常照明是指由市电供电的照明系统；保证照明是指由机房内备用电源（柴油发电机）供电的照明系统；事故照明是指在正常照明电源中断而备用电源尚未供电时，暂时由蓄电池供电的照明系统。

一类、二类机房及 IDC（internet data center，数据中心）机房照明水平面照度（此处指距地面 0.75m 处测定值）最低应满足 500lx（lx：lux，流明）的要求；三类机房照明水平面照度（此处指距地面 0.75m 处测定值）最低应满足 300lx 的要求。蓄电池室照明水平面照度（此处指地面处测定值）最低应满足 200lx 的要求。发电机机房和风机、空调机房照明水平面照度（此处指地面处测定值）最低应满足 200lx 的要求。

**4. 防干扰要求**

通信设备所受干扰主要是由电容耦合、电感耦合、电磁波辐射、公共阻抗（接地系统）和导线（电源线、信号线等）传导产生的。

从通信系统外部看，电磁干扰源包括输电线路、变压器、各种开关设备、大型设备操作中引起的电网波形畸变、射频、地球磁场、外来辐射等。电网干扰可由以下两种方式产生：一是电网中的高频干扰通过分布电容从电源变压器的一次绕组耦合到二次绕组而造成的；二是由电网瞬变过程造成的。

从通信系统内部看，干扰主要通过信号线、电源线、接地系统等途径进入设备。消除接地系统带来的干扰的关键是各种接地不要构成回路（如信号地、电源地、保护地和屏蔽地等），其中包括分布电容构成的回路，否则会因为接地系统的公共阻抗干扰而影响设备工作。

防止电网干扰的有效方法有：合理选择电源变压器，并在电源进线处加低通滤波器；将设备电源改为从主变压器直接引入，并加滤波电容；采用串联稳压电源供电。

机房内无线电干扰场强，在频率范围为 0.15～1000MHz 时应不大于 126dB。机房内磁场干扰场强应小于 800A/m（相当于 100e）。机房应远离电气化铁道等强电干扰，应远离工业、科研、医用射频设备干扰。

**5. 接地要求**

新建通信站应采用联合接地装置，即通信站的工作接地、保护接地与同一楼内的动力装置、建筑物避雷装置共用一个接地网，接地装置位置、接地体埋深及尺寸应符合施工图设计规定。

室外接地点应采用刷漆、涂抹沥青等防护措施防止腐蚀，通信机房内接地点对应的墙下，应有"接地点引入"标志。接地引入线与接地体焊接牢固，焊缝处作防腐处理，采用螺栓连接的部位应采取防止松动和锈蚀措施。接地引入线长度不应超过 30m，采用的材料应为镀锌扁钢，截面积应不小于 160$m^2$（40mm×4mm）。接地母线装置安装位置符合设计规定，安装端正、牢固。接地电阻阻值要求见表 1-5。

表 1-5                                           接 地 电 阻 阻 值 要 求

| 序号 | 接地网名称 | 接地电阻（Ω） | |
|---|---|---|---|
| | | 一般情况 | 高土壤电阻率情况 |
| 1 | 调度通信楼 | ＜1 | ＜5 |
| 2 | 独立通信站 | ＜5 | ＜10 |
| 3 | 独立避雷针 | ＜10 | ＜30 |

注　调度通信楼包括设置在变电站控制楼内的通信机房。

**6.** 防静电要求

通信机房设备接地应良好，应铺设防静电地板或防静电地漆布，对贴有半导电材料的地板，要以铜箔在若干点处接地（水泥地与半导电地板之间压贴铜箔并与地线相连）。由于尘土或其他物质的微粒容易造成插接件或金属接点接触不良，尤其在机房相对湿度偏低时，易造成静电吸附，故机房应避免灰尘进入。机房温湿度应适当，相对湿度过高或过低对设备都不利，湿度过高时金属容易发生锈蚀，湿度过低时又容易产生静电。进入机房人员需要接触或插拔电路板时，必须戴防静电手腕，防止人体所带的静电对设备产生危害。

**7.** 防过电压要求

防过电压主要是指防止雷电和其他内部过电压侵入设备造成设备损坏，采用浪涌保护器能在最短时间内释放电路上因雷击感应而产生的大量脉冲能量，将电流泄放到大地，降低设备各接口间的电势差，从而保护设备。

通信机房过电压防护配置示意如图 1-2 所示。在进入机房的低压交流配电柜入口处具备第一级防护（如图 1-2 所示 S1）；整流设备入口或不间断电源入口处具备第二级防护（如图 1-2 所示 S2）；整流设备出口或不间断电源出口的供电母线上具备工作电压适配的电源浪涌保护器作为末级防护（如图 1-2 所示 S3）。特殊情况可增加或减少防护级数。

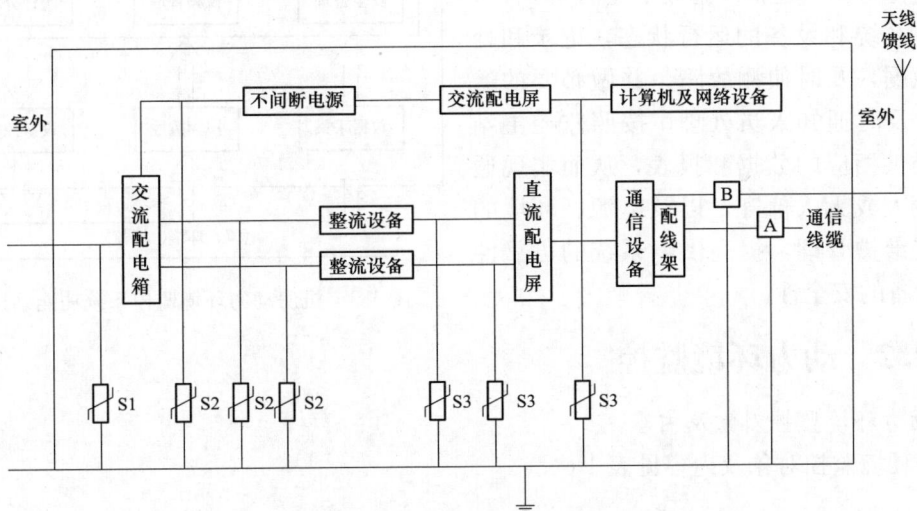

图 1-2　通信机房过电压防护配置示意图

S1，S2，S3—电源浪涌保护器；A—信号线浪涌保护器；B—天馈浪涌保护器

电源浪涌保护器 SPD 的能量配合、安装及技术性能要求应符合 YD 5098—2005《通信局（站）防雷与接地工程设计规范》、YD/T 1235.1—2002《通信局（站）低压配电系统用电涌保护器技术要求》、YD/T 1235.2—2002《通信局（站）低压配电系统用电涌保护器测试方法》的有关规定。

通信用太阳能供电组合电源的太阳能光伏组件接口处应有防雷措施。太阳能电池的馈电线应采用金属护套电缆，其金属护套在机房入口处就近接地。

天线馈线路浪涌保护器 SPD 串接于天线馈线与被保护设备之间，宜安装在机房内设备附近或机架上，也可直接连接在设备馈线接口上。

室外通信电缆（包括各类信号线缆、控制电缆等）进入机房首先应接入保安配线架（箱）。配线架应装有抑制电缆横向、纵向过电压的限幅装置，主要包括 SPD、压敏电阻器、气体放电管、熔丝、热线圈等防雷器件。

通信站安装的防雷器件应具备国家认可的防雷检测机构检测报告；防雷器件使用 5 年以上应定期检测。

# 1.2　机房动力环境监控系统

机房动力环境及图像集中监控系统简称机房动力环境监控系统，本节主要介绍机房动力环境监控系统功能结构、监控对象及内容，以及软硬件要求等内容。

## 1.2.1　功能结构

机房动力环境监控系统功能结构如图 1-3 所示，其对监控范围内分布的各个独立的监控对象进行遥测、遥信、遥视、遥控和遥调，实时监视系统和设备的运行状态，记录和处理相关数据，及时侦测故障，并做必要的遥控操作，及时通知人员处理；按照监控主站的要求提供相应的数据和报表，从而实现通信站的少人或无人值守，以及电源、环境的集中监控维护管理，提高供电系统的可靠性和通信设备的安全性。

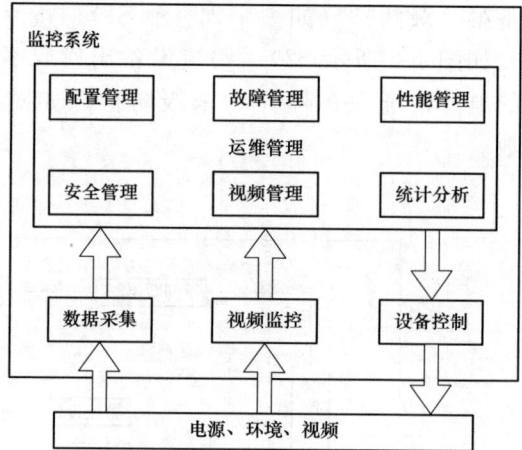

图 1-3　机房动力环境监控系统功能结构图

## 1.2.2　动力环境监控

**1.** 动力环境监控对象及内容

动力环境监控对象及内容见表 1-6。

表 1-6　　　　　　　　　　动力环境监控对象及内容

| 监控对象 | 监控方式 | 监控内容 |
|---|---|---|
| 交流电源、UPS | 遥测 | 三相输入电压、电流；三相输出电压、电流；频率 |
| | 遥信 | 开关状态、缺相告警 |
| 直流电源 | 遥测 | 三相输入电压、电流；单体整流模块输出电压、电流、温度；总输出电压、电流；主要分路电流（可选）；蓄电池充放电电流 |
| | 遥信 | 每个整流模块工作状态（开/关机，均/浮充/测试，限流/不限流）；故障/正常 |
| 配电屏 | 遥测 | 开关状态 |
| | 遥信 | 母线电压、电流 |

续表

| 监控对象 | 监控方式 | 监控内容 |
|---|---|---|
| 蓄电池 | 遥测 | 蓄电池组总电压，每只蓄电池电压（可选），蓄电池温度（可选），每组充放电电流 |
| | 遥信 | 蓄电池组总电压过高/低，每只蓄电池电压过高/低，标示电池温度过高 |
| 工业空调 | 遥测 | 空调主机工作电压，工作电流，温度，湿度 |
| | 遥控 | 空调开/关机，温度设定，湿度设定 |
| 精密空调 | 遥测 | 空调主机工作电压，工作电流，送风温度，回风温度，送风湿度，回风湿度，压缩机吸气压力，压缩机排气压力 |
| | 遥信 | 总告警，开/关机，电压、电流过高/低，回风温度过高/低，回风湿度过高/低，过滤器正常/堵塞，风机正常/故障，压缩机正常/故障 |
| | 遥控 | 空调开/关机，温度设定，湿度设定 |
| 图像监控 | 遥控 | 方向、远近控制；步长设置 |
| 灯光 | 遥控 | 开关 |
| 烟感 | 遥信 | 烟感 |
| 温度 | 遥测 | 温度 |
| 湿度 | 遥测 | 湿度 |
| 门禁 | 遥信 | 开门告警 |
| | 遥控 | 开门 |
| 水浸 | 遥信 | 水浸 |
| 红外 | 遥信 | 红外 |

**2. 动力环境监控系统硬件要求**

（1）基本要求。监控系统硬件的测量精度要求为：直流电压应不大于 0.5%：蓄电池 2V 单体电压测量误差应不大于 ±5mV，6V 单体电池电压测量误差应不大于 ±10mV，12V 单体电池电压测量误差应不大于 ±20mV；其他电量应不大于 2%：非电量一般应不大于 5%。

监测机房环境使用的火警、安防等设备应选用公安消防部门认可的产品。

（2）可靠性要求。

1）监控系统的硬件设备应具有很高的可靠性，监控模块和监控子站的平均故障间隔时间（$MTBF$）应不低于 50000h；整个系统的平均故障间隔时间（$MTBF$）应不低于 10000h。

2）监控系统使用时不应影响监控对象的正常工作；不应改变设备原有的自动控制功能。

3）监控系统的局部故障不应影响整个监控系统的正常工作；监控系统故障时不应影响监控对象的正常工作和控制功能。

4）监控系统应具有自诊断和自恢复功能，对数据紊乱、通信干扰等可自动恢复；对软硬件故障及通信中断等应能诊断出故障并及时告警。

5）监控系统应具有良好的电磁兼容性。监控对象处于任何工作状态下，监控系统均应能正常工作，同时监控设备本身不应产生影响监控对象正常工作的电磁干扰。

6）EMS 测试：

a. 静电放电抗扰性试验（ESD）应符合 GB/T 17626.2—2006《电磁兼容　试验和测量技术　静电放电抗扰度试验》的相关规定。

b. 电快速脉冲群抗扰性试验（EFT）应符合 GB/T 17626.4—2008《电磁兼容　试验和

测量技术 电快速瞬变脉冲群抗扰度试验》的相关规定。

c. 浪涌抗扰性试验（SURGE）应符合 GB/T 17626.5—2008《电磁兼容 试验和测量技术 浪涌（冲击）抗扰度试验》的相关规定。

d. 射频电磁场辐射抗扰度试验应符合 GB/T 17626.3—2016 的相关规定。

e. 工频磁场抗扰度试验应符合 GB/T 17626.8—2006《电磁兼容 试验和测量技术 工频磁场抗扰度试验》的相关规定。

f. 振荡波抗扰度试验应符合 GB/T 17626.12—2013《电磁兼容 试验和测量技术 振铃波抗扰度试验》的相关规定。

g. 监控系统硬件应与监控对象保持良好的电气隔离，不应因监控系统而降低监控对象的电气隔离度（交直流隔离度、直流供电与控制系统的隔离度等）。

h. 监控系统应能监控具有不同接地要求的多种设备，任何监控点的接入均不应破坏监控对象的接地系统。

i. 监控系统硬件应可靠接地，并具有抵抗和消除噪声干扰的能力。

j. 监控系统硬件设备应能适应安装现场温湿度及海拔等要求；应有可靠的抗雷击和过电压、过电流保护装置。

k. 设备应具有足够的机械强度和刚度，其安装固定方式应具有防振、抗振能力，应保证设备经常规的运输、储存和安装后，不产生破损、变形。

**3.** 动力环境监控系统软件要求

（1）基本要求。系统软件应采用分层的模块化结构，便于系统功能的扩充、使用和维护等。

监控主站的操作系统、数据库管理系统、网络通信协议和程序设计语言等应采用国际上通用的系统，便于监控网络的统一规划、管理。

（2）人机界面。监控系统应在以下三方面提供人机界面，以便于维护管理操作：

1）对于常用的功能及操作，应提供菜单方式及命令方式两种。对于菜单方式，应有明确的在线提示或帮助功能。

2）监控主站接收到的故障告警信息应给予醒目的图形用户界面提示（如高亮度或高反差色彩等），并应给出可闻声响。

3）简体中文处理功能。系统应具有简体中文处理功能，屏幕显示、人机对话的提示及报告、报表的打印应采用简体中文。

（3）安全性要求。监控系统安全性要求主要有以下三方面：

1）监控系统应具有较完善的安全防范措施，对所有操作人员按级别赋予不同的操作权限，并有完善的密码管理功能，以保证系统及数据的安全。

2）监控系统应具有较强的容错能力，不能因为用户误操作而引起系统故障。

3）监控系统的低层管理软件或硬件设备上应具有禁止远端遥控的功能。

# 1.3 通信电源系统

通信电源系统应有完善的接地与防雷措施，具备可靠的过电压和雷击防护功能，电源设备的金属壳体应有可靠的保护接地；通信电源设备及电源线应具有良好的电气绝缘性能。通信电源系统应满足双电源要求，两套通信电源系统在物理上应完全隔离。

通信电源系统基本关键要素包括可靠性、功能性、可维护性和故障容限。

（1）可靠性：要求各种电源设备具有很高的 $MTBF$ 电源系统、结构简单。

（2）功能性：电源系统具有保护通信设备免受各种干扰的完善功能。

（3）可维护性：电源系统应能在维护时不影响对通信设备的供电。

（4）故障容限：电源系统应具有故障处理能力，部分电源设备故障时不应影响对通信设备的供电。

## 1.3.1　通信电源系统结构

通信电源系统按功能结构可分为交流配电单元、整流模块、直流配电单元、蓄电池组、监控模块五大部分。市电经交流配电单元进入整流模块，经各整流模块整流得到 48V 直流电，汇接入直流配电单元，分多路供通信设备使用。正常情况下，系统运行在并联浮充状态，即整流模块、负载、蓄电池并联工作，整流模块除了给通信设备供电外，还为蓄电池提供浮充电流；当市电断电时，整流模块停止工作，由蓄电池给通信设备供电，维持通信设备的正常工作；市电恢复后，整流模块重新给通信设备供电，并对蓄电池进行充电，补充消耗的电量。监控模块采用集中监控的方式对交流配电、直流配电进行管理，同时通过 CAN 总线通信方式接收整流模块的运行信息并进行相应的控制。监控模块也可通过 RS-232 方式连接至本地计算机，并通过 Modem 或其他传输资源（如公务信道等）连接至监控中心，实现电源系统的集中监控组网。通信电源系统硬件构成框图和外观结构分别如图 1-4、图 1-5 所示。

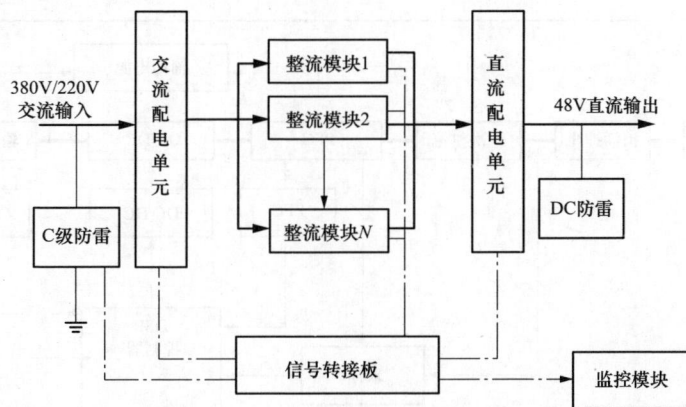

图 1-4　通信电源系统硬件构成框图

**1.** 交流配电单元

交流配电单元具有交流侧防雷、输入过电压/欠电压保护、系统状态指示和声光告警、过电流和短路保护等功能。

**2.** 整流模块

整流模块（整流器）是将交流电（AC）转化为直流电（DC）的装置，它主要有两个功能：

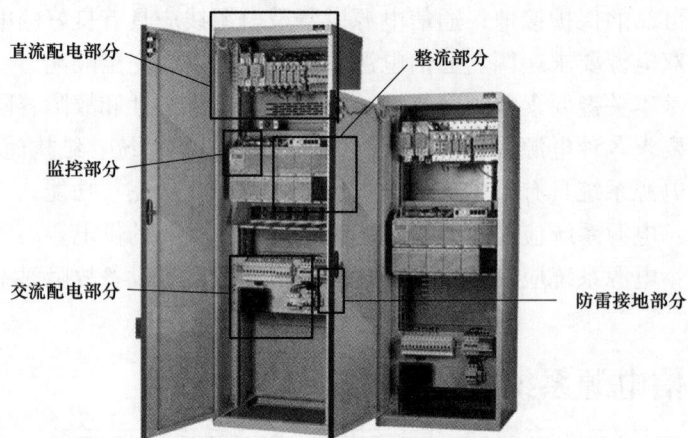

图 1-5　通信电源系统硬件外观结构

（1）将交流电（AC）转换成直流电（DC），经滤波后供给负荷，或者供给逆变器；

（2）给蓄电池提供充电电压，起到充电器的作用。

整流模块采取单相交流输入，电压范围为 85～290V，频率为 50/60Hz，输入电流经防雷回路，交流输入滤波回路，过电压保护回路，软启动与 EMI 滤波器，整流后送入 PFC 回路得到高压直流电流，再经 DC/DC 转换成高频方波，经高频变压器隔离，高频整流滤波后输出低压直流电压。整流模块原理如图 1-6 所示。

通信电源系统整流模块容量应同时满足负载供电和蓄电池充电需求，并考虑一定的冗余，模块数量按 $N+1$ 冗余配置。

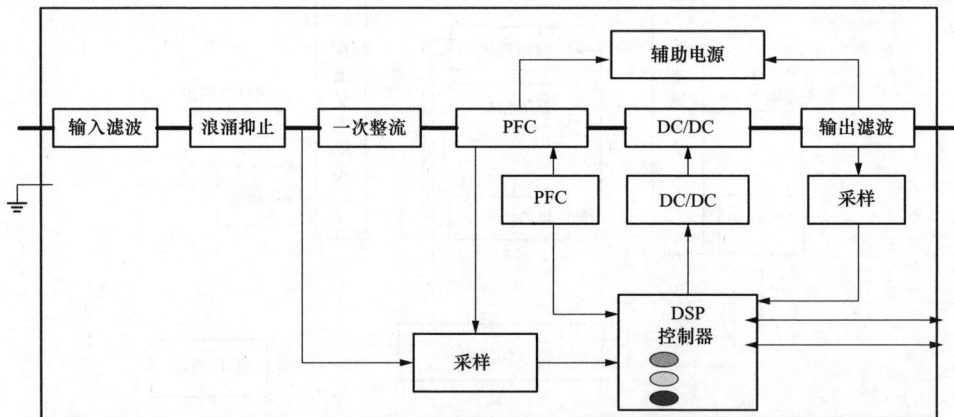

图 1-6　整流模块原理图

**3. 直流配电单元**

直流配电单元是直流供电系统的枢纽，它将整流输出的直流电和蓄电池输出的直流电汇接到不间断直流母线，分接为多种不同负荷容量的供电支路，串入相应熔断器或自动空气断路器后向负荷供电，即将直流母线上的直流电能分配给不同容量的负荷，并为蓄电池组充电。

直流配电单元实现两组电池的接入、重要负荷和次要负荷的分配输出。当系统的负荷支路与电池保护支路之间用负荷下电接触器连接时，负荷支路具有负荷下电功能；当系统的负荷支路与电池保护支路之间用短接片连接时，负荷支路的下电功能同电池保护支路相同。

直流配电的作用和功能的实现需要专用的直流设备（如直流配电屏），直流配电屏除了完成直流汇接和分配外，当直流供电系统异常时应告警或启动保护，如熔断器熔断告警、电池欠电压告警、电池过放电保护等。

通信站直流配电单元的两路母线应有效隔离，防止母线短接。安装在通信站设备机柜内的两路直流输入电源应来自不同的通信电源母线。禁止两路直流输入并接在一起或并（搭）接到其他负荷。禁止多台设备共用同一支路自动空气断路器或熔断器，开关设备容量应满足接入设备要求。

**4. 蓄电池**

蓄电池是通信系统中的储能设备，是维持通信系统正常供电的最基本保证。

通信站至少配置两组蓄电池组。每套独立的通信电源系统至少配置一组蓄电池组。通信站蓄电池配置容量不得少于 4h 通信设备供电容量。对于交流供电不稳定的通信站、高山微波站和特别重要的通信站，应适当增加蓄电池组容量。

蓄电池结构如图 1-7 所示，各构件主要功能如下：

（1）正极板：正极板上的活性物质是二氧化铅（$PbO_2$）。

（2）负极板：负极板上的活性物质为海绵状纯铅（Pb）。

（3）隔板：材料普遍采用超细玻璃纤维，隔板与极板保持紧密接触，主要作用为：吸收电解液；提供正极析出的氧气向负极扩散的通道；防止正极、负极短路。

（4）电解液：铅蓄电池的电解液是由纯净的浓硫酸与纯水配置而成的。它与正极和负极上活性物质进行反应，实现化学能和电能之间的转换。

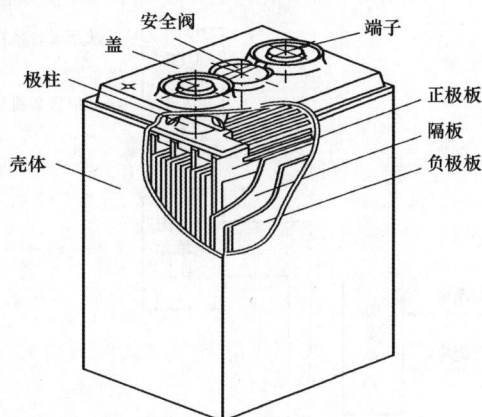

图 1-7　蓄电池结构图

（5）安全阀：自动开启和关闭的排气阀，具有单向性，内有防酸雾垫。电池内气压超过一定值时，释放出多余气体后自动关闭，保持电池内部压力在最佳范围内。

（6）壳体：材料应满足耐酸腐蚀，抗氧化，机械强度好，硬度大，水汽蒸发泄漏小，氧气扩散渗透小等要求。

**5. 监控模块**

监控模块监控电源系统各单元的运行状况，通常需具备以下六方面的功能：

（1）显示功能。监控模块上应有液晶显示屏，能显示系统的各种运行信息，如直流电压、电流、整流模块工作状态及各种告警信息等。

（2）参数设置。通过监控模块上的按键和显示屏，按需要输入、修改电源系统的工作参数。

（3）控制功能。根据系统运行状态，对被监控的对象发出相应的动作指令，如改变整流模块的输出电压和限流点、控制整流模块的开关状态等。

（4）告警功能。根据采集到的数据，对系统交直流配电工作状态进行判断，如有异常则发出声（蜂鸣器）、光（故障灯）告警。

（5）电池自动管理功能。实现对电池的均浮充转换、充电限流保护、负载（二次）下电、电池下电保护、电池温度补偿，有的开关电源还具有电池容量计算和电池测试功能。

（6）为集中监控提供通信接口。可以与外部计算机进行接口通信，构成本地或远程集中监控系统。当与外部计算机接口通信时，监控模块称为下位机，外部计算机称为上位机。因此，监控模块还要能不断接受上位机送来的命令，并根据命令对电源系统进行操作或将电源系统各单元的运行状态及参数反送给上位机，控制各模块的投入和退出，完成人机对话，实现与外部计算机或远端主机的通信。

## 1.3.2 通信站交流电源要求

通信站原则上应具备两路独立的（不同电源点的供电变压器）交流供电电源，重要通信站不同进线的交流供电宜设置成手动切换。只具备一路交流供电的通信站应配置发电机或其他备用发电装置。两路交流供电的交流电源系统结构如图 1-8 所示。

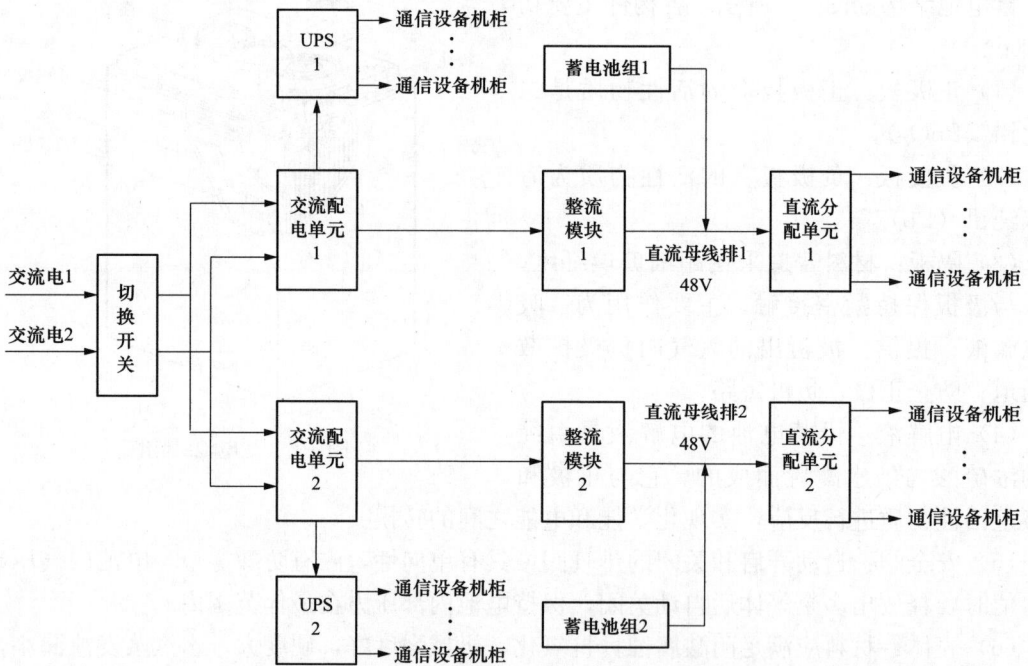

图 1-8　两路交流供电的交流电源系统结构图

说明：（1）交流配电单元两路交流输入，市电 1、市电 2 宜设置为人工切换方式。
（2）电源系统 1、系统 2 之间必须做好物理隔离。

## 1.3.3 通信电源系统巡检与维护

**1. 日常巡检**

通信电源日常巡检内容及周期见表 1-7。

表 1-7                 通信电源日常巡检内容及周期表

| 序号 | 巡检内容 | 巡检方法 | 周期 | 要求 |
|---|---|---|---|---|
| 1 | 清洁设备、风扇滤网、保持散热性能良好 | 目测、手感 | 月 | |
| 2 | 检查整理模块风扇运转是否正常 | 目测 | 月 | |
| 3 | 检查各熔断器接线端子温升、压降是否正常 | 红外点温计测量温度，数字万用表测量电压降 | 月 | 温度不超过室温 1.5 倍，压降不大于 0.1V |
| 4 | 测量电源系统电压和电流输入输出值 | 查看系统监控模块或数字万用表、钳形电流表测量 | 月 | 交流（1±10%）380V；直流48V（53.5～54V） |
| 5 | 检查监控模块显示是否正常 | 查看历史告警实操 | 月 | |
| 6 | 检查整流模块、监控模块的工作状态 | 目测 | 月 | |
| 7 | 检查整流模块输出是否均流 | 目测 | 月 | 各模块输出电流差值不大于 5% |
| 8 | 检查防雷器件是否正常 | 目测 | 月 | 窗口显示正常为绿色 |
| 9 | 检查各机架保护接地是否牢固可靠 | 手感 | 月 | |
| 10 | 检查对蓄电池的定期均充功能是否正常 | 实操 | 月 | 将系统转换为手动模式，开启均充功能，测量输出电压是否为设定均充值 |

**2. 蓄电池维护**

为了确保通信系统安全可靠运行，蓄电池组必须采用质量好、同品牌、同批次、同容量的蓄电池。蓄电池组维护工作主要为：每月测量单体蓄电池的电压、环境温度、电池内阻等数据，分析每只电池端电压的变化情况、全组电池电压的均衡情况，掌握蓄电池指标情况，同时观察蓄电池是否出现漏液、爬酸、极柱受腐蚀等现象，通过每年进行的核对性放电试验，及时发现蓄电池容量的变化情况。

（1）蓄电池的均充、浮充与放电。均充是对蓄电池定期活化的充电，浮充是恒压小电流充电，放电试验是为了检测出性能不良的电池。蓄电池放电电流可用时间和电流率表示，通常以 10h 放电率衡量。蓄电池容量随着放电率大小而变化，放电率低于正常放电率时，可得到较大的容量，反之容量减少。蓄电池放电率与蓄电池容量及放电电流关系见表 1-8。

表 1-8                 蓄电池放电率与容量电流关系表

| 放电小时数 | 电池容量（额定容量的%） | 放电电流（额定容量的%） |
|---|---|---|
| 10h 放电率 | 100 | 10 |
| 8h 放电率 | 96 | 12 |
| 5h 放电率 | 85 | 17 |
| 3h 放电率 | 75 | 25 |
| 2h 放电率 | 65 | 32.5 |
| 1h 放电率 | 50 | 50 |

（2）阀控式铅酸蓄电池与环境温度关系。阀控式密封蓄电池的环境温度对其使用寿命影响很大，根据测算，当环境温度超过 25℃时，温度每升高 10℃，其使用寿命将减少一半。

为避免出现热失控，影响其寿命，阀控式蓄电池安放的地方最好有通风散热装置，其环境温度一般应保持在 5～30℃ 之间（适宜温度为 25℃ 左右）。保证电池房间恒温，通过空调，通风装置。通过通信电源设定充电温补参数。

## 1.3.4 通信电源配置

通信电源安全、可靠运行是保证通信系统正常工作的重要条件，电源各个模块的选择配置一定要合理。

**1. 整流器配置原则**

当系统的一台整流器出现故障时，其他整流器应能保证负荷正常工作和电池组正常充电。

整流器总输出电流 $I_z$ 计算方式为

$$I_z = I + K \cdot \alpha \cdot Q \tag{1-1}$$

式中　$I$——近期或终期负荷电流，A；

　　　$K$——电池备用系数，无备用时取 1，1+1 备用时取 2；

　　　$\alpha$——充电系数，取值范围为 0.1～0.2，电网条件越差，取值越大；

　　　$Q$——每组电池的容量，Ah。

则整流器的配置个数 $N = I_z /$（单模块电流＋1），取进位整数。

**2. 蓄电池容量的选择**

蓄电池容量计算公式为：

$$C = I \cdot T \cdot 1.25 / K \tag{1-2}$$

式中　$C$——蓄电池额定容量（10h 率容量），Ah；

　　　$T$——备用时间，h；

　　　$I$——负载工作电流，A；

　　　$K$——蓄电池放电率，当备用时间 $T$ 为 1～3h 时，$K$ 取 0.5～0.6；$T$ 为 3～5h 时，$K$ 取 0.75～0.8；$T$ 为 5～10h 时，$K$ 取 0.85；当 $T > 10h$ 时，$K = 1$。

[示例 1-1]

某通信站设备负载电流为 100A，系统停电时蓄电池能够维持 5h 供电，请选取电池容量。若选 50A 模块构成电源系统供电，请配置合理系统容量。

**解：**（1）$C = I \cdot T \cdot 1.25 / K = 100 \times 5 \times 1.25 / 0.8 = 780A \cdot h$，取 $C = 800A \cdot h$

（2）充电电流 $I = 0.1C = 0.1 \times 800 = 80A$

总负载 $I_z = I + I_c = 100 + 80 = 180A$

模块数为 180/50＝3.6 块，取模块 4 块，考虑 $N+1$ 配置，模块数量为 5 块。

**3. 交流电缆截面积计算**

（1）确定交流输入电流值：

$$I_{in} = \frac{I_o \cdot U_o}{3\eta \cdot \cos\varphi \cdot U_{in}} \tag{1-3}$$

式中　$I_{in}$——交流输入相电流；

　　　$I_o$——通信电源系统额定输出电流；

　　　$U_o$——通信电源系统输出电压，一般取电源系统的均充电压值，48V 电源系统取

56.4V，24V 电源系统取 28.2V；

$\eta$——通信电源系统的效率，一般取 0.9；

$\cos\varphi$——通信电源系统的功率因数，一般取 0.98；

$U_{in}$——交流输入相电压。一般取电源系统额定功率输出时的交流输入最小电压值。由于各个电源系统的交流输入最小电压值稍有差异，在计算时可选取额定值的 80%，即 $220\times0.8=176V$ 作为电源系统的交流输入最小电压值。

（2）经济电流密度取 2.50A/mm² 时，相线截面积 $S$ 为：

$$S = \frac{I_{in}}{2.5} \tag{1-4}$$

在式（1-4）计算截面积的基础上乘以 1.2 倍作为工程裕量，即：

$$S_c = 1.2S \tag{1-5}$$

[示例 1-2]

1 套通信电源系统，配置 30A 整流模块 10 个，三相输入，则该系统的交流输入电源线直径计算如下

解：交流输入电流 $I_{in} = \dfrac{I_o \cdot V_o}{\eta \cdot \cos\varphi \cdot V_{in} \cdot 3} = \dfrac{300\times564}{0.9\times0.98\times176\times3} = 363A$

确定交流输入电流后，选择经济电流密度 $jec$ 为 2.50A/mm²，则相线截面积 $S$ 为：

$$S = \frac{I_{in}}{jec} = 36.3/2.50 = 14.52mm^2$$

在上述理论值基础上乘以 1.2 倍作为实际值，即：

$S_c = 1.2S = 17.42mm^2$，故电缆截面积为 25mm²。

得到交流输入的相线电缆截面积为 25mm²，交流输入电缆选用 3+1 或 3+2 多芯电缆时，中性线电缆的截面积不需要选择。

快速确定电缆截面积口诀："十下五，百上二，五十三四上下分，埋地套管七五折。"

解释：根据绝缘导线所要求通过的总电流，当总电流为 10A 以下时，导线每平方毫米的截面积可通过 5A 电流，100A 以上则可通过 2A 电流，10~50A 时可通过 4A 电流，50~100A 时可通过 3A 电流，若为埋地或套管敷设时则在上述电流值上乘以 0.75。

[示例 1-3]

某用电设备的额定电流为 20A，考虑到留有一定裕量，确定所需电流值为 22A，在上述口诀中查找 22A 电流属于 10~50A，其每平方毫米可通过电流 4A，最后用 22A 除以 4A，得到导线截面积为 $S=22/4=5.5mm^2$，根据这个数值，可以选择对应截面的导线，若计算出来的截面积不在导线规格系列中，可以选择略大截面积的导线。交流导线截面积选择见表 1-9。

表 1-9　　　　　　　　　　　交流导线截面积选择

| 额定电流（A） | 截面积（mm²） | 额定电流（A） | 截面积（mm²） |
|---|---|---|---|
| 20 | 4 | 150，175 | 70 |
| 30 | 6 | 200 | 95 |
| 40 | 10 | 225 | 120 |
| 50，60 | 16 | 250，275 | 150 |

| 额定电流（A） | 截面积（mm²） | 额定电流（A） | 截面积（mm²） |
|---|---|---|---|
| 70，75 | 25 | 300 | 185 |
| 90，100 | 35 | 350，400 | 240 |
| 125 | 50 | | |

**4.** 直流电缆截面积计算

蓄电池电缆、直流负荷支路电缆按照线路允许电压降法确定截面积：

$$\Delta V = IL/\gamma S \tag{1-6}$$

式中　$\Delta V$——线路允许电压降；

　　　$I$——线路额定工作电流；

　　　$L$——导线长度，m；

　　　$\gamma$——导线电导率，铜导体的电导率为 57m/（$\Omega \cdot$ mm²）；

　　　$S$——导线截面积，mm²。

在具体计算中，对 24V 或 48V 的通信电源来说，蓄电池组到电源系统蓄电池接线端子最大电压降取 1.1V（实际工程计算中取 0.5V 以内为宜），电源系统负荷分路接线端子到负荷设备的输入端子最大的电压降取 0.5V。

直流电源母线的颜色，应正极为红色，负极为蓝色。

[**示例 1-4**]

某通信站通信电源系统挂接 200A · h 的蓄电池 2 组，蓄电池到电源设备的电缆长度为 15m，组合电源的直流支路负荷 1 挂接的设备额定输入电流为 35A，电缆长度为 8m，其他负荷设备的电流未知，则可以计算蓄电池电缆和负荷支路 1 的电缆截面积，其他电缆线路不予计算。

**解：**蓄电池 1 电缆和蓄电池 2 电缆截面积相同，由于系统负荷电流未知，取电池组的最大充电电流作为蓄电池的额定电流。

$I_{\text{电池电流}}$＝200A · h×0.2（电池最大充电比率）＝40A；

按式（1-6）：

$\Delta V＝IL/\gamma S$（蓄电池组的线路压降取 0.5V）；

得：$S＝IL/\gamma \Delta V＝40A×15m/57m/\Omega \cdot$ mm²×0.5V＝21.1mm²；

考虑工程裕量，则 $S＝21.1×1.2＝25.32$mm²；取电缆截面积为 35mm²。

负荷分路 1 电缆的截面积为：

$$S＝IL/\gamma \Delta V＝35A×8m/57m/\Omega \cdot \text{mm}²×0.5V＝9.8\text{mm}²$$

工程裕量取 1.2，则 $S＝9.8×1.2＝11.76$mm²

可确定直流分路 1 电缆的截面积选择 16mm²。

保护地线（PE）最小截面积可按表 1-10 选择。

**表 1-10**　　　　　　　　　　保护地线（PE）最小截面积选择　　　　　　　　　　（mm²）

| 相线截面积 | PE 线截面积 |
|---|---|
| $S \leqslant 16$ | $S$ |
| $16 < S \leqslant 35$ | 16 |
| $S > 35$ | $\geqslant S/2$ |

**5.** 自动空气断路器及熔断器的级差配置

（1）交流自动空气断路器级差配合原则为：

1）上一级电源断路器的额定容量应当大于下一级各支路工作电流的总和（考虑同时率）。

2）上一级断路器的保护动作时间应比下一级自动空气断路器动作时间延时 0.5s，如果是电子式自动空气断路器，至少应延时 0.3s，以免下一级故障引起上一级自动空气断路器误动作。

3）电压、开断电流等基本参数，上一级自动空气断路器都不能小于下一级，或者按满足回路实际需要配置。

（2）熔断器的级差配置原则为：

1）防止熔断器熔体额定电流过大，当严重过电流时熔体不起作用。匹配方法：2 倍负荷电流＝熔体额定电流。

2）在配电系统中，各级熔断器应互相配合以实现选择性。一般要求上一级熔体比下一级熔体的额定电流大 2～3 级，以防止发生越级动作而扩大故障停电范围。

# 1.4 动力环境监控系统和通信电源典型故障案例分析

**1.** 动力环境监控系统网管异常

（1）故障描述。通信值班人员在进行动力环境监控系统日常巡视时，发现告警界面上报了大量站点通信中断等异常告警信号，且告警为同一时间出现。同时该系统所监控的数据都无法采集，但对实际业务没有影响。

（2）处理过程。通信值班人员根据告警涉及站点分布广、告警行为同时出现等现象，初步判断为网管异常导致的误告。值班人员立即重启客服端，但是无法再次登录网管，联系检修人员处理。通信检修人员至机房查看动力环境监控系统服务器，发现指示灯正常；多次尝试登录服务器失败后，重启服务器，仍然无法登录，判断为动力环境监控系统服务器故障。工作人员配置并启用备用动力环境监控系统服务器，系统恢复正常。技术人员将主用动力环境监控系统服务器数据备份至移动硬盘上，清空了数据库存储空间，主用服务器恢复正常。更改主用备用服务器数据保存周期，由原来的 3s 延长至 60s，同时配置了在数据发生变化时立即保存数据的辅助功能。确保系统能够正常切换。

（3）原因分析。技术人员检查主用动力环境监控系统服务器后发现，其数据库存储空间已满，各站点温湿度、电池电压/电流等数据占用了大量的存储空间，导致服务器系统无法正常启动。进一步检查发现，温湿度、电压/电流等数据的存储周期为 3s，既服务器每 3s 存储一次所有站点的动力环境监控数据，最终导致数据快速溢出，造成服务器故障。

网管人员应定期（每季度）备份一次动力环境监控系统数据，并清理服务器数据空间，定期做主用、备用动力环境监控系统服务器切换试验，确保系统能够正常切换。

**2.** 两路通信电源整流模块交流电源同时失电

（1）故障描述。电源监控系统中发现某 220kV 变电站的两台通信电源设备整流模块交流失电，通信电源本地告警，两屏体共 6 个整流模块指示灯灭。经现场查看，电源屏 1 引入站用电屏 1，市电 1 和市电 2 经自动切换装置为整流模块及电源屏 2 供电；电源屏 2 引入电源屏 1 或站用电屏市电 2 作为两路供电电源，经手动切换装置给整流模块交流供电，电气连接如图 1-9 所示。事发时，手动切换装置置于电源屏 1 位置，引电源屏 1 供电。现场测电，电源屏 1 的自动切换装置的交流进线电压正常，交流出线无电压。

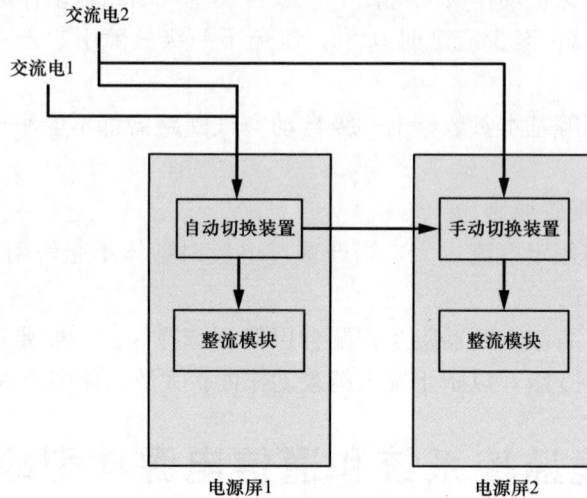

图 1-9　发生故障前电气连接图

（2）处理过程。办理现场工作手续后，抢修人员问询变电站运行人员，得知在通信电源故障前，站用电进行过倒换测试。经测电操作，站用电 1，2 两路电源均正常，追溯供电消失处位于自动切换装置之后，判断是自动切换装置出了问题。当时全站通信设备的供电仅依靠两组蓄电池组，通信电压检测已在 49V 附近，在这期间，蓄电池电压下降很快，严重影响电池使用寿命。为最快速度恢复整流模块供电，保护蓄电池组，抢修人员先将电源屏 2 的手动切换装置切换到市电 2 供电，电源屏 2 的 3 个整流模块启动，恢复供电。查看电源屏 1 的电源监控模块，手动确认"相电流不平衡"告警之后，自动切换装置的吸合开关恢复正常，电源屏 1 的 3 个整流模块启动，故障消除。

（3）原因分析。原先两个通信电源屏均依靠自动切换装置来选择市电 1、2 两路供电。站用电测试中的频繁换电，导致自动切换装置发出"相电流不平衡"告警，该告警不消除，导致开关吸合异常，引起两个通信电源屏的整流模块交流同时失电。

交流配电单元交流电 1、2 输入宜设置成人工切换方式。

**3.** 通信电源负荷电流不均衡

（1）故障描述。在日常巡检中发现某通信站两套通信电源系统直流负荷不均衡（两套电源所带负荷应基本一致，每台通信设备的两路电源均从两套电源中各取一路），通信电源 1 整流器电流为 61A，整流器输出电压为 53.6V，通信电源 2 整流器电流为 124A，整流器输出电压为 53.9V。在变电站验收投运时已发现有负荷不均衡的现象，当时已与电源厂家沟通，重新设置了定值，将两套通信电源的整流器输出电压调整一致，负荷已经均衡。运行一段时间后发现两套电源系统负荷电流又出现不均衡现象。

（2）处理过程。检修人员至现场处理，发现该电源监控模块在参数设置过程中，会自动保存参数设置。如果仅做设置，没有退出设置菜单，系统将不会最终保存，从而导致设置当时能够调整负荷均衡，一段时间后又恢复初始负载不均衡的状态。

（3）原因分析。

1）通信站验收过程中没有严格执行验收标准，未对通信电源的参数设置严格把关。

2）通信电源监控模块设置不规范。

**4. 通信整流电源模块跳闸故障**

（1）故障描述。220kV 某站点一次设备改造倒换电源时，该站点通信电源屏 1 的 4 个电源模块的交流自动空气断路器全部跳开，使通信电源 1 中断。

（2）处理过程。

1）处理方法 1：加延时继电器，使交流输入的切换时间增加，保证模块内部缓启动继电器断开的情况下再切换。该方法已经在项目中实施，现场试验证明该方法行之有效。

2）处理方法 2：将模块输入自动空气断路器增大，将现有 C 型 10A 自动空气断路器更换为 D 型 16A 自动空气断路器或 C 型 25A 以上自动空气断路器，考虑到模块需要输入保护，若自动空气断路器容量选择过大，会导致电源失去保护，有发生事故的风险，故不采用方法 2。

（3）原因分析。充电模块的输入回路采用的是软开关技术，主要是为了减少自动空气断路器在分合闸时的损耗（软开关是电器回路中用于连通和切断负荷的一种方式，在这种方式下负荷的切断和接通不是瞬间完成的，而是由小到大逐渐地接通，或由大到小逐渐地切断）。模块继电器在闭合前先通过一个阻值较大的电阻给电容充电，充电完毕后，模块继电器两端电压相同，模块继电器触点闭合；断开时先通过外回路将电容放电完毕，然后再断开模块继电器。

由于交流切换时间间隔短，两路交流输入时模块继电器未断开，仍保持在通路状态下，电容瞬间充电，产生短暂的浪涌电流，导致模块自动空气断路器跳闸。根据电路仿真计算，浪涌电流约为 38A，根据测试波形得出浪涌电流约为 40A，两者结果相差不大，证明故障原因与推论一致。

**5. 蓄电池监控采集线熔丝连接松动导致蓄电池监控数据显示错误**

（1）故障描述。某通信站通信电源屏 2 液晶面板显示，该屏电池组 2 第 3、4 节（第三组的 3、4 节蓄电池）采集电压数据有误，分别只有 0.192、0.209V，低于单节蓄电池正常电压值。

（2）处理过程。实测两节电池单节电压均正常，重新制作第三组的 3、4 节蓄电池的电压采集线，相应蓄电池电压数据显示恢复正常。

（3）原因分析。蓄电池电压采集线熔丝与采集线虚焊，连接松动，导致采集的蓄电池电压数据错误。

第2章

# 光纤技术及光缆

本章介绍光纤技术、电力特种光缆类型及应用、光缆运行维护典型案例分析。

# 2.1 光 纤 技 术

## 2.1.1 光纤类型

根据 ITU-T（国际电信联盟远程通信标准化组）标准建议，光纤分为 G.651 光纤（渐变型多模光纤）、G.652 光纤（常规单模光纤）、G.653 光纤（色散位移光纤 DSF）、G.654 光纤（1550nm 性能最佳单模光纤）、G.655 光纤（非零色散位移光纤）、G.656 光纤（宽带光传输用非零色散单模光纤）等。不同种类的光纤具有不同的光学特性，可以应用在不同场合，光纤衰减、色度色散和偏振模色散（PMD）等指标对通信影响较大。通过对常用光纤技术性能的比较分析，并结合电力通信技术的发展趋势，提出了在光纤通信网络建设中的选型原则和建议。

随着光纤制造技术的提高，杂质吸收、结构不完善等产生的损耗已降到很低。因此，目前高质量的光纤，其损耗已达到或接近理论计算值。图 2-1 为典型光纤损耗频谱曲线，从图中可知：多模光纤在 850nm 波长上的损耗为 2.5dB/km，在 1300nm 波长上的损耗为 0.7dB/km；单模光纤在 1300nm 波长上的损耗为 0.34dB/km，在 1550nm 波长上的损耗为 0.20dB/km。如果在制造工艺上进一步采取措施，降低 OH-离子含量，将改善光纤的波长损耗特性，则可能实现按波长划分多群复用，进一步增大光纤的传输容量。

**1. 多模光纤类型**

G.651 光纤（渐变型多模光纤）是指可以传输多个光传导模的光纤。多模光纤主要有 $62.5/125\mu m$ 和 $50/125\mu m$ 两种类型。两种光纤具有同样的包层直径和机械性能，但是两者的带宽及与光源的耦合效率影响了其应用范围。由于 $62.5/125\mu m$ 光纤的芯径和数值孔径较

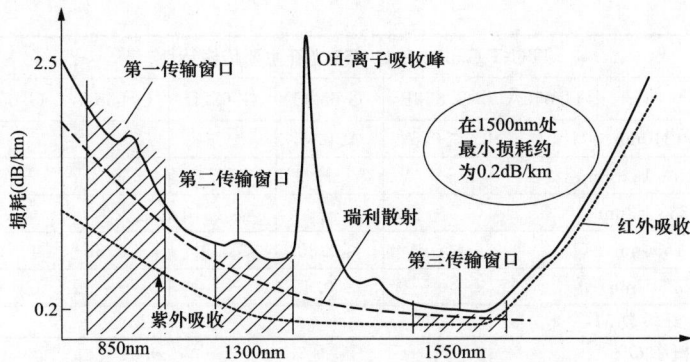

图 2-1　典型光纤损耗频谱曲线图

大，具有较强的集光能力和抗弯曲特性，在速率较低、带宽要求不高的早期局域网应用较广泛。$50/125\mu m$ 多模光纤在 850nm 窗口的带宽及传输距离指标均优于 $62.5/125\mu m$ 多模光纤，且制造成本较低，随着局域网速率的发展，在新建网络中一般首选 $50/125\mu m$ 多模光纤。

单模光纤的无源器件价格比多模光纤器件高，且相对精密、容差小，操作较多模器件复杂。多模光纤芯径较大、色散大、衰减高，只适用于低速率、短距离传输，但其价格低廉，易于连接，相关器件价格便宜，操作简单可靠，因此主要应用在传输距离较短、节点多、接头多、弯路多、连接器和耦合器用量大、规模小、单位光纤长度使用光源个数多的网络中，在电力系统的信息机房设备互连、自动化设备及智能化变电站二次设备的连接通信中应用较为广泛。

**2. 单模光纤类型**

单模光纤是指只传输一个光传导模（基模）的光纤，其主要优点是衰减较小，传输距离长、传输容量大，在长途骨干网、城域网、接入网等场合均有广泛应用。单模光纤中，ITU-T G.654 是衰耗最小的光纤，主要应用在海底电缆中；主流应用的光纤为 ITU-T G.652 和 G.655 两种。G.652 和 G.655 型光纤性能比较见表 2-1。

表 2-1　　　　　　　　**G.652 和 G.655 光纤主要传输性能比较表**

| ITU-T G.652 和 G.655 光纤主要传输特性 | | | | | | | |
|---|---|---|---|---|---|---|---|
| 光纤类型 | G.652A | G.652B | G.652C | G.652D | G.655A | G.655B | G.655C |
| 模场直径 | 波长（nm） | 1310 | | | | 1550 | | |
| | 标称值（$\mu m$） | 8.6～9.5 | | | | 8.6～9.5 | | |
| | 公差（$\mu m$） | ±0.7 | | | | ±0.7 | | |
| 光缆截止波长（nm） | | ≤1260 | | | | ≤1450 | | |
| 色度色散系数 | $\lambda_{0min}$（nm） | 1300 | | | | 1530 | | |
| | $\lambda_{0max}$（nm） | 1324 | | | | 1565 | | |
| | $S_{0max}$[ps/(nm$^2$·km)] | 0.093 | | | | | | |
| | $D_{min}$[ps/(nm·km)] | ≤3.5 | | | | 0.1 | 1.0 | |
| | $D_{max}$[ps/(nm·km)] | ≤18 | | | | 6.0 | 10.0 | |

| ITU-T G.652 和 G.655 光纤主要传输特性 | | | | | | | |
|---|---|---|---|---|---|---|---|
| 光纤类型 | | G.652A | G.652B | G.652C | G.652D | G.655A | G.655B | G.655C |
| 衰减系数<br>(dB/km) | 1310nm | ≤0.5 | ≤0.4 | — | — | | | |
| | 1310～1625nm | — | — | ≤0.4 | ≤0.4 | | | |
| | 1383±3nm | — | — | ≤1310 处最大值 | | | | |
| | 1550nm | ≤0.4 | ≤0.35 | ≤0.30 | ≤0.30 | | ≤0.35 | |
| | 1625（nm） | — | ≤0.4 | — | — | | ≤0.4 | |
| PMD<br>系数 | 光纤段数 M | 20 | | | | | | |
| | 概率 Q% | 0.01 | | | | | | |
| | $PMD_Q$ [ps/(1/2km)] | ≤0.5 | ≤0.2 | ≤0.5 | ≤0.2 | | ≤0.5 | ≤0.2 |

通过表 2-1 两种单模光纤传输性能比较可知，根据不同的传输特性，可以选择不同的适用范围。

（1）G.652 常规单模光纤。当工作波长在 1310nm 时，光纤色散很小，但损耗较大，系统的传输距离主要受光纤衰减限制。在 1550nm 波段损耗较小，但色散较大。因此，在 SDH 系统长距离传输系统中，主要应用其 1550nm 窗口，而在城域网传输中则常用其 1310nm 窗口。对于基于 1550nm 窗口，传输 2.5Gb/s 及以下速率的波分复用系统（WDM）时，G.652 光纤是最佳的选择，但由于在 1550nm 波段时色散较大，若传输 10Gb/s 信号，当传输距离超过 50km 时，需要色散补偿，使系统的成本增加，同时色散补偿模块会引入较大的衰减。

（2）G.655 非零色散位移光纤在 1550nm 窗口合理的、较低的色散，能够降低四波混频和交叉相位调制等非线性影响，同时支持长距离传输，而尽量减少色散补偿网。因此，在传输 10Gb/s 的波分复用系统（WDM）时，采用 G.655 光纤，因色散低，勿需采取色散补偿措施或仅进行少量色散补偿，克服了 G.652 光纤在 1550nm 波长范围内色散值过大的缺点。

由于 G.655 光纤价格远远高于 G.652 光纤，随着后期设备的技术改进、补偿技术走向成熟，补偿成本大幅降低，同时考虑到其他非线性因素的影响，在城域传输网、长途传输网的光纤网络建设中，采用 G.652（B/D）光纤完全可以满足通信需求，因而，除为满足已有系统的需要和已有光缆的增补改造之外，在光纤网络的建设中，原则上新建光缆已不建议采用 G.655 型光纤。

## 2.1.2　光纤连接器

光纤连接器是光纤与光纤之间进行连接的可拆卸（活动）器件，光纤连接器利用机械结构和光学特性，用适配器将两根光纤端面精密对接起来，实现光纤端面物理接触，使发射光纤输出的光能量最大限度地耦合到接收光纤中去。图 2-2 为光纤连接示意图。

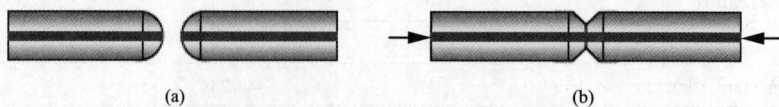

(a)　　　　　　　　　　　(b)

图 2-2　光纤连接示意图

(a) 连接前；(b) 连接后

**1.** 光纤连接器的基本结构

光纤连接器主要由陶瓷插芯、连接结构、光纤光缆三部分组成，其关键部件是陶瓷插芯。图2-3是FC/PC型光纤连接器基本结构图。

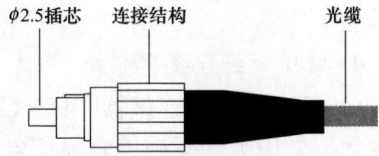

图2-3 FC/PC型光纤连接器基本结构图

**2.** 光纤连接器的性能

光纤连接器主要包括光学性能、机械性能和环境性能。

（1）光学性能：包括插入损耗和回波损耗两个最基本的参数。

1）插入损耗。指光纤中的光信号通过连接器后，其输出光功率相对输入光功率的比率的分贝数。插入损耗越小越好，一般要求应不大于0.3dB。对于多模光纤连接器，注入的光功率应经过稳模器，滤去高次模，使光纤中的模式为稳态分布，测试的损耗比较准确。

2）回波损耗，又称为后向反射损耗。它是指在光纤连接处，后向反射光相对输入光的比率的分贝数。回波损耗越大越好，以减少反射光对光源和系统的影响。实际应用的连接器，插针表面经过了专门的抛光处理，可以使回波损耗更大，一般不低于45dB。

3）重复性和互换性。重复性是指光纤连接器多次插拔后插入损耗的变化；互换性是指连接器各部件互换时插入损耗的变化。这两项指标可以考核连接器结构设计和加工工艺的合理性，也是表明连接器实用化的重要指标。一般由此导入的附加损耗要求在小于0.2dB的范围内。

（2）机械性能。光纤连接器的机械性能包括轴向保持强度、端接保持力、连接和分离力（力矩）、撞击、扭转、光缆保持力、抗挤压、外部弯曲力矩、振动、冲击、静态负荷等，对于不同光纤连接器使用的情况不同，要求的重点也不同。目前使用的光纤连接器一般都可以插拔1000次以上。

（3）环境性能。光纤连接器的环境性能主要有高温、温度冲击、潮湿、砂尘、臭氧暴露、腐蚀（盐雾）、易燃性等。一般要求光纤连接器在−40～＋70℃时能够正常使用。

**3.** 光纤连接器的分类

光纤连接器可以按外形结构、陶瓷研磨端面、光纤模式和连接器光缆尺寸等进行分类，在实际应用中，一般按照光纤连接器外形结构来分类。

（1）按外形结构分类。光纤连接器按外形结构分为FC、SC、ST、MU、LC、MT-RJ、MPO、MPX、耦合短插针系列等。

（2）按陶瓷研磨端面分类。光纤连接器按端面形状可分为PC（Physical Contact）和APC（Angled Physical Contact）两种，PC端面为微凸球面研磨抛光，APC端面呈8°并作微凸球面研磨抛光，图2-4是光纤连接器两种不同的端面形状图。

（3）按光纤模式分类。按常用连接器光纤模式可分为单模光纤连接器和多模光纤连接器。

（4）按连接器光缆尺寸分类。按连接器光缆尺寸可分为：

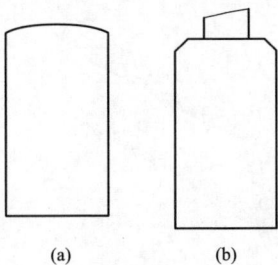

图2-4 光纤连接器端面形状图
(a) PC端面；(b) APC端面

Φ3——用30表示，即直径3mm；Φ2——用20表示；Φ3双排——用33表示；Φ2双排——用22表示；Φ09——用09表示；Φ0.25——用025表示；此外还有带状和束状光缆，如R12、

23

M12 等。

**4.** 常用光纤连接器介绍

（1）FC 型光纤连接器。FC（Ferrule Connector）型光纤连接器，其外部采用金属套加强方式，紧固方式为螺钉紧固。早期采用陶瓷插针的 FC 型光纤连接器对接端面为平面接触方式，此类连接器结构简单、操作方便、制作容易，但光纤端面对微尘较为敏感，且容易产生菲涅尔反射，提高回波损耗性能较为困难。后来，对该类型连接器做了改进，采用对接端面呈球面的插针，而外部结构没有改变，使得插入损耗和回波损耗性能有了较大幅度的提升。图 2-5 为 FC 型光纤连接器外形图。

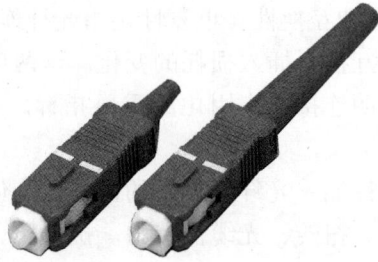

（2）SC 型光纤连接器。SC 型光纤连接器外壳呈矩形，所采用的插针与耦合套筒的结构尺寸与 FC 型相同，其中插针的端面多采用 PC 或 APC 型研磨方式；紧固方式采用插拔销闩式，不需旋转。此类连接器价格低廉，插拔操作方便，介入损耗波动小，抗压强度较高，安装密度高。图 2-6 为 SC 型光纤连接器外形图。

图 2-5  FC 型光纤连接器外形图          图 2-6  SC 型光纤连接器外形图

（3）ST 型光纤连接器。ST 型光纤连接器外部件为精密金属件，外壳呈圆形，所采用的插针与耦合套筒的结构尺寸与 FC 型相同，其中插针端面多采用 PC 型或 APC 型研磨方式；采用推拉旋转式卡口卡紧机构，紧固方式为螺钉紧固。此类连接器插拔操作方便，插入损耗波动小，压强度较高。图 2-7 为 ST 型光纤连接器外形图。

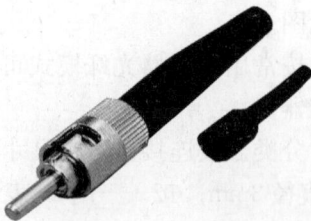

（4）LC 型光纤连接器。LC 型光纤连接器采用操作方便的模块化插孔（RJ）闩锁机理制成。其所采用的插针和套筒的尺寸是普通 SC、FC 的一半，为 1.25mm。这样可以提高光纤配线架中光纤连接器的密度。目前，LC 型连接器在单模中的应用占据主导地位，在多模方面的应用也增长迅速。图 2-8 是 LC 型光纤连接器外形图。

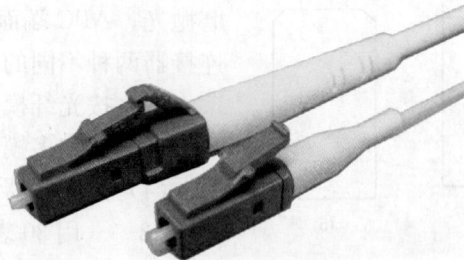

图 2-7  ST 型光纤连接器外形图          图 2-8  LC 型光纤连接器外形图

（5）MU 型光纤连接器。MU 型光纤连接器是以 SC 型连接器为基础，由 NTT 研制开发出的世界上最小的单芯光纤连接器，该连接器采用直径 1.25mm 的陶瓷插针和自保持机构，其优势在于能实现高密度安装。随着光纤网络向更大带宽、更大容量方向的迅速发展和 DWDM 技术的广泛应用，对 MU 型光纤连接器的需求也将迅速增长。图 2-9 为 MU 型光纤连接器外形图。

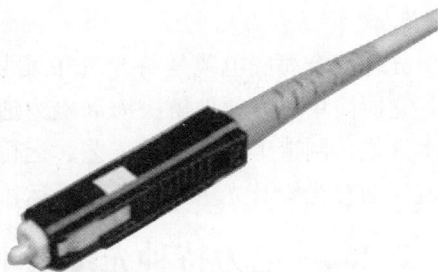

图 2-9　MU 型光纤连接器外形图

# 2.2　电力特种光缆分类及应用

电力特种光缆是附加于电力线或利用电力杆塔架设的一种特殊光缆。大部分电力特种光缆具有光电复合性能，它受外力破坏的可能性小、可靠性高，虽然造价相对较高，但施工建设成本较低。电力特种光缆依托于电力系统自有资源，避免了在频率资源、路由协调、电磁兼容等方面与外界的矛盾，有很大的自主性和灵活性。

## 2.2.1　电力特种光缆分类

电力特种光缆泛指光纤复合架空地线（OPGW）、光纤复合架空相线（OPPC）、全介质自承式光缆（ADSS）、金属自承式光缆（MASS）和光纤复合海底电缆五种。目前，应用较为广泛的电力特种光缆主要有 OPGW 和 ADSS 两种。

**1. 光纤复合架空地线（OPGW）**

OPGW 是将光纤单元复合在地线中，具有传统地线防雷功能，对输电导线抗雷电提供屏蔽保护的作用，同时通过复合在地线中的光纤来传输信息，设计使用寿命可达 35 年以上。OPGW 一般与新建输电线路同步架设。

**2. 光纤复合架空相线（OPPC）**

OPPC 是将光纤单元复合在相线中，具有相线和通信的双重功能。对光纤长期运行和短期故障电流引起的温度特性要求比 OPGW 高；还要考虑 OPPC 的机械性能和电气性能应与相邻导线一致，其安装的金具和附件（如耐张线夹、悬垂线夹和接续盒）需绝缘。

**3. 全介质自承式光缆（ADSS）**

ADSS 是一种利用现有的高压输电杆塔，与电力线同杆架设的特种光缆，设计使用寿命可长达 25 年以上，其张力承载元件主要是纺纶纤维，具有工程造价低、施工方便、安全性高和易维护等优点，施工及运行维护与电力系统的运行相关性很小，可在输电线路带电条件下进行施工作业。

**4. 金属自承式光缆（MASS）**

MASS 结构类似于 OPGW，架设方式类似于 ADSS，适用于 35kV 及以下的输电线路，设计使用寿命可达 35 年以上。在做好安全措施的条件下可以进行带电作业，因此通信光缆与电力线路的相关性相对较小。

**5.** 光纤复合海底电缆

光纤复合海底电缆是将光纤单元复合在输电线路海底电缆中，具备输电和通信双重功能，它能简单、方便地解决海岛电力通信通道问题。不同的结构形式具有不同的技术要求、技术性能、制造工艺、安装工艺、运行质量等。最大的问题是施工过程中弯曲与拉伸和海底洋流运动对光纤及光单元的损伤，运行中温度对光纤的使用寿命影响较大。

## 2.2.2 电力特种光缆技术及应用

**1.** OPGW 技术及应用

OPGW 是当前电力通信系统使用最广泛的一种特殊的电力光缆。OPGW 以其高可靠、长寿命、安全性好等诸多优点，为电力系统通信提供了最佳的传输媒介。

（1）OPGW 典型结构。OPGW 结构有多种，根据工程的实际需要，综合考虑 OPGW 性能和地线的匹配、价格等因素，选择合适的 OPGW 结构。目前电力系统内应用较多的是不锈钢管结构的 OPGW。图 2-10 是两种常用的不锈钢管的 OPGW 结构图，图 2-11 为两种典型的 OPGW 实物图。

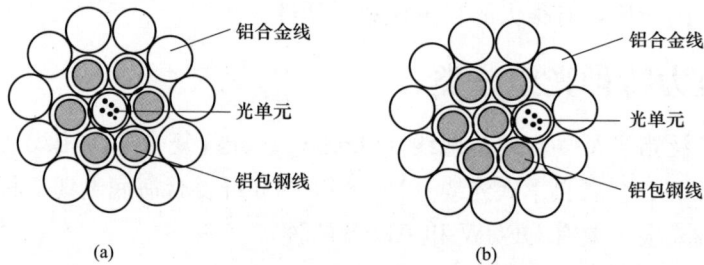

图 2-10 OPGW 典型结构图
(a) 中心不锈钢管的 OPGW 结构；(b) 层绞不锈钢管的 OPGW 结构

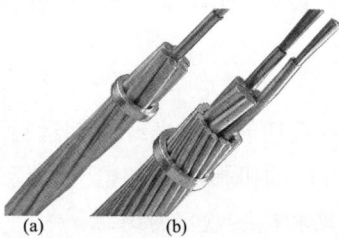

图 2-11 两种典型的 OPGW 实物图
(a) 中心管式；(b) 层绞式

（2）OPGW 主要技术性能。OPGW 主要技术性能包括机械性能、电气性能、环境性能等。OPGW 的机械性能包括 OPGW 的抗拉、应力应变、过滑轮、风激振动、舞动、蠕变性能等。OPGW 电气性能主要包括承受短路电流的性能和耐受雷击的性能，以确保线路运行时通信与电力输送均可靠和安全。OPGW 的环境性能包括温度衰减特性、滴流试验和渗水性能等。

（3）OPGW 的应用。根据 OPGW 在电力系统多年应用经验与实践，从 OPGW 光纤余长的控制、线路配合、金具配套、OPGW 配盘、OPGW 安装及 OPGW 引入变电站等关键技术进行探讨，并对 OPGW 应用中存在的一些问题进行分析。

1）光纤余长的控制。光纤余长是指光缆受力到光纤受力形变之间的长度，或者可以用光纤长度和光缆长度之差来表示，光纤余长是保证 OPGW 长期安全稳定运行的重要指标之一。对于松套不锈钢管结构的 OPGW，中心管式和层绞式结构余长均可以满足 OPGW 长期安全稳定运行的要求。中心管式余长可以做到 0.6%，层绞式余长可以做到 0.7%～0.8%。

在满足余长 0.6％的基础上，中心管式结构缆径可以做得更小，更容易和地线配合。而层绞式结构余长更容易控制。可通过控制 OPGW 生产工艺来控制光纤余长，一般是通过测量 OPGW 光缆的应力应变来反映光纤余长。

光纤余长并不是越大越好，余长过大容易产生微弯损耗，余长过小，光纤容易产生应力应变。在 OPGW 实际应用中，光纤发生应力应变后，光纤释放二次余长，当应力消失后，由于光纤余长控制问题，光纤未能收缩全部余长，造成光纤通过光单元向接续盒吐纤，使接续盒内光纤挤压，出现微弯损耗，如图 2-12 所示。

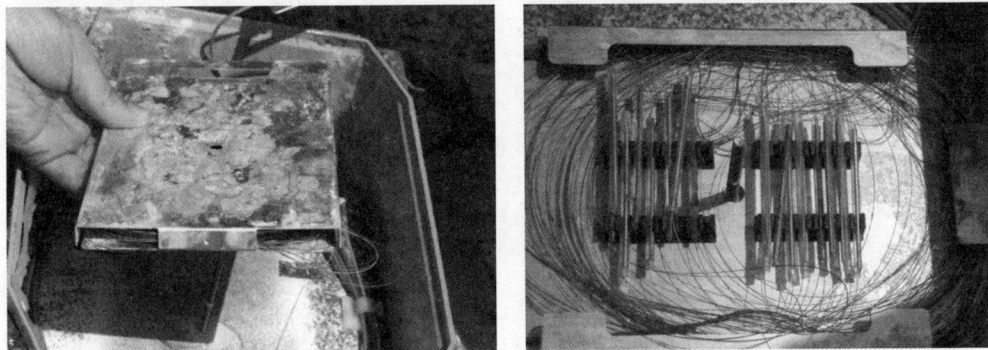

图 2-12　接续盒内光纤挤压形成微弯损耗

2）OPGW 与地线配合。当新建 OPGW 或 OPGW 更换老线路地线时，必须选择与架空地线的机械特性和电气特性相当的 OPGW，即 OPGW 的外径、单位长度质量、极限拉力、弹性模量、线膨胀系数、短路电流等参数与现有地线参数相近，这样既可以不改变现有塔头、减少改造工程量，又可以保证 OPGW 与现有导线的安全距离，确保电力系统安全运行。

a. 机械性能配合。从应用考虑 OPGW 应尽量和相邻地线的外径、质量、额定拉断力、承载截面积/弹性模量、弧垂及适用档距等性能指标接近。

b. 电气性能配合。短路电流和雷击的影响是 OPGW 与地线电气性能配合时考虑的重要方面。

作为高压输电线路的地线，OPGW 在线路出现短路故障时会有短路电流流过，导致 OPGW 温度急剧上升。在 OPGW 的短路电流计算中，基准温度有 20℃和 40℃两种，选择不同的基准温度短路电流计算结果不同。而且，为保证 OPGW 中光纤的传输性能不受影响，OPGW 相关标准规定金属管光单元的瞬时温度不超过 200℃，铝合金丝不超过 200℃，铝包钢丝不超过 300℃。为保证 OPGW 短路时金属管光单元的瞬时高温不超过该数值，OPGW 本身所具备的短路电流容量必须大于流过 OPGW 的实际短路电流的平方与实际短路电流持续时间的乘积。短路电流持续时间因线路电压等级的不同从 0.3～1s 不等，通常 500kV 线路的短路电流持续时间为 0.3s，220kV 线路为 0.5s。

输电线路在进出线端短路电流最大，如果引下线不规范，会出现因 OPGW 间隙放电烧断光缆问题，如图 2-13 所示。尤其在变电站门形构架处，OPGW 要正确安装接地线，并且在变电站构架平台，光缆要有专用引下线夹（卡具）固定好，如图 2-14 所示，避免 OPGW 间隙放电烧断光缆。

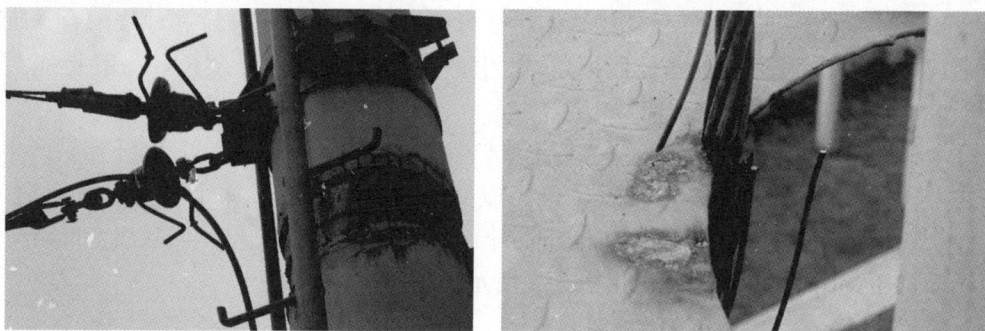

图 2-13  OPGW 间隙放电烧断光缆
（a）耐张金具上未安装接地线；（b）钢板平台被烧断

图 2-14  避免 OPGW 间隙放电的措施
（a）光缆在构架耐张金具上安装接地线；（b）光缆在构架平台用引下线夹进行固定

雷击也是导致 OPGW 产生瞬间高温的因素，与短路故障不同的是，雷击的瞬间电流强度更大，作用面积更小，持续时间更短（通常为微秒数量级），以至于在所接触的一根或数根金属单丝的一小段上产生的瞬时高温可达 600℃。由于持续时间很短，雷击所造成的温升如果用热容量来衡量，要小于短路电流产生的热容量。但是由于短路电流作用于 OPGW 的整个金属截面，而雷击电流只局限在一根或数根金属单丝的某一小段上，集中能量导致这一小段金属丝温度过高，使金属丝局部或完全熔化。因此，雷击考验的是外层每根金属绞丝对瞬间高热的承受能力。为避免 OPGW 免受雷击损害，建议在强雷击区考虑采用外径较大的 AA（3.0mm）或 ACS（2.5mm）绞丝。在弱雷击区，外层金属绞丝的直径也不宜过小。在电力系统中，雷击已造成数起 OPGW 断股事故，如图 2-15 所示，光缆发生雷击断股后，一般通信信号都保持畅通，大多建议采用预绞丝专用修补条进行修补，如图 2-16 所示，个别多股断裂需将整个耐张段光缆进行更换。

c. 环境性能配合。OPGW 环境性能配合主要是指与气象条件的配合问题。OPGW 与普通架空地线一样，要确保在各种不同气象条件下长期、可靠地运行。

超低温如−30℃及以下，在该应用环境下，金属绞丝和金属管光单元会产生较大的收缩，这时要确保 OPGW 中光纤的收缩余长大于 OPGW 的收缩应变。要适应这样的应用条件，OPGW 的收缩余长必须设计合理，并与特定的气象条件相匹配。

图 2-15 雷击引起 OPGW 断股

图 2-16 光缆断股后采用修补条进行修补

大风，通常指极限风速，尤其是风速超过 35m/s 时，其产生的负荷会给 OPGW 带来一定的应变。在同样的风速下，OPGW 的直径越小，风对其产生的负荷就越小；反之则产生的负荷就越大。OPGW 在外径尺寸考虑上必须确保在风荷条件下 OPGW 能长期可靠运行。

覆冰，如果其厚度达到 15mm 或更大，则其对 OPGW 的影响就越大。在重覆冰应用条件下，所有的耐张段 OPGW 的最大负荷张力都必须保证小于或等于 OPGW 的最大允许使用张力（MAT），即小于或等于 OPGW 额定拉断力 RTS 的 40%。

3) 金具配套及应用。OPGW 金具主要有耐张线夹、悬垂线夹、引下线夹、防振锤等，是 OPGW 系统中的重要组成部分，其性能和质量的好坏直接关系到 OPGW 是否能安全、可靠运行。

a. 材质的要求。OPGW 的外层金属绞丝一般表面为铝质的材料，如铝包钢、铝合金等，考虑到室外长期应用及金属锈蚀等因素，与 OPGW 直接接触的金具的内、外层绞丝最好也采用类似的材料。

b. 配套原则。耐张线夹依据 OPGW 的外径和额定拉断力（RTS）来配套。耐张线夹的所有部件的拉断力均应大于 OPGW 的 RTS，耐张线夹的握力应大于 OPGW 的 RTS。悬垂线夹也依据 OPGW 的外径和 RTS 配套选择。但与耐张线夹不同的是，悬垂线夹只承受垂直方向的张力，而此张力远小于 OPGW 的拉伸张力。因此，从理论上说悬垂线夹拉断力不一定要大于 OPGW 的 RTS。OPGW 在一定的风荷作用下会产生振动，会导致金属绞丝疲劳，严重时会造成断股，因此防振金具是 OPGW 长期安全可靠运行的重要保障，防振金具应采用计算机模拟来分析防振的效果，给出多种模拟曲线来很直观地描述防振效果，并以此采取正确的防振锤布置方案。

c. 金具的应用。耐张线夹在工程应用中，根据不同的塔型，可以进一步分为终端型耐张线夹（如图 2-17 所示）、接续型耐张线夹（如图 2-18 所示）和直通型耐张线夹（如图 2-19 所示）等，要根据工程的具体需要选用。悬垂线夹分为单悬垂线夹（如图 2-20 所示）和双悬垂线夹（如图 2-21 所示）两种形式，用于线路的直线塔上。前者用于线路转角 30° 以内的直线塔上；后者多用于大高差、大转角（最高至 60°）的场合。OPGW 的防振器主要有防振锤和防振鞭。防振锤是一种调频率减振器，采用动态吸收能量的原理，对于大直径光缆具有非常有效的防振效果。OPGW 防振金具安装如图 2-22 所示。

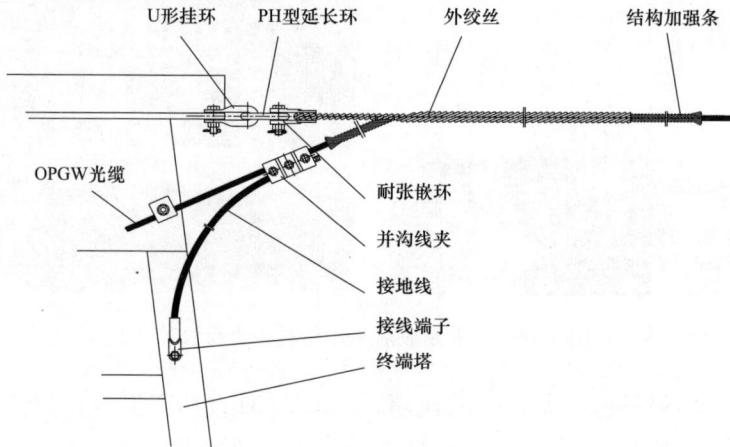

图 2-17　OPGW 终端型耐张线夹安装示意图

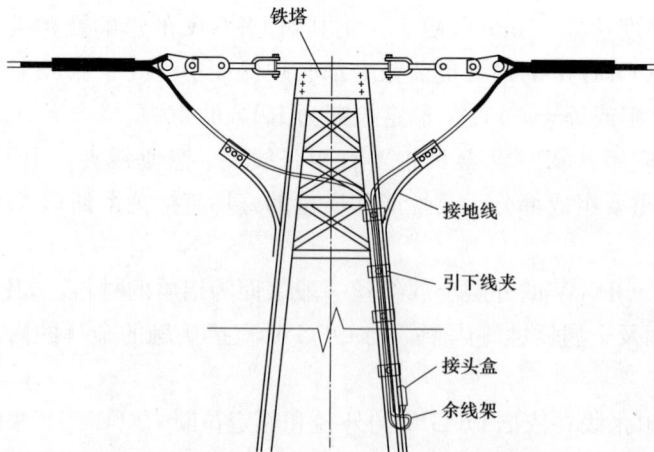

图 2-18　OPGW 接续型耐张线夹安装示意图

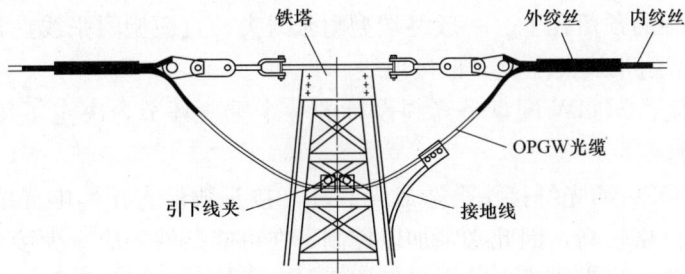

图 2-19 OPGW 直通型耐张线夹安装示意图

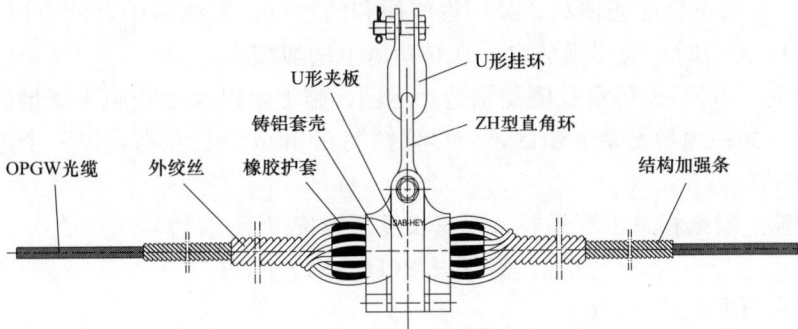

图 2-20 OPGW 单悬垂线夹金具串组装图

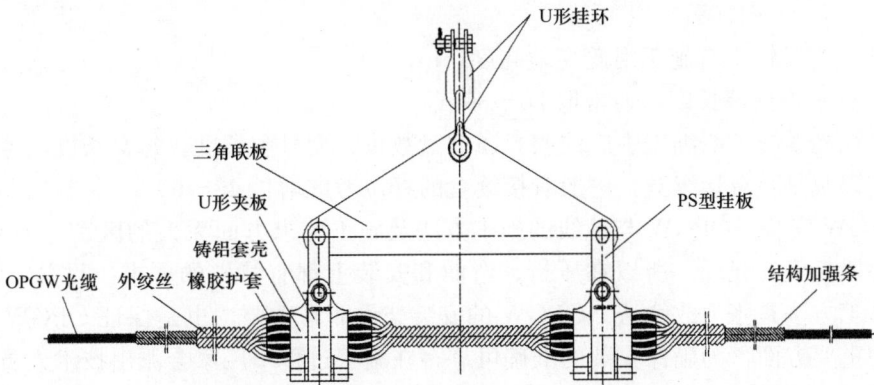

图 2-21 OPGW 双悬垂线夹金具串组装图

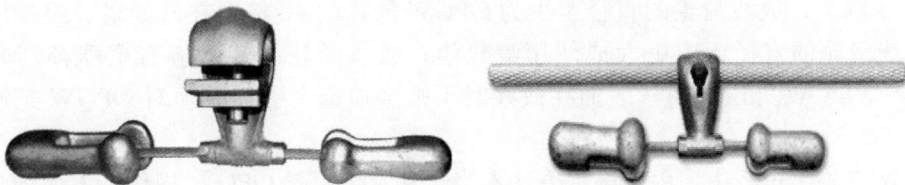

图 2-22 OPGW 防振金具安装图

　　d. OPGW 接地。OPGW 接地是 OPGW 工程中非常重要的部分。OPGW 通过专用接地线在每基杆塔上做可靠接地。金具串通过并沟线夹与专用接地线连接，接地线的另一端用螺栓固定在杆塔地线架的预留孔上。一般终端型耐张线夹、直通型耐张线夹和悬垂金具串配置1根接地线；接续型耐张线夹配置2根接地线。

4）OPGW配盘。OPGW配盘是光缆设计的一个重要环节，决定了每盘光缆的长度和OPGW的安装区间。

a. 分盘原则。OPGW光纤接头会造成光衰耗，接头数量直接影响光缆通信信号的衰减大小，而且接线盒价格较高，因此必须加以控制，在可能条件下应减少接头数量。

分盘应服从线路的耐张段，为减少光纤接头，两个相邻的耐张段可以合并。根据线路现场踏勘，接头位置必须考虑到张力放线施工场地，尽量避免水稻田、沼泽、水塘、山顶、深谷等不利地形，尽量选择交通便利、公用设施便利的地点。当线路中有两个以上的90°转角或四个以上的45°转角时，应尽量分盘，在转角塔上增加接头。

b. 每盘长度（盘长）。每盘长度受制造、运输、施工，以及沿线施工场地限制，一般控制在5km以内。如在地形复杂的山区，应尽量控制在3km盘长左右，以一个施工队伍可以在一天内放完为宜。

c. 盘长计算。根据相关工程经验，配盘长度可以按以下式计算：

$$D_L = A \cdot L + 2(H + H) + 2B \tag{2-1}$$

式中　$D_L$——光缆配盘长度，m；

　　　$L$——耐张段线路长度，m；

　　　$A$——特种光缆长度预留系数：平原为 $1.02 \sim 1.03$，丘凌为 $1.03 \sim 1.04$，山区为 $1.06 \sim 1.08$；

　　　$H$——光缆输入端施工滑轮离地高度，m；

　　　$B$——牵引预留长度，通常取 $20 \sim 30$m。

设计时在光缆施工明细表中应注明光缆配盘数量、型号和长度。每盘长度应考虑光缆弧垂的影响，以及是否有接续盒。一般有接续盒的杆位考虑增长 $40 \sim 60$m。

5）OPGW安装。OPGW与地线的施工方法及施工要求方面无大的区别，但OPGW同时还承载整段长度的光纤，所以在压折、弯曲和安装上都有特殊的要求。目前，OPGW使用较多的施工方法是张力放线法。OPGW的安装架设非常重要，也是保证OPGW能否安全可靠运行的重要方面，为确保安装的准确可靠，在施工过程中厂家会派出技术人员对安装过程进行督导，以确保正确安装。在安装中要注意以下问题：OPGW牵引仰角应控制在30°以下；牵引力应控制在OPGW额定拉断力的15%以下；牵引应尽可能平稳；牵引速度应控制在30m/s以下；放线滑轮的直径至少为OPGW外径的40倍；在起始塔、终端塔及大转角塔，放线滑轮的直径还应更大或使用滑轮组；放线滑轮的轮槽应有聚酯补套或橡胶衬套，以保护OPGW外层金属丝表面在放线时不被磨损；牵引前必须对OPGW光纤衰耗进行测试。

OPGW在施工过程中，由于施工方法不当，常常会引起OPGW损伤，下面列举在施工过程OPGW受损的案例。

**[案例 2-1] 光缆展放时落地**

光缆在展放过程中落地后被重物砸伤，造成光缆外层单丝受伤，光纤单元钢管被挤压变形，压迫光纤使光纤受力，如图 2-23 所示。

图 2-23　光缆展放时落地被重物砸伤

OPGW 光缆施工要求采用张力放线，光缆在展放过程中不允许落地，与障碍物保持 3～5m 的安全距离。

**［案例 2-2］光缆展放时跳槽**

光缆展放时在滑轮中发生跳槽，造成光缆单丝被刮伤，光纤单元被挤压变形导致光纤断纤，如图 2-24 所示。

图 2-24　光缆展放时滑轮跳槽，卡槽后光缆表面严重受损

放线时，每个转角杆塔顶部和交叉跨越点必须有专人看管，光缆牵引端头应在施工人员的监视下通过滑轮，施工中，张力机操作人员应时刻注意张力控制情况，在牵引过程中，牵引力突然大幅度增加，悬挂放线滑车的金具串倾斜过大时，均应视为异常，应及时停车，待查明原因，排除故障后再行牵引。

**［案例 2-3］野蛮操作造成光纤断纤**

光缆展放完毕后，施工操作人员在安装金具时野蛮操作，将光缆撬坏，造成光纤单元挤压变形导致光纤断纤，如图 2-25 所示。

图 2-25　安装金具时光缆被撬坏，光纤单元钢管受压变形

安装金具时应按照使用说明书和操作规范进行操作，避免在光缆上面施加异常外力，严禁野蛮操作。

**［案例 2-4］光纤单元被扭坏**

线路在高差或者转角较大的情况下，光缆在过滑轮时，外层单线受滑轮接触力的作用，在光缆外层产生一个与光缆外层绞向相反的退扭力，这个力随着光缆向前展放而不断向末端方向累积，当光缆展放完毕后这个力在光缆末端得到释放，而已经展放好的光缆内层被加扭后产生一个反弹力，并且这个力一直在光缆上存在，在光缆紧完线、拉力撤除后就容易出现打金钩情况，将光缆扭伤，如图 2-26 所示。

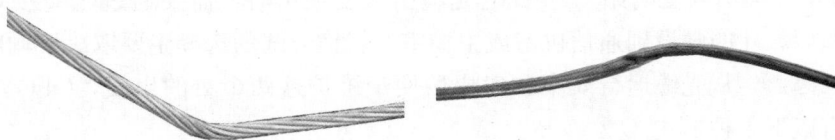

图 2-26　光缆打金钩后光纤单元被扭坏

对于转角和高差比较大的线路，使用不小于 $\Phi800$ 的滑轮或者 $\Phi600$ 的组合滑轮，并且要使用轻质滑轮，如尼龙滑轮；光缆紧线时要随时观察光缆扭力情况，如有异常要及时采取必要的退扭措施。

**［案例 2-5］光缆受侧压力作用被压伤**

光缆在施工架设过程中，受到严重侧压力作用（包括使用不符合要求的紧线夹具），将光纤单元钢管压扁而导致光纤在该处被夹断，如图 2-27 所示。

图 2-27　光缆展放时受侧压力作用被压伤

在光缆表面施工的工具都必须是专用工具，确保与光缆表面有足够大的接触面积，特别是用于紧线的工具，必须事先做试验，以确认与光缆外径是否匹配。光缆厂家推荐采用紧线预绞丝作为光缆紧线工具，禁止使用导线卡线器。避免受到过大侧压力是光缆施工过程中必须重视的问题。

**［案例 2-6］光缆运行中与铁塔碰撞摩擦引起断纤**

光缆在直通型耐张塔跳线弧垂处没有安装引下线夹，在风力作用下长时间与铁塔碰撞摩擦，将外层铝合金单丝磨断散股，引起不锈钢管光纤单元磨破，从而造成光纤断纤，如图 2-28 所示。

图 2-28　光缆运行中与铁塔碰撞摩擦引起断纤

直通型耐张塔弧垂跳线除应满足最小弯曲半径要求外，还应满足在风偏时不得与金具及塔材相碰。光缆跳线弧垂如果与金具及塔材相碰接触，应使用引下线夹进行固定。

在施工过程中，OPGW 的弯曲半径不得小于设计要求和厂家要求。一般情况下，动态弯曲半径不得小于 OPGW 直径的 30 倍，静态弯曲半径不得小于 OPGW 直径的 15 倍。

6）OPGW 光缆引入变电站。OPGW 光缆引入变电站时，需要通过光缆接续盒转换成其他型号光缆后，才能敷设到通信机房或主控室，转换方式的选择主要取决于输电线路的终端构成特征。因此，从光缆运行安全和建成后便于维护这两个目的出发，OPGW 变电站两端光缆引入有以下 5 种形式。

a. OPGW 架设至变电站龙门架。OPGW 引下至落地式 OPGW 交接箱，通过落地式 OPGW 交接箱进行普通无金属光缆熔接转换，通过引下钢管到电缆沟，沿变电站内电缆沟敷设至机房，如图 2-29 所示。该方式 OPGW 沿构架引下时容易与接地构件接触，在有电流流过时易产生电弧损坏 OPGW。

图 2-29　OPGW 引下至落地式 OPGW 余缆箱

　　b. OPGW 架设至终端塔。OPGW 引下在终端塔塔身上的接头盒内进行普通无金属光缆熔接转换，通过引下钢管引下，新建管道与变电站管沟沟通，无金属光缆沿管道敷设至机房，如图 2-30 所示。线路终端塔距离变电站围墙有一定距离，新建通信管道涉及路径审批、赔偿及施工比较困难，同时工程建成后通信管道容易受到外力破坏，存在安全隐患。

图 2-30　OPGW 终端塔引下沿管道进变电站

　　c. OPGW 架设至终端塔。OPGW 引下在终端塔塔身上的接头盒内进行 ADSS 光缆熔接转换，然后 ADSS 光缆跳接至变电站龙门架，后沿龙门架通过引下钢管引下，沿变电站内管沟敷设至机房，如图 2-31 所示。该方式中，尽管用于引入的 ADSS 光缆距离较短、档距较小（一般为几十米），但是沿着导线走向、架设在导线与地之间某一位置的 ADSS 光缆，由于与导线"接近"，处于空间电磁场位置内，所以 ADSS 光缆不能随意加挂，不合理的安装位置存在安全隐患；220kV 及以上线路会产生较强的电磁场，ADSS 光缆容易遭受电腐蚀，故不宜采用 ADSS 光缆。

图 2-31　ADSS 光缆跳接至变电站龙门架

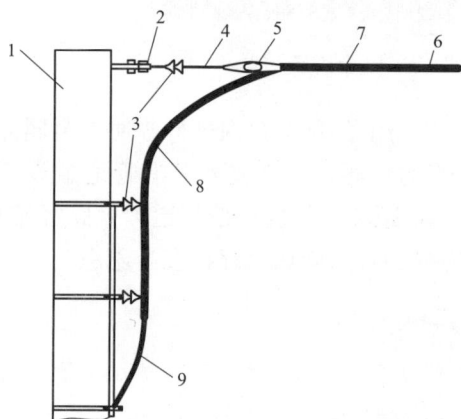

图 2-32　介质光缆耦合地线跳接至变电站龙门架
1—变电站构架；2—U 形挂环；3—绝缘子（带放电间隙）；4—延长杆；5—U 形连接环；6—介质光缆架空地线；7—耐张线夹；8—介质光缆架空地线引下；9—介质光缆

d. OPGW 架设至终端塔。OPGW 引下在终端塔塔身上的接头盒内进行介质光缆耦合地线熔接转换，然后将介质光缆耦合地线跳接至变电站龙门架，在龙门架接头盒内进行普通无金属光缆熔接转换，然后通过引下钢管引下，并沿变电站内管沟敷设至机房，如图 2-32 所示。该方式中，用介质光缆耦合地线引入需要增加一个接头盒，增加了光缆的中继损耗。

e. OPGW 架设至变电站穿墙套管。OPGW 引下至落地式 OPGW 交接箱，通过落地式 OPGW 交接箱进行普通无金属光缆熔接转换，然后通过引下钢管引至室内电缆沟，沿室内电缆沟敷设至机房。该方式适用于全户内 GIS 变电站的 OPGW 引入，如图 2-33 所示。落地式 OPGW 交接箱需做好接地处理。

以上五种 OPGW 光缆引入变电站方式各有优缺点，在实际工程中需根据实际情况选择。

**2. ADSS 技术及应用**

ADSS 作为与 OPGW 互补应用的特种光缆，已成为电力通信网的主要传输线路。ADSS 具有可以在输电线下带电作业、利用已有的输电线路杆塔敷设等优点，所以应用广泛。

（1）ADSS 典型结构。ADSS 结构可分为层绞式和中心管式两种，如图 2-34 所示。ADSS 主要由缆芯、聚乙烯内垫层、聚乙烯内垫层和外护套组成。ADSS 光缆的骨架材料通常采用玻璃纤维增强塑料（FRP），主要的抗张材料为绞合在护套层中的芳纶纤维。由于高压电缆周围存在着一定的高压电场，容易腐蚀损害 ADSS 光缆，因此 ADSS 外护套需具有一定的耐电腐蚀能力。

图 2-33　GIS 全户内站 OPGW 引下方式

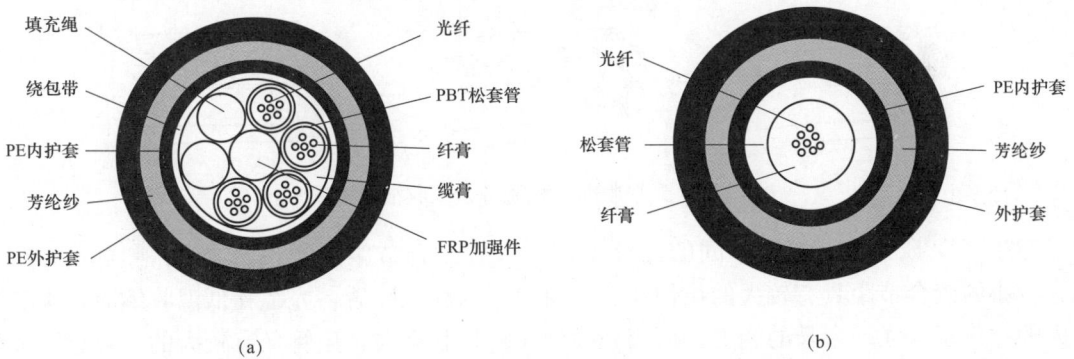

图 2-34　ADSS 结构截面图

(a) 层绞式；(b) 中心束管式

（2）ADSS 主要技术性能。ADSS 主要技术性能包括电气性能、机械性能和环境特性。

ADSS 的电气性能主要是指光缆外护套的性能，与光缆安装位置的空间电场强度、电力线路电压等级、杆塔结构、导线布置及相位排列等因素相关。

ADSS 的机械性能包括光缆拉伸、压扁、冲击、反复弯曲、卷绕、微风疲劳振动、舞动、过滑轮、蠕变、扭转、磨损等。

ADSS 的环境特性包括衰减温度特性、热老化性能、滴流性能、渗水性能、低温下弯曲性能和低温下冲击性能、耐电痕性能、抗紫外线性能和阻燃性（当采用阻燃光缆时考虑）等。

（3）ADSS 的应用。ADSS 在应用时主要考虑光缆敷设的气象条件、挂点的选择、金具的配套及光缆的安装施工等，并对 ADSS 实际应用中存在的问题进行分析。

1）光单元结构选择。ADSS 光缆一般为大跨距悬挂敷设，所以其拉伸应变远大于其他光缆，通常拉伸应变可达 0.6%～0.8%。因此，ADSS 光缆的缆芯以松管层绞式为宜。因为在层绞式光缆中，光纤束管以螺旋形式绞合在骨架上，因而在束管中的光纤有一个自然拉伸窗口。如光缆在束管中的余长为零时，在静态下，光纤位于束管中心位置，当光缆受力延伸时，光纤移动束管靠骨架一侧的内壁，且不受应力，如果光缆继续被拉伸变形，光纤将开始受力和产生变形，进而可导致衰减增加甚至断纤，如图 2-35 所示。

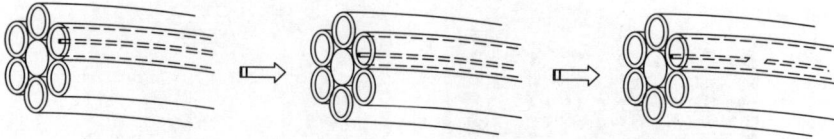

图 2-35　光缆拉伸过程光纤余长释放示意图

层绞式光缆的拉伸窗口主要受光纤束管的绞合节距 $h$ 的影响，通过调节 $h$ 值，可在较大范围内调节光纤的拉伸窗口。当采用 SZ 绞合（左右向绞合）时，在 SZ 绞合的反转点还有一个附加的拉伸窗口，其数值约为 1‰。ADSS 光缆的结构形式选定后，就可根据敷设的受力条件，计算出抗张元件的各种参数。与拉伸窗口同理，在层绞式光缆中还有一个收缩窗口，即当光缆在低温下收缩时，束管中的光纤移向远离骨架的外侧，而不会产生附加损耗；当光纤接触松套管壁后，如果光缆继续收缩，光纤将产生弯曲变形，导致衰减增加，如图 2-36 所示。

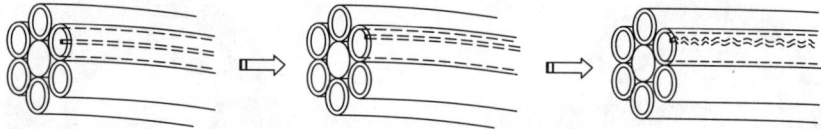

图 2-36　光缆收缩过程光纤余长收缩示意图

对于 ADSS 光缆，根据不同的设计参数，螺旋绞合节距通常选择在 50～100mm 范围内，较小的绞合节距具有较大的拉伸和收缩窗口，这就意味着：光缆在低温收缩时，束管有较大的"积累"光纤余长的能力，而当光缆处于拉伸状态时，束管又有较大的"释放"光纤余长的能力，使光纤的传输性能在较大的动态范围内得到保证，从而使束管加工中对余长控制的精度在一定程度上得到了缓解。

2）ADSS 抗张元件的选用。ADSS 的骨架材料 FRP 的拉伸模量为 50GPa，小于常规光缆中作为抗张元件的钢丝的拉伸模量，由于 ADSS 所承受的拉伸力远大于常规光缆，因而不能仅依靠 FRP 骨架作为抗张元件，主要的抗张元件为绞合在护套层中的芳纶纤维。在高张力敷设状态下的 ADSS 光缆，其抗张元件的蠕变性能会影响光缆性能的稳定。据相关光缆蠕变试验数据表明，芳纶纤维的蠕变值在 ADSS 光缆的实际运行条件下，通常可以忽略不计。

3）ADSS 外护套的选择。ADSS 的外护套通常采用黑色聚乙烯护套料。由于 ADSS 光缆是处于高压输电线附近的高电场环境下，当光缆受潮时，外护套材料表面会因电痕漏电和滑闪而降解，导致侵蚀破坏。这一问题成为 ADSS 光缆在超高压输电线路中使用的主要限制因素。为使 ADSS 光缆能适用于高电压的输电线路中，应从两方面着手：一是用计算出输电线铁塔区域的电场分布，将 ADSS 光缆敷设在低电场的区域内；二是采用特种抗电痕腐蚀的外护套材料。

ADSS 光缆的外护套分为 A 级和 B 级 2 种，A 级普通 PE 护套料用于小于等于 12kV 的场强区域，B 级耐电痕 AT 护套料用于不大于 25kV 的场强区域。一般来讲，对于电压等级小于 110kV 的电力线路，可采用普通的外护套，电压等级大于等于 110kV 的电力线路采用耐电痕护套料，具体还要根据电力线路电压等级、线路回数、杆塔结构与导线的相位分布情况，计算出挂点场强后确定选用合适的光缆外护套材料。由于施工、运行环境及紫外线照射等原因，ADSS 抗电腐蚀性能会下降，工程设计时往往降低使用极限。

4）ADSS 受气象条件的影响。ADSS 与金属导线相比，具有两个不同的弧垂特性：由于 ADSS 光缆为整体无金属结构，特别是由于芳纶的使用，使 ADSS 对温度变化不敏感；另外，与金属导线相比，由于自重很轻，弹性模量较小，使 ADSS 光缆对外负荷特别敏感。金属导线最大弧垂一般发生在最高温度的气象条件，而 ADSS 最大弧垂发生在覆冰的气象条件。

ADSS 在大风情况下的风偏角远大于导线。例如，在设计风速为 25m/s 时，LGJ-240 导线的最大风偏角为 38.7°，而 ADSS 的最大风偏角为 73.6°，ADSS 的风偏角比导线增大 1.9 倍。

当采用低挂点时必须详细校验 ADSS 在覆冰情况下对地面及交叉跨越距离，以及在大风情况下 ADSS 与导线是否会发生鞭击。

5）ADSS 挂点的选择。ADSS 光缆的挂点一般分为高挂、中挂和低挂三种形式：高挂形式是指 ADSS 挂在导线挂点以上，地线挂点以下，如图 2-37（a）所示；中挂点是指 ADSS 挂在导线横担与塔身主材相交处，如图 2-37（b）所示；低挂点是指 ADSS 挂在导线挂点以下，如图 2-37（c）所示。在工程设计中，根据空间电场强度分布、对地及交叉跨越物的安全距离、线路杆塔自身强度及光缆不应与导线及杆塔产生碰撞和摩擦等因素，需视具体情况对挂点方案进行比较，选择最优的挂点。

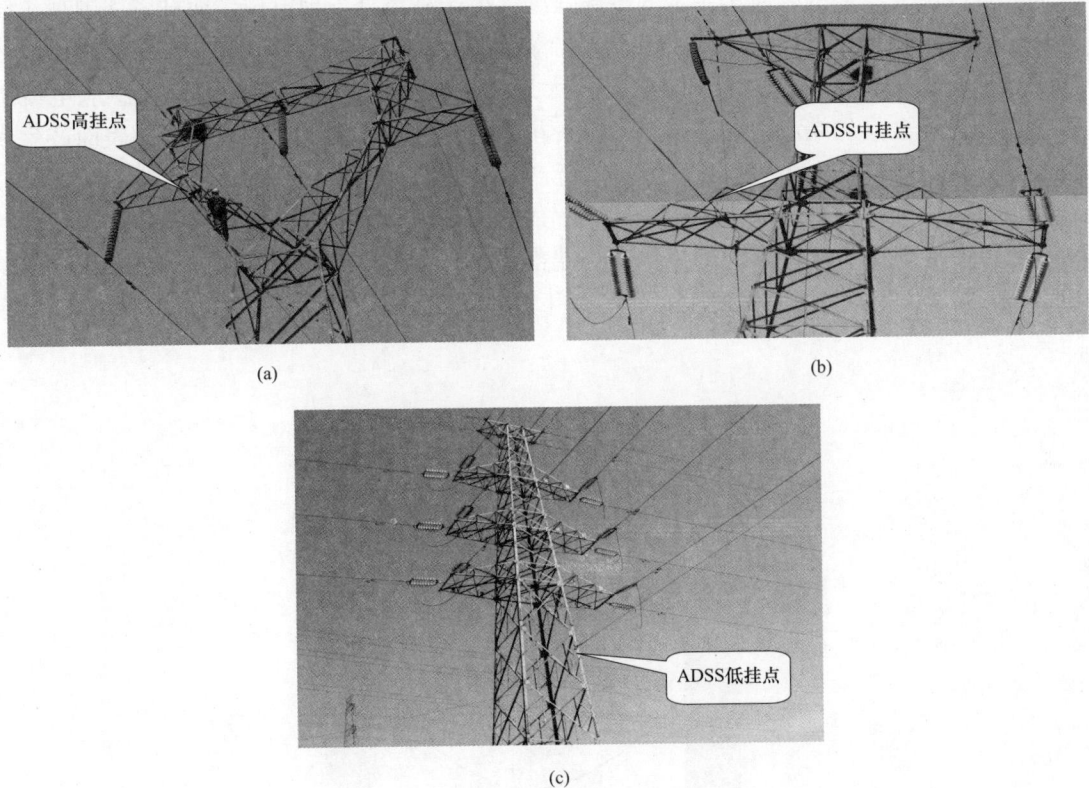

(a)

(b)

(c)

图 2-37　ADSS 光缆高挂、升挂、低挂形式
(a) 高挂点；(b) 中挂点；(c) 低挂点

ADSS 空间感应电势大小主要取决于线路电压等级、杆塔结构、导线、地线布置等。杆塔的空间电势曲线可用专用的软件，它是确定 ADSS 安装位置和选取 ADSS 类型的重要依据。关于三相导线相序排列对杆塔空间电势分布的影响，单回路相序互换几乎无影响，双回路导线相序变化对空间电势的影响较大。在双回路杆塔上，就 ADSS 的空间电势而言，ABC—ABC 相序是最小的，其他相序均有不同程度的扩大，尤以 ABC—CBA 的空间电势最大。对某一挂点而言，双回路单回运行时比较复杂，空间电势有可能变小，也可能变大。在双回路杆塔上选择 ADSS 光缆挂点位置及型号时，必须考虑相序排列对杆塔空间电势分布的影响。

6）杆塔荷载校核。ADSS 光缆架设在电力线路上，由于已建电力线路最初设计时未考虑加挂 ADSS 光缆，因此在光缆线路设计时必须重新校验电力杆塔受力情况，保证电力线路安全运行。杆塔荷载的校核必须遵循相应的线路设计规程。对于利用旧有电力线路附挂 ADSS 光缆，杆塔荷载可执行该线路原建设时期的设计规程。附挂 ADSS 光缆后超过原设计荷载的杆塔，应采取相应的杆塔加固及金具改进等措施予以解决。

7）ADSS 电腐蚀的形成。ADSS 架设在高压电场中，运行环境恶劣，架设及运行时必须考虑电场对它的影响。处于强电场中的物体会受电场的作用而产生静电感应现象，同时电场强度将使导体、半导体产生电流。当电场强度足够大时，绝缘体也会被击穿，产生电流。强电场对 ADSS 外护套的损坏引起光缆电腐蚀主要有以下三方面原因：

高压导线在光缆周围感应出一定的电场强度，由于杆塔处于地电位，而杆塔周围高压线距离地电位距离较短，场强大于档距中央，当潮湿的污秽附着在光缆表面时，在电位梯度的作用下会形成感应电流，并最终由金具汇入大地。金具处的电场强度最低，但感应电流最大。可能在光缆金具尖端产生电晕和微小的火花放电，这种放电现象会对光缆外表面产生永久性损害，这也是杆塔上光缆在悬挂金具附近产生电腐蚀现象的主要原因。因此，在 ADSS 光缆架设以前必须对悬挂点的选择进行仔细分析。ADSS 光缆电腐蚀原理如图 2-38 所示。ADSS 电腐蚀集中在靠近杆塔的部位，金具端部最多，如图 2-39 所示，尤其是 220kV 线路的电腐蚀较严重，110kV 相对轻些，35kV 以下基本没有。

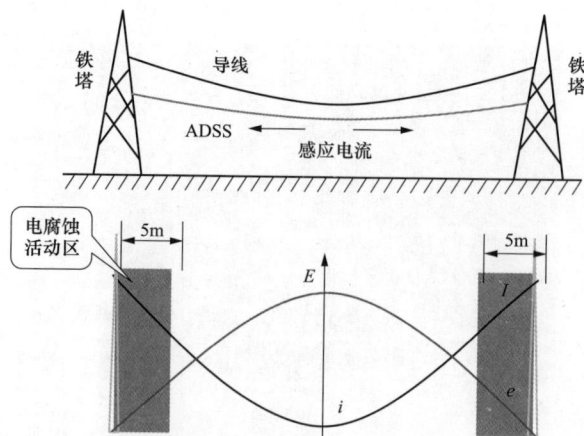

图 2-38　ADSS 光缆电腐蚀原理图

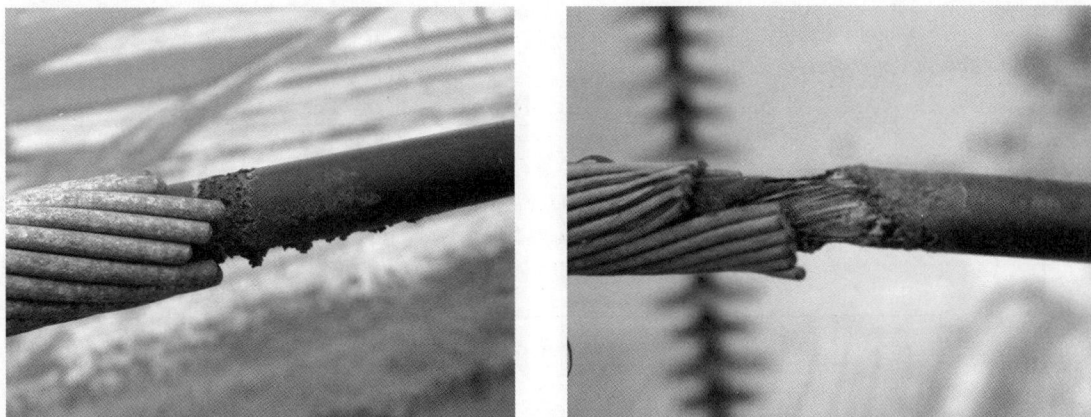

图 2-39　ADSS 金具尖端放电产生电腐蚀

　　在档距中央,光缆处于高压输电线路所形成的高电压环境,而在档距两端,ADSS 光缆由于靠近杆塔(通常接地)而处于零电位附近,从而使得 ADSS 光缆在档距中央和两端具有很大的电压降。当光缆受到污染或雨雾裹覆时,该电压降将在光缆外皮表面产生电流,电流产生的热量造成水分逐渐蒸发,出现局部干带,当干带两端的电压足够高时,将产生放电(爬闪)现象,导致光缆外护套灼伤,形成麻点状蚀痕,潮气由麻点渗入光缆,使缆芯和护套之间形成耦合电容,电容电压足够高时会将护套击穿,形成熔洞。放电导致芳纶纤维碳化,强度降低,水分的侵入也使芳纶纤维强度降低,最终使光缆断裂。ADSS 干带电弧放电原理如图 2-40 所示。ADSS 电腐蚀现象在污垢等级较高的沿海地带、化工厂、水泥厂等工业区或空气粉尘污染严重地区发生较多,如图 2-41 所示。

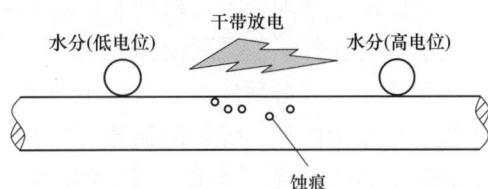

图 2-40　ADSS 干带电弧放电原理图

图 2-41　ADSS 干带电弧放电形成电腐蚀

　　早期的 ADSS 采用普通的 PVC 材料加工制成防振鞭,在高压环境中,防振鞭老化、龟裂,一旦被击穿,防振鞭将会形成导体电。电流流过时产生极高的热量,该热量将导致光缆护套熔化、变形,同时在靠近金具的尾端,易形成电弧放电,烧坏光缆,如图 2-42 所示。

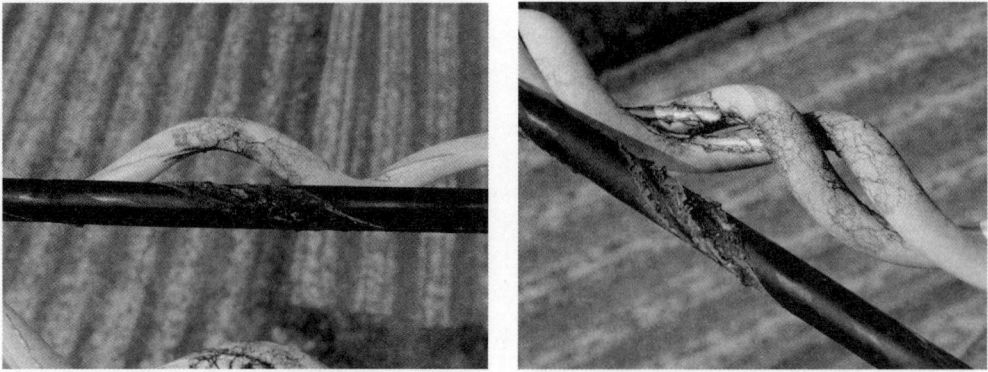

图 2-42　ADSS 防振鞭发热损伤光缆外护套

8）ADSS 金具配套及应用。ADSS 载荷通过耐张金具和悬垂金具与铁塔连接，光缆外护套在强电场下的电腐蚀劣化也常常发生在金具与光缆的连接处，因此 ADSS 光缆金具的选择配用和安装非常重要。ADSS 光缆金具包括耐张金具、悬垂金具、耐张与悬垂紧固件、引下线夹和减振器等。ADSS 的耐张与悬垂金具采用预绞丝，安装和使用方法类似于 OPGW，这些金具的选取要与 ADSS 光缆的张力、档距、地形、杆塔形式、地貌等因素相适应。金具一般情况下的强度安全系数不应小于 2.5。选取金具的关键是光缆外径与金具内预绞丝形成的内径之间应合理配合，太松则无法达到要求的握力值，太紧则使光缆承受过大的应力，从而压迫套管与光纤，使光纤受损。

为了防止光缆振动疲劳，超过 100m 档距的 ADSS 上必须安装防振金具，目前包括螺旋防振鞭与防振锤两种。螺旋防振鞭是依靠与 ADSS 碰击来进行防振的，如图 2-43 所示，而防振锤是依靠改变频率来进行防振的，如图 2-44 所示，两者各有优缺点。在易发生电腐蚀的线路采用防振锤进行防振，如 220kV 线路及沿海线路，可以减小电腐蚀的概率，最好是采用专门针对 ADSS 光缆设计的预绞丝式轻型防振锤。

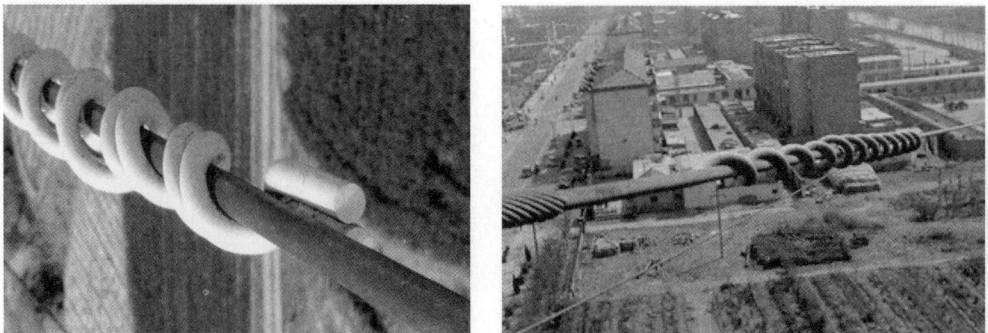

图 2-43　ADSS 采用螺旋防振鞭形式防振

除此之外，在 220kV 的线路上一般都在金具末端加防电晕圈，由于光缆和预绞丝金具都位于较强的电场空间中，预绞丝金具末端易受电晕放电影响。对光缆的安全运行产生威胁。防电晕圈可极大地改善预绞丝末端电场状态，减少电晕对光缆的电腐蚀，延长光缆的使用寿命。ADSS 金具末端加装防电晕圈如图 2-45 所示。

图 2-44　ADSS 采用防振锤形式防振

图 2-45　ADSS 金具末端加装防电晕圈

9) ADSS 施工安装。ADSS 的架设施工，一般采用张力放线机、滑轮、牵引机等工具，施工方法和 OPGW 基本相同。尤其要注意光缆在架设施工过程中不允许在地面、铁塔等处拖拽磨擦，要求所有滑轮的轮槽都具有橡胶内衬层。对光缆产生磨损，若光缆表面因磨损变得粗糙，失去憎水性，则说明已经发生了机械磨损，造成了电腐蚀。ADSS 与电力输电线路同杆且不停电架设，所以特别要注意不能在雨、雪中施工，以确保施工安全。

ADSS 一般不允许跨越铁路和高速公路，必要时跨越段可采取顶管或更换 OPGW 等方法。跨越一般公路及与输电线路交叉时，需要调节挂点或增设水泥杆对光缆作特殊的升降。当光缆穿越输电线路时，应充分考虑输电线路的弧垂随温度变化因素，因此对光缆与输电线路之间的垂直净距留有充分裕度。当光缆跨越 10kV 及以上输电线路时，施工时应考虑被跨越输电线路停电，以确保施工安全。另外，在光缆架设线路中还应满足架空光缆与建筑物、树木等最小垂直净距要求，详细参见 DL/T 547—2010《电力系统光纤通信运行管理规程》。重要跨越时，应由设计人员赴现场进行测量，提出架设设计方案和施工注意事项。

ADSS 的规范施工安装，是影响 ADSS 运行及使用寿命的关键因素，在电力系统内 ADSS 由于施工不规范，金具材质存在缺陷等问题，造成光缆受损情况屡见不鲜。特别是架设施工时不采取张力放线，光缆受到拖磨刮蹭，外护套损伤比较普遍，如图 2-46（a）所示；施工人员缠绕金具预绞丝时，违规用螺丝刀损伤光缆外皮，用普通电工胶布包扎损伤，胶布老化加速电腐蚀，如图 2-46（b）所示。

(a)　　　　　　　　　　　　　　　　　(b)

图 2-46　施工不规范造成光缆损伤
（a）光缆受到拖磨刮蹭外皮损伤；（b）金具端部施工损伤光缆包扎普通胶布

　　另外，在施工安装过程中，由于金具与光缆不匹配、金具装配不良、挂点不合理及其他不规范因素，造成 ADSS 存在缺陷，为光缆的运行埋下了隐患，如图 2-47 所示。

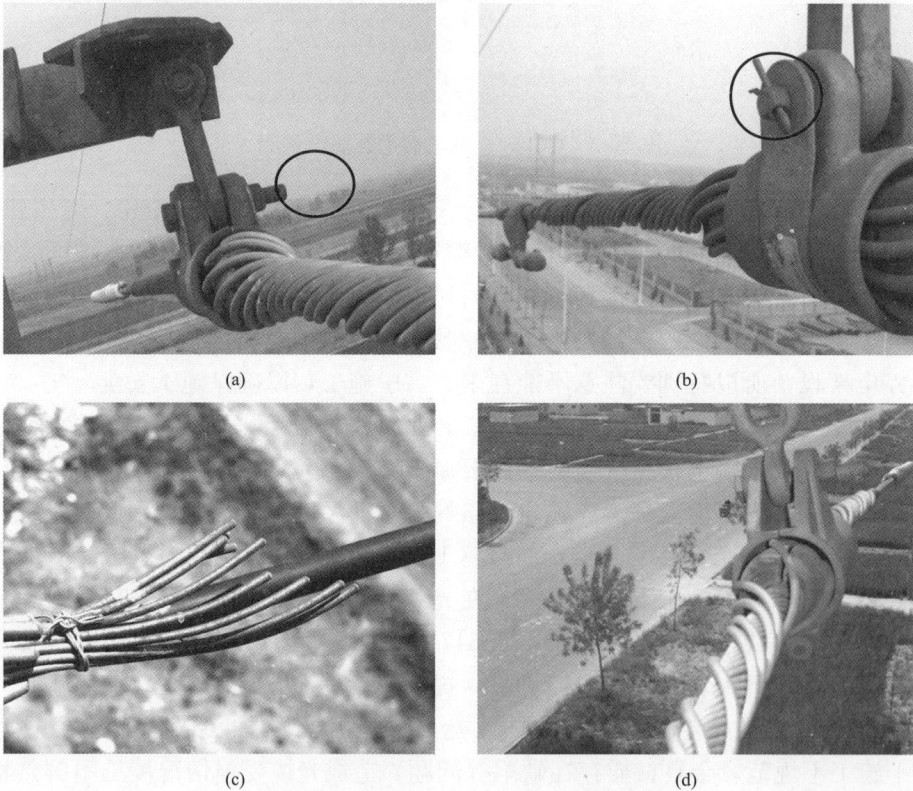

(a)　　　　　　　　　　　　　　　　　(b)

(c)　　　　　　　　　　　　　　　　　(d)

图 2-47　施工不规范造成光缆存在隐患（一）
（a）不插开口销造成螺栓易松脱；（b）螺栓未装螺母；
（c）金具不配套预绞丝绕不上；（d）悬垂线夹少装预绞丝

（e）　　　　　　　　　　　　　　　　　　（f）

（g）　　　　　　　　　　　　　　　　　　（h）

图 2-47　施工不规范造成光缆存在隐患（二）

（e）悬垂线夹预绞丝装配不良；（f）耐张线夹少绕一个节距；

（g）连接金具方向错误造成金具触碰铁塔；（h）悬垂金具严重歪斜

由于金具出现螺栓松脱、铰链式铝合金护套扣件张开、护套扣件内衬垫块损坏、预绞丝从内衬垫块中抽出及光缆扣件铰链断裂等问题，也会造成光缆磨损、断纤等后果，严重危及光缆安全，如图 2-48 所示。

（a）

图 2-48　金具不良造成光缆损伤（一）

（a）铝合金护套螺栓松脱扣件张开内衬垫块损坏单点受力造成断芯

(b)

图 2-48　金具不良造成光缆损伤（二）
(b) 铝合金扣件铰链断裂造成光缆滑脱

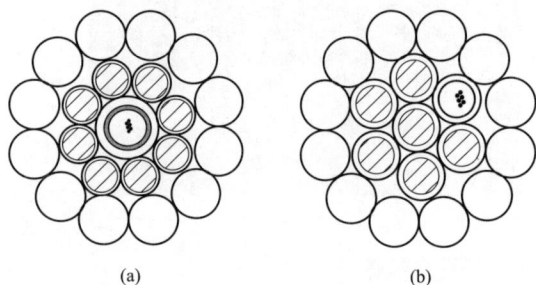

图 2-49　OPPC 典型结构
(a) 中心管式；(b) 层绞式

**3.** OPPC 技术及应用

（1）OPPC 典型结构。OPPC 是在传统的相线结构中嵌入光纤单元的一种电力特种光缆，它充分利用了电力系统自身的线路资源，具有传输电能与通信业务的双重功能。OPPC 的结构与 OPGW 类似，其典型结构如图 2-49 所示，主要分为中心光单元管式和不锈钢层绞式两种。

（2）OPPC 主要技术性能。OPPC 主要技术性能参数与 OPGW 类似，主要区别为：

1）OPPC 与另两相导线组成一个三相交流输电系统，需传导三相系统中的永久性电流，具有一定的持续温度，重载线路温度可达 90℃以上，光单元中的纤膏及光纤的涂覆层的温度性能必须满足长期运行的要求。

2）由于 OPPC 具有一定的持续温度，热膨胀产生的导线伸长效应明显，因此其应力应变性能要求比 OPGW 高。

3）为了保持相同的载流量和三相电气平衡，以及为了与相邻导线的弧垂张力特性保持一致，设计时尽量保证 OPPC 与其他两相导线的直径、抗拉强度、质量、直流电阻等相接近。

4）OPPC 的导电性能要求比 OPGW 高，其外层绞线通常为铝合金线。

5）根据相关规程要求，配网线路中 OPPC 需配置绝缘材料的外护套。

（3）OPPC 的应用。

1）与导线的匹配。OPPC 是一根含有光纤的架空导线，必须满足常规导线的机械性能、电气技术要求。

a. OPPC 需与相邻两相导线机械特性相匹配，即 OPPC 的直径、质量、截面积和机械特性等应与相邻导线的参数匹配（尽量相同或相近），尤其保证 OPPC 的抗拉强度、拉重比与导线相匹配。

b. OPPC 在运行时连续通过的电流会产生一定温升，结构设计中必须考虑并计算其在塑性（蠕变）伸长和最高工作温度下，弧垂与导线相配合的问题。

c. OPPC 作为相线，载流量不得小于相配合的导线。

2）金具的配套及应用。OPPC 金具的配套及应用可参考 OPGW 光缆，可选用预绞丝式耐张金具、悬垂金具，如图 2-50 所示，不同之处是 OPPC 金具与铁塔连接时需要加装绝缘子串。

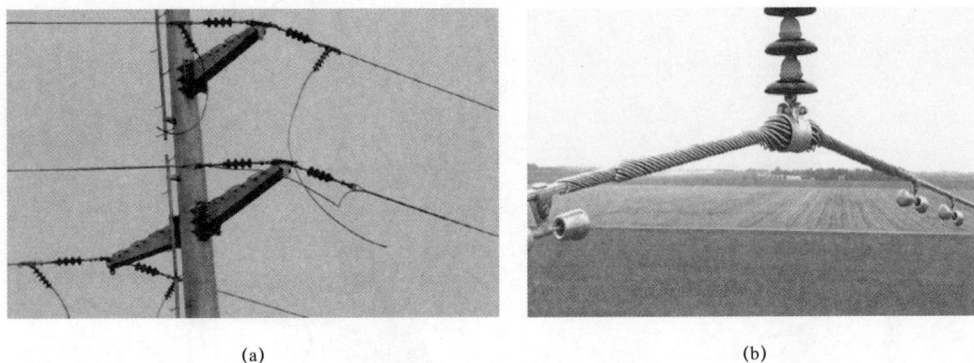

图 2-50　OPPC 预绞丝金具
（a）耐张金具；（b）悬垂金具

OPPC 接头盒除了具备特种光缆接头盒强度、抗冲击性能、密封性能等，还需要具备不低于所配套使用的线路绝缘等级。OPPC 接头盒需要组合设计复合绝缘子，实现光纤接续和光电分离。OPPC 接头盒分为支撑式中间接头盒、悬挂式中间接头盒、支撑式终端接头盒三种，见图 2-51。

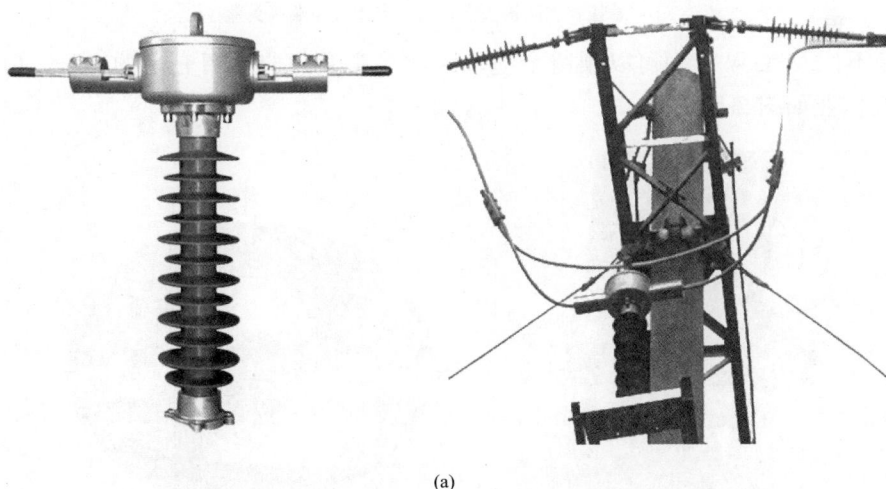

(a)

图 2-51　OPPC 接头盒形式（一）
（a）支撑式中间接头盒

(b)

(c)

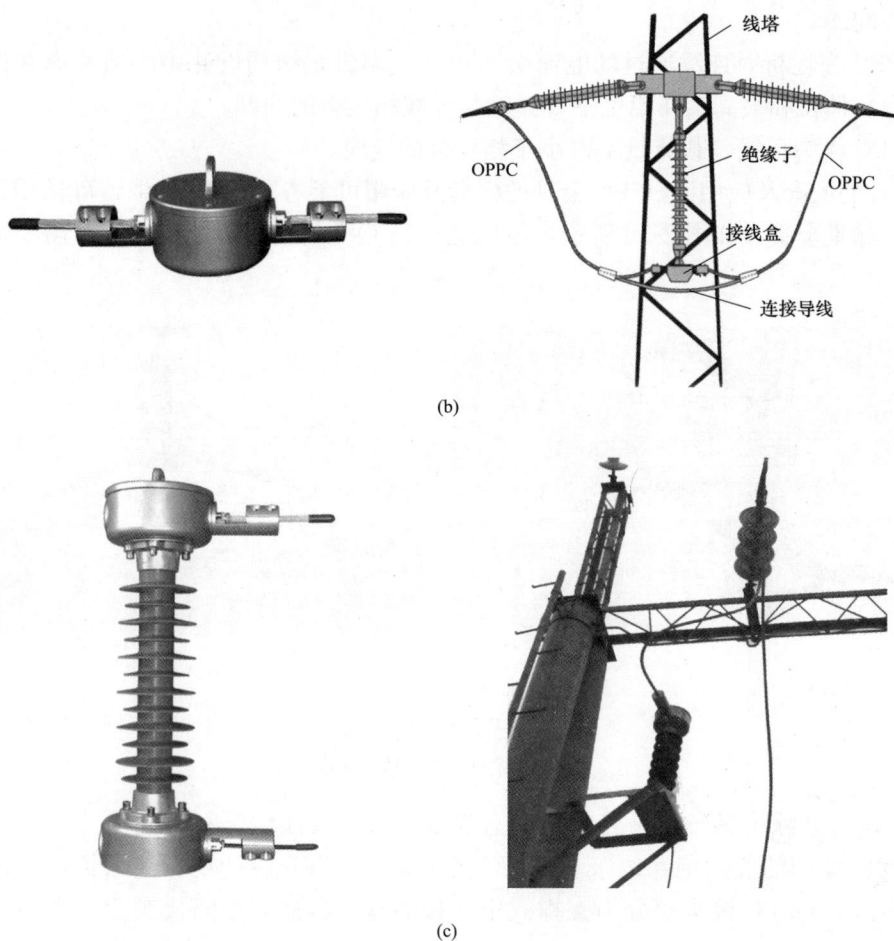

图 2-51　OPPC 接头盒形式（二）

（b）悬挂式中间接头盒；（c）支撑式终端接头盒

　　OPPC 不像 OPGW 接头可以预留余缆，因此接头盒内应预留充足的光纤。OPPC 接头盒现场熔接作业如图 2-52 所示。

图 2-52　OPPC 接头盒现场熔接作业

**4. MASS 技术及应用**

（1）MASS 典型结构。MASS 与中心管单层绞线的 OPGW 相一致，结构通常采用中心管式，即不锈钢光纤单元外面绞合一层镀锌钢丝或铝包钢丝，如没有特殊要求，金属绞线通常用镀锌钢线，因此结构简单，价格低廉。MASS 是介于 OPGW 和 ADSS 之间的产品。考虑 MASS 光缆同 ADSS 光缆一样与现有杆塔进行同杆塔架设，为减少对杆塔的额外负载，要求 MASS 光缆结构小、质量轻。MASS 典型结构如图 2-53 所示。

（2）MASS 主要技术性能。MASS 作为自承光缆应用时，主要考虑强度和弧垂，以及与相邻导/地线和对地的安全距离。它不像 OPGW 要考虑短路电流和热容量，不需要像 OPPC 那样考虑绝缘、载流量和阻抗，不需要像 ADSS 考虑安装点电场强度，其外层金属绞丝线用于容纳和保护光纤。在破断力相近的情况下，虽然 MASS 比 ADSS 重，但外直径比中心管 ADSS 约小 1/4，比层绞 ADSS 约小 1/3。在直径相近情况下，ADSS 的破断力和允许张力比 MASS 小得多。同金属吊线式普通架空光缆一样，交叉跨越安全距离是 MASS 主要考虑的问题。

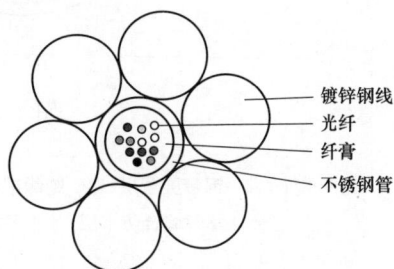

图 2-53　MASS 典型结构图

（镀锌钢线　光纤　纤膏　不锈钢管）

（3）MASS 的应用。MASS 主要应用于自立杆路及 20kV 及以下的电力杆路，它可以替代金属吊线式普通架空光缆，提高光缆可靠性，并且施工简单，在山区可以防止小动物啃咬，提高运行安全性。

**5. 光纤复合海底电缆技术及应用**

（1）光纤复合海底电缆典型结构。光纤复合海底电缆主要分为光纤复合三芯海底电缆和光纤复合单芯海底电缆两种结构，如图 2-54、图 2-55 所示。

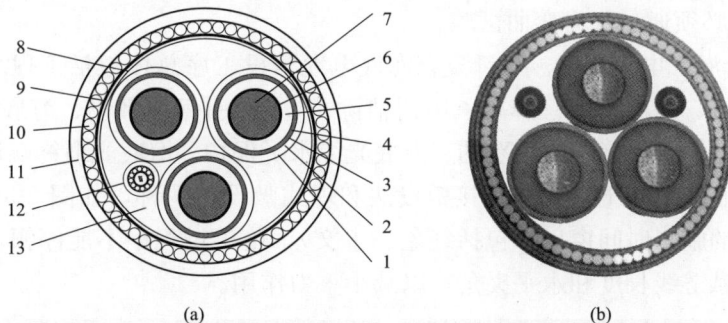

图 2-54　在三芯海底电缆中复合光纤

（a）结构图；（b）截面图

1—防腐层；2—合金铅套；3—半导体阻水层；4—绝缘屏蔽；5—XLPE 绝缘；6—导体屏蔽；7—阻水铜导体；
8—包带；9—PP 绳内垫层；10—钢丝铠装；11—外被层；12—光纤单元；13—填充

（2）光纤复合海底电缆主要技术性能。光纤复合海底电缆主要技术性能有热性能、机械性能、环境性能和光单元电气性能。

光纤复合海底电缆的热性能主要是指在 90℃ 的正常温度下所有材料能确保热稳定，承受短时 185℃ 温度，短路电流产生的 250℃ 不会导致性能劣化。光纤复合海底电缆的机械性

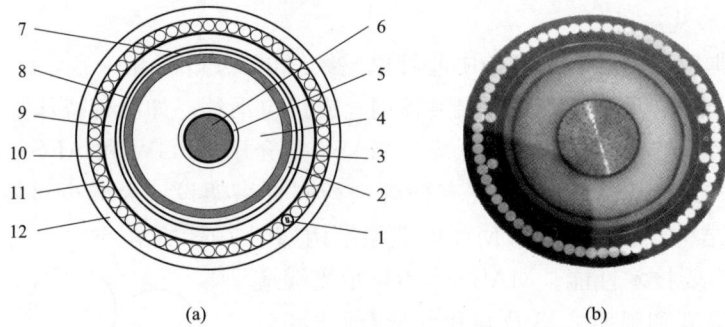

图 2-55  在单芯海底电缆中复合光纤

（a）结构图；（b）截面图

1—光纤单元；2—铜带屏蔽层；3—绝缘屏蔽；4—XLPE绝缘；5—导体屏蔽；6—阻水铜导体；7—半导体阻水层；
8—综合防水层；9—聚乙烯护套；10—内垫层；11—钢丝铠装；12—外被层

能主要有机械强度、电缆张力、抗压强度；弯曲特性、防磨损、冲击和压扁；电缆回收再利用等。海底电缆的环境性能主要指防腐性能。光纤复合海底电缆光单元电气性能主要指光单元管（不锈钢管）的直流电阻、电容及对地绝缘电阻等技术指标必须满足相关规程规范要求。

（3）光纤复合海底电缆的应用。海底电缆在所有电缆中设计最复杂、制造工艺要求最高、施工难度最大、运维成本最高。在结构设计中既要考虑海床、洋流、水文、气象、水深、航道等环境因素，又要考虑施工机械和施工工艺，还要考虑运行维护工作。

1）光纤复合海底电缆的光单元设计：

a. 选择高强度光纤，光纤筛选应力至少为 1.4GPa（能承受约 2％应变）；

b. 光单元节径比为 10～14，鼓轮直径不小于电缆直径的 40 倍，110kV 电缆为 6m；

c. 光单元螺旋线直径较大（大于 100mm）的单芯海底电缆不宜复合光单元；

d. 工程产品必须通过张力弯曲试验。

2）光纤复合海底电缆施工。光纤复合海底电缆敷设工序总体包括工程测量、海底光缆过驳、运输、试航、路由扫海（养殖、障碍清除）、主牵引钢缆敷设、海底光缆始端登陆、海底光缆埋设施工、海底光缆终端登陆、海底光缆水下保护、海底光缆终端熔接等。

光纤复合海底电缆施工主要有直接敷设法和埋式敷设法两种，如图 2-56 所示。光缆施工需要选择合适的施工时间窗口（包括气象、水文），施工过程中不能停顿，匀速布放；施工中减小电缆的悬链线长度和水平夹角，以减小重力作用。

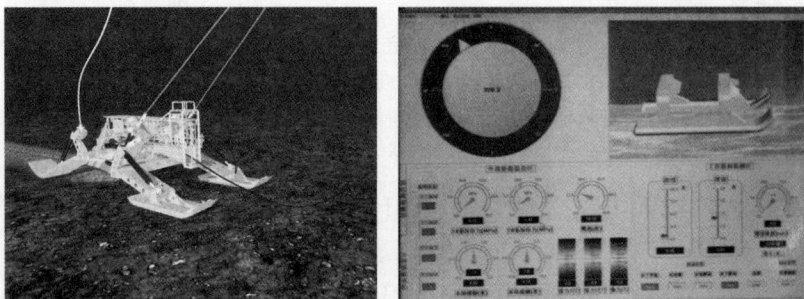

图 2-56  光纤复合海底电缆埋设型投放施工法

# 2.3　光缆线路的测试及故障分析

光缆线路测试是光缆线路技术维护的重要手段，其技术指标是评判光缆线路运行状态的重要依据。通过光缆线路测试，获取光缆线路技术参数，掌握其实际运行工况，为光缆线路工程建设、运行维护提供可靠的技术支撑。光缆线路测试主要包括光缆线路工程测试和光缆线路运维测试。

## 2.3.1　光缆线路工程测试

光缆线路工程测试是指在通信光缆工程建设过程中，光缆的单盘测试、光纤接续监测和中继段光缆竣工测试 3 种。

**1. 单盘测试**

单盘测试是指用户和制造厂之间对产品进行现场检验，按规定对产品进行现场测试验收，对运输到现场的光缆传输、技术特性进行检验，以确定运输到分屯点上的光缆是否达到设计要求，目的是对施工单位进行产品质量交接。

单盘测试采用 OTDR 从光缆的一端测试光纤的光衰减，测试示意如图 2-57 所示。检验时把至少 1km 长的光纤连接在 OTDR 和被测光纤之间，以提高被测光纤端头附近的分辨率，避免距连接点 10m 内的被测光纤断裂或损伤而导致无法探测；如果某一盘被测光缆的光性能有问题时，应从光缆的另一端测试光纤，并取 2 次测试结果的平均值作为该光纤的光衰减数值。

单盘测试需对每根光纤进行下列测试：

a. 光纤的连续性。检查每根光纤的连续性，是否有光纤断裂或光纤衰减出现不正常现象。

b. 衰减。光缆盘盘长的总衰减及每根光纤的每千米衰减量，衰减一致性应符合光纤的衰减在整个长度上均匀分配，不能有不连续点，在某设计波长上的不连续点，单模光纤应不超过 0.1dB，多模光纤应不超过 0.2dB。衰减一致性测量应从双向进行，其结果应取平均值。

c. 光纤长度。测量中所用的折射率应由厂家提供，检验收到的光缆盘数量及其长度与订货数量是否相符合。测试完毕后为防止潮气进入光纤内，应密封光缆端部。

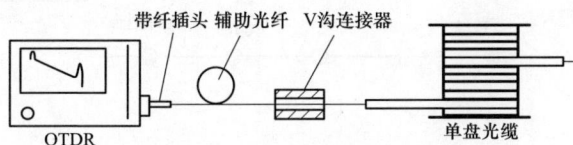

图 2-57　现场单盘测试示意图

**2. 光纤接续监测**

光纤自动熔接指示器上的读数只是经验数据，由微处理机按经验公式计算得出，连接损耗因素未考虑。因此，必须采用合适的方法进行熔接损耗监测。光纤接续监测一般采用 OTDR 进行监测，根据仪表安放位置及测试的不同要求，可采用后向单程、前向单程、前向双程三种测试方法。

（1）后向单程测试法（远端监测）。后向单程测试法如图 2-58（a）所示，即 OTDR 位置不动，在接续方向后侧测试，节省仪表转移所需的人力和物力；测试点选在有市电的地方，不需配汽油发电机；测试点固定，减少了光缆开剥。

（2）前向单程测试法（近端监测）。前向单程测试法如图 2-58（b）所示，OTDR 在光纤接续方向前一个接头点测试仪表始终超前转移。采用这种监测方法时，测试点与接续点始终只隔一盘光缆的长度，测试接头衰耗准确。这种方法 OTDR 要到每个测试点测试，搬动仪表既费工、又费时，且不利于仪表的保护。

（3）前向双程测试法（远端环回双向监测）。前向双程测试法如图 2-58（c）所示，OTDR 的位置同前向单程测试法相同，接续方向始端需将 2 根光纤短接，组成回路。由于增加了环回点，所以能在 OTDR 上测出接续衰耗的双向值。这种方法的优点是能准确评估接头的好坏。由于测试原理和光纤结构上的原因，用 OTDR 单向监测会出现虚假增益或虚假衰耗。对一个接头来说两个方向衰减值的数学平均值才是真实的衰耗值，可有效地避免误判，前向双程监测是光缆工程中常用的测试方法，这种测试法便于作业人员选择适合所接光纤的最佳程序，使熔接机工作于良好状态，接续人员能了解熔接机给出的估算值、单向测试值和实际衰耗值之间的关系，便于单向监测。

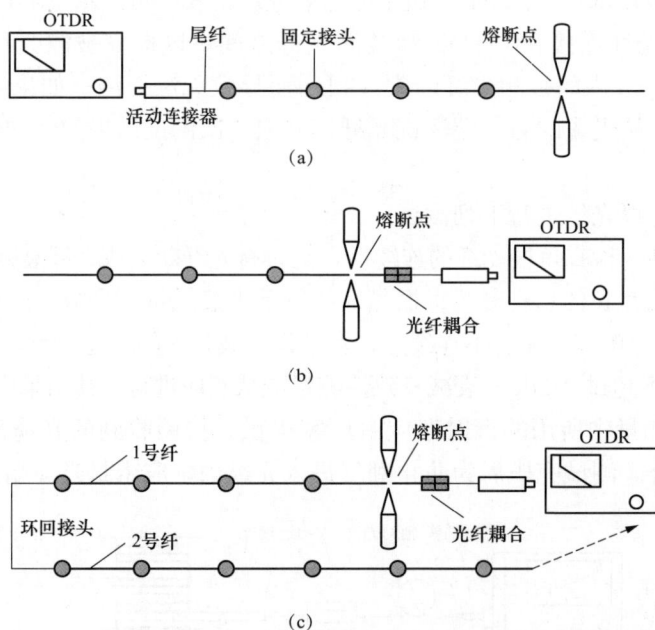

图 2-58　光纤熔接的现场监测
（a）远端监测；（b）近端监测；（c）远端环回双向监测

在整个熔接过程中对每一芯光纤进行实时跟踪监测，检查每一个熔接点的质量；每次盘纤后，对所盘光纤进行例检，以确定盘纤带来的附加损耗；封接续盒前，对所有光纤统测，查明有无漏测和光纤预留盘间对光纤及接头有无挤压；封接续盒后，对所有光纤进行最后检测，检查封盒是否损害光纤。

**3.** 光缆中继段竣工测试

光缆中继段竣工又称光缆线路工程竣工测试测试，是光缆线路施工过程中较为关键的一项工序。竣工测试是从光电特性方面全面地测量、检查光缆线路的传输指标，通常对光纤的连通性（对纤）、光纤链路损耗、光纤传输损耗及光纤长度进行测试。光缆中继段竣工测试采用光源、光功率计和光时域反射仪（OTDR）联合测试的方法。

（1）连通性（对纤）测试。连通性测试一方面对光纤的连通进行测试，另一方面也对光纤在接续过程中交叉错芯接续进行检测，该测试一般结合光源、光功率计，与光纤链路损耗测试同步进行。

（2）光纤链路损耗测试。光纤链路损耗测试采用稳定光源和光功率计对光纤的收发功率进行测试。在测试前，用测试光纤跳纤、光纤连接适配器连接稳定光源和光功率计进行参考值的设置，一般采用归零设置。测试方法是，用测试跳纤通过 ODF 适配器分别在被测光纤两端连接至稳定光源和光功率计，若采用远端环回连接，则将本端被测光纤分别连接至稳定光源和光功率计，测试连接图如图 2-59 所示。

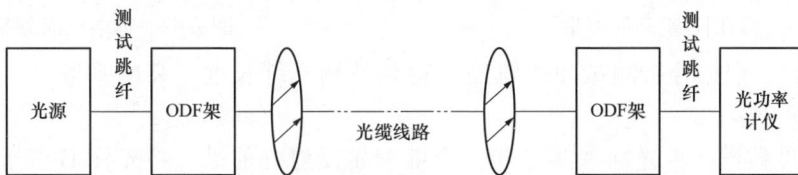

图 2-59　光纤链路损耗测试连接图

连接设置完成后开始测试，在被测光纤的输入端通过发射校准过的稳定光源发出连续波长，在被测光纤的输出端通过光功率计读取输出光功率 $P_1$（dBm），再更换方向读取输出光功率 $P_2$（dBm），光纤链路损耗 $P=(P_1+P_2)/2$。发送端与接收端的光功率值差就是该光纤链路所产生的损耗。

（3）光纤传输损耗及光纤长度测试。光纤的传输损耗特性是决定光网络传输距离、传输稳定性和可靠性的最重要因素之一。产生光纤传输损耗的原因是多方面的，光纤的传输损耗主要包括光纤的固有损耗、接续损耗、熔接损耗和活动接头损耗）和非接续损耗（弯曲损耗和其他施工因素和应用环境造成的损耗）。

光纤传输损耗及光纤长度测试采用光时域反射仪（OTDR），通过后向散射曲线的分析，测得光纤熔接损耗、光纤衰减系数和光纤长度等数据。为减小 OTDR 盲区引起的误差，以及能监测到 ODF 光纤连接器的损耗，采用测试过渡光纤连接 OTDR 与被测光纤，测试过渡光纤约为 1km，测试连接图如图 2-60 所示。

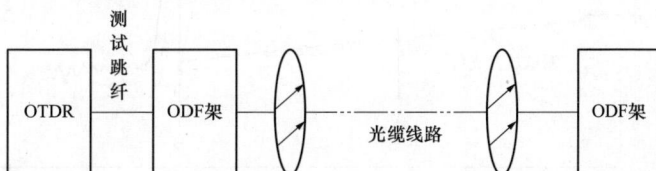

图 2-60　光纤传输损耗及光纤长度测试连接图

　　OTDR 进行光纤熔接损耗的测量，采用 2PT（两点法）测量，为了去除光纤的不均匀性带来的误差，需要采用双向测量，同一点的熔接损耗值相加后取平均值。被测光纤在 50km 之内的，采用远端环回测量，在远端环回点把 1、2 芯和 3、4 芯等全部芯数光纤成对环回，在第 1 芯可以测量第 2 芯的反向值，在 2 芯可以测量第 1 芯的反向值，依次类推得到 $n$ 根光纤的双向值，如图 2-61 所示；被测光纤在 50km 以上的采用远端反向测量，用 OTDR 在两端进行双向测量，如图 2-62 所示。

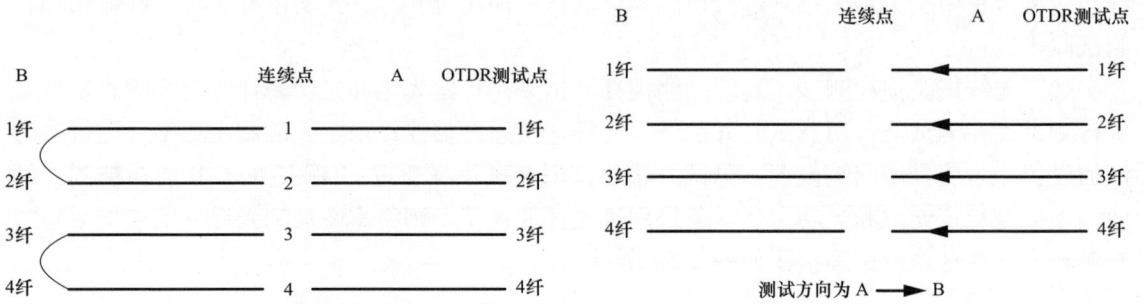

图 2-61　采用远端环回测量

图 2-62　远端反向测量

　　测试完成后，根据分析测试曲线轨迹可得到被测光纤长度、衰减系数、接续损耗等数据，详细介绍如下。

　　a. 光纤长度数据。将光标 A 置于第一个菲涅尔反射峰前沿，将光标 B 置于第二个菲涅尔反射峰前沿，光标 A 与光标 B 之间的相对距离差即为被测光纤长度，如图 2-63 所示。

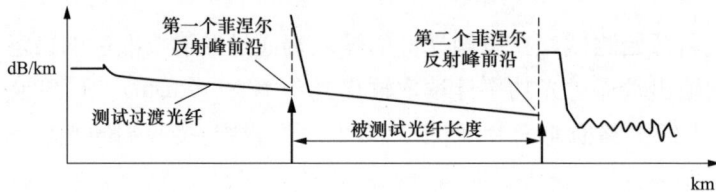

图 2-63　光纤长度测试

　　b. 光纤衰减系数数据。将光标 A 置于第一个菲涅尔反射峰后沿，曲线平滑的起点，将光标 B 置于第二个菲涅尔反射峰前沿，光标 A 与光标 B 间显示衰减系数就是被测光纤的衰减系数（dB/km），1550nm 波长正常范围 OPGW 和 ADSS≤0.21dB/km、普通光缆≤0.22dB/km，如图 2-64 所示。

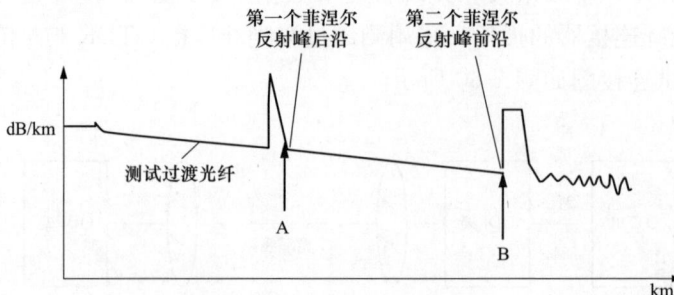

图 2-64　光纤衰减系数测试

　　c. 光纤接续损耗数据。通过分析测试曲线轨迹，结合测试结果的事件列表［在光纤分析结果中事件是指由有损耗的连接（微弯、连接器或熔接点）造成的衰减异常、反射连接（连接器或光纤断裂）或光纤远端］。事件列表中列出超出预设阈值的事件，以高亮度红色显示。经过对被测光纤双方向测试，并对测量结果取平均值，可以精确地记录被测光纤的熔接点损耗（正常≤0.08dB）和活动连接器的损耗（正常≤0.5dB），如图 2-65 所示。

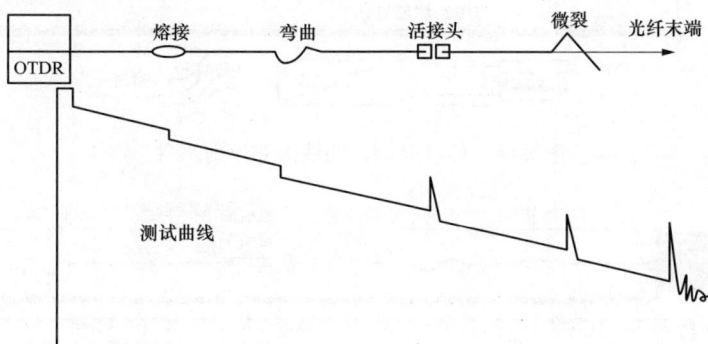

图 2-65　OTDR 测试曲线的事件类型及显示

　　（4）测试曲线及数据的储存。每次光纤测试完成后，应及时将曲线及测试数据进行储存并倒出，以便在投运后对发生故障的异常光纤进行曲线对比。

## 2.3.2　光缆线路的运行维护测试

　　光缆线路的运行维护测试主要包括在运光缆线路的备用纤芯测试、光缆迁改或故障处理后的验收测试及光缆发生故障后查障测试。光缆线路的运行维护测试和中继段光缆竣工测试所采用的仪表及方法基本相同。备用纤芯测试对在运光缆的备用光纤进行定期测试并保存相关测试数据，同一条光缆线路尽可能采用相同的仪表，设置相同的参数进行测试，传输损耗变化有对比性，才能掌握光缆线路的实时运行工况；光缆迁改或故障处理后的验收测试，如 OTDR 对在运光纤进行测试，测试前需断开两端设备的光板连接，以防止 OTDR 强光源造成设备光板的损坏。当光缆发生故障时应进行查障测试，一般采用 OTDR 进行故障定位，再根据 OTDR 测得的曲线进行故障原因的分析。

**1. OTDR 反射曲线事件定义**

　　（1）非反射事件。光纤中的熔接头和微弯都会带来损耗，但不会引起反射，由于它们的反射较小，称为非反射事件。非反射事件在 OTDR 测试结果曲线上，以背向散射电平上附加一个突然下降的台阶形式表现出来，因此在竖轴上的改变即为该事件的损耗大小。OTDR 测试曲线的非反射事件如图 2-66 所示。

　　（2）反射事件。活动连接器、机械接头和光纤中的断裂点都会引起损耗和反射，这种反射幅度较大的事件称为反射事件。反射事件损耗的大小是由背向散射电平值的改变量决定的，反射值（通常以回波损耗形式表示）是由背向散射曲线上反射峰的幅度所决定的。OTDR 测试曲线的反射事件如图 2-67 所示。

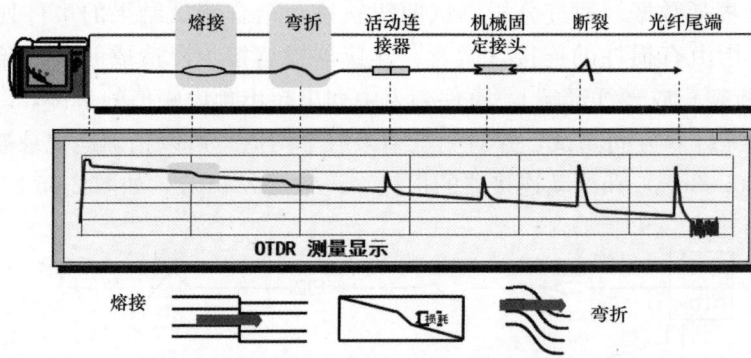

图 2-66　OTDR 测试曲线的非反射事件

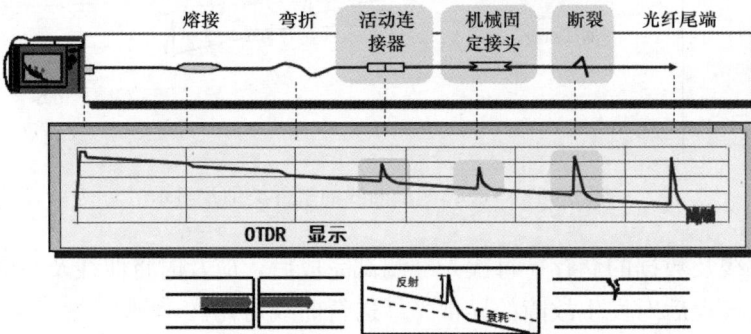

图 2-67　OTDR 测试曲线的反射事件

（3）光纤末端反射。光纤末端反射通常有两种情况：

1）如果光纤的末端为平整的端面或末端接有活动连接器（平整、抛光），在光纤的末端就会存在反射率为 4% 的菲涅尔反射，如图 2-68 所示。

2）如果光纤的末端是破裂的端面，由于末端端面不规则性会使光线漫射而不引起反射。

上述两种情况：第一种情况为一个反射幅度较高的菲涅尔反射；第二种情况中，光纤末端显示的曲线从背向反射电平简单地降到 OTDR 噪声电平以下，有时破裂的末端也可能会引起反射，但反射峰不像平整端面或活动连接器带来的反射峰值那么大。

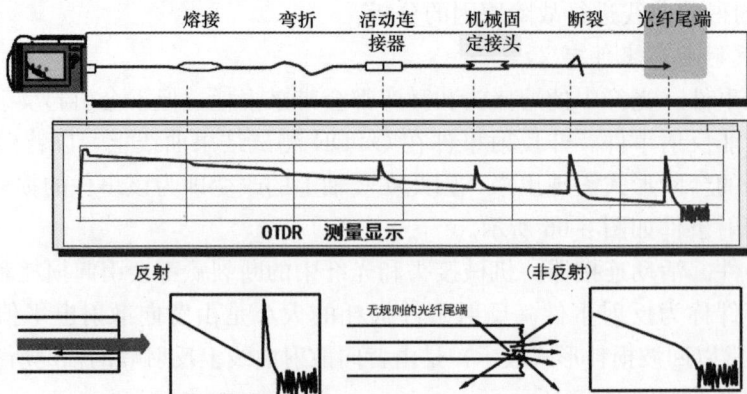

图 2-68　OTDR 测试曲线的光纤末端反射

**2. OTDR 典型曲线故障原因分析**

（1）正常曲线。正常曲线如图 2-69 所示，A 为盲区，B 为测试末端反射峰。测试曲线是倾斜的，随着距离的增长，总损耗会越来越大。总损耗（dB）与总距离（km）的比值就是该段纤芯的平均损耗（dB/km）。

（2）光纤存在跳接点。图 2-70 中间多了一个反射峰，很可能是一个跳接点，能够出现反射峰，很多情况是因为末端的光纤端面是平整光滑的，端面越平整，反射峰越高。

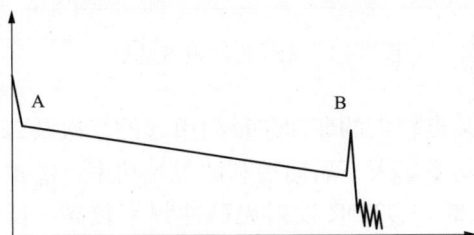

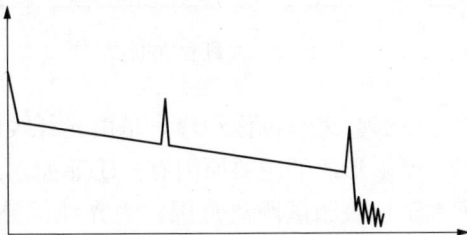

图 2-69　正常曲线　　　　　　　　　图 2-70　光纤存在跳接点

（3）近处断纤异常情况。出现图 2-71 所示情况，有可能是：仪表的盲区光纤没有插好、OTDR 光脉冲没有入射光纤、断点位置位于近端。出现这种情况时：

1）检查尾纤连接情况，确认连接正确；

2）更改 OTDR 设置，把测试距离、测试脉冲宽度调到最小，判断是否为尾纤故障，更换尾纤；

3）OTDR 上的识配器问题，擦洗识配器；

4）光纤近端存在断点。

（4）非反射事件。图 2-72 所示情况比较常见，曲线中间出现一个明显的台阶，原因可能为该处为光纤熔接点、纤芯打折、弯曲过小、受到外界损伤等因素。

图 2-71　光纤存在近处断纤等　　　　　图 2-72　光纤存在非反射事件

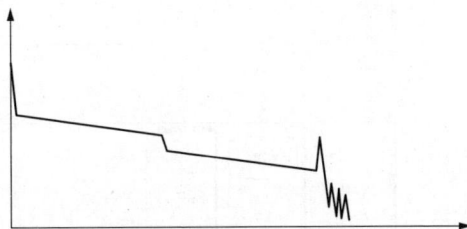

（5）光纤存在断点。图 2-73 所示曲线在末端没有任何反射峰，说明光纤在曲线掉落处断芯或打折。在实际检修排障中，一般建议使用具有较强反射能力的 1310nm 波长重新测试，若测试曲线中出现很陡事件点，表明是光纤打折，若反射事件图仍如与图 2-73 相同，说明光纤中间断纤，测试人员也可利用 OTDR 进行实时监测，按照图 2-73 中的情况判断。

（6）测试距离过长。图 2-74 所示情况是出现在测试长距离的纤芯时，原因可能是光纤线路太长，OTDR 无法测试到线路末端，或者是测试脉冲设置过小，可以加大 OTDR 测试距离、加大测试脉冲宽度，同时稍微加长测试时间，达到全段测试的目的。

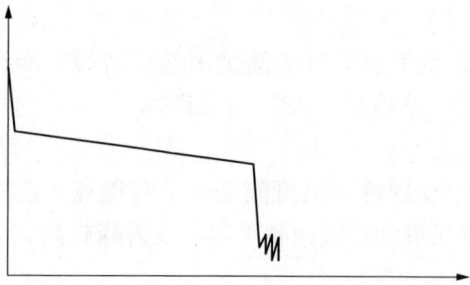

图 2-73　光纤存在断点

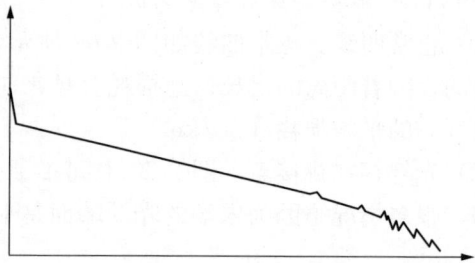

图 2-74　光纤测试距离过长

（7）鬼影。鬼影也称幻峰，是由光纤线路中某点较大的菲涅尔反射引起的二次及二次以上反射，鬼影形成的主要原因有：①菲涅尔反射功率远大于后向瑞利散射光功率；②被测光纤长度大于仪表测试距离范围，当光缆线路较长时，OTDR 发射光脉冲频率较高，反射回始端的光脉冲还没达到始端，第二个光脉冲又发射出去，两者在线路某点相遇形成鬼影；③仪表与光纤、光纤与光纤接口损耗大，当脉冲遇到大的反射接头时，一部分脉冲就会重新返回远端，然后与其他光脉冲相叠加而形成鬼影。

鬼影识别曲线上鬼影处未引起明显损耗，如图 2-75（a）所示；沿曲线鬼影与始端的距离是强反射事件与始端距离的倍数，成对称状，如图 2-75（b）所示。

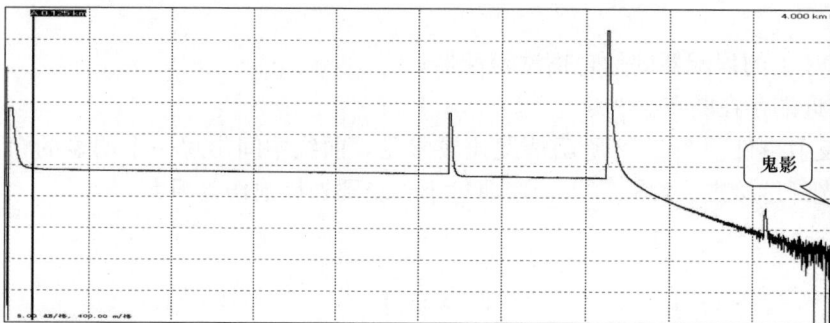

(a)

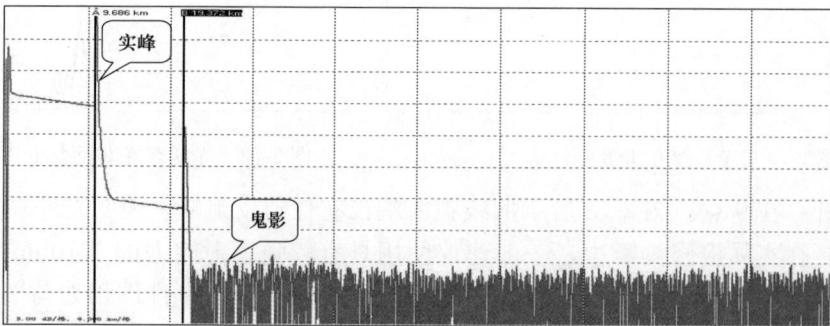

(b)

图 2-75　鬼影识别曲线图

（a）未引起明显损耗；（b）曲线成对称状

鬼影可通过以下方法消除：在强反射处使用折射率匹配仪以减小反射、选择短脉冲宽度以减小注入功率、选择合适的量程范围、在强反射之前的光纤中增加衰减。如果引起鬼影的事件位于光纤终端，可打小弯以衰减反射回始端的光脉冲。

（8）正增益。正增益是由于在熔接点之后的光纤比熔接点之前的光纤产生更多的后向散光而形成的，如图 2-76 所示，事实上，光纤在 a 点是产生熔接损耗的。正增益常出现在不同模场直径或不同后向散射系数的光纤熔接过程中，因此，需要在两个方向测量并对结果取平均值作为熔接损耗。

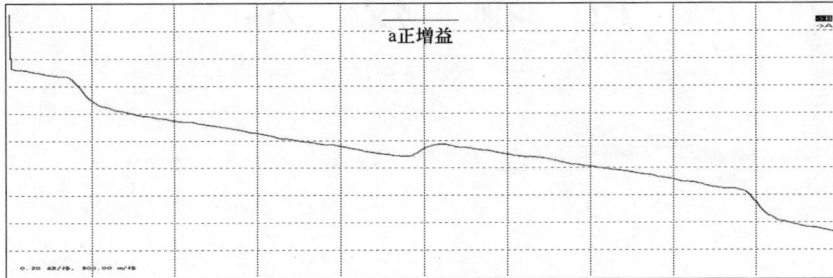

图 2-76　正增益曲线

# 第3章

# 传 输 技 术

本章主要介绍 SDH 技术、波分技术、OTN 技术，以及 SDH、OTN 故障案例分析。

# 3.1 SDH 技 术

## 3.1.1 SDH 技术简介

SDH 是一种将复接、线路传输及交换功能融为一体，并由统一网络管理系统操作的综合信息传送网。它规定了比特率的分级、信号的标准格式、复用方式及网络节点接口参数等，到目前为止 ITU-T 通过了一系列的建议，形成了一整套高度标准化的技术规范，为研制开发、规划设计和施工维护等工作提供了必要的技术依据。同时，它可实现网络有效管理、实时业务监控、动态网络维护、不同厂商设备间的互通等多项功能，大大提高网络资源利用率，降低了网络管理及维护费用，实现了高效可靠的网络运行与维护。

### 3.1.1.1 SDH 的帧结构

为了方便地从高速信号中直接复用/解复用低速信号，便于实现支路的同步复用、交叉连接和交换，需要尽可能使 SDH 信号的帧结构的支路信号在一帧内分布均匀、有规律。鉴于此，ITU-T 规定了 STM-N 的帧结构是一种以字节（8bit）为单位的矩形块，如图 3-1 所示。STM-N 的信号是 9 行×270 列×N 列的帧结构，N 与 STM-N 中的 N 一致，取值范围是 1，4，16，64……，即 STM-1 信号的帧结构是 9 行×270 列的矩形块，N 个 STM-1 信号通过字节间插复用成一个 STM-N 信号，行数恒定不变。

SDH 信号的传输原则是：帧结构中的字节按从左到右、从上到下，一个字节一个字节地传输，传完一行再传下一行，传完一帧再传下一帧。对于任何 STM 等级的 SDH 信号，帧频均为 8000 帧/s，即帧周期恒定为 $125\mu s$。由此可知，STM-1 的速率为 $9\times270\times8000\times8=155520000bps$（155Mbps），STM-N 的速率为 STM-1 速率的 N 倍。正是这种恒定的帧

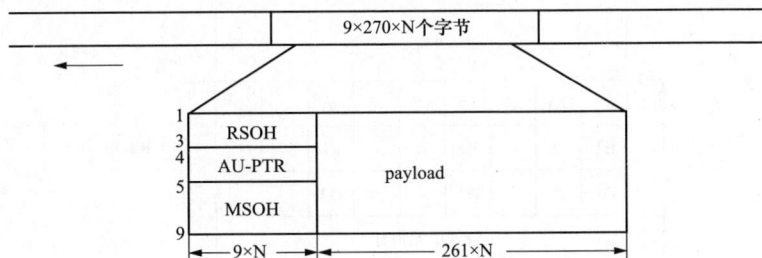

图 3-1　STM-N 帧结构

周期使得 STM-N 信号的速率具有规律性，从而使高速 SDH 信号直接分/插出低速信号成为可能。

STM-N 的帧结构包括段开销（包括再生段开销 RSOH 和复用段开销 MSOH），管理单元指针（AU-PTR）和信息净负荷（payload）三部分。

段开销（SOH）是为了保证信息净负荷能够准确、灵活地传送所加入的用于网络运行、管理和维护的字节。其中段开销又分为再生段开销（RSOH）和复用段开销（MSOH），二者区别在于监管的范围不同，RSOH 监管的是整个 STM-N 的传输性能，MSOH 监管的是 STM-N 中每个 STM-1 的性能状况。

管理单元指针（AU-PTR）是一种位置指示符，用来指示信息净负荷的第一个字节在 STM-N 帧中的准确位置，以便在接收端可以准确地分离信息净负荷，对应图 3-1 中第 4 行、第 1～9×N 列的 9×N 个字节。

信息净负荷（payload）是在 STM-N 帧结构中存放所要传送的各种信息码块的地方，如图 3-1 中所示第 1～9 行、第 10×N～第 270×N 列所占的矩形块。其中，为了实时监测低速信号的传输状况，加入了少量用于通道性能监控的通道开销字节（POH），这些 POH 字节也作为净负荷的一部分一起在网络上传输。

### 3.1.1.2　SDH 开销字节

开销是指完成对 SDH 信号提供层层细化的监控管理功能，包括段层监控和通道层监控，分别通过段开销和通道开销来实现。段层的监控又分为再生段层和复用段层的监控，通道层监控又分为高阶通道层和低阶通道层的监控。

**1. 段开销**

段开销包括再生段开销和复用段开销，分别位于 STM-N 帧结构的（1～3）行×（1～9N）列和（5～9）行×（1～9N）列，再生段开销监控整个 STM-N 信号，复用段开销监控每一个 STM-1。以 STM-1 为例，段开销字节如图 3-2 所示。

（1）定帧字节 A1 和 A2。定帧字节的作用类似于指针，主要用于定位每个 STM-N 帧的起始位置，以便收端在收到的信号流中正确地分离出各 STM-N。A1 和 A2 都有固定的值，A1：11110110（f6H），A2：00101000（28H）。当连续 5 帧以上收不到正确的 A1、A2 字节，即无法判别帧头，那么收端进入帧失步状态，产生帧失步告警 OOF；若 OOF 持续 3ms，则进入帧丢失状态，产生帧丢失告警 LOF，下插 AIS 信号，整个业务中断。在 LOF 状态下，若收端连续 1ms 以上又处于定帧状态，则设备回到正常状态。

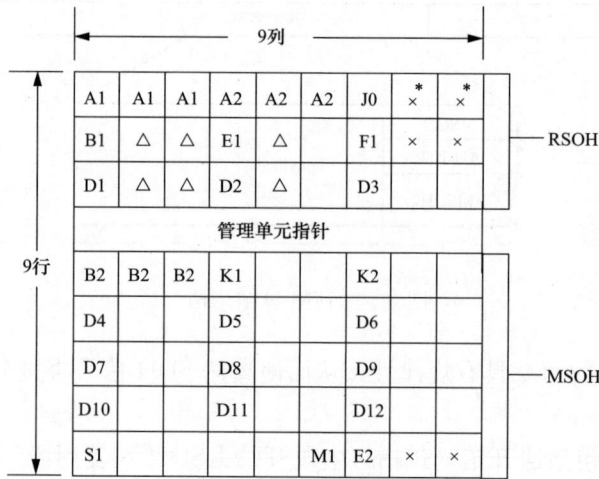

图 3-2  以 STM-1 为例的段开销字节

（2）再生段跟踪字节 J0。该字节被用来重复地发送段接入点标识符，以便使接收端能据此确认与指定的发送端处于持续连接状态。在同一运营商的网络内，该字节可为任意字节，而在不同运营商的网络边界处要使设备收、发两端的 J0 字节相匹配。

（3）数据通信通路（DCC）字节 D1～D12。D1～D3 是再生段数据通路字节（DCCR），速率为 $3 \times 64Kbps = 192Kbps$，用于再生段终端间传送 OAM 信息；D4～D12 是复用段数据通路字节（DCCM），速率为 $9 \times 64Kbps = 576Kbps$，用于在复用段终端间传送 OAM 信息。DCC 通道总速率为 768Kbps，它为 SDH 网络管理提供了强大的通信基础。

（4）比特间插奇偶校验 8 位码（BIP-8）B1。B1 字节用于监测再生段层的误码（B1 位于再生段开销中）。

B1 字节的工作机理是：发送端对本帧（第 N 帧）加扰后的所有字节进行 BIP-8 偶校验，将结果放在下一帧（第 N+1 帧）中的 B1 字节；接收端将当前帧（第 N 帧）的所有比特进行 BIP-8 校验，所得的结果与下一帧（第 N+1 帧）的 B1 字节的值进行异或比较，若异或结果有 1 出现，则出现多少个 1，就说明第 N 帧在传输中出现了多少个误码块，最多可检测出的误码块个数为 8。

（5）比特间插奇偶校验 N×24 位的（BIP-24）字节 B2。B2 的工作机理与 B1 类似，只不过它检测的是复用段层的误码情况。B1 字节是对整个 STM-N 帧信号传输进行误码检测，1 个 STM-N 帧中只有 1 个 B1 字节；B2 是对 STM-N 中的每一个 STM-1 帧的误码情况进行检测，1 个 STM-1 帧对应 3 个 B2 字节，STM-N 帧中有 3N 个 B2 字节。

检测机理：发送端对当前待扰的 STM-1 帧中除 RSOH 的所有字节进行 BIP-24 校验，将结果放在下一个待扰的 STM-1 帧中的 B2 字节；接收端将当前解扰后的 STM-1 帧除了 RSOH 的所有比特进行 BIP-24 校验，所得的结果与下一个 STM-1 帧解扰后的 B2 字节的值进行异或比较，若异或结果有 1 出现，有多少个 1，就说明第 N 帧在传输中出现了多少个误码块，最多可检测出的误码块个数为 24。

（6）公务联络字节 E1 和 E2。分别提供 1 个 64Kbps 的公务联络语音通道，语音信息放在这 2 个字节中传输。E1 属于 RSOH，用于再生段的公务联络；E2 属于 MSOH，用于终端间直达公务联络。

（7）使用者通路字节 F1。提供速率为 64Kbps 数据/语音通路，保留给使用者（通常指网络提供者）用于特定维护目的的临时公务联络。

（8）自动保护倒换（APS）通路字节 K1、K2（b1～b5）。这 2 个字节用作传送自动保护倒换（APS）信令，保证设备能在故障时自动切换，使网络业务恢复，用于复用段保护倒换自愈情况。

（9）复用段远端失效指示（MS-RDI）字节 K2（b6～b8）。这是一个对告的信息，由收端回送给发端，表示收信端检测到故障或正收到复用段告警指示信号，即当收端收信恶劣时，回送给发端 MS-RDI 告警信号，以便发端知道收端的状态。若收到的 K2 b6～b8 为 110 码，则此信号是对端对告的 MS-RDI 告警信号；若收到的 K2 b6～b8 为 111 码，则此信号是本端收到 MS-AIS 信号，此时要向对端发送 MS-RDI 信号。

（10）同步状态字节 S1（b5～b8）。b5～b8 4 个不同比特数值的排列表示 ITU-T 的不同时钟质量级别，使设备能据此判定接收的时钟信号的质量，以决定是否切换时钟源，即切换到较高质量的时钟源上。S1（b5～b8）的值越小，表示相应的时钟质量级别越高。

（11）复用段远端误码块指示（MS-REI）字节 M1。这是个对告信息，由收端回送给发端。M1 字节用来传送接收端由 B2 所检出的误块数，以便发送端据此了解接收端的收信误码情况。这里说明下 N 个 STM-1 帧通过字节间插复用成 STM-N 帧时，段开销是怎么进行复用的。字节间插复用时，各 STM-1 帧的 AU-PTR 和净负荷的所有字节原封不动的按字节间插方式复用，段开销复用时除段开销中的 A1、A2、B2 字节按字节间插方式复用，其他字节要经过终结处理后再重新插入 STM-N 相应的开销字节中。

**2. 通道开销**

通道开销负责的是通道层的 OAM 功能。通道开销又分为高阶通道开销和低阶通道开销，分别完成对 VC4 级别通道的监测和对 VC12 级别通道的监测。而 VC3 中的通道开销按照复用路线选取的不同，可划在高阶或低阶通道开销范畴，其字节结构和作用与 VC4 的通道开销相同。

（1）高阶通道开销（HP-POH）。销位于 VC4 帧中的第一列，共 9 个字节，如图 3-3 所示。

1）通道踪迹字节 J1。该字作用与 J0 字节类似，被用来重复发送高阶通道接入点标识符，使该通道接收端能据此确认与指定的发送端处于持续连接状态，要求收发两端的 J1 字节相匹配即可。J1 是 VC4 的起点，也就是 AU-PTR 所指向的位置。

2）B3 字节。B3 字节负责监测 VC4 在 STM-N 帧中传输的误码性能，也就是 140Mbps 信号在 STM-N 帧中传输的误码性能。监测机理与 B1、B2 类似，只不过 B3 是对 VC4 帧进行 BIP-8 校验。

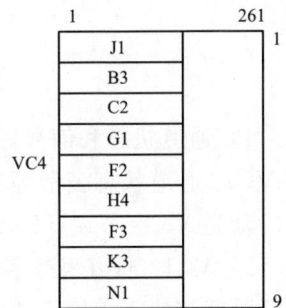

图 3-3　高阶通道开销的结构图

3）信号标记字节 C2。C2 用来指示 VC 帧的复接结构和信息净负荷的性质，例如通道是否已装载、所载业务种类和它们的映射方式。例如：C2＝00H 表示这个 VC4 通道未装载有效信号，这时要往这个 VC4 的净负荷 TUG3 中插入全"1"码，设备出现高阶通道未装载告警：HP-UNEQ，当 C2＝02H 时，表示 VC4 装载的净负荷是按 TUG 结构的复用路线复用来的，C2＝15H 表示 VC4 的负荷是 FDDI（光纤分布式数据接口）格式的信号。C2 字节的设置也一定要收发两端相匹配。

4）通道状态字节 G1。该字节传送的是对告信息，由收端将通道终端状态和性能情况回送给 VC4 通道源设备，使发端据此了解收端接收相应 VC4 通道信号的情况，从而允许在通道的任一端或通道中任一点对整个双向通道的状态和性能进行监视。

5）使用者通路字节 F2、F3。这两个字节提供通道单元之间进行通信联络，与净负荷有关。

6）TU 位置指示字节 H4。H4 指示有效负荷的复帧类别和净负荷的位置。例如，作为 TU-12 复帧指示字节或 ATM 净负荷进入一个 VC-4 时的信元边界指示器。只有当 PDH 的 2Mbps 信号复用进 VC4 时，H4 字节才有意义。因为 2Mbps 信号装进 C12 时是以复帧形式装入的，H4 字节就是指示当前的 TU12（C12 或 VC12）是当前复帧中的第几个基帧，起位置指示作用。显然，H4 字节的范围是 01H～04H，若收端收到的 H4 不在此范围，则收端会产生支路单元复帧丢失告警（TU-LOM）。

7）空闲字节 K3。预留将来使用，要求接收端忽略该字节的值。

8）网络运营者字节 N1。用于特定的管理目的。

（2）低阶通道开销（LP-POH）。指的是 VC12 中的通道开销，它监控的是 VC12 通道级别的传输性能，也就是 2Mbps 信号在 STM-N 帧中传输的误码性能。LP-POH 就位于复帧中每个 VC12 基帧的第一个字节，1 组 LP-POH 共有 4 个字节：V5、J2、N2、K4，如图 3-4 所示。

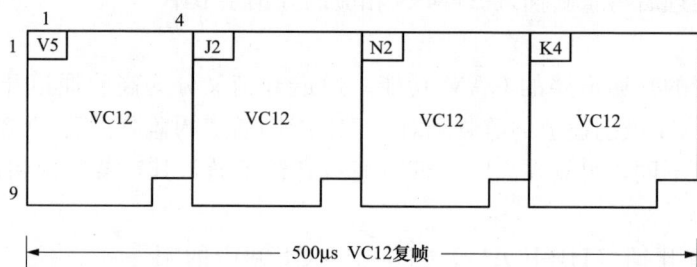

图 3-4 低阶通道开销结构图

1）通道状态和信号标志字节 V5。V5 是复帧的第一个字节，具有误码校测，信号标记和 VC12 通道状态表示等功能，具有高阶通道开销 G1 和 C2 2 个字节的功能。TU-PTR 指示的就是 V5 字节在 TU12 复帧中的具体位置。

2）VC12 通道跟踪字节 J2。J2 的作用类似于 J0 和 J1，用来重复发送由收、发两端商定的低阶通道接入点标识符，使接收端能据此确认与发送端在此通道上处于持续连接状态。

3）网络运营者字节 N2。用于特定的管理目的。

4）备用字节 K4。预留将来使用。

### 3.1.1.3 SDH 映射复用方式

在将低速支路信号复用进 STM-N 信号中，都要经过映射、定位、复用三个步骤。

映射是一种在 SDH 网络边界处（例如 SDH/PDH 边界处），将支路信号适配进虚容器的过程。为了适应各种不同的网络应用情况，有异步、比特同步、字节同步 3 种映射方法，和浮动 VC 和锁定 TU 两种工作模式。三种映射方法和两类工作模式共可组合成多种映射方式，目前最常见的是异步映射浮动模式。

定位是指通过指针调整，指针指向低阶 VC 帧的起点在 TU 净负荷中或高阶 VC 帧的起点在 AU 净负荷中的具体位置，使收端能据此正确地分离相应的 VC。在发生相对帧相位偏差使 VC 帧起点浮动时，指针值也随之调整，始终保证指针值准确指示 VC 帧的起点。

复用是一种使多个低阶通道层的信号适配进高阶通道或把多个高阶通道层的信号适配进复用层的过程，即通过字节间插方式把 TU 组织进高阶 VC 或把 AU 组织进 STM-N 的过程。由于经过 TU 和 AU 指针处理后的各 VC 支路信号已相位同步，因此该复用过程是同步复用，复用原理与数据的串并变换类似。

SDH 的复用结构和步骤：指的是信号装入 SDH 帧结构的整个过程，包括映射、定位和复用三个过程。SDH 的复用包括两种情况：一种是低阶 SDH 信号复用到高阶 SDH 信号；另一种是低速支路信号复用到 SDH 信号。对于第一种情况，主要通过字节间插的复用方式来完成，复用个数为 4 合 1，如 4×STM-1→STM-4，4×STM-4→STM-16，4×STM-16→STM-64。复用过程保持帧频不变，各帧的信息净负荷和管理单元指针字节按原值间插，段开销有所取舍后间插（舍弃一些低阶帧中的段开销）。第二种主要是将 PDH 信号复用到 SDH 信号中。传统的将低速信号复用进高速信号的方法有比特塞入法（码速调整法）和固定位置映射法。

ITU-T 规定了一套完整的复用结构（复用路线），可以将 PDH3 个系列的数字信号以多种方法复用进 STM-N 信号中。我国的光同步传输网体制规定以 2Mbps 信号为基础的 PDH 系列作为 SDH 的有效负荷，并选用 AU-4 的复用路线，如图 3-5 所示。

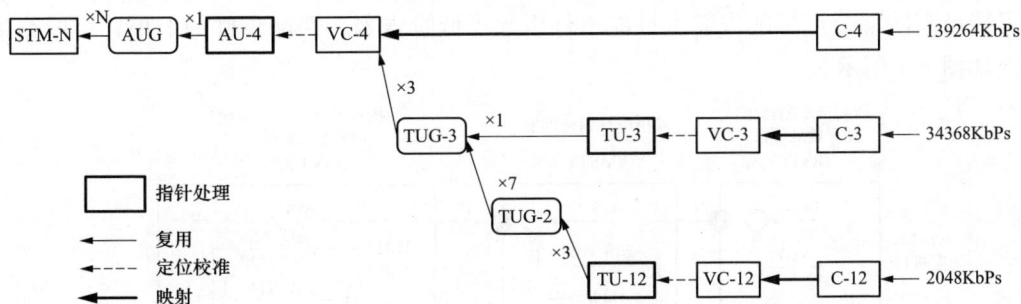

图 3-5　我国的 SDH 基本复用结构

从图 3-5 中可以看到，SDH 的基本复用单元包括容器（C）、虚容器（VC）、支路单元（TU）、支路单元组（TUG）、管理单元（AU）和管理单元组（AUG），复用过程包括映射、定位、复用和指针处理等。

### 3.1.1.4　SDH 传送网的分层模型

SDH 传送网总共分为物理层、段层、通道层、电路层四层，其中物理层为最下层，电路层为最上层，下层为上层提供服务，上层为下层提供服务内容，分层模型如图 3-6 所示。

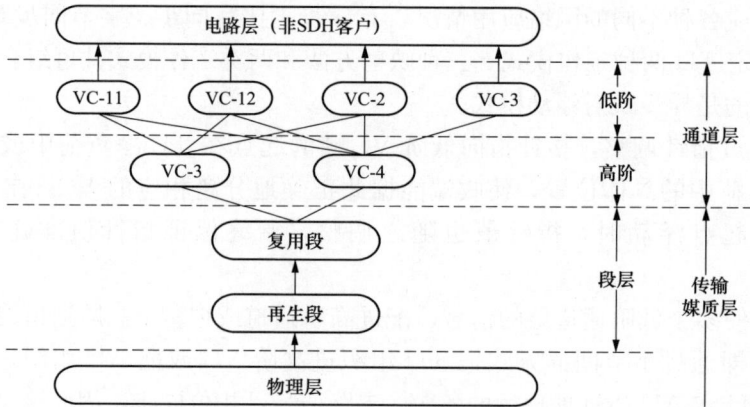

图 3-6　SDH 传送网的分层模型

（1）物理层：完成 STM-N 线路光接口信号与逻辑电平信号之间的转换。

（2）段层：分为再生段层和复用段层。

1）再生段层：用于传递再生中继器之间，以及再生中继器与复用终端之间信息的网络。

2）复用段层：用于传送复用终端之间信息的网络，如负责向通道层提供同步信息，同时完成有关复用段开销的处理和传递等工作。

（3）通道层：为电路层网络节点，如交换机提供透明的通道，即电路群。

（4）电路层：是面向公用交换业务的网络，如电路交换业务、分组交换、租用线业务和 B-ISDN 虚通路等。

### 3.1.1.5　SDH 告警查看与性能分析

**1.** 故障定位原则"先线路，后支路；先高阶，后低阶"

SDH 接口与交叉单元间产生的告警、性能事件是维护过程中关心的重点。在一般情况下，可能是高阶部分产生的告警、性能事件引起了低阶告警、性能事件的上报。这段路由中信号流如图 3-7 所示。

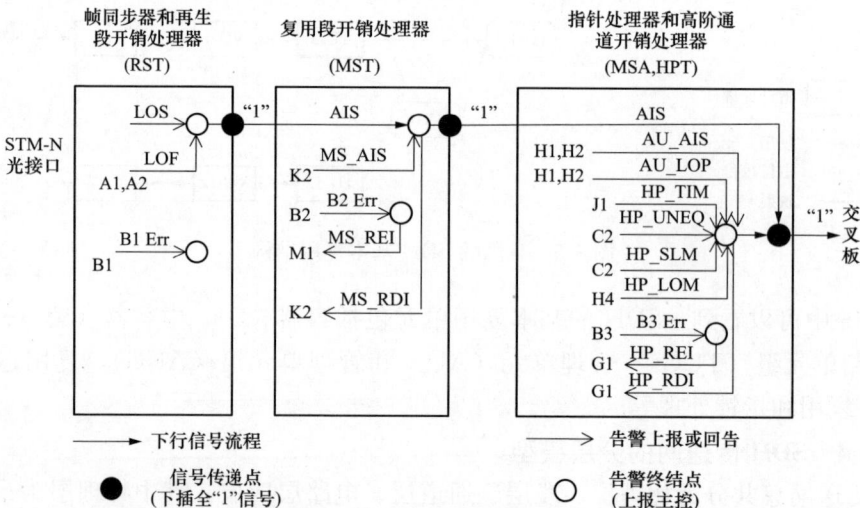

图 3-7　SDH 接口与交叉单元间告警信号产生流程图

根据各开销字节在 STM-N 帧结构中的处理位置，将其分为再生段开销、复用段开销、高阶通道开销、低阶通道开销四个模块。其中，前两个模块出问题通常会影响所有的高阶通道，而高阶通道开销出问题则只影响该高阶通道和它所包含低阶通道。

**2. SDH 告警信号间的抑制关系**

为了能快速及时地定位故障的根源，设备支持告警抑制功能。告警抑制主要分为板内告警抑制和板间告警抑制。

板内告警抑制是指当单板内同时产生不同级别的告警时，板内高级别的告警将抑制掉低级别的告警。常见告警间的板内抑制关系如图 3-8 所示。

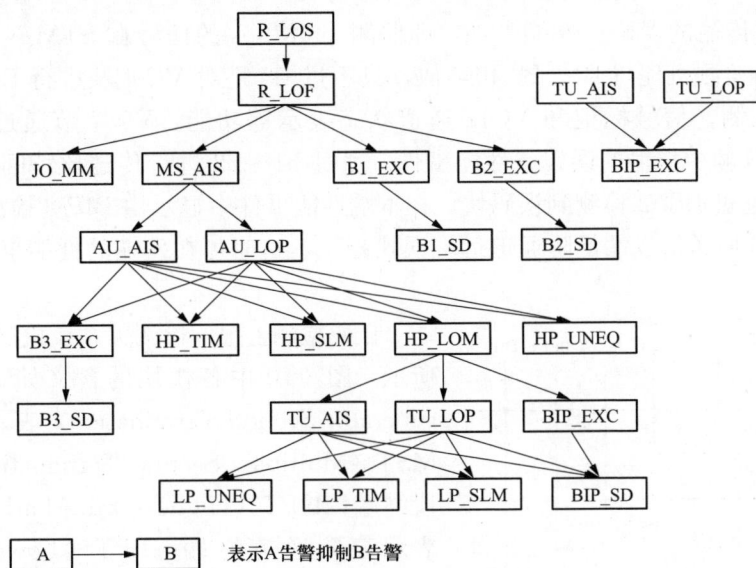

图 3-8　常见告警间的板内抑制关系

图 3-8 中箭头上方的高级别告警将抑制箭头下方的低级别告警。这样在定位故障时，首先集中在高级别的告警上。

板间告警抑制是指当同一网元的两块单板之间存在业务配置时，源端单板产生的业务告警会抑制宿端单板产生的业务告警。设备支持线路板与支路板之间或者线路板与数据板之间的告警抑制。常见告警间的板间抑制关系如图 3-9 所示。

图 3-9 中，若箭头上方的告警出现在业务源端，箭头下方的告警出现在业务宿端，那么箭头上方的告警将抑制箭头下方的告警。这样在定位故障时，就能首先将注意力集中在业务源端产生的告警上。

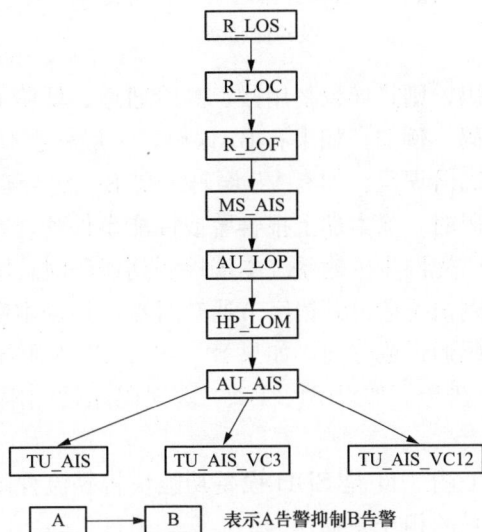

图 3-9　告警间的板间抑制关系

**3.** SDH 性能事件的产生和检测

SDH 性能事件包括误码、抖动，抖动会导致设备进行指针调整。

误码主要通过校验 B1、B2、B3 和 V5 等开销字节的奇偶来进行检测。在 SDH 系统中，误码检测是采用比特间插奇偶校验的方法，即用 B1、B2、B3、V5 字节对再生段、复用段、高阶通道和低阶通道的校验矩阵进行奇偶校验。B1 字节用于再生段层误码监测，使用偶校验的比特间插奇偶校验码。B2 字节用于复用段层的误码监测。B1 字节是对整个 STM-N 帧信号进行传输误码检测的，1 个 STM-N 帧中只有 1 个 B1 字节，而 B2 字节是对 STM-N 帧中的每一个 STM-1 帧的传输误码情况进行监测。STM-N 帧中有 N×3 个 B2 字节，每 3 个 B2 字节对应 1 个 STM-1 帧，可检测出的最大误码块个数为 24 个。B3 字节负责监测 VC-4 在 STM-N 帧中传输的误码、性能事件，即监测 140Mbps 的信号在 STM-N 帧中传输的误码、性能事件。监测机理与 B1、B2 相类似，只不过 B3 是对 VC-4 帧进行 BIP-8 校验。V5 字节具有误码校测，信号标记和 VC12 通道状态表示等功能。V5 字节通过 b1～b3 检测 VC12 在 STM-N 帧中传输的误码、性能事件。通过 b1～b2 进行传送比特间插奇偶校验码 BIP-2，若收端通过 BIP-2 检测到误码块，在本端性能事件中显示由 BIP-2 检测出的误块数，同时由 V5 的 b3 回送给发端低阶通道远端误块指示，这时可在发端的性能事件中显示相应的误码块数。

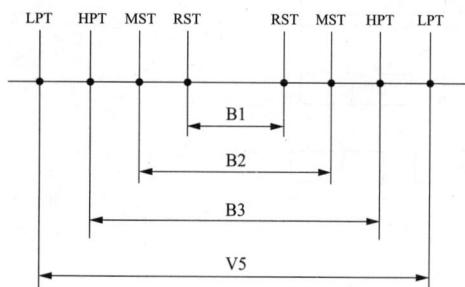

图 3-10  误码检测上报、检测关系及检测位置

误码检测上报、检测关系及检测位置如图 3-10 所示。图 3-10 中各模块的含义如下：RST（Regenerator Section Termination）表示再生段终端；MST（Multiplex Section Termination）表示复用段终端；HPT（Higher Order Path Termination）表示高阶通道终端；LPT（Lower Order Path Termination）表示低阶通道终端；B1、B2、B3 以及 V5 误码分别在这些终端间进行监测。可以看出，如果只是低阶通道有误码，则高阶通道、复用段和再生段将监测不到该误码；如果再生段有误码，则将导致复用段、高阶通道、低阶通道出现误码。一般来说，有高阶误码则会有低阶误码。例如，如果有 B1 误码，一般就会有 B2、B3 和 V5 误码；反之，有低阶误码则不一定有高阶误码。如有 V5 误码，则不一定会有 B3、B2 和 B1 误码。光同步传输系统本端检测到误码时，除本端上报告警或性能事件外，本端还将误码检测情况通过开销字节通知对端。

光同步传输系统本端检测到误码时，除本端上报误码告警或性能事件外，本端还将误码检测情况通过开销字节通知对端。根据本端和对端上报的告警和性能事件，可以方便地定位误码通道或方向。如果 B1、B2、B3 误码超过门限 $10^{-6}$，则会产生 B1＿SD、B2＿SD、B3＿SD 告警。如果 B1、B2、B3 误码超过门限 $10^{-3}$，就有 B1＿EXC、B2＿EXC、B3＿EXC 告警产生。

图 3-11 是 SDH 设备功能块告警流程图，通过图 3-11 可看出 SDH 设备功能块告警维护信号的相互关系。

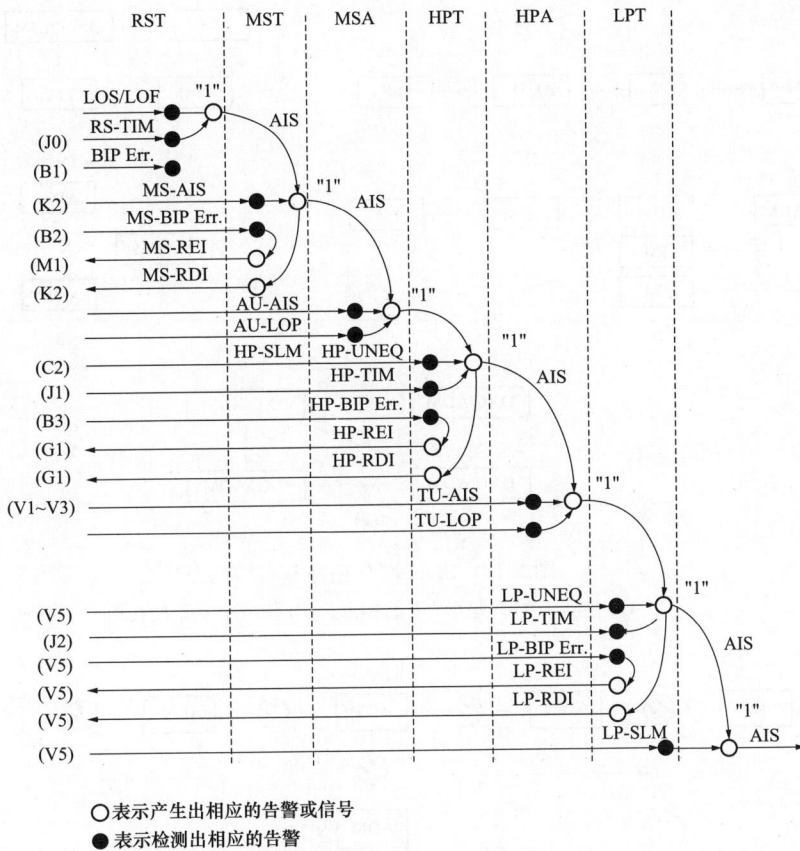

图 3-11　SDH 设备功能块告警流程图

RST—再生段终端功能块；MST—复用段终端功能块；MSA—复用段适配功能块；HPT—高阶通道终端功能块；HPA—高阶通道适配功能块；LPT—低阶通道终端功能块；LOS/LOF—信号丢失/帧丢失；RS-TIM—再生段追踪字节失配；BIP Err.—误码告警；MS-AIS—复用段告警指示信号；MS-BIP Err.—复用段误码告警；MS-REI—复用段远端告警指示；MS-RDI—复用段远端缺陷指示；AU-AIS—管理单元告警指示信号；AU-LOP—管理单元指针丢失；HP-SLM—高阶通道信号标记字节失配；HP-UNEQ—高阶通道未装载；HP-TIM—高阶通道追踪识别符失配；HP-BIP Err.—高阶通道误码告警；HP-REI—高阶通道远端告警指示；HP-RDI—高阶通道远端缺陷指示；TU-AIS—支路单元告警指示信号；TU-LOP—支路单元指针丢失；LP-UNEQ—低阶通道未装载；LP-TIM—低阶通道追踪识别符失配；LP-BIP Err.—低阶通道误码告警；LP-REI—低阶通道远端告警指示；LP-RDI—低阶通道远端缺陷指示；LP-SLM—低阶通道信号标记字节失配；AIS—告警指示

## 3.1.2　SDH 组网

SDH 网是由 SDH 网元设备通过光缆互连而成的，网络节点（网元）和传输线路的几何排列就构成了网络的拓扑结构。网络的有效性（信道的利用率）、可靠性和经济性在很大程度上与其拓扑结构有关。网络拓扑的基本结构有链形、星形、树形、环形和网孔形，如图 3-12 所示。

### 3.1.2.1　SDH 复杂网络的拓扑结构及特点

（1）T 形网。T 形网实际上是一种树形网，如图 3-13 所示。

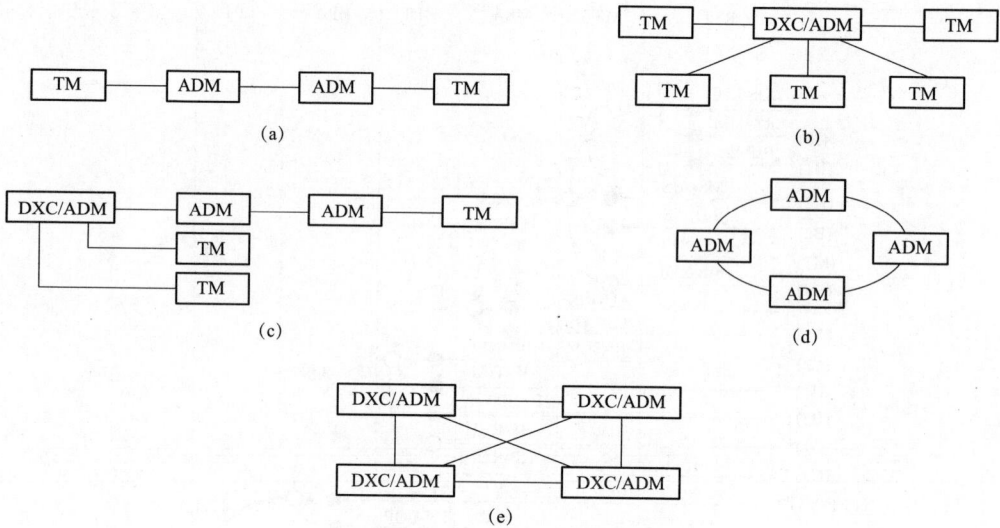

图 3-12　SDH 网络拓扑基本结构图
（a）链形；（b）星形；（c）树形；（d）环形；（e）网孔形

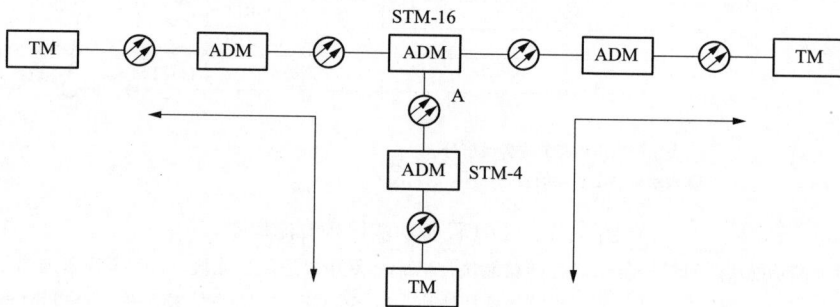

图 3-13　T 形网拓扑结构图

（2）环带链。环带链拓扑结构如图 3-14 所示。环带链是由环网和链网 2 种基本拓扑形式组成的。链接在网元 A 处，链的 STM-4 业务作为网元 A 的低速支路业务，并通过网元 A 的分/插功能上/下环。STM-4 业务在链上无保护，上环会享受环的保护功能。例如：网元 C 和网元 D 互通业务，A—B 光缆段断开，链上业务传输中断，A—C 光缆段断开，通过环的保护功能，网元 C 和网元 D 的业务不会中断。

（3）环形子网的支路跨接。环形子网的支路跨接网络拓扑结构如图 3-15 所示。2 个 STM-16 环通过 A、B 网元支路部分连接在一起，2 个环中任何 2 个网元都可通过 A、B 之间的支路互通业务，且可选路由多，系统冗余度高。2 个环间互通的业务都要经过 A、B 2 个网元的低速支路传输，存在低速支路的安全保障问题。

（4）相切环。图 3-16 中 3 个环相切于公共节点网元 A，网元 A 可以是 DXC，也可用 ADM 等效（环 Ⅱ、环 Ⅲ 均为网元 A 的低速支路）。这种组网方式可使环间业务任意互通，具有比通过支路跨接环网更大的业务疏导能力，业务可选路由更多，系统冗余度更高。不过这种组网存在重要节点（网元 A）的安全保护问题。相切环拓扑结构如图 3-16 所示。

（5）相交环。如图 3-17 所示，为备份重要节点及提供更多的可选路由，加大系统的冗余度，可将相切环扩展为相交环。

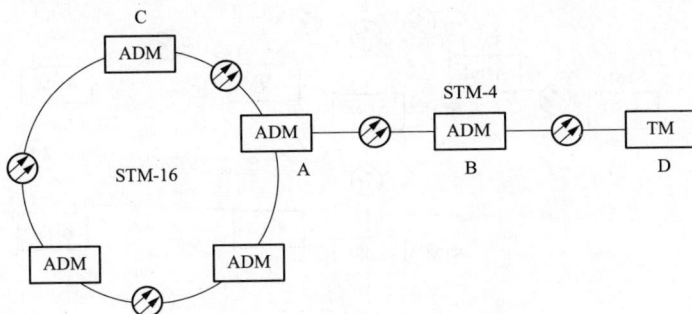

图 3-14　环带链拓扑结构图

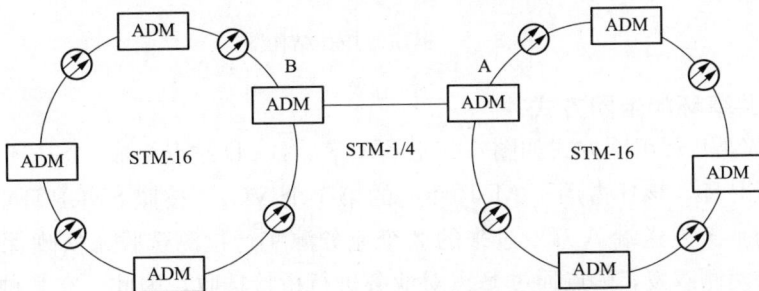

图 3-15　环形子网的支路跨接网络拓扑结构图

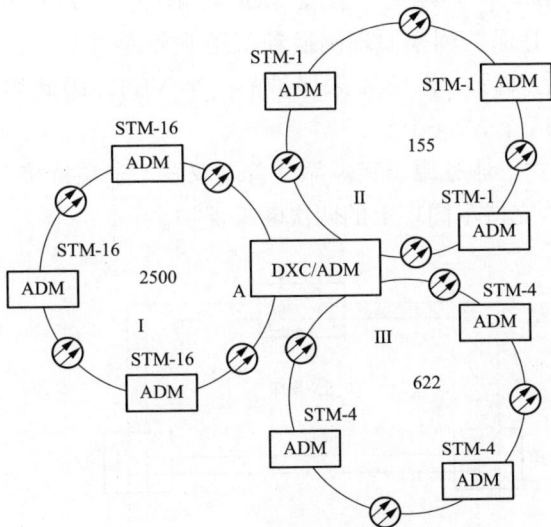

图 3-16　相切环拓扑结构图

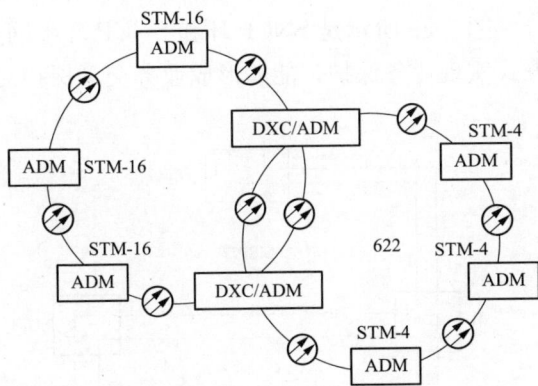

图 3-17　相交环拓扑结构图

（6）枢纽网。如图 3-18 所示，网元 A 作为枢纽点可在支路侧接入各个 STM-1 或 STM-4 的链路或环，通过网元 A 的交叉连接功能，提供支路业务上/下主干线，以及支路间业务互通。支路间业务互通经过网元 A 的分/插，可避免支路间铺设直通路由和设备，也不需要占用主干网上的资源。

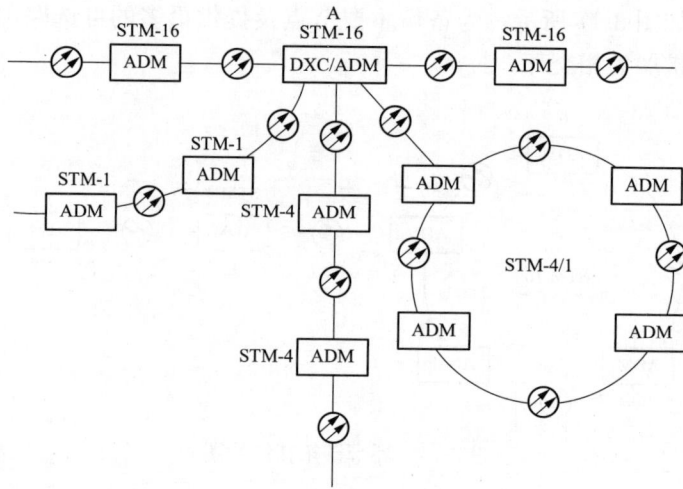

图 3-18　枢纽环拓扑结构图

### 3.1.2.2　共享环的组网方式

MSP 环与 SNCP 环组网方式如图 3-19 所示，A、B、D 站点组成 MSP 环，B、C、D 站点组成虚拟 SNCP 环，该环占用了 MSP 环上的第 1 个 VC4。按照 SNCP 环业务保护原理，业务接收端 C 对业务发送端 A 双发过来的 2 个业务源实行检测选收来实现保护的功能，同时向 SCNP 环路两侧双发，C 点通过 B 点对业务进行桥接选收，因此，在某种意义上可以把这种情况看作 1 个 SNCP 环带链，不同的是当 A、B 或 B、D 间发生光缆故障时（MSP 环断纤），业务会自动倒换到 MSP 环的另外一侧的第 9 个 VC4 上（假设 MSP 环全部为 STM-16 级别）。当 SNCP 环上发生断纤后，也会按 SNCP 保护倒换原理倒换到备用业务通道上，这样可增加环路的安全性。复用段环路保护一般是以后一半 VC4 来保护前一半 VC4，因此如果是 STM-64 的环路，以上业务将会倒换到第 33 个 VC4 上。

图 3-20 所示是 SNCP 环和 SNCP 环组网方式，业务源、宿端靠"首端双发，末端桥接"方式实现业务保护，能够形成业务交叉保护对，支持不同环上的两次断纤保护。

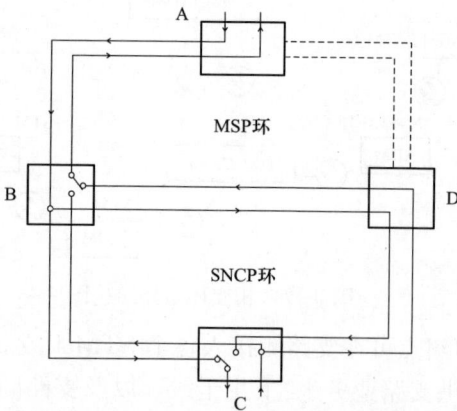

图 3-19　MSP 环与 SNCP 环组网方式图　　　图 3-20　SNCP 环与 SNCP 环组网方式图

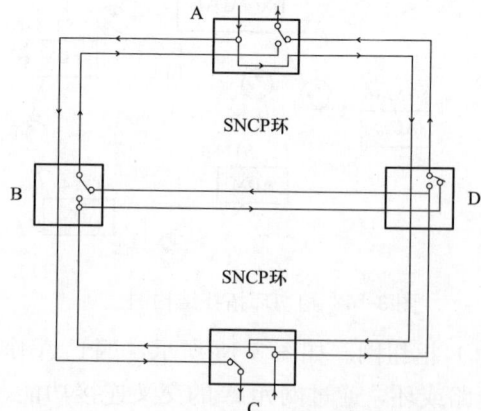

### 3.1.2.3 电力系统传输组网方式

电力系统通过网状网架结构覆盖区域内 500、220、110kV 变电站、发电厂和独立通信站点。以图 3-21 为例，光传输系统分为汇聚和接入 2 层网架结构。汇聚层根据地理位置分为 2 个区域。全网 14 个汇聚层节点通过 10G 光路互联，11 个接入层节点通过 2.5G 光路互联。各站点配置 2 条及以上的光缆线路，实现冗余路由。电力系统通信业务多为集中型，故采用 SNCP 保护方式（双发选收），实现对业务的保护。

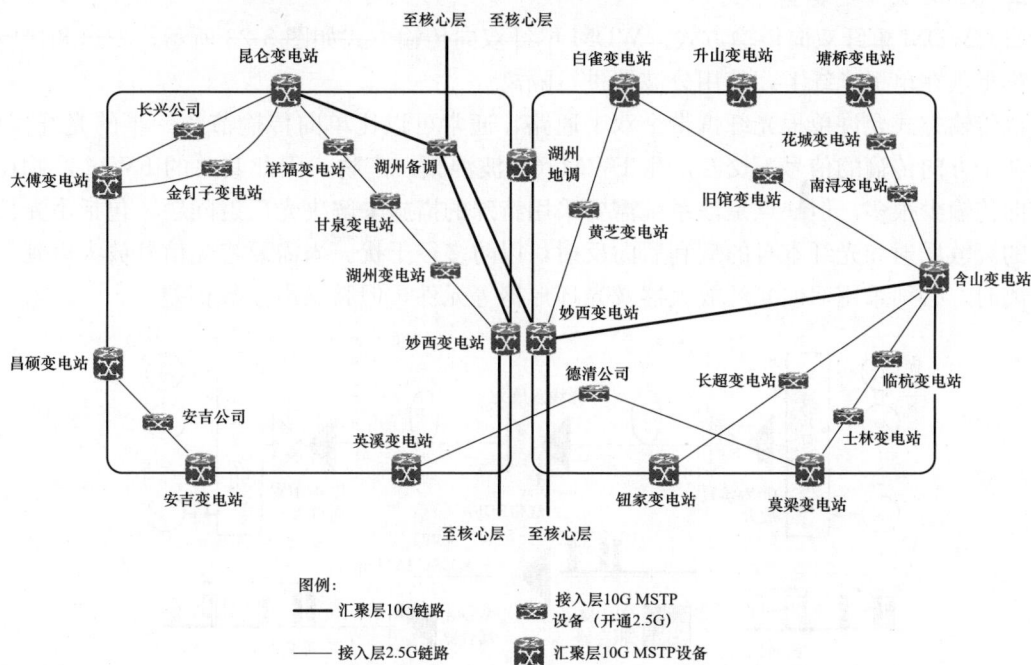

图 3-21　电力系统组网方式

# 3.2　波 分 复 用 技 术

## 3.2.1　波分复用技术概述

**1. 波分复用（WDM）的基本概念**

波分复用是利用一根光纤可以同时传输多个不同波长的光载波的特点，把光纤应用波长范围划分成若干个波段，每个波段作为一个独立的通道传输一种预定波长的光信号。波分复用原理如图 3-22 所示。其实质是在光纤上进行光频波分复用。随着电光技术的发展，在同一光纤中波长的密度会变得很高，称为密集波分复用（DWDM）；与此对应，波长密度较低的波分复用系统称为稀疏波分复用（CWDM）。

现代技术已经能够实现波长间隔为纳米级的波分复用。ITU-T G.692 建议，DWDM 系统的绝对参考频率为 193.1THz（对应的波长为 1552.52nm），不同波长的频率间隔应为 100GHz 的整数倍（对应波长间隔约为 0.8nm 的整数倍）。

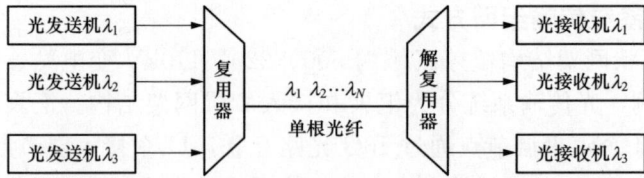

图 3-22　波分复用原理图

**2.** WDM 设备的传输方式

（1）WDM 单纤双向传输方式。WDM 单纤双向传输方式如图 3-23 所示，发送和接收光信号都承载在单根光纤上，使用分波器进行隔离。

该传输方式允许单根光纤携带全双工通路，通常可以比单向传输节约一半的光纤器件，由于两个方向传输的信号不交互产生 FWM（四波混频）产物，因此其总的 FWM 产物比双纤单向传输少很多，但缺点是该系统需要采用特殊的措施来解决光反射问题，包括由光接头引起的离散反射和光纤本身的瑞利后向反射，以防多径干扰。当需要将光信号放大以延长传输距离时，必须采用双向光纤放大器及光环形器等元件，但其噪声系数稍差。

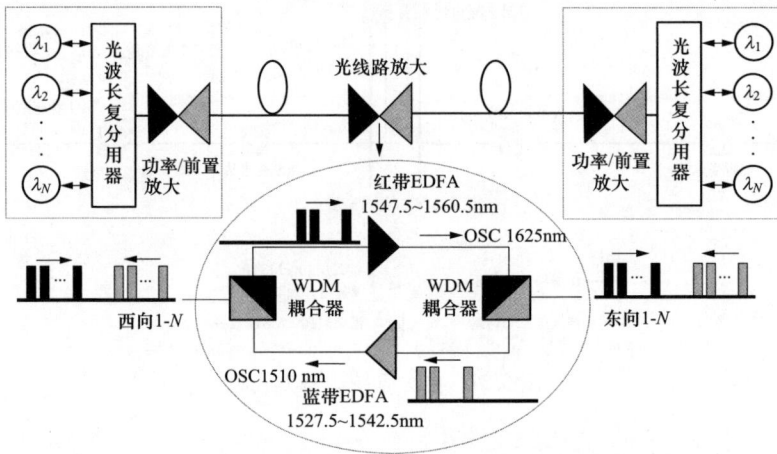

图 3-23　WDM 单纤双向传输方式

（2）WDM 双纤单向传输方式。WDM 双纤单向传输方式如图 3-24 所示，发送、接收光信号承载在不同光纤中。

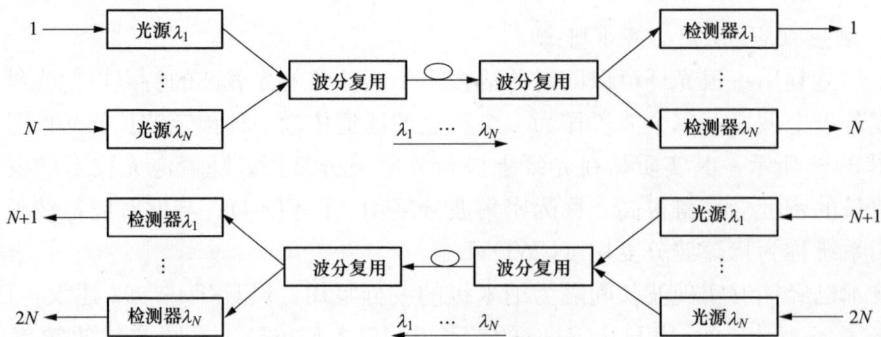

图 3-24　WDM 双纤单向传输方式

ITU-T 建议 G.692 文件对于单纤双向 WDM 和双纤单向 WDM 传输方式的优劣并未给出明确的看法。实用的 WDM 系统大都采用双纤单向传输方式。

**3.** WDM 技术特点

（1）超大容量。目前使用的普通光纤可传输的带宽是很宽的，但其利用率还很低。使用 DWDM 技术可以使一根光纤的传输容量比单波长传输容量增加几倍、几十倍乃至几百倍。现在商用最高容量光纤传输系统为 1.6Tbit/s 系统，提供的该类产品都采用 $160 \times 10$Gbit/s 方案结构。

（2）对数据的"透明"传输。由于 DWDM 系统按光波长的不同进行复用和解复用，而与信号的速率和电调制方式无关，即对数据是"透明"的。一个 WDM 系统的业务可以承载多种格式的"业务"信号，对于"业务"层信号来说，WDM 系统中的各个光波长通道就像"虚拟"的光纤一样。

（3）系统升级时能最大限度地保护已有投资。在网络扩充和发展中，无需对光缆线路进行改造，只需更换光发射机和光接收机即可实现，是理想的扩容手段。

（4）高度的组网灵活性、经济性和可靠性。利用 WDM 技术构成的新型通信网络比用传统的电时分复用技术组成的网络结构要简单，而且网络层次分明，各种业务的调度只需调整相应光信号的波长即可实现。由于网络结构简单、层次分明及业务调度方便，由此而带来的网络的灵活性、经济性和可靠性是显而易见的。

（5）可兼容全光交换。可以预见，在未来可望实现的全光网络中，各种电信业务的上/下、交叉连接等都是在光上通过对光信号波长的改变和调整来实现的。因此，WDM 技术将是实现全光网的关键技术之一，而且 WDM 系统能与未来的全光网兼容，将来可能会在已经建成的 WDM 系统的基础上实现透明的、具有高度生存性的全光网络。

## 3.2.2 波分复用系统组成

波分复用系统主要由光发送机、光中继放大、光接收机、光监控信道、网络管理系统、光复用/解复用器、光放大器等构成，如图 3-25 所示。

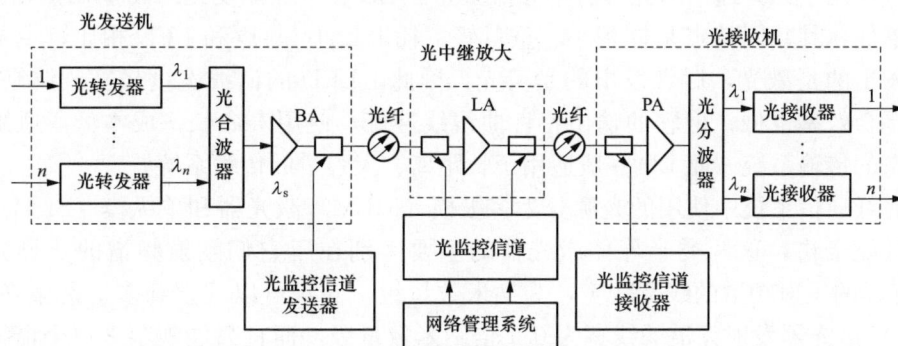

图 3-25 波分复用系统的构成图

（1）光发送机。将来自不同终端的多路光信号分别由光转发器转换为各自特定波长的光信号，经光合波器组合光信号，再经光功率放大器（BA）放大输出至光纤中传输。

（2）光中继放大。实现对不同波长光信号的相同增益放大。

（3）光接收机。先由前置光放大器（PA）放大经传输后衰减的主信道光信号，再用分波器从主信道光信号中分出不同特定波长的光信号。

（4）光监控信道。监控系统内各信道的传输情况。在发送端插入本节点产生的波长为$\lambda_s$的光监控信号（如帧同步、公务及各种网管开销字节），与业务信道的光信号合波输出；在接收端，将收到的光信号进行分离，输出业务信道光信号和波长为$\lambda_s$的光监控信号。ITU-T 建议采用 1510nm 波长，2Mbit/s 容量，在光放大器之前下光路，在光放大器后上光路。

（5）网络管理系统。通过光监控信道物理层传送开销字节到其他节点或接收来自其他结点的开销字节对 WDM 进行管理，实现配置、故障、安全、性能管理等功能，并与上级管理系统通信。

（6）光复用/解复用器。分为发端的光合波器和收端的光分波器。光合波器的每一个输入端口输入一个预选波长的光信号，输入的不同波长的光波由同一输出端口输出。光分波器的作用与光合波器相反，将多个不同波长信号分离开来。

（7）光放大器：可以对光信号进行直接放大。根据光放大器在光传输网络中的位置，可以分功率放大器（BA）、线路放大器（LA）、前置放大器（PA）。

1）功率放大器（BA）：用来提高发送的光功率，补偿无源光器件的插入损耗。WDM系统对于光功率放大器（BA）的要求是输出光功率大；

2）前置放大器（PA）：用来提高光接收机的接收灵敏度，补偿无源光器件的插入损耗。WDM 系统对于光前置放大器（PA）的要求主要是噪声指数低；

3）线路放大器（LA）：用来补偿光缆线路造成的光信号功率衰减，延长传输距离，WDM 系统对于光线路放大器（LA）的要求主要是增益高。

## 3.2.3 密集波分复用技术

**1. DWDM 光源技术基本概念**

目前，应用于光纤通信的光源有半导体激光器 LD 和半导体发光二极管 LED，它们都属于半导体器件，其共同特点是体积小、重量轻、耗电量小。LD 和 LED 相比，主要区别在于，前者发出的是激光，后者发出的是荧光，因此，LED 的谱线宽度较宽，调制效率低，与光纤的耦合效率也低；但它的输出特性曲线线性好，使用寿命长，成本低，适用于短距离、小容量的传输系统。而 LD 一般适用于长距离、大容量的传输系统。

高速光纤通信系统中使用的光源分为多纵模（MLM）激光器和单纵模（SLM）激光器两类。从性能上讲，这两类半导体激光器的主要区别在于它们发射频谱的差异。多纵模MLM 激光器的发射频谱的线宽较宽，为纳米数量级，而且可以观察到多个谐振峰的存在。单纵模 SLM 激光器发射频谱的线宽为 0.1 倍纳米数量级，而且只能观察到单个谐振峰。单纵模 SLM 激光器比多纵模 MLM 激光器的单色性更好。

DWDM 系统的工作波长较为密集，一般波长间隔为几纳米到零点几纳米，这就要求激光器工作在一个标准波长上并且具有良好的稳定性；此外，DWDM 系统的无电再生中继长度从单个 SDH 系统传输 50～60km 增加到 500～600km，延长了传输系统的色散受限距离。

为了克服光纤的非线性效应，要求 DWDM 系统的光源使用技术更为先进、性能更为优越的激光器。

DWDM 光源具有较大的色散容纳值和标准、稳定的波长。在 DWDM 系统中，激光器波长的稳定是十分关键的问题，根据 ITU-T G.692 建议的要求，中心波长的偏差不大于光信道间隔的 ±20%，即在光信道间隔为 0.8nm 的系统中，中心波长的偏差不能大于 ±20GHz。在 DWDM 系统中，由于光通路间隔很小，因而对光源的波长稳定性有严格的要求，通常要求波长控制在 0.2nm 以内，也可随波长间隔而定，波长间隔越小要求越高。

激光器通常通过改变温度和驱动电流对波长进行微调。对于激光器老化等原因引起的波长长期变化需要直接使用波长敏感元件对光源进行波长反馈控制，其原理如图 3-26 所示。

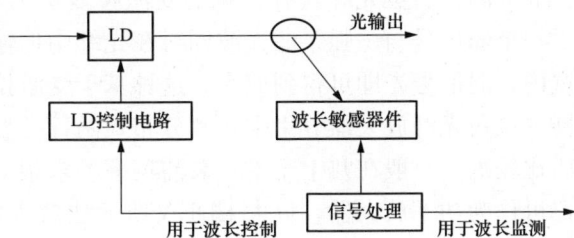

图 3-26　波长控制原理

**2. DWDM 光放大器**

（1）光放大器概述。光放大器的作用是增强光信号，其工作原理如图 3-27 所示。光放大器不需要光/电/光转换过程，支持任何比特率和信号格式，即其对任何比特率及信号格式都是透明的；另外，光放大器不仅支持单个信号波长放大，而且支持一定波长范围的光信号放大。常用的光放大器有掺铒光纤放大器（EDFA）和拉曼光纤放大器两种。

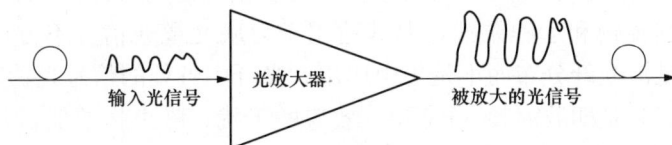

图 3-27　光放大器工作原理

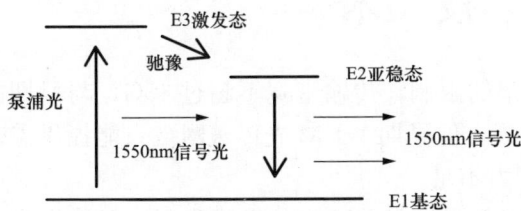

图 3-28　EDFA 能级图

1）掺铒光纤放大器。掺铒光纤是光纤放大器的核心，它是一种内部掺有一定浓度 Er3+ 的光纤。

如图 3-28 所示，当用高能量的泵浦激光器激励掺铒光纤时，可以使铒离子的束缚电子从基态能级大量激发到高能级 E3 上。高能级是不稳定的，因而铒离子很快会经历无辐射衰减（即不释放光子）落入亚稳态能级 E2。当具有 1550nm 波长的光信号通过这段掺铒光纤时，亚稳态的粒子以受激辐射的形式跃迁到基态，并产生和入射信号光中的光子相同的光子，从而大大增加了信号光中的光子数量，即实现了信号光在掺铒光纤传输过程中不断被放大的功能。该放大器在 1550nm 附近具有较好的平坦度，放大效果好。EDFA 的组成见图 3-29。

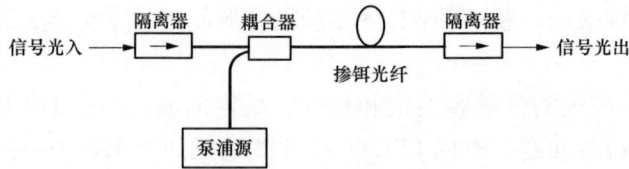

图 3-29　EDFA 的组成

2）拉曼光纤放大器（Raman）。拉曼放大技术是利用受激拉曼散射（SRS）非线性效应进行放大的。石英光纤具有很宽的受激拉曼散射增益谱，在 13THz 附近存在较宽的主峰。如果一个弱信号与一强泵浦光波同时在光纤中传输，并使弱信号波长置于泵浦光的拉曼增益带宽内，弱信号光即可得到放大，这种基于受激拉曼散射机制的光放大器即称为拉曼光纤放大器。拉曼光纤放大器分集中式和分布式两种类型：集中式拉曼光纤放大器所用的光纤增益介质比较短，一般在几十千米，泵浦功率要求很高，一般为几瓦，可产生 40dB 以上的高增益，可作为功率放大器，放大 EDFA 所无法放大的波段；分布式拉曼放大器所用的光纤比较长，一般为几十千米，主要辅助 EDFA 提高 WDM 通信系统性能，抑制非线性效应，提高信噪比，大大降低信号的入射功率，同时保持适当的光信号信噪比（OSNR）。

拉曼光纤放大器有如下特点：增益波长由泵浦光波长决定，只要泵浦源的波长适当，理论上可得到任意波长的信号放大，这使拉曼光纤放大器可以放大 EDFA 不能放大的波段，使用多个泵源还可得到比 EDFA 宽得多的增益带宽（后者由于能级跃迁机制所限，增益带宽只有 80nm），因此，对于开发光纤的 1270～1670nm 低损耗区具有无可替代的作用；其增益介质为传输光纤本身，使拉曼光纤放大器可以对光信号进行在线放大，构成分布式放大，实现长距离的无中继传输和远程泵浦，尤其适用于海底光缆通信等不方便设立中继器的场合，而且因为放大是沿光纤分布而不是集中作用，光纤中各处的信号光功率都比较小，从而可降低非线性效应尤其是四波混频（FWM）效应的干扰；噪声指数低，其与常规 EDFA 混合使用时可大大降低系统的噪声指数，增加传输跨距。

# 3.3　OTN　技　术

传统的 SDH 光传送网由于受电信号处理速率的限制，传输带宽不超过 40G，与早期的 WDM 光传送网络结合后，信道传输带宽得到扩展，但早期 WDM 光传送网络只能提供点对点的光传输，组网和对光业务传输的维护监测能力不足。

为克服 SDH 光传送网的传输带宽颗粒小，以及早期 WDM 光传送网络由于只能提供点对点的光传输，组网和对光业务传输的维护监测能力不足的缺陷，ITU-T 于 1998 年提出了光传送网（OTN）的概念。OTN 光传送网借鉴和综合了 SDH 和 WDM 的优势并考虑了大颗粒传送和端到端维护等新的需求。

## 3.3.1　OTN 接口结构和映射结构

### 1. OTN 接口结构

用于支持 OTN 接口的信息结构称为 OTM-n，其分为两种结构：完整功能 OTM 接口

OTM-n.m 和简化功能 OTM 接口 OTM-0.m、OTM-nr.m，如图 3-30 所示。

完整功能的 OTM-n.m（n≥1）由光传输段 OTSn、光复用段 OMSn、完整功能的光通道 OCh、完全或功能标准化的光通道传送单元 OTUk/OTUkV、光通道数据单元 ODUk 组成。其中：

（1）n：在波长支持的最低比特率情况下，接口所能支持的最大波长数目，n 为 0，表示 1 个波长；

（2）m：接口支持的比特率或比特率集合；m 表示 OTM 信号包含的数字包封信号的级别，m=12，表示包含 OTU1 和 OTU2 信号；m=1，2，3，12，23，123；例如：$OTM_{16,23}$ 表示有 16 个子波长，速率可以为 OTU2，OTU3。

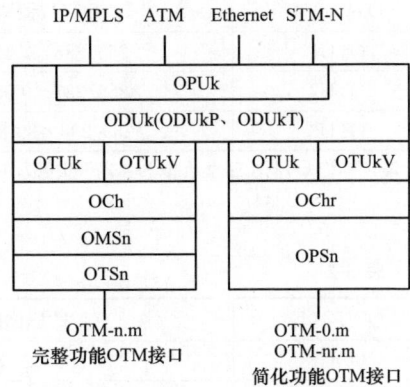

图 3-30　OTN 接口结构

（3）r：简化功能（reduced），而 OTM-0.m 则不需要标记 r，因为 1 个波长的情况只能是简化功能。

简化功能的 OTM-nr.m 和 OTM-0.m 由光物理段 OPSn、简化功能的光通道 OChr、完全或功能标准化的光通道传送单元 OTUk/OTUkV、光通道数据单元 ODUk 组成。

**2. OTN 映射结构**

OTN 映射的过程如下：客户信号或光通道数据支路单元组 ODTUGk 被映射到 OPUk 中；接着 OPUk 被映射到 ODUk 中；ODUk 被映射到 OTUk 或 OTUG；OTUk 或 OTU-GKkV 又被映射到 OCh 或 OChr 中；最后 OCh 或 OChr 被调制到 OCC 或 OCCr 上，如图 3-31 所示。

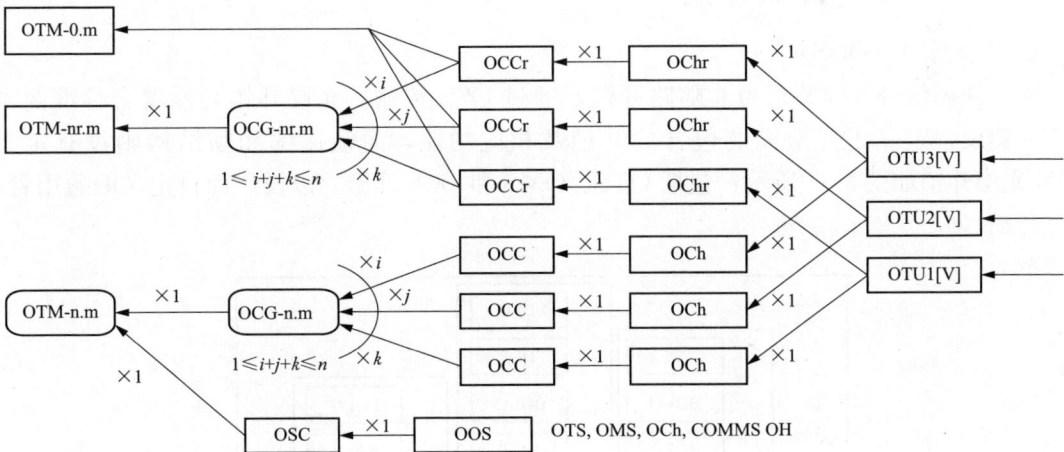

图 3-31　OTM 的复用/映射结构

OTUk 帧的大小是固定的，即 OTU1，OTU2，OTU3 均为 4 行、4080 列，OUT、ODU、ODU 类型及容量分别见表 3-1～表 3-3。

**表 3-1**                           **OTU 类型及容量**

| OTU 类型 | OTU 标称比特速率 | OTU 比特速率容差 |
|---|---|---|
| OTU1 | 255/238×2 488 320 Kbps | 20 ppm |
| OTU2 | 255/237×9 953 280 Kbps | |
| OTU3 | 255/236×39 813 120 Kbps | |

注　标称 OTUK 速率近似为：2 666 057.143 Kbps（OTU1），10 709 225.316 Kbps（OTU2）and 43 018 413.559 Kbps（OTU3）。

**表 3-2**                           **ODU 类型及容量**

| ODU 类型 | ODU 标称比特速率 | ODU 比特速率容差 |
|---|---|---|
| ODU1 | 239/238×2 488 320 Kbps | 20 ppm |
| ODU2 | 239/237×9 953 280 Kbps | |
| ODU3 | 239/236×39 813 120 Kbps | |

注　标称 OTUK 速率近似为：2 498 775.126 Kbps（ODU1），10 037 273.924 Kbps（ODU2）and 40 319 218.983 Kbps（ODU3）。

**表 3-3**                           **OPU 类型及容量**

| OPU 类型 | OPU 净荷标称比特速率 | OPU 净荷速率容差 |
|---|---|---|
| OPU1 | 2 488 320 Kbps | 20 ppm |
| OPU2 | 238/237×9 953 280 Kbps | |
| OPU3 | 238/236×39 813 120 Kbps | |

注　标称 OPUK 净荷速率近似为 2 488 320.000 Kbps（OPU1 Payload），9 995 276.962 Kbps（OPU2 Payload）and 40 150 519.322 Kbps（OPU3 Payload）。

## 3.3.2　OTN 光层开销

**1. 开销信号（OOS）**

光层开销信号（OOS）为非随路开销，通过 OSC 传输。光层开销功能符合标准要求，G.709 建议中定义了光层需要包含的开销及相应功能，而帧速率和帧结构则没有定义。OTN 光层开销如图 3-32 所示，包括 OTS、OMS 和 OCh 开销，以及厂商自定义的通用管理信息开销。

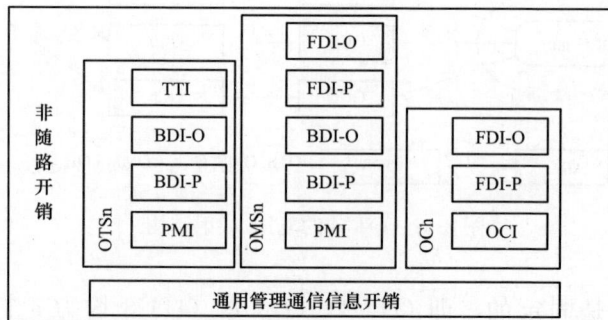

图 3-32　OTN 光层开销

**2. OTS 开销**

OTS 开销用于支持光传输段的维护和运行功能，在 OTM 信号组装和分解处被终结，包括：

（1）TTI：OTS 路径踪迹标识符，用于传送由 64 字节的字符串组成的 TTI，TTI 包括源接入点标识符、目标接入点标识符，以及运营商指定的信息。

（2）BDI-P：OTS 反向净荷缺陷指示，用于向上游传递在 OTSn 终端宿功能中检出的 OTSn 净荷信号失效状态。

（3）BDI-O：OTS 反向开销缺陷指示，用于向上游传递在 OTSn 终端宿功能中检出的 OTSn 开销信号失效状态。

（4）PMI：OTS 净荷丢失指示，用于向下游传递在 OTS 信号源端的上游没有加入净荷的状态，从而压制后续的信号丢失状态的上报。

**3. OMS 开销**

OMS 开销用于支持光复用段的维护和运行功能，在 OMU 信号组装和分解处被终结，包括：

（1）FDI-P：OMS 前向净荷缺陷指示，用于向下游方向传递 OMSn 净荷信号状态。

（2）FDI-O：OMS 前向开销缺陷指示，用于向下游方向传递 OMSn 开销信号状态。

（3）BDI-P：OMS 反向净荷缺陷指示，用于向上游方向传递在 OMSn 终端宿功能中检出的 OMSn 净荷信号失效状态。

（4）BDI-O：OMS 反向开销缺陷指示，用于向上游方向传递在 OMSn 终端宿功能中检出的 OMSn 开销信号失效状态。

（5）PMI：OMS 净荷丢失指示，用于向下游传递在 OMS 信号的源端上游没有一个 OC-Cp 包含光信道信号的信息，用以压制后续信号失效状态的上报。

**4. OCh 开销**

OCh 开销用于支持光通道的故障管理的维护功能，在 OCh 信号组装和分解处被终结，包括：

（1）FDI-P：OCh 前向净荷缺陷指示，用于向下游方向传递 OCh 净荷信号的状态。

（2）FDI-O：OCh 前向开销缺陷指示，用于向下游方向传递 OCh 开销信号的状态。

（3）OCI：OCh 开放连接指示，向下游发送的信号，表示在连接功能中的上游下发管理命令开放了矩阵连接，之后在 OCh 终端点处检测出的 OCh 信号丢失状态可能与开放的矩阵有关。

**5. 通用管理通信开销**

通用管理通信包括信令、语音/语音波段的通信、软件下载、运营商指定的通信。

## 3.3.3 OTN 电层开销

**1. OTUk/ODUk 帧结构**

OTUk（k＝1，2，3）帧为基于字节的 4 行、4080 列的块状结构，如图 3-33 所示。第 15～3824 列为 OPUk 单元，其中第 15、16 列为 OPUk 开销区域，第 17～3824 列为 OPUk 净荷区域，客户信号位于 OPUk 净荷区域。

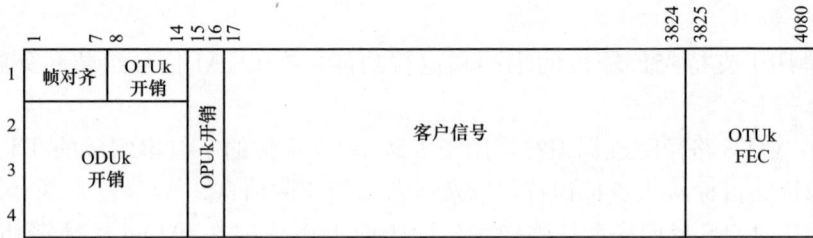

图 3-33　OTUk/ODUk 帧结构

ODUk 为 4 行、3824 列的块状结构，如图 3-33 所示。其由 ODUk 开销和 OPUk 组成，左下角第 2~4 行的第 1~14 列为 ODUk 开销区域，第 1 行的第 1~7 列为帧对齐开销区域，第 1 行的第 8~14 列为 OTUk 开销区域，帧的右侧第 3825~4080 共 256 列为 FEC 区域。OTU1/2/3 所对应的客户信号速率分别为 2.5G/10G/40Gbit/s。各级别的 OTUk 的帧结构相同，级别越高，则帧频率和速率也就越高。

OTUk 信号在光网络节点接口 ONNI 处必须具有足够的比特定时信息，因此 OTUk 提供了扰码功能，防止长"1"或长"0"序列。出于定帧考虑，OTUk 开销的帧对齐字节 FAS 不应被扰码，扰码操作在 FEC 计算和插入到 OTUk 信号之后执行。OTUk 帧中字节的传送顺序为从左到右、从上到下。

图 3-34 所示为电层开销总览图，包括帧对齐开销、OTUk 层开销、ODUk 层开销和 OPUk 层开销。

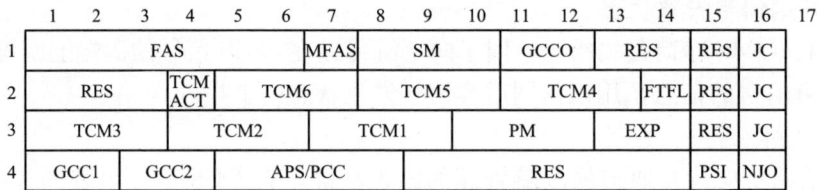

图 3-34　电层开销总览图

帧对齐开销用于帧定位，由 6 个字节的帧对齐信号开销 FAS 和 1 个字节的复帧对齐信号开销 MFAS 构成。

OTUk 层开销用于支持一个或多个光通道连接的传送运行功能，由 3 个字节的段监控开销 SM、2 个字节的通用通信通道开销 GCC0、以及 2 个字节的保留作国际标准化用途开销 RES 构成，在 OTUk 信号组装和分解处被终结。

ODUk 层开销用于支持光通道的维护和运行，由 3 个字节的用于端到端 ODUk 通道监控的开销 PM、各 3 个字节的用于 6 级串行连接监视开销 TCM1~TCM6、1 个字节的 TCM 激活/去激活协调协议控制通道开销 TCM ACT、1 个字节的故障类型和故障位置上报通道开销 FTFL、2 个字节的实验通道字节 EXP、各 2 个字节的通用通信通道开销 GCC1 和 GCC2、4 个字节的自动保护倒换和保护通信控制通道开销 APS/PCC、6 个字节的保留开销构成，ODUk 开销在 ODUk 组装和分解处被终结，TC 开销在对应的串行连接的源和宿处分别被加入和终结。

OPUk 开销用于支持客户信号适配，由 1 个字节的净荷结构标识符开销 PSI、3 个字节的调整控制开销 JC、1 个字节的负调整机会字节开销 NJO、3 个字节的保留开销构成，在 OPUk 组装和分解处被终结。

**2. 帧定位开销字节**

OTUk/ODUk 帧定位开销包括 FAS 帧定位信号，MFAS 复帧定位信号两部分。帧定位开销字节是 OTUk 帧的起始字节，占用 OTUk 帧结构的第 1 行的前 7 个字节。

（1）FAS 帧定位字节。第 1～3 字节是 3 个 OA1 字节，每个 OA1 恒定为"1111 0110"，即 0xF6；第 4～6 字节是 3 个 OA2 字节，每个 OA2 恒定为"0010 1000"，即 0x28；OA1 和 OA2 是本帧信号的帧定位字节，相当于 SDH 帧结构中的 A1A2。

（2）MFAS 复帧定位字节。某些 OTUk 和 ODUk 开销，如 TTI，需要跨越多个 OTUk/ODUk 帧，这些开销除了需要执行 OTUk/ODUk 帧对齐处理外，还需要执行复帧对齐处理，MFAS 开销的作用就是进行复帧对齐。

该开销长度为 1 个字节，位于第 1 行第 7 列；MFAS 字节的数值随着 OTUk/ODUk 基帧序号递增，依次为 0～255，最多包括 256 个基帧，各个复帧结构的开销可以根据具体的需要调整长度，例如，某开销信号仅需要使用 16 个基帧的复帧结构，则在提取复帧信号时 bit1～bit4 不在计算之列。

**3. OTUk 开销字节**

OTUk 的开销字节占用 OTUk 帧结构的第一行第 8～14 字节，包括 SM 段监视字节、GCC0 字节、RES 保留字节三部分。

（1）SM 开销字节如图 3-35 所示，SM 开销包括：第 1 个字节为 TTI 路径追踪标识；第 2 个字节为 BIP-8 比特校验码；第 3 个字节 BDI 后向缺陷指示，BEI 后向错误指示，IAE 引入校准错误，RES 保留字节。

1）TTI 路径追踪标识，SM 段的第一字节。TTI 开销结构如图 3-36 所示。

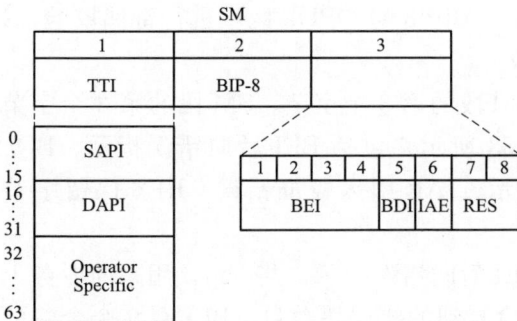

图 3-35　OTUk SM 段监视开销结构　　　　图 3-36　TTI 开销结构

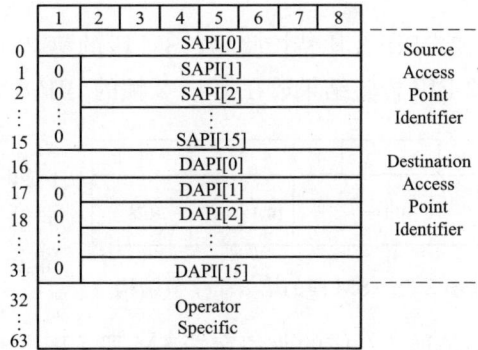

64 个字节的 TTI 信号应该与 OTUk 复帧对齐，每个复帧中发送 4 次，而一个复帧包含 256 帧，及 TTI 首字节分别位于复帧的 0×00、0×40、0×80、0×C0 位置。TTI 开销由三部分组成：SAPI 源接入点指示、DAPI 目的接入点指示、Operator Specific 运营商专用部分。

a. SAPI 源接入点指示。SAPI 由 16 字节组成，对应 TTI [0] -TTI [15]；其中 SAPI [0]（TTI [0]）固定为"0000 0000"；SAPI [1] -SAPI [15]（TTI [0] -TTI [15]）为 15 个字符的源接入点指示。

b. DAPI 目的接入点指示。DAPI 由 16 字节组成，对应 TTI [16] -TTI [31]；其中 DAPI [0]（TTI [16]）固定为"0000 0000"；DAPI [1] ～DAPI [15]（TTI [17] ～TTI [31]）为 15 个字符的源接入点指示。

c. Operator Specific 运营商专用部分由 32 字节组成，对应 TTI [32] ～TTI [63]。

接入点标识（SAPI，DAPI）的字节编码遵守建议 T.50，标识结构如图 3-37 所示，具体介绍如下：

3 字节的 IS（International Segment）国际段，支持 3 字符的 ISO 3166 地理/政治的国家码。如 USA，FRA。

12 字节的 NS（National Segment）国内段，NS 国内段包括 ICC 和 UAPC：ICC（ITU Carrier Code）ITU 运营商代码，对应于一个网络运营/服务供应商，在 M.1400 中列出，由 TSB（ITU-T Telecommunication Service Bureau）维护；UAPC（Unique Access Point Code）唯一的接入点代码，可包括 6～11 个字符（根据 ICC 码的不同），如果不足则用 NULL 填满不足部分，UAPC 由 IS+ICC 对应的网络运营/服务供应商负责，并保证唯一性。

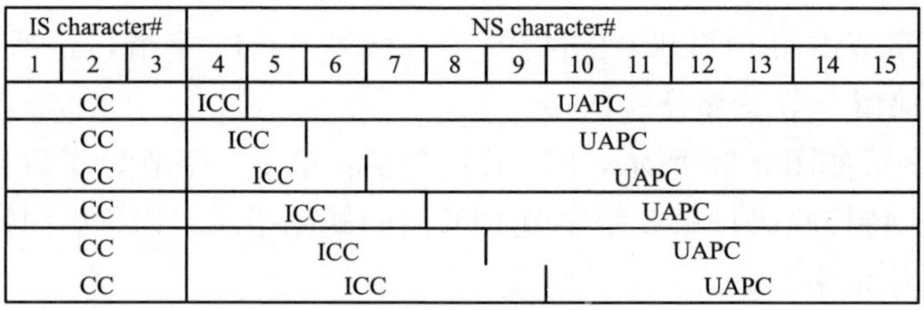

| IS character# | | | NS character# | | | | | | | | | | | |
|---|---|---|---|---|---|---|---|---|---|---|---|---|---|---|
| 1 | 2 | 3 | 4 | 5 | 6 | 7 | 8 | 9 | 10 | 11 | 12 | 13 | 14 | 15 |
| CC | | | ICC | | | | UAPC | | | | | | | |
| CC | | | ICC | | | | | UAPC | | | | | | |
| CC | | | | ICC | | | | UAPC | | | | | | |
| CC | | | | ICC | | | | | UAPC | | | | | |
| CC | | | | | ICC | | | | UAPC | | | | | |
| CC | | | | | ICC | | | | | UAPC | | | | |

图 3-37　接入点标识结构

2）BIP-8 比特校验码，SM 段的第 2 个字节。BIP-8 对 OPUk 区域进行奇偶校验，第 i 帧的 BIP 校验结果放在第 i+2 帧的 BIP-8 字节处。

| 1 | 2 | 3 | 4 | 5 | 6 | 7 | 8 |
|---|---|---|---|---|---|---|---|
| BEI | | | | BDI | IAE | RES | |

图 3-38　SM 段的第 3 个字节结构

3）SM 段的第 3 个字节。SM 段的第 3 个字节结构如图 3-38 所示，包括 BEI 后向错误指示、BDI 后向缺陷指示、IAE 引入校准错误、RES 保留字节四部分。

a. BEI 后向错误指示：共 4bit，用来向业务上游方向传递，对应的业务宿端 SM 段 BIP-8 开销检测到的错误块数目。BEI 有 9 个合法的值 0～8，见表 3-4。

表 3-4　　　　　　　　　　　　　　OTUk SM BEI 说明

| OTUk SM BEI bits 1234 | 0000 | 0001 | 0010 | 0011 | 0100 | 0101 | 0110 | 0111 | 1000 | 1001 to 1111 |
|---|---|---|---|---|---|---|---|---|---|---|
| 有效值 | 0 | 1 | 2 | 3 | 4 | 5 | 6 | 7 | 8 | 0 |

b. BDI 后向缺陷指示：共 1bit，用来向业务上游方向传递，对应的业务宿端 SM 段检测到的信号失效状态。BDI 值为"1"表示检测到信号失效；否则 BDI 值为"0"。

c. IAE 引入校准错误：共 1bit，用于 S-CMEP（段连接监视端点）的接入点，向与其成对的 S-CMEP（段连接监视端点）的接出点，提示在输入信号中已经检测到的校准错误。IAE 值为"1"表示有帧校准错误；否则 IAE 值为"0"。

S-CMEP（段连接监视端点）的接出点可以利用 IAE 信息，抑制在 S-CMEP（段连接监视端点）的接入点由于 OTUk 帧相位变化引起的误码率。

d. RES 保留字节：2bit，值设置为"00"。

（2）GCC0 通用通信通路字节。在 OTUk 开销中分配了 2 个字节支持 OTUk 终端接点之间的通用通信通路。该通路是透明的，G.709 建议中未规定其格式。

（3）RES 保留字节。RES 保留信号。

**4. ODUk 开销字节**

ODUk 开销包括 PM 通道监视信号、TCM 串联直通连接监视信号、GCC1/GCC2 通用通信通路、APS/PCC 自动保护倒换/保护通信通路、FTFL 故障类型及故障定位上报通信通路、EXP 实验用开销、RES 保留信号。

（1）PM 通道监视字。PM 通道监视开销结构如图 3-39 所示，其状态说明见表 3-5。

1）TTI：定义同 SM 中的 TTI；

2）BIP-8：定义同 SM 中的 BIP-8；

3）BEI：定义同 SM 中的 BEI；

4）BDI：定义同 SM 中的 BDI；

5）STAT：指示维护信号存在状态的信号。

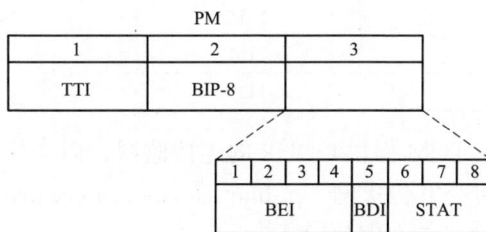

图 3-39　PM 通道监视开销结构

表 3-5　　　　　　　　　　　ODUk PM 状态说明

| PM byte 3，bits 678 | 状态 |
| --- | --- |
| 000 | 保留 |
| 001 | 正常 |
| 010 | 保留 |
| 011 | 保留 |
| 100 | 保留 |
| 101 | 维护信号：ODUk-LCK |
| 110 | 维护信号：ODUk-OCI |
| 111 | 维护信号：ODUk-AIS |

（2）GCC1/GCC2 通用通信通路字节。在 ODUk 开销中分配了 2 个各为 2 个字节的通用通信通路字节，支持任意 2 个接入 ODUk 帧结构的网元（3R 终端接点）之间的通用通信通路。该通路是透明的，G.709 建议中未规定其格式。

（3）TCM 串联直通连接监视信号。ODUk TCM 激活/去激活相关协议（TCM ACK 开销）共 1 字节，未定义，将来研究。共 TCM1～TCM6 共 6 个 TCM，每个 TCM 开销 3 个

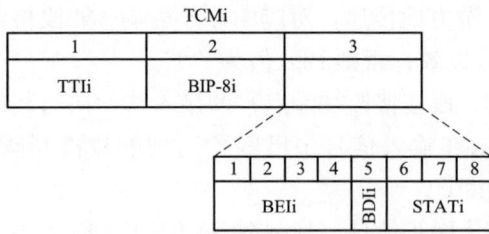

图 3-40  ODUk TCMi 开销结构

字节，6 个 TCM 的开销定义相同，其结构如图 3-40 所示，状态说明见表 3-6。

1）TTI 路径追踪标识（同 SM 的 TTI）；

2）BIP-8 比特校验码（同 SM 的 BIP-8）；

3）BDI 后向缺陷指示（同 SM 的 BDI）；

4）BEI 后向错误指示（同 SM 的 BEI）；

5）STAT 状态比特，指示 TCM 开销，输入校准错误或维护信号存在状态的信号。

表 3-6                                     TCM 状态说明

| TCM byte 3，bits 678 | 状态 |
| --- | --- |
| 000 | 没有源 TC |
| 001 | TC 在用，没有 IAE 错误 |
| 010 | TC 在用，存在 IAE 错误 |
| 011 | 保留 |
| 100 | 保留 |
| 101 | 维护信号：ODUk-LCK |
| 110 | 维护信号：ODUk-OCI |
| 111 | 维护信号：ODUk-AIS |

TCM 提供 ODUk 的连接监视，以支持如下应用：光 UNI 到 UNI 的 TCM：监视 ODUk 通过公共传送网（public transport network）的连接；光 NNI 到 NNI 的 TCM：监视 ODUk 通过运营商网络（the network of a network operator）的连接；子层监视线形 1＋1，1∶1 和 1∶N 光通路子网连接保护倒换，以决定 SF、SD 条件；子层监视光通路共享保护环（optical channel shared protection ring）的保护倒换，以决定 SF、SD 条件；监视光通路的串联直通连接，用以在倒换的光通道连接中检测 SF、SD 条件，在网络故障失效期间发起连接的自动恢复。监视光通路的串联直通连接，用以故障定位，或验证确认传递的服务质量（QoS）。

（4）APS/PCC 自动保护倒换/保护通信通路。共 4 字节。未明确定义，指出可能在将来定义一级或多级嵌套的 APS/PCC 信号。

（5）FTFL 故障类型及故障定位上报通信通路。每个 ODUk 开销提供 1 字节，1 个复帧的 256 个 FTFL 字节组成一个完整的 FTFL 信息结构。256 字节的 FTFL 信息结构包括前向区域（0～127）、后向区域（128～255）2 个 128 字节区域。

（6）EXP 实验用开销。EXP 实验用开销 G.709 建议不做标准化。该开销支持设备商/网络运营商在他们的网络/子网内部提供额外的 ODUk 开销。EXP 开销应限制在设备商设备的网络/子网内部，或网络运营商的网络内部。

（7）RES 保留信号。默认设置为全 0。

**5.** OPU 开销字节

OPUk 开销包括 PSI 净荷结构标识、JC 映射专用开销。

（1）PSI 净荷结构标识。每个 OPUk 开销提供 1 字节的 PSI，1 个复帧中的 256 个 PSI

字节组成 1 个完整的 PSI 信息结构，如图 3-41 所示。PSI［0］为 1 字节的净荷类型（PT），其含义见表 3-7，如低级别 ODU 复用到高级别 ODU，对应的 OPU2 和 OPU3 信号，PT 取值就为 0× 20。PSI［1］～PSI［255］则用于映射和级联。PSI［1］保留，PSI［2］～PSI［17］为复用结构标识符 MSI，MSI 中包含 ODU 类型和传送的 ODU 支路端口号信息，其中对于 OPU2，由于只有 4 个 ODU1 支路端口号，所以只需 PSI［2］～PSI［5］这 4 个字节，MSI 的后 12 个字节设置为 0。

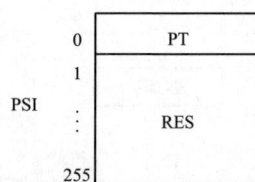

图 3-41　PSI 信息结构图

**表 3-7**　　　　　　　　　　　　净荷类型码 PT 含义

| 高 4 位 | 低 4 位 | 16 进制编码 | 说明 |
|---|---|---|---|
| 0000 | 0001 | 01 | 实验性映射 |
| 0000 | 0010 | 02 | 异步 CBR 映射 |
| 0000 | 0011 | 03 | 比特同步 CBR 映射 |
| 0000 | 0100 | 04 | ATM 映射 |
| 0000 | 0101 | 05 | GFP 映射 |
| 0000 | 0110 | 06 | 虚级联信号 |
| 0001 | 0000 | 10 | 使用字节定时映射的比特流 |
| 0001 | 0001 | 11 | 不使用字节定时映射的比特流 |
| 0010 | 0000 | 20 | ODU 复用结构 |
| 0101 | 0101 | 55 | 不可用 |
| 0110 | 0110 | 66 | 不可用 |
| 1000 | ×××× | 80-8F | 保留作私有用途 |
| 1111 | 1101 | FD | NULL 测试信号映射 |
| 1111 | 1110 | FE | PRBS 测试信号映射 |
| 1111 | 1111 | FE | 不可用 |

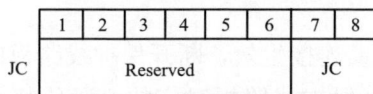

图 3-42　JC 信息结构图

（2）OPUk 映射调整控制（JC）开销。共 3 个字节，如图 3-42 所示，每个字节前 6 位是保留字节，后 2 位指示客户数据同 OPUk 之间的正负调整状态。

### 3.3.4　OTN 的网络保护

**1. OTN 保护类型**

OTN 保护包括客户侧 1＋1 保护、ODUk 保护、光波长保护、线路 1＋1 保护，各种保护类型说明如图 3-43 所示，详细介绍如下。

（1）客户侧 1＋1 保护。实现方式：客户侧业务经过 OTN 设备保护单元完成双发，经 2 条线路到达收端，收端保护单元进行选收，选择 1 路信号送至客户侧设备中，从而实现客户侧业务的 1＋1 保护，其保护结构示意如图 3-44 所示。

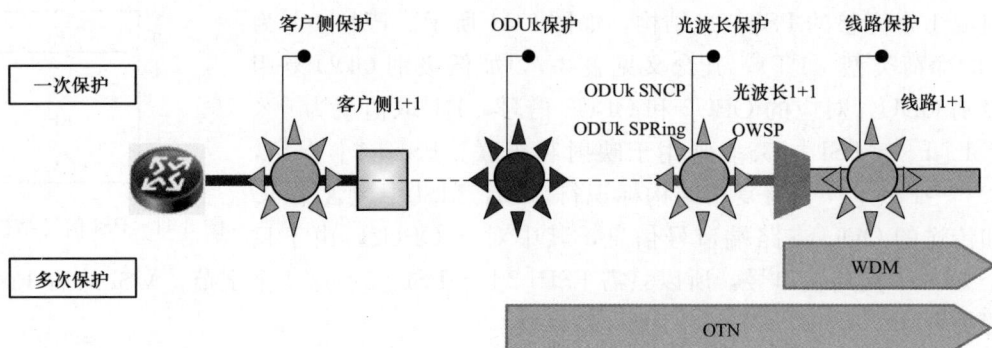

图 3-43　OTN 保护类型说明

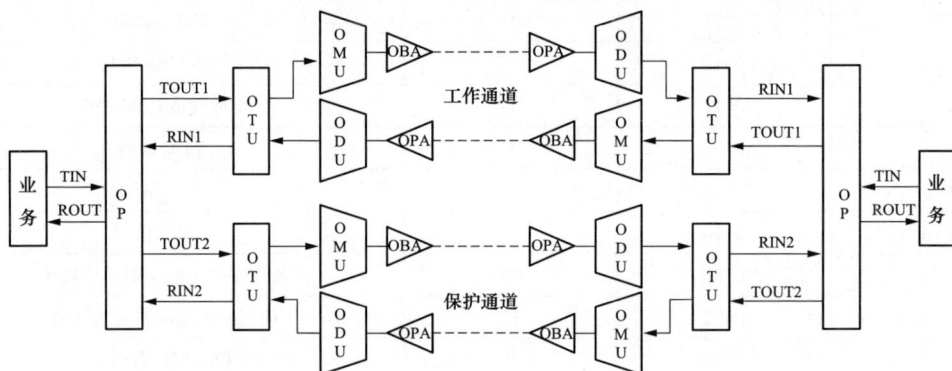

图 3-44　客户侧 1＋1 保护结构示意图

（2）ODUk 保护。ODUk 保护分为 ODUk SNCP 保护和 ODUk SPRing 保护两种。

1）ODUk SNCP 保护。实现方式：在业务发送方向，需要保护的客户业务从支路板输入，通过交叉单板交叉分成工作信号和保护信号，分别送往工作线路板和保护线路板，然后工作信号和保护信号分别在工作通道和保护通道中传输，其保护结构示意如图 3-45 所示。

在业务接收方向，正常工作时，仅工作线路板对应的交叉连接生效，断开保护线路板的交叉连接，当工作通道故障时，断开工作线路板交叉连接，保护线路板对应的交叉连接生效，业务信号工作在保护通道。

当工作路由恢复正常后，根据在网管上预先配置的恢复类型，业务信号可以恢复到指定的线路板所对应的交叉连接上。

2）ODUk SPRing 保护。实现方式：只需配置主用业务，无需配置保护业务，倒换时需要协议，有节点数限制，保护颗粒为 ODUk，实现原理类似 SDH 中 MSP 保护。

（3）光波长保护。光波长保护分为光波长 1＋1 保护和光波长共享保护（OWSP）两种。

1）光波长 1＋1 保护。实现方式：OTN 设备波长转换单元经过 OTN 设备保护单元完成双发，经 2 条线路到达收端，收端保护单元进行选收，选择 1 路信号送至 OTN 设备波长转换单元，从而实现波长 1＋1 保护，其保护结构示意如图 3-46 所示。

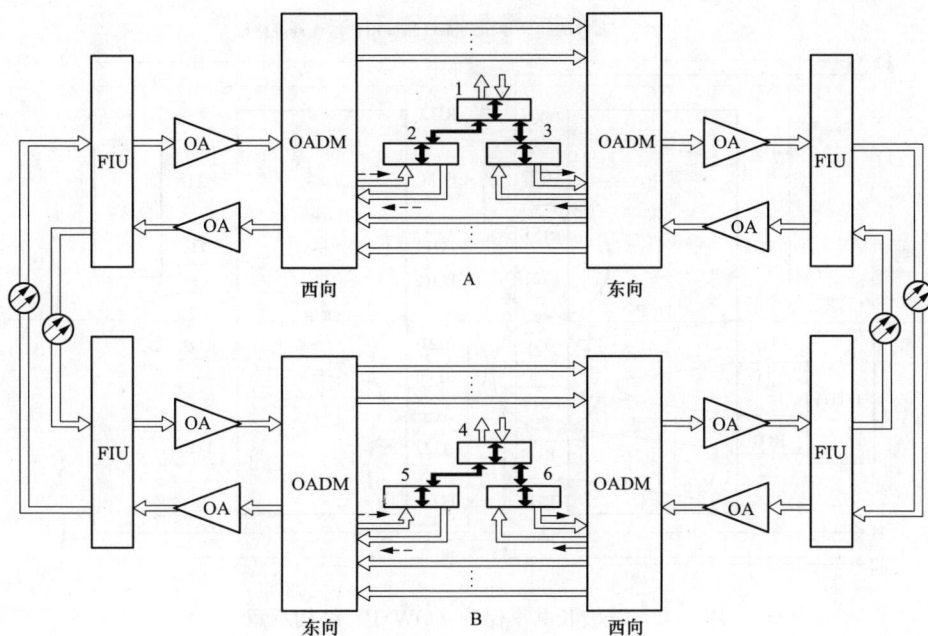

图 3-45 ODUk SNCP 保护结构示意图

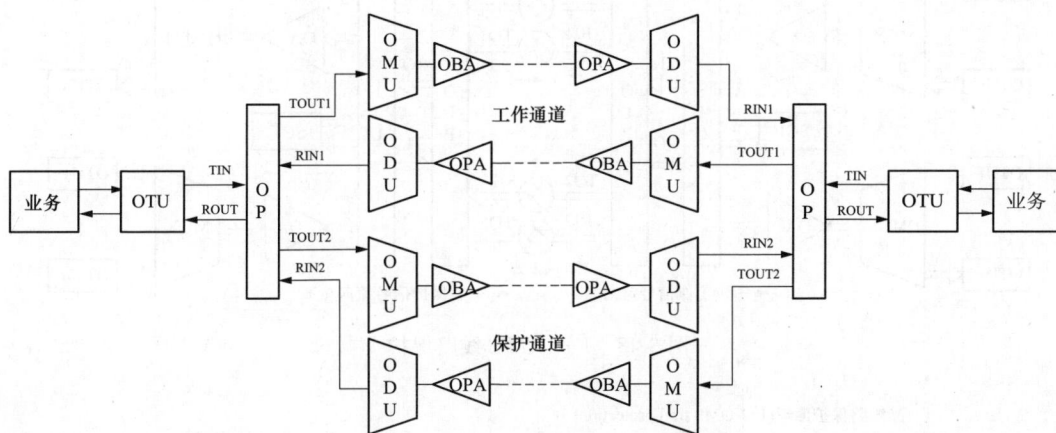

图 3-46 光波长 1＋1 保护结构示意图

2）光波长共享保护（OWSP）。实现方式：用于配置分布式业务的环型组网，通过占用2 个不同的波长实现对所有站点间 1 路分布式业务的保护，通过 DCP 单板实现波长的 Add，Drop，Bridge，Switch，Pass through 控制功能，以节约波长资源；双发选收，双端倒换；需要 APS 协议，其结构示意如图 3-47 所示。

（4）线路 1＋1 保护。现实方式：OTN 设备将经过合波或放大后的合路信号经过 OTN设备保护单元完成双发，经 2 条线路到达收端，收端保护单元进行选收，选择 1 路合路信号送至放大或分波单元，从而实现线路 1＋1 保护，根据保护单元放置位置的不同，有两种组网方式，分别如图 3-48 和图 3-49 所示。

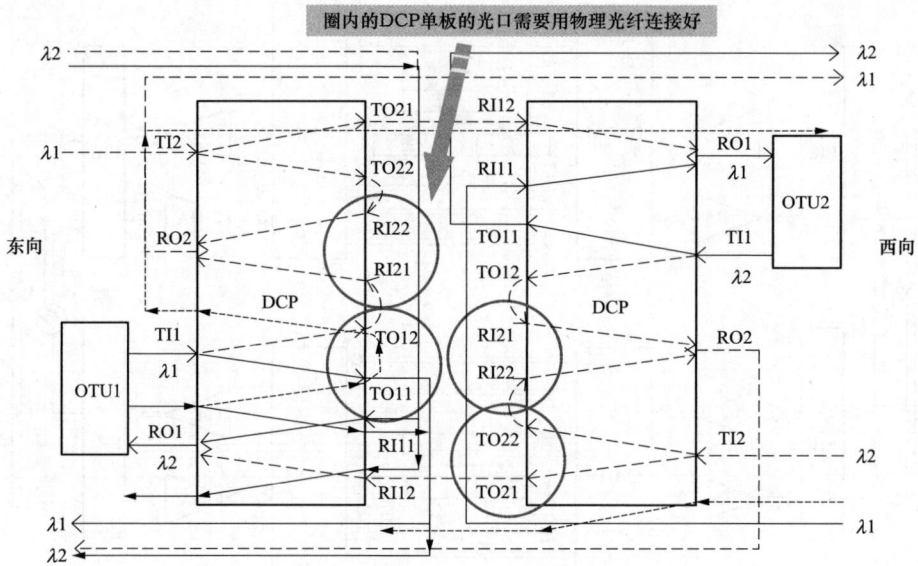

图 3-47　光波长共享保护（OWSP）结构示意图

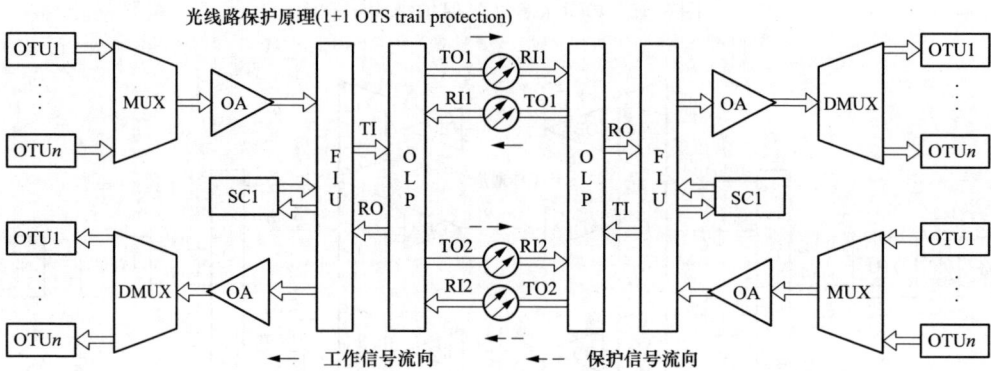

图 3-48　1＋1 OTS 线路保护

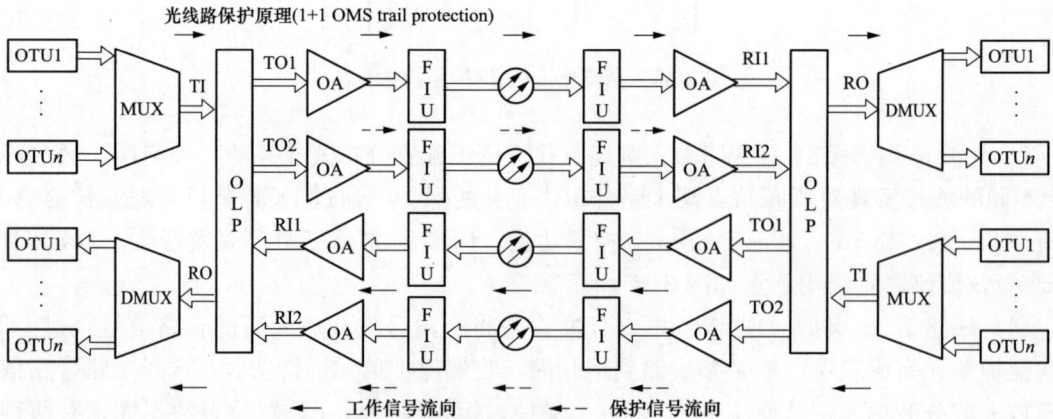

图 3-49　1＋1 OMS 线路保护

**2.** OTN 保护参数对比

OTN 保护参数对比见表 3-8。

表 3-8　　　　　　　　　　　　　　　OTN 保护参数对比

| OTN 保护要求 | 客户侧 1＋1 保护 | ODUk SNCP | ODUk SPRing | 波长 1＋1 保护 | OWSP | 线路 1＋1 保护 |
|---|---|---|---|---|---|---|
| 保护颗粒 | 客户侧业务 | ODUk | ODUk | 波长 | 波长 | 线路 |
| 是否需要保护单板 | 2.5G 不需要，其他需要 | 不需要 | 不需要 | 需要 | 需要 | 需要 |
| 是否需要 APS 协议 | 不需要 | 不需要 | 需要 | 不需要 | 需要 | 不需要 |
| 倒换原理 | 双发选收，单端倒换 | 双发选收，单端倒换 | 单发单收，双端倒换 | 双发选收，单端倒换 | 双发选收，双端倒换 | 双发选收，单端倒换 |
| 倒换时间 | 小于 30ms | 小于 30ms | 小于 50ms | 小于 30ms | 小于 50ms | 小于 30ms |
| 是否有网络节点数限制 | 无 | 无 | 有，不多于 16 个 | 无 | 有，不多于 16 个 | 无 |
| 适用的网络情况 | 链形、环形 | 链形、环形 | 环形 | 链形、环形 | 环形 | 链形 |

由表 3-8 可知，客户侧 1＋1 保护、波长 1＋1 保护、OWSP、线路 1＋1 保护需要额外配置保护单板来实现保护倒换功能，是传统的 DWDM 保护方式，当保护单板出现故障时会增加故障点隐患。

OTN 设备除了上述 3 种传统的保护方式外，还提供 ODUk 的保护，ODUk 保护是通过内部交叉板来实现倒换的保护方式，无需额外配置保护单板即可实现保护，可以节约槽位，减少故障点，故 OTN 设备推荐使用 ODUk 保护，目前 ODUk 有 ODUk SNCP 和 ODUk SPRing 两种保护方式，前者无需协议，倒换时间快，无节点数限制；后者需要协议，倒换时间受到节点数、站点间距离等条件限制，没有前者快，同时整个网络有节点数限制。

结合特点及 OTN 设备特性，从安全性、风险性、倒换时间等多方面综合考虑，铁路 OTN 设备推荐使用 ODUk SNCP 保护。

### 3.3.5　OTN 组网

OTN 常见的组网类型有环型、线型、网状型及混合组网，一般建议采用环型组网。

**1.** 环型组网

环型组网是 OTN 网络最常见的组网方式，如图 3-50 所示。

OTN 采用环型组网可靠性较高，易维护性较好，网络故障排查也相对简单，但网络环上的各节点共享整个环网带宽，所以 OTN 网络环上的节点不宜过多，一般不超过 10 个，同时环上节点过多，也会降低环网的可靠性。

**2.** 线型组网

OTN 线型组网一般在光缆不具备成环条件的情况下使用，如图 3-51 所示。

OTN 线型组网不具备开通保护通道的条件，网络可靠性较差。

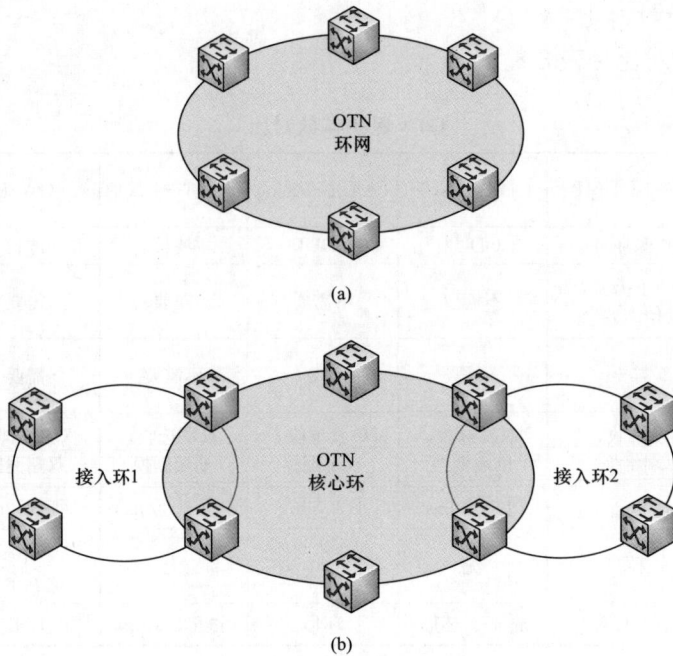

(a)

(b)

图 3-50　OTN 环形组网方式

（a）OTN 环型组网；（b）OTN 环型嵌套组网

**3.** 网状型组网

在特殊情况下，OTN 可以采用网状型组网，增强网络的可靠性，网状型组网如图 3-52 所示。

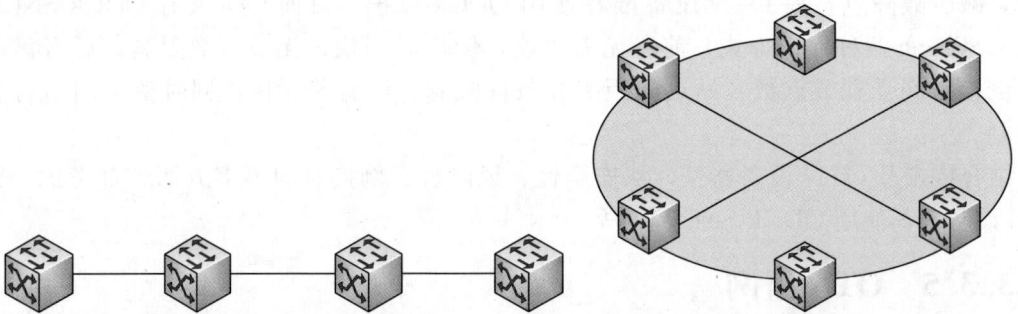

图 3-51　OTN 线型组网示意图

图 3-52　OTN 网状型组网示意图

OTN 网状型组网一般在特殊情况下使用，可以增强网络的可靠性。

**4.** OTN 混合组网

在实际工程中，因光缆资源等原因，OTN 可能采用混合组网，如图 3-53 所示。

### 3.3.6　OTN 的维护

**1.** 维护信号

维护信号包括 AIS 告警指示信号、FDI 前向失效指示、OCI 开放连接指示、LCK 锁定信号、PMI 净荷未装载指示五种。

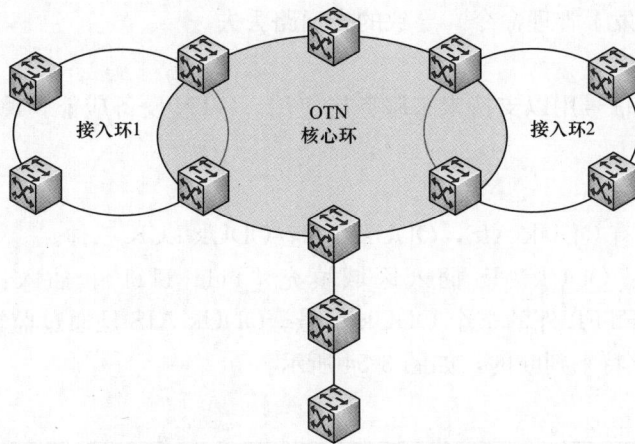

图 3-53　OTN 混合组网示意图

（1）AIS 告警指示信号：AIS 信号向下游传送，指示上游检测到的信号失效。

（2）FDI 前向失效指示：FDI 信号向下游传送，指示上游检测到的信号失效。FDI 与 AIS 是相似的信号。AIS 是数字领域的术语，FDI 是光领域的术语，是在 OOS 中的非关联开销中传输的。

（3）OCI 连接断开指示：OCI 信号向下游传送，指示上游信号未连接到路径终结源接点。

（4）LCK 锁定信号：LCK 信号向下游传送，指示上游信号连接被锁定，没有信号通过。

（5）PMI 净荷未装载指示：PMI 信号向下游传送，指示上游信号源接点的支路时隙没有光信号，或光信号中没有净荷，表明支路光信号传送受到干扰，用来抑制在这种情况下产生的 LOS 失效。

**2. OTS 维护信号**

OTS-PMI 指示 OTS 净荷未包含光信号。

**3. OMS 维护信号**

OMS 维护信号有 OMS-FDI-P，OMS-FDI-O，OMS-PMI 三种。

（1）OMS-FDI-P（P-Payload）：OMS-FDI-P 指示 OTS 网络层的 OMS 服务层失效。

（2）OMS-FDI-O（O-Overhead）：OMS-FDI-O 指示由于 OOS 信号失效引起 OMS OH/OOS 的传送受干扰。

（3）OMS-PMI：OMS-PMI 指示 OCC（光通路载体）未包含光信号。

**4. OCh 维护信号**

OCh 维护信号有 OCh-FDI-P，OCh-FDI-O，OCh-OCI 三种。

（1）OCh-FDI-P：OCh-FDI-P 指示 OMS 网络层的 OCh 服务层失效。当 OTUk 终结时，OCh-FDI-P 将作为 ODUk-AIS 信号继续传送。

（2）OCh-FDI-O：OCh-FDI-O 指示由于 OOS 信号失效引起 OCh OH/OOS 的传送受干扰。

（3）OCh-OCI：OCh-OCI 向下游指示 OCh 连接不正常，用来下游区分是由于失效，还是由于连接断开（下发了管理命令）导致的光通路丢失。

**5. OTUk 维护信号**

OTUk-AIS 指示信号用以支持未来服务层应用。OTN 设备应能检测到该信号，但不要求产生该信号。

**6. ODUk 维护信号**

ODUk 维护信号有 ODUk-AIS，ODUk-OCI，ODUk-LCK 三种。

（1）ODUk-AIS：ODUk-AIS 插入区域填充"1111 1111"。插入区域是除 FA OH，OTUk OH，ODUk FTFL 外的整个 ODUk 信号。ODUk-AIS 是通过监视 PM，TCMi 开销中的 ODUk STAT 比特来判断的，如图 3-54 所示。

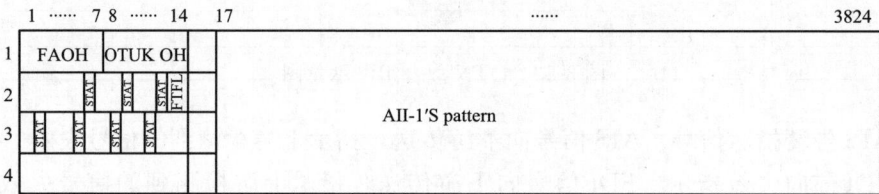

图 3-54　ODUk-AIS

（2）ODUk-OCI：ODUk-OCI 用于指示上游的信号没有连接到路径终端源的信号，其插入区域填充"0110 0110"。插入区域是除 FA OH，OTUk OH 外的整个 ODUk 信号。

注意："0110 0110"是缺省的。PM，TCMi 开销中的 ODUk STAT 比特也可以设为"110"。

ODUk-OCI 是通过监视 PM，TCMi 开销中的 ODUk STAT 比特来判断的，如图 3-55 所示。

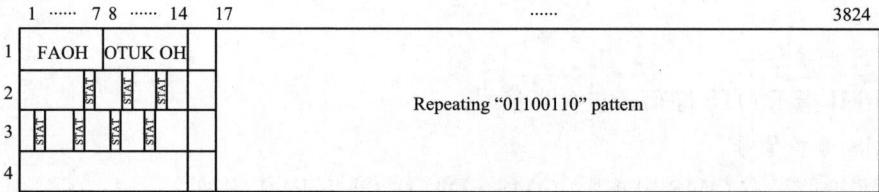

图 3-55　ODUk-OCI

（3）ODUk-LCK：为了支持运营商提出的锁定用户接入点信号的要求，ODUkP 和 ODUkT 层提供了 LCK 锁定维护信号，用于指示上游连接被"锁定"的信号，没有信号通过。

ODUk-LCK 插入区域填充"0101 0101"。插入区域是除 FA OH，OTUk OH 外的整个 ODUk 信号。

注意："0101 0101"是缺省的。PM，TCMi 开销中的 ODUk STAT 比特也可以设为"101"。

ODUk-LCK 是通过监视 PM，TCMi 开销中的 ODUk STAT 比特来判断的。

# 3.4 SDH 故障案例分析

## 3.4.1 复用段节点参数设置错误导致倒换失败

**1.** 组网情况

SDH 组网示意如图 3-56 所示。

**2.** 故障现象

5 号和 4 号网元之间断纤后，部分业务中断。查询各个网元的复用段倒换状态，倒换状态不正确。重新启动复用段协议，也不能进入正常的复用段倒换状态。

**3.** 故障分析

重新启动协议不能恢复正常，可能与复用段节点参数设置有关。查询环上各个网元的复用段参数，结果见表 3-9。

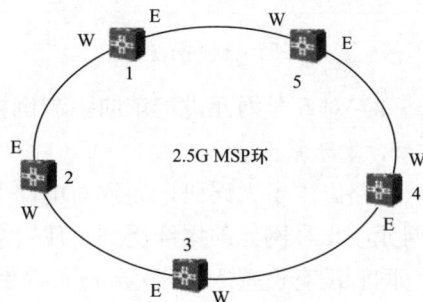

图 3-56 组网示意图

**表 3-9**         **复 用 段 节 点 号**

| 站名 | 1 号 | 5 号 | 4 号 | 3 号 | 2 号 |
|---|---|---|---|---|---|
| 查询返回的复用段节点号 | 1 | 5 | 4 | 3 | 2 |

从表 3-9 中可以看出，复用段节点参数设置的方向与顺时针方向相反。

**4.** 处理步骤

在网管上按接纤物理顺时针方向重新设置复用段节点参数后，重启协议恢复正常。

**5.** 故障原因

复用段节点参数设置错误导致倒换出现异常。如 5 号网元复用段协议处理时，默认为西向光盘对应的网元节点号比自身小 1，东向光盘对应的网元节点号比自身大 1。如果复用段节点参数设置不正确，必将导致协议处理出现异常。

**6.** 总结

复用段参数的设置必须按接纤物理顺时针方向从"1"逐站递增，最大节点数为环上总节点数，复用段参数的设置和修改要仔细。网管中逻辑配置里可以设置网元的逻辑号（网块号—网元号），但它仅仅是逻辑上的定义，不能作为复用段保护环节点号的设置参考。

## 3.4.2 光路误码复用段未倒换

**1.** 组网情况

SDH 组网示意如图 3-57 所示。

**2.** 故障现象

某日，1 号站到 4、5 号站的部分业务出现了中断。查询相应支路盘的业务没有 TU-AIS 告警，查询支路盘性能有误码。查询 5 号东向光盘有 MS-SD（复用段信号劣化）告警。

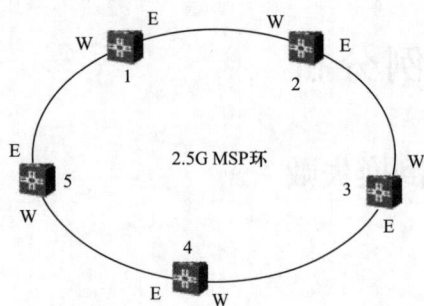

图 3-57  组网示意图

**3. 故障分析**

可以判断是由于支路盘出现误码导致业务异常，由于出现异常的业务都经过了 5 号网元的东向光盘，而该光盘有 MS-SD 告警。可以初步定位该段光路误码，在光路异常的情况下，复用段保护没有倒换。

**4. 处理步骤**

（1）通过网管单盘配置中的"控制命令"，将 1 号网元西向光盘的激光器关断，5 号网元上报 R＿LOS 告警，全环复用段保护倒换后，业务恢复正常。

（2）对 5 号网元进行东向强制倒换。

**5. 故障原因**

线路出现了大误码，导致对电路要求高的业务出现了中断。线路出现大误码的原因是 5 号网元收 1 号网元的尾纤受到挤压，导致收光功率过低。

网管没有设置 MS-SD 误码允许倒换使能，线路在误码状态下无法启动保护倒换协议，解决方法是在网管单盘配置中将 MS-SD 参与倒换使能选项设置为允许。

### 3.4.3  穿通业务有时分的节点失效后对业务的影响

**1. 组网情况**

SDH 组网示意如图 3-58 所示。

**2. 故障现象**

5 号网元掉电后，其他各网元处于正常的倒换状态中，但 4 号网元经由 5 号网元到 1 号网元的业务中断。

**3. 故障原因**

分析 4 号网元到 1 号网元的业务在 5 号网元的穿通配置，发现 5 号网元的该穿通配置进行了的 VC-12 级别时分交叉：W1.17～32←→E1.1～16。当 5 号网元节点失效后，两侧的网元将进入倒换状态，而双

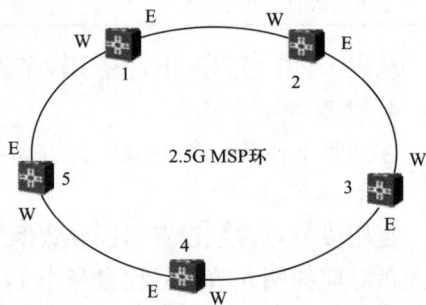

图 3-58  组网示意图

向复用段倒换是以 VC-4 为基础的，将导致穿通点的时分交叉信息丢失。

**4. 处理过程**

重新配置业务，将各站点穿通业务的时分取消。

### 3.4.4  复用段保护通道故障的定位方法

**1. 组网情况**

某局 SDH 组网为 2.5G 复用段保护环，如图 3-59 所示，1 号站为网管中心站。

2M 业务时隙分配表如图 3-60 所示，图中不同行表示不同的 VC-4，第 1 行为第 1 个 VC-4，该局共用了 4 个 VC-4 的业务；t1、t2、t3、t4 分别表示第 1～4 盘位 2M 支路盘。支路盘后面的数字表示通道号，横线上的数字表示所占用的时隙号。

该业务已割接，各站复用段保护倒换协议均启动且为正常状态，业务运行正常。某日，维护人员发现，2 号站、3 号站相连的光盘出现 R_LOS 告警，各站交叉盘均有保护倒换告警，查询各节点倒换状态正常。但 3 号站与 1 号站的业务中断，其他站业务正常。对应中断的业务，1 号站相应的通道有 TU-AIS 告警。

**2.** 故障处理

从所描述的情况看，该故障属于复用段保护倒换后业务不通，协议已正常动作，推断是保护通道的问题，现通过自环法进行故障定位。

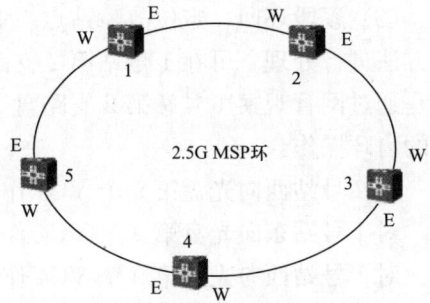

图 3-59　组网示意图

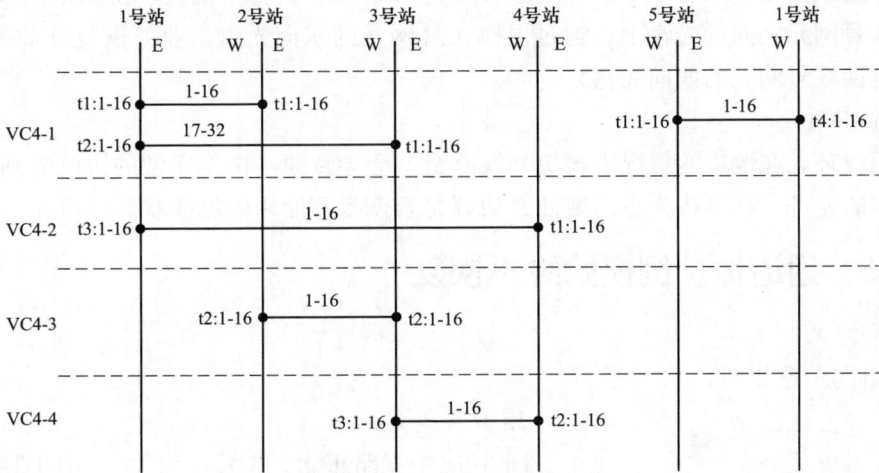

图 3-60　2M 业务时隙分配示意图

（1）中断业务分析样本采样。选取 1 号站 t2 支路盘 16 个中断业务中的第 1 个通道业务，分析该业务 1~3 号站方向的路径，得到中断业务的分析样盘为 1 号站的 t2：1。

（2）画中断业务路径图。保护倒换前后，样本业务 1 号站的 t2：1 路径如图 3-61 所示。

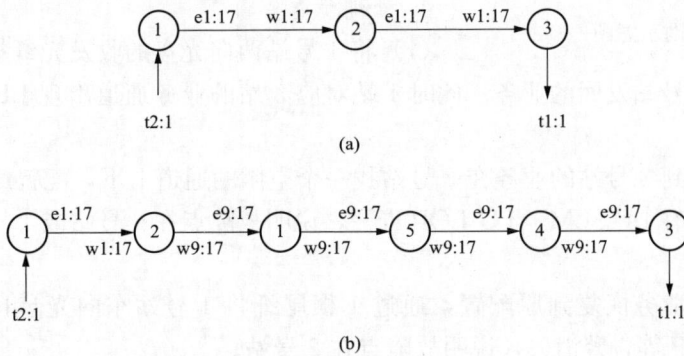

图 3-61　样本业务 1 号站 t2：1 路径图
（a）倒换前；（b）倒换后

97

（3）逐段环回，定位故障站点。业务路径图画出来以后，则可按一般业务中断故障的处理方法进行处理。可在 1 号站第 2 支路盘的第 1 个 2M 通道上挂表测试（或不用挂表测试，而是通过网管观察 1 号站第 2 支路盘 2M 通道的 TU-AIS 告警是否结束），然后逐段进行如下的自环操作：

对 2 号站西向光盘第 9 个 VC4 作设备环回，TU-AIS 告警消失，仪表测试 OK；

对 1 号站东向光盘第 9 个 VC4 作线路环回；TU-AIS 告警消失，仪表测试 OK；

对 1 号站西向光盘第 9 个 VC4 作设备环回；TU-AIS 告警消失，仪表测试 OK；

对 5 号站东向光盘第 9 个 VC4 作线路环回；TU-AIS 告警消失，仪表测试 OK；

对 5 号站西向光盘第 9 个 VC4 作设备环回；TU-AIS 告警消失，仪表测试 OK；

……

对 4 号站东向光盘第 9 个 VC4 作线路环回，TU-AIS 告警不消失；可以定位故障点在 4 号网元和 5 号网元之间的光盘上。通过更换 4 号网元的东向光盘，业务恢复（如果不恢复，可以考虑更换 5 号网元的西向光盘）。

**3.** 注意事项

对复用段环，在倒换的情况下再更换线路盘，会导致原本倒换正常的协议受到影响，可能影响更多的业务。在更换光盘后要注意协议是否恢复到原来的倒换状态。

## 3.4.5 通道保护倒换始终不恢复

**1.** 组网情况

SDH 组网示意如图 3-62 所示。

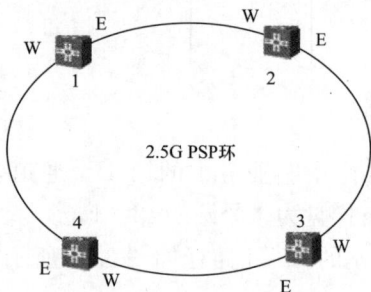

图 3-62 组网示意图

**2.** 故障现象

图 3-61 中光路正常，3 号站对 1 号站的业务通道始终有保护倒换告警；若将 1 号站西向光盘发激光器关闭，3 号站对 1 号站的业务中断，3 号站的支路通道出现 LP-SLM，TU-LOP 等告警。

**3.** 故障分析

从以上告警现象分析，3 号站主环出现故障。

**4.** 处理步骤

（1）将 1 号站西向光盘的收发光纤拔掉，1 号站从备环方向收 2、3、4 号站发回的业务。此时 1 站对应 3 站的业务通道出现 LP-SLM、TU-LOP 告警。

（2）将 1 号站到 3 号站的业务在 2 号站找一个空闲的通道上下，配置成功后发现 2 号站新添加的业务通道有 LP-SLM、TU-LOP 告警，说明故障点在 2 号站或 1 号站与 2 号站相连的光盘上。

（3）将修改的业务恢复到原配置，通过 1 根尾纤将 1 号站东向光盘自环，1 号站上的 LP-SLM、TU-LOP 等告警消失，说明故障点在 2 号站。

（4）分析中断的业务，发现均在同一个 VC4 通道内，且告警为 TU-LOP、LP-SLM，怀疑 2 号站交叉盘故障的可能性较大。

（5）更换 2 号站交叉盘，1 号站和 3 号站的业务恢复，故障排除。

**5. 故障原因**

2 号站的交叉盘某个 VC4 穿通故障。

## 3.4.6　光纤自环导致的业务中断

**1. 组网情况**

某局采用通道保护环组网，集中型 2M 业务，业务中心站为 1。但由于光缆未到位，3 与 4 的光纤未连接。因此，实际组网为一个断环，如图 3-63 所示。该环业务运行一直正常。

**2. 故障现象**

某日，机房维护人员认为 3 和 4 间的光盘有 R-LOS 告警，影响对正常告警的处理，于是决定用尾纤将这 2 个站点未用的光盘自环。第一天，维护人员到达 3 站点后，用尾纤将该站东向光盘自环，观察光盘红灯熄灭，业务运行正常；第二天，维护人员到达 4 站，用尾纤将 4 西向光盘自环，观察光盘红灯熄灭，业务正常。随即维护人员离开机房。但离开机房不久，即接到全网业务中断的通知，且没有任何告警。

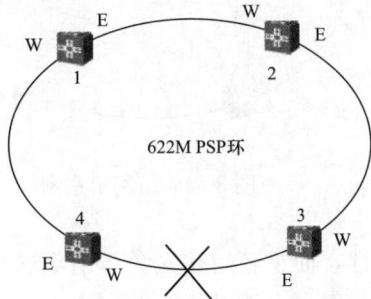

图 3-63　组网示意图

**3. 故障分析**

（1）在 3 号站和 4 号站间断纤的情况下，2、3 到 1 的业务和 1 到 4 的业务走的是备环。

（2）当 3 号站东向光盘自环时，产生的影响是 3 号站备环方向恢复正常，因此对各站主备环的收发状态没有影响，即原来收主环的还收主环，收备环的还收备环，业务保持正常。

（3）当 4 号站西向光盘自环时，产生的影响是 4 号站主环方向恢复正常。由于 2M 业务的通道保护是恢复式的，即如果主环恢复正常，则 8min 后业务将自动倒换回主环。这样，原来收备环方向的业务：1 号站收 2、3 号站的业务以及 4 号站收 1 号站的业务，8min 后均将倒换回主环。而此时主环的业务却是 4 号站环回的业务，也就是说，此时 4 号站从主环收 1 号站的业务以及 1 号站从主环收 2、3 号站的业务都是它们自己从备环发出去而在 4 环回的业务。

（4）在这种情况下，2、3 号站从主环收 1 号站的业务以及 1 号站从主环收 4 号站的业务均正常；而 1 号站收 2、3 号站的业务以及 4 号站收 1 号站的业务均为主环方向的自环业务，因此所有站没有任何告警信息。

**4. 处理步骤**

维护人员返回 4 号站机房，将自环尾纤拔掉，业务立即恢复。查询此时各站告警，4 号站以及 1 号站的支路盘出现 SWR 保护倒换告警。

**5. 事故原因**

4 西向光盘被自环。

**6. 总结**

对于通道保护，在断环保护倒换动作的情况下，切勿随便将光路自环。在自环前，一定要分析可能产生的影响。

### 3.4.7 通道保护环因光纤熔接错误导致网元无法登录

**1.** 组网情况

某局采用通道保护环组网，集中型 2M 业务，业务中心站为 1 站，组网如图 3-64 所示。

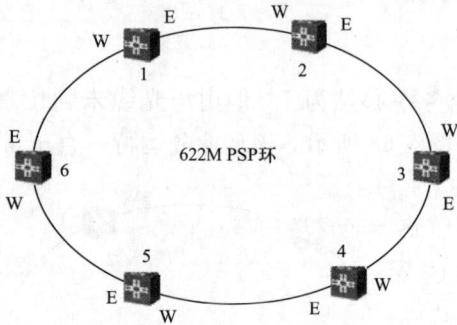

图 3-64 组网示意图

**2.** 故障现象

某日 17 时，机房维护人员反映，3 号站点因两侧光缆断裂（该站点东西方向的光纤有一段在同一根电缆内），业务中断。17 点 30 分，经线路人员抢修后，业务恢复正常。但施工人员刚要离开现场时，被告知环上业务除 3 站外全部中断。机房维护人员通过网管发现网上没有任何告警、性能数据；3 站业务正常，但无法登录网管。

**3.** 故障分析

因光缆断裂前，通道保护倒换正常，且业务正常，而重新熔接光缆后出现这样的问题——没有任何告警，业务中断，且 3 站无法登录，因此很有可能是光缆熔接错误。

**4.** 故障处理

（1）线路人员返回现场检查之前熔接的光纤，发现光纤熔接错误，3 站东西方向接收的光纤熔接反了，如图 3-65 所示。

由图 3-65 可知，2 号站和 4 号站发往 3 号站的光纤接反。

（2）重新按图 3-66 所示熔接光纤后，业务恢复正常。

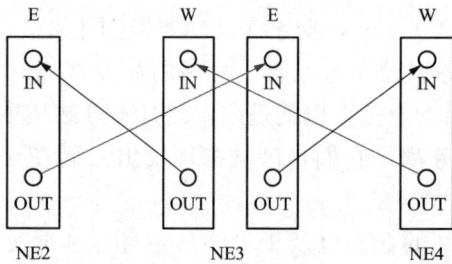

图 3-65 熔接示意图

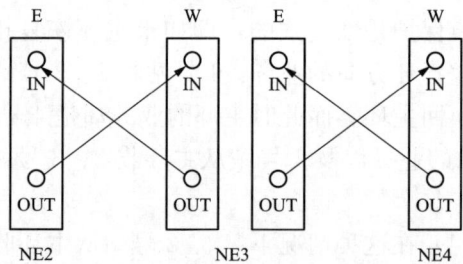

图 3-66 熔接示意图

**5.** 故障原因

（1）3 站点东西向收纤熔接反。

（2）在收纤熔接反后，逐一分析各站业务：

1）2 业务：2 从主环接收 1 的业务正常；但 1 从主环接收 2 的业务却是从 3 环回的业务，也就是说 2 沿主环方向发给 1 的业务，在 3 站点被环回，没有继续往前传输。而 1 从备环发出给 2 的业务，在 3 被环回到主环送回来，1 接收的就是这个环回的业务。因此 2 业务不通。

2）3 业务：3 收发给 1 的业务均正常，所有业务没有中断。

3）4业务：4从主环方向发给1的业务正常；而1从主环发给4的业务在3点被环回。4从主环接收到的业务是自身从备环发出的在3环回的业务。因此4业务不通。

4）5、6业务不通的原因与4相同。

5）3站点ECC不通：这是由于ECC走双向路由的缘故。光纤熔接反后，3站的ECC为单向路由，因此ECC不通，无法登录。

## 3.4.8 单盘故障引起的指针调整

**1.组网情况**

SDH组网示意如图3-67所示，1、3、4号站相应的2M业务通道报LP_BBE、LP_REI误码；2号站2M支路盘有LP_REI误码；2号站东向光盘、3号站东西向光盘、4号站西向光盘报大量RS_BBE、MS_BBE、HP_BBE以及MS_REI、HP_REI误码，这些光盘还存在大量指针调整。

**2.处理过程**

从误码性能事件分析，推测是2号站东向光盘故障、4号站西向光盘故障，或3号站时钟盘或交叉盘故障。通过网管关闭2号站东向光盘的激光器，2站支路盘的LP_REI误码消失，3、4号站的误码依旧，说明故障点在3号站。到达3号站，更换时钟盘，误码消失，故障排除。

**3.分析**

由于2—3号站、3—4号站这两段链路均有问题，因此很有可能是3号站的问题，导致出现该故障。由于网上还有大量指针调整，因此判断是时钟盘或交叉盘故障。

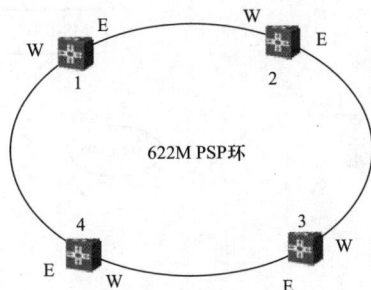

图3-67 SDH组网示意图

## 3.4.9 OSN2500 SNCP 倒换缺陷处理

**1.缺陷现象**

某SDH组网示意如图3-68所示，该站点D和E之间的光缆因外力破坏中断，维护人员发现站点E到局大楼B的业务中断，站点B网元对应的通道有TU-AIS告警，对端站的通道有LP-RDI告警。

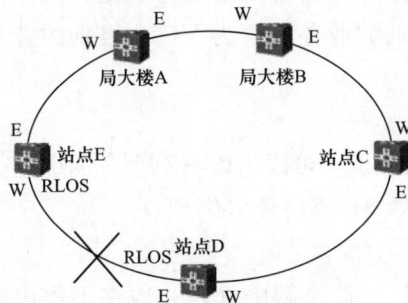

图3-68 SDH组网示意图

**2.缺陷诊断分析**

TU-AIS（TU alarm indication signal），表示TU告警指示，现象为单板告警灯每隔1s闪烁两次。告警原因有业务配置错误、对端站对应通道失效、由更高阶告警如R-LOS引起、交叉板故障等。

LP-RDI（Low order path remote defect indication），表示低阶通道远端接收失效指示，现象为单板告警灯每隔1s闪烁1次。

SNCP业务配置时，两端故障监测的业务级别必须一致。对该问题，在局大楼 B 做断纤测试是不能被发现的，因为主用（西向）光板断纤后，可以检测到 VC4 有告警，可以成功进行倒换。

图 3-69 是简明的 TU-AIS 告警产生流程图，通过分析可以方便地定位 TU-AIS 及其他相关告警的故障点和原因。在维护设备时还有一个常见的原因会产生 TU-AIS 告警，即将业务时隙配错，使收发两端的该业务时隙错开了。发端有 1 个 2Mbit/s 的业务要传至收端，发端将该 2Mbit/s 的业务复用到线路上的第 10 个 VC12 中，而收端下该业务时是下的线路上的第 11 个 VC12，若线路上的第 11 个 VC12 未配置业务的话，那么收端就会在相应的这个通道上产生 TU-AIS 告警。若第 11 个 VC12 配置了其他 2Mbit/s 的业务的话，收端就会现类似串话的现象（收到了不该收的通道信号）。

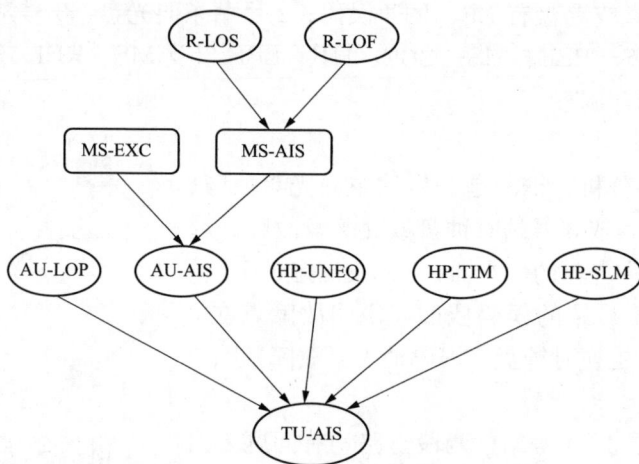

图 3-69　简明 TU-AIS 告警产生流程图

**3. 处理步骤**

站点 D 网元有 TU-AIS 告警，根据告警分析可以判断是站点 D、E 发往局大楼 B 网元的业务出现了问题。正常情况下，站点 C、D、E 的业务经过局大楼 OSN 2500 定义的西向光板到局大楼 B 网元；断纤后站点 C、D 的业务经过局大楼 OSN 2500 定义的东向光板到站点 B，由于局大楼 OSN 2500 网元完成 SNCP 的倒换，可能是局大楼 B 网元的问题。

分析局大楼 B 的 OSN 2500 的配置发现，局大楼 B 到站点 C、D、E 的配置 SNCP 按 VC4 级别的业务进行了配置，这就导致了 SNCP 只能根据 VC4 的告警来进行倒换，而不能按某个 2M 信号的告警进行倒换。修改配置，将 VC4 级别的业务更改为 VC12 级别的业务后倒换正常，告警消除。

**4. 注意事项及总结**

在进行配置修改前，做好数据库的备份工作。一个倒换请求可以由以下三个方面引起：

（1）VC 子网连接关联的一个自动启动指令（信号失效 SF 或信号劣化 SD）。

（2）子网连接过程的一个状态（等待恢复，无请求）。

（3）某个外部启动的指令（清除、闭锁、强制倒请求）。此类缺陷处理一般在不停电的情况下进行。

根据现场情况，可能需要检查光路，根据安全操作规程向上级单位申请后去现场检查消缺。

### 3.4.10　OSN2500 传输通道缺陷处理

**1.** 缺陷现象

SDH 组网示意如图 3-70 所示，传输网络主环中站点 E 上报 SUM ＿ INPWR ＿ LOW 告警，站点 E 对应的几个站点信号方向均产生再生段误码（RSBBE）。

**2.** 缺陷诊断分析

SUM ＿ INPWR ＿ LOW 告警表示光板节点收侧光功率过低，低于标准接收值，从而产生通道误码。所有通道均出现误码，且站点 E 设备单板上报 SUM ＿ INPWR ＿ LOW 告警，基本可以排除 SDH 问题。分析有设备单板输出光功率过低、单板故障、线路光缆衰耗过大等原因。

**3.** 处理步骤

通信运维人员到站点 E 现场使用光功率计测试站

图 3-70　SDH 组网示意图

点 E 传输设备光接口单板的输出光功率（使用原先光接口板业务尾纤），测试结果为 −6.22dBm，输出功率偏低，光板发光功率有明显衰耗。再测试对端光板的输入光口的功率为 −21.56dBm，而两站点之间并无光衰减器，连接单板的尾纤衰耗过大。使用擦纤纸清洁尾纤两端的连接头，重新连接。再次使用光功率计测试站点 E 单板的输出光功率为 −6.10dBm，未见较大改善。更换设备单板至光纤配线架的尾纤，重新连接到设备单板（光纤配线架侧先不连）。使用光功率计测试站点 E 单板的输出光功率为 −1.60dBm，功率值有明显改善，与单板发光功率接近。恢复所有光纤连接，站点 E 单板告警灯消失，恢复正常。通信运维人员在 SDH 网管侧清除 SDH 设备当前性能事件，经过一段时间观察后误码事件不再出现，缺陷确认消除。

**4.** 注意事项

在更换尾纤时要注意保持连接头的清洁，防止污损光信号。拔插尾纤时，必须使用专用工具拔纤器，同时注意核对光口，不要收发反插，如果收发互反，应立即调整。注意擦拭尾纤时不能将尾纤正对眼睛，防止被激光损伤。本端自环，若告警消失，则是由于光功率过强或过弱引起的，过强加衰减，过弱将光纤清洗干净，法兰盘连接处拧紧或发光功率强的光模块，若不是光功率引起的则可能是光板或时钟板所致，更换光板或时钟板即可。

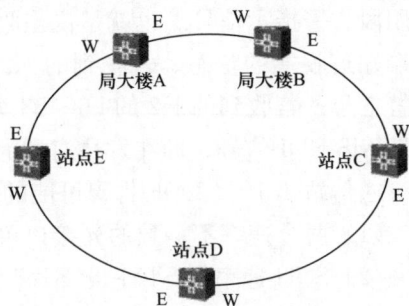

### 3.4.11　两端传输设备，一侧光板 LOF 告警，另一侧光板 MS-RDI 告警

**1.** 故障现象

通信站 A 收通信站 B 方向光板出现 LOF 告警，同时通信站 B 收站点 A 方向光板出现 RDI 告警。

**2.** 缺陷分析

LOF（Loss of Frame）表示线路侧接收帧丢失，当通信站 A 光口当连续 5 帧以上

（625μs）收不到正确的 A1、A2 字节，即连续 5 帧以上无法判别帧头（区分出不同的帧），那么收端进入帧失步状态，产生帧失步告警 OOF；若 OOF 持续了 3ms 则进入帧丢失状态，设备产生帧丢失告警 LOF，下插 AIS 信号，整个业务中断。在 LOF 状态下若收端连续 1ms 以上又处于定帧状态，那么设备回到正常状态。MS-RDI（复用段远端失效指示），这是一个对告的信息，由收端（信宿）回送给发端（信源），表示收信端检测到来话故障或正收到复用段告警指示信号。也就是说当收端收信劣化，这时回送给发端 MS-RDI 告警信号，以使发端知道收端的状态。若收到的 K2 的 b6～b8 为 110 码，则此信号为对端对告的 MS-RDI 告警信号；若收到的 K2 的 b6～b8 为 111，则此信号为本端收到 MS-AIS 信号，此时要向对端发 MS-RDI 信号，即在发往对端的信号帧 STM-NK2 的 b6～b8 加入 110 比特图案。

通信站 A 产生 LOF 告警可能的原因如下：

（1）两个速率不一致的光接口单板对接。

（2）SDH 速率有 STM-1、STM-4、STM-16、STM-64，依次字节间插复用而成。同时开销字节也进行了复用，所以不同速率的 A1、A2 字节不同，不同速率对接会出现 LOF 告警。

（3）站点 A 接收单板故障。

（4）光接收机负责将光信号转化为电信号，光板性能参数有色散容限、光功率容限和信噪比容限。若光接收机故障则产生 LOF 告警。

（5）站点 B 发送单板故障。

（6）光发射机将电信号转化为光信号，光发射机最重要的参数是平均发送光功率和发送波长，若发送单板故障则产生 LOF。

3. 处理步骤

（1）在网管上查询告警，确定上报告警的端口。

（2）两个速率不一致的光接口板单板对接，错误的光纤连接可能会导致两个速率不一致的单板连在一起，导致 LOF 告警上报。检查光纤连接是否错误，若连接错误更正连接，查询告警是否消失。若告警未消除，查询连接两端单板是否为同一类型的单板，如带 FEC 功能的单板与不带 FEC 功能的单板对接。根据实际情况在收发两端同时开启或者关闭 FEC 功能。查询告警是否消失，若告警未消除，转步骤 3。

（3）站点 A 接收单板故障，信号帧结构丢失。使用对应光口的尾纤，将光板收发相连，注意必须加衰耗器，保证收光在正常范围，以免影响光口性能，如 LOF 告警消失，转步骤 4。若还有告警，则为光接收板故障，更换站点 A 上报告警的单板，若单板支持可插拔光模块，更换光模块；否则，更换单板。查询告警是否消除，若告警未消除，转步骤 4。

（4）站点 B 发送单板故障，信号帧结构丢失。使用对应光口的尾纤，将光板收发连接在一起，注意必须加衰耗器，以免影响光口性能，如有 LOF 告警，则此板卡或者光模块故障。更换站点 B 上报告警的单板，若单板支持可插拔光模块，更换光模块；否则，更换单板。告警未消除进行下一步。

（5）光缆故障：检查尾纤的弯曲半径是否在允许范围内，若尾纤弯曲半径过小，重新盘纤，查询告警是否消失。若告警未消除，检查光纤连接器并进行清洁。

4. 注意事项

当光板开启 ALS 功能时，表示激光器自动关闭，在光板没有收到光信号时会自动关闭发光，在故障检查中要注意及时关闭此功能，以防判断有误。当用 OTDR 测试光缆时，一定要在对端 ODF 上断开与设备连接的尾纤，禁止对连接光设备光板的光纤进行测试。

RDI 是收到对端站点的告警回送，表示对端站点接收方向上有告警，并向本站回送信息，一般情况下故障区间在本站发送侧至对端站接受测，且光发送单板故障的可能性较大，优先考虑更换光发送单板（模块）。

## 3.4.12 传输设备间光路由正常变紧急告警的处理

**1. 缺陷现象**

站点 A 和站点 B 传输设备间光路出现紧急告警。

**2. 原因分析**

光路紧急告警是由于站点 A 收站点 B 方向光板出现 LOS 告警，同时站点 B 收站点 A 方向光板出现 LOS 告警。LOS 表示接收线路侧信号丢失，本端设备收不到对端设备发过来的光信号。造成站点 A 和站点 B 传输设备之间光路出现紧急告警，最大的可能原因是光缆中断，导致两端站点同时收不到光，出现 LOS 紧急告警。

**3. 处理步骤**

在网管上查询告警，确定上报告警的端口。检查告警的光路上所承载的业务是否有中断，如有则根据传输网络的实际情况，对中断的业务进行迁回等手段进行抢通。

## 3.4.13 OSN 2500 误码缺陷处理

**1. 缺陷现象**

在站点 A 下挂链路站点 B，站点 B 上以太网、调度电话等业务出现不规律的中断、恢复现象。

**2. 缺陷诊断分析**

查询 SDH 网元历史告警，发现网管上始终未出现光路中断紧急告警和网元托管紧急告警，以此可以排除光缆故障和站点 B 设备断电托管的情况，初步将故障定位在误码过高。根据以往工作经验，引起 SDH 误码的原因一般有外部原因和设备原因两类。

（1）外部原因：光纤性能劣化，损耗过高；光纤接头不清洁或连接不正确；设备接地不好；设备附近有强烈干扰源；设备散热不良，工作温度过高；传输距离过段，未加衰耗器，导致接收光功率过负荷。

（2）设备原因：线路板接受测信号衰减过大；对端发送电路故障；本端接收电路故障；时钟同步性能不好；交叉板与线路板、支路板配合不好；支路板故障，导致设备散热不良。

**3. 处理步骤**

（1）告警性能分析。首先在网管上面定位误码区域，若 SDH 通道上某处出现误码，通常会造成环上很多站点都有低阶误码，所以，上报误码性能事件的站点不一定就是故障站点。因此，处理误码问题的第一步就是要找到误码的源头。

（2）环回检查。在日常维护工作中，误码现场排查通遵循先高阶后低阶的原则。通过逐段环回，找到最高阶误码的区域。组织故障消缺人员去站点 B 现场排障，首先排除现场设备接地不好、工作温度过高、线路板接收光功率过高或过低、设备附近有强烈干扰源等问题。通过逐段环回操作先排除线路原因，如果存在线路误码，则先排除线路误码。环回后发现误码仍然存在。

（3）替换检查。

1）结合现场物理环境和线路环回后的情况，再观察线路盘误码情况，若站点 B 所有线路盘都有误码，则可能是该站时钟盘问题，更换时钟盘；若只是某块线路盘报误码，则可能是本站线路盘问题，也可能是对端站或光纤的问题。

2）定位出故障单盘后，可通过更换故障单盘解决。考虑到可能是该站点时钟板问题，更换时钟板。

3）若只有支路板误码，则可能是本站交叉盘或支路盘有问题。更换支路盘或交叉盘。

**4.** 注意事项和总结

（1）根据现场情况，可能需要检查光路，注意光板尾纤插拔时不要让接头正对眼睛，防止激光灼伤眼睛。

（2）单板拔插时要用防静电手环，防止静电损坏单板。

（3）当 SDH 发生误码故障时，一定要严格按照"先外部，后传输。先单站，后单板。先高级，后低级"的原则进行故障处理，准确定位误码的原因，采用环回法、替换法等处理直至解决问题。

## 3.4.14　OSN 2500 支路板接口板缺陷处理

**1.** 缺陷现象

某日通信管理人员接到多个变电站值班人员电话：变电站调度电话业务中断。通过网管检查发现，局大楼 OSN 2500 第二块 PD1 所有通路均有 T-ALOS 告警。

**2.** 缺陷诊断分析

多个变电站的值班电话同时不通，可以判断不是变电设备问题，故障点在局端。具体是属于哪里物理设备故障，还需要进一步排除、定位。其可能的原因是：

（1）对应该板的局端交换设备故障。

（2）交换至传输 DDF 的中继线全部故障或传输 DDF 到传输设备的中继线故障。

（3）该 PD1 对应的接口板 D75 故障。

（4）对应 PD1 板故障。

**3.** 处理步骤

（1）在传输 DDF 上对交换侧环回测试，交换侧告警消失。加之该板上还有移动业务，因此可以排除交换及其中继线故障的可能性。

（2）在传输 DDF 上对传输侧环回测试，传输侧 T-ALOS 告警不消失。传输中继线和传输设备本身可能故障。

（3）在 SDH 网管上对该 PD1 板所有通路做外环回、本地环回测试，发现告警仍存在。

（4）进一步做排查测试：在该同轴板上选取 1 个 2M 用自环线缆接上 D75 接口板的中继线收发自环，交换告警结束，从而排除传输 DDF 到接口板中继线故障的可能性。

（5）使用 PD1 备板下有告警的 PD1 板，等待几分钟后故障依旧，将该板还原。排除 PD1 板故障的可能性。

（6）通信管理人员再将局大楼 OSN 2500 第 3 槽位的 D75 板与第 2 槽位的 D75 板对调，做进一步的故障定位。此时运维人员发现第 2 槽位的接口板没有拧紧螺钉而松落导致接触不良，将其拧紧后告警结束，业务全部恢复（也可以是接口板故障，更换后告警消失，调度电话业务恢复正常）。

**4.** 注意事项和总结

（1）单板型号要保持一致。

（2）有保护的单板交叉时钟板、支路板提前将业务人工倒换至备用板位，再对故障单板进行更换。

（3）更换单板时，佩戴防静电手环，不要直接用手直接接触单板芯片，以防人体静电损伤单板。

（4）更换光板时，注意将光板的尾纤拔出。更换后，再按标签插好尾纤。

（5）插入单板时，注意顺着槽位的上下滑道缓慢插入，如遇阻力切忌强行猛插，避免导致母板倒针。

（6）通信工程竣工时要特别注意板卡的检查，是否卡紧或拧紧，有无松脱的可能性。

（7）此种故障一般都是由于设备单板或者线缆问题引起的，在逐段环回时需要特别细心，不能漏掉传输中的任何一个节点，在某些情况下（如时而出现的闪断）需要长时间观察才能找到问题点。

（8）在通信站点新建及设备板卡更换时一定要注意将板卡卡紧，防止时间长接触不良导致业务中断。

# 3.5　OTN 故障案例分析

## 3.5.1　OTN 网络波道板出现 OTU 帧信号丢失告警处理方案

**1.** 问题描述

某干线波道板收口出现 OTU 帧信号丢失告警，并且下游站点单板相关调度端口出现 ODU-AIS 告警，ODU-SSF 告警等。

**2.** 原因分析

波道板出现 OTU 帧丢失，可能的原因如下：

（1）业务类型或者 FEC 类型设置错误。

（2）上报此告警的单板故障。

（3）本站单板接收光功率异常或信噪比异常。

（4）对端对应单板发送的信号无帧结构。

（5）光纤传输线路异常。

（6）色散补偿过大或者过小（100G 系统不考虑色散）。

**3.** 解决方案

（1）下游相关调度端口上报 ODU-AIS 告警，且回传 ODU-PM-BDI 告警，说明故障根源位于 AIS 告警传送上游方向。应该顺着上游相关单板的性能，告警。

（2）对本端线路板做硬件自环，告警消失，排除本端单板故障。

（3）网管上检查上游站点对应的波道板的告警，发现输出口上报输出强光告警，输入口上报输入强光且帧丢失，OTL 对齐丢失告警。故可直接将故障定位为上游波道板故障引起下游波道板上报 OTU 帧丢失。

（4）通知现场人员更换故障波道板，故障恢复。

### 3.5.2　OTN8700 设备 CLKC 单板报同步故障问题处理案例

**1.** 问题描述

OTN 网络在更换一块 CLKC 单板后，单板报同步故障告警，重新拔插复位单板，告警依旧。

**2.** 原因分析

通过告警分析，告警原因为主备 CLKC 单板之间同步链路异常，由于是新更换的单板，导致异常可能原因有：

（1）新单板硬件故障，从而导致主备不能同步；

（2）设备机框背板故障；

（3）新更换单板版本与原单板不一致，导致无法正常同步。

**3.** 解决方案

（1）现场拔插复位单板，告警依旧；

（2）把该单板插到另外网元上也是出现同样告警，排除背板故障；

（3）查询对比主备 LCKC 单板的当前运行版本，发现新更换单板与主用的版本不一致，初步判断分析为版本不一致，导致的无法同步。

（4）升级 CLKC 单板的版本，2 块单板统一版本后，告警消失，问题解决。

**4.** 总结及注意事项

CLKC 单板版本不一致导致无法同步，升级统一版本后可以解决。

### 3.5.3　远端 APS 信令导致电层保护倒换故障处理案例

**1.** 问题描述

某地 OTN8700 设备光缆发生单芯中断后，电层保护倒换异常导致业务中断。

**2.** 原因分析

（1）保护组未使能或者保护组配置错误；

（2）保护通道存在告警导致工作中断时不能倒换；

（3）存在外部命令；

（4）双向倒换 APS 信令故障；

（5）交叉板故障等。

**3.** 解决方案

（1）查询现场保护组配置正常，现场执行强制倒换，没有倒换成功；

（2）查询保护通道状态，显示远端失效；

（3）查询保护通道性能正常，但是远端失效的 APS 信令未上报消失；登录 snp 的 APS

模块，查询 ECC 信令，发现 15 天前上报了如下信令，［SNP_APS］5555 Ecc a cb 0 1 0 0 0 1 e1800700 7756551 2013 5 29 20 19 37 403；显示 Ecc a 保护组 10 的 ECC 信令，cb 0 表示信令内容为保护失效；查询远端站点，确认其后续发送了故障消失的信令，但是本站点未收到该信令，从而导致本站点一直记录了保护通道的失效信息，导致本次倒换故障；

（4）查询 APS 信令通道，发现现场配置的 ECC IP 的方式，检查组播情况，发现一个方向组播异常，从而造成了远端故障信令丢失，造成保护组无法倒换；

（5）征得用户同意后，将现场保护组升级成 ODUk 1＋1 保护，同时配置成单向倒换，关闭主光激光器倒换测试正常，问题彻底解决。

**4.** 总结及注意事项

电层保护的命令优先级从高到低是保护锁定、工作锁定、保护故障、强制到工作、强制到保护，工作故障，所以保护通道异常时，强制倒换失效。

### 3.5.4 CLK 单板闪灯问题处理案例

**1.** 问题描述

2017 年 8 月 16 日，某站点 CLK 单板告警灯闪烁异常。现场复位单板后故障消息。

**2.** 原因分析

（1）现场 CLK 单板的运行日志，从上一次单板启动到现在运行正常，未出现异常日志。

（2）通过采集 CLK 的内存信息，发现系统处在正常运行中。

（3）查询单板版本正常。确认是 1512 大版本包 3.30.018 版本。

（4）采集当时 CLK 单板的告警信息，发现单板没有告警。同时网管也没有该单板的告警。

（5）通过以上故障分析和排查，CLK 故障单板告警红灯闪烁为系统错误点灯所致。

**3.** 解决方案

实验室对 CLK 单板 2 周多时间的反复自动化测试，复现该故障情况，确实存在偶发告警灯误报闪烁。研发走查代码得出结论当 1PPS＋TOD 发送端口的脉冲宽度存在多次振荡时会偶发告警灯误报。现场复位后故障消除。

### 3.5.5 ZXONE 8700-XCA 故障引起线路和业务单板部分调度端口告警

**1.** 问题描述

ZXONE 8700 设备某槽位 XCA 单板上报"背板层信号帧丢失"，LO2 和 CO2 单板部分调度端口也上报"背板层信号帧丢失"。

**2.** 原因分析

（1）XCA 交叉板故障；

（2）槽位出现问题；

（3）设备背板或子架故障。

**3.** 解决方案

首先网管 IC 复位该槽位 XCA 单板无效，现场拔插复位也无效，但发现拔掉该槽位板件后 LO2 和 CO2 告警消失，板件复位后又出现；

其次用其他槽位 XCA 板进行互换，告警跟随板件变化，确认是板件故障，槽位和子架正常；

拔掉故障板件设备恢复正常，请用户返修故障板件。

**4.** 总结及注意事项

板件或槽位故障判断方法一般使用复位、拔插、板件互换、更换单板。对于有主备保护类型的板件，故障单板可能引起现网问题，需要拔掉。

### 3.5.6　ZXONE 8700-AWG 模块上报温度越限告警处理案例

**1.** 问题描述

OTN 网络某块 ODU40 单板上报"AWG Temperature Over Threshold Alarm"的告警，即 AWG 温度越限告警。

**2.** 原因分析

AWG：Arrayed Waveguide Gratings（阵列波导光栅），也被称作 Waveguide Grating Routers。

AWG 由两个多端口耦合器和连接它们的阵列波导构成，可用作 N×1 波分复用器和 1×N 波分解复用器及 N×N 型的波长路由器等，是互易性的。其特点：通道数多，插入损耗低，通带平坦，容易集成在一块衬底上。

AWG 中的阵列波导主要由二氧化硅制成。由于二氧化硅的折射率和波导尺寸随温度的变化而改变，导致 AWG 各个输出通道的波长随温度而变化。为了补偿温度变化引起的波长漂移，使用温控电路和加热器，保持 AWG 芯片处于 70℃左右的恒温环境中。

一般 OTN 设备的合分波板（OMU＼ODU＼VMUX）普遍采用 AWG 模块。

结合现场现象初步分析是 AWG 温控电路模块故障导致 AWG 工作温度低于门限值，引起 AWG 内部波长偏移加大，从而导致 ODU40 不能正常分波。

咨询研发专家后，定位原因为 AWG 模块串口通信异常或 M2 电源模块损坏。这两种情况都会引起 AWG 工作温度异常从而导致 ODU40 不能正常分波。

**3.** 解决方案

通过查询历史性能和告警发现 EOTU10G 的 LOF 告警是在 ODU40 上报 AWG 温度越限告警不久后产生的，结合上面的原因分析，定位为 ODU40 单板硬件故障。现场通过替换 ODU40 单板，问题解决。

**4.** 总结及注意事项

（1）AWG（Set-point Temperature of AWG）的工作温度，是从 AWG 模块里面通过串口读取出来的，如果读取失败，则默认从单板重要数据里读取。而重要数据里面初始是有一个默认值，如果从 AWG 模块串口通信能读出门限值，则会以从 AWG 模块中读取的值为基准再修改单板重要数据中保存的值。所以，AWG 温度的上、下限值，是优先从 AWG 模块里面获取的。每个模块的门限都不一样，要求不在网管上显示。

（2）AWG 模块功耗显示的是一个比率值，这个性能不存在门限。

（3）不同厂家的 AWG，其相关指标都必须符合 ZTE 的相应代码器件指标要求。

（4）AWG 模块大部分都为温度敏感型，日常维护中应关注 ODU/OMU 的 AWG 工作温度性能，一旦出现温度越限告警，要及时处理，以防出现大面积的业务波道中断。

### 3.5.7 ZXONE 8700-CCP 单板故障导致网元监控异常

**1.** 问题描述

ZXONE 8700 设备组成的环网中某个网元监控异常，性能和告警无法查询。

**2.** 原因分析

ZXONE 8700 设备监控异常，主要有以下四类原因：

（1）该网元 SNP 故障；

（2）SOSCB 故障；

（3）SOSCB 2 个光口收光过低，或其相邻网元的 SOSC 收光过低；

（4）某块 CCP 板故障。

**3.** 解决方案

根据上述分析，逐条进行排查：

（1）在服务器上 PING 该网元的 SNP 地址，发现时延很大，丢包率达到 80％；

（2）在服务器上 PING 该网元的 SOSCB 的地址（电口 3），发现时延很大，丢包率达到 80％；

（3）现场用户检查 SNP 和 SOSC 板的运行状态，均正常；

（4）现场用户用光功率计检查 SOSC 的两个方向的收光功率，均为 −25dB 左右，正常；

（5）在现场直接用笔记本接到 EIC 板上，PING 电口 3 的地址，发现时延很大，丢包率达到 80％，将主架的 CCP 板拔出 1 块，此时 PING 电口 3 正常，无丢包，网元监控正常；

（6）还原主架的 CCP 板，将子架 2 的主用 CCP 板拔出，设备监控正常，排除子架 2 上的 CCP 故障原因，将该板还原；

（7）拔出子架 3 的主用 CCP，设备监控正常，排除子架 2 上的 CCP 故障原因，将该板还原；

（8）依照以上步骤，依次对各子架进行排查，当拔出子架 8 的主用 CCP 时，子架 8 脱管，设备监控异常，因此可以断定故障原因为 8 子架的备用 CCP 板故障，更换以后全部恢复正常。

**4.** 总结及注意事项

ZXONE 8000 系列设备的监控类故障排除必须先制订处理思路，将常见故障优先排除，再依次进行分析。

### 3.5.8 ZXONE 8700-SNP 主备同步故障导致网元 SNP 主备倒换时断链的解决办法

**1.** 问题描述

某 OTN 网络采用 ZXONE 8700 设备，其中 OLA 站采用 NX41-21 子架。

网管上远程创建网元后，通过 DCN 邻居功能修改 IP 地址和域，成功将此 OLA 站点上线，但一段时间后该 OLA 站出现断链。

**2.** 原因分析

网元断链的原因较多，主要由以下 3 种：

（1）DCN 网络问题；

（2）光缆或尾纤导致主光/监控光故障；

（3）监控单板或主控板故障。

**3.** 解决方案

（1）链状网络只有最南端网元断链，ping 故障网元 IP 地址不通，由此排除 DCN 至接入网元问题。

（2）检查前段站点收发故障网元的监控光正常，而故障网元接收监控光情况未知。

（3）通过前端站点 ping 故障网元的光口 3 正常，说明无监控光问题，且 SOSCB 单板工作正常。

（4）怀疑 SNP 单板异常，需现场检查 SNP 运行灯状态。

通过现场反馈得知 SNP 单板 L/D 灯快闪，说明 SNP 正在进行数据配置，但前期 DCN 邻居修改 IP 地址后网元能正常监控，且 SNP 正常工作。由此怀疑是主备倒换时主备 SNP 单板未同步 IP 等信息，当主、备设备切换时备用 SNP 无正常数据导致网元脱管。

此时采用拔插故障 SNP 单板，让已配置 IP 等数据信息的 SNP 单板工作，故障解决，网元正常上线。

**4.** 总结及注意事项

由于工程开通阶段，网元的告警信息均加入告警抑制计划，忽略了主、备设备同步端口通信故障告警，增加了定位难度。

如果能快速定位此类故障，可以通过网管 ping 光口 3，判断有无监控光问题、单板是否正常；再 telnet 远程登录 CCP 单板，可以使用"hardresetboard 0x102"命令对 2 槽位 SNP 进行硬复位。

### 3.5.9　ZXONE 8700 设备网元正常运行情况下托管故障处理经验

**1.** 问题描述

某 ZXONE 8700 网元在正常运行情况下没有任何告警直接托管，网元图标左上角有托管和鉴权失败图标，网元无法 ping 通，且无法通过 DCN 邻居进行查询。

**2.** 原因分析

网元托管的主要原因考虑鉴权失败引起，鉴权的原理是网管通过 Qx 口和网元进行通信，网管会识别网元中存储的用户名和密码，网元默认用户名为 admin，密码为 adminby，如果还有其他用户名密码，极有可能引起网元鉴权失败，进而导致网元托管。

**3.** 解决方案

将网管离线，设置软件版本从 6.10 修改为 1.10，网元在线后可以正常上线，说明不是网元版本引起的。然后，将网元属性中的用户名 admin 对应的密码重新输入 adminby，将硬件版本设置为 1.10，软件版本设置为 6.10 后上线网元。网元可以正常监控，故障解决。

### 3.5.10　ZXONE 8700 设备部分网元偶发断链 20s 处理案例

**1.** 问题描述

ZXOTN 8700 设备少数网元偶发托管 20s，后自动恢复。

**2. 原因分析**

网元断链的原因主要有以下四种：

（1）DCN 网络问题；

（2）光缆或尾纤导致的主光/监控光故障；

（3）监控单板故障；

（4）主控板故障。

出现问题后，结合从现场了解的情况以及现场 ping 包出现超时的情况，经初步分析，怀疑是网管与设备之间的 DCN 网出现丢包引起的。

进一步从现场获取主控单板的信息来看，仔细分析黑匣子日志，发现两个站点均有 1 次异常复位的记录，如图 3-71 和图 3-72 所示。

```
*********************** Begin of Record ************************
Record Time: 2017-10-06  19:30:41
exception record from rack:0,shelf:1,slot:2,cpu:0.
Used Time: 2017-10-06  19:30:37
This is an exception signal: 11, signal code: 1.
Exception registers: pc[0x101c5300] ebp[0x4314d230]
Save context of task 0x4314dca0(1154,SCHE13_1) ...
Get task stack information from oss threads info table ...
stackbase: 0x43140000, task stacksize: 73728 bytes, guardsize: 4096 bytes.

**************************************************************
*                                                            *
*           TULIP PPC Exception Process Result          *
*                                                            *
**************************************************************
SIGNAL: SIGSEGV
Error Address: 0x28002400
Machine Status Register(msr): 0x202d000
Condition Register(ccr): 0x42004884
VecNumber = 0xb

----------------Exception Registers Start----------------------
SP = 0x4314d230 DAR = 0x28002400  DSISR = 0x0
MSR = 0x202d000 LR = 0x101c70d0 CTR = 0x0
PC = 0x101c5300 CR = 0x42004884 XER = 0x0

Date: 2017-10-06  19:30:37
Cpu Use Rate: 6
OSS VA:0x200
State :master
----------------Current Exception Context Start--------------
pc    = 0x101c5300  lookupAsynEnty
sp(gpr[1])    = 0x4314d230
link(lr)    = 0x101c70d0 registeSPortCmd
----------------Current Exception Context End----------------
```

图 3-71　站点 1 异常复位黑匣子记录

故障现场看到当前两个站点的异常复位都是在同一个函数 chkAsynEntyQue 里面，这个函数会访问一个全局链表，根据分析现场有可能是在访问全局链表时出现的。

将执行文件进行反汇编，之后结合异常复位的黑匣子日志。逐行分析，发现程序异常复位之前做过比较操作，确定异常代码的大致位置，如图 3-73 所示。

根据反汇编得到异常复位的大致位置进行分析，代码是在读取全局链表时发生的异常，而访问之前还对链表中的节点进行过判断空指针的操作。如果是单一进程访问全局链表是根据消息队列中的顺序正常访问的链表一般不会出现这样的问题，很有可能是多个进程访问全局链表且有删除/插入操作导致的。结合推论，检查代码发现确实存在这样的问题。由于不同的进程优先级不同，如果在不加锁时操作全局链表是有风险的。

```
*********************** Begin of Record ***********************
Record Time: 2017-10-06  04:23:01
Used Time: 2017-10-06  04:22:57
This is an exception signal: 11, signal code: 1.
Exception registers: pc[0x101c5764] ebp[0x43171250]
Save context of task 0x43171ca0(1155,SCHE9_1)
Get task stack information from oss threads info table ...
stackbase: 0x43164000, task stacksize: 73728 bytes, guardsize: 4096 bytes.

*******************************************************************
*                                                               *
*            TULIP PPC Exception Process Result                 *
*                                                               *
*******************************************************************
SIGNAL: SIGSEGV
Error Address: 0x107
Machine Status Register(msr): 0x202d000
Condition Register(ccr): 0x44004484
VecNumber = 0xb

----------------Exception Registers Start------------------------
SP = 0x43171250 DAR = 0x107 DSISR = 0x0
MSR = 0x202d000 LR = 0x1021d1a8 CTR = 0x1079d75c
PC = 0x101c5764 CR = 0x44004484 XER = 0x0

Date: 2017-10-06  04:22:57
Cpu Use Rate: 6
OSS VA:0x200
State :master
----------------Current Exception Context Start----------------
pc   = 0x101c5764  chkAsynEntyQue
sp(gpr[1])   = 0x43171250
link(lr)   = 0x1021d1a8 processMaintain
----------------Current Exception Context End----------------
```

图 3-72　站点 2 异常复位黑匣子记录

```
101c52f8: 41 82 00 64    beq-     101c535c <lookupAsynEnty+0xa4>  BEQ指定是跳转指令,
101c52fc: 54 8a 00 1e    rlwinm   r10,r4,0,0,15
101c5300: 89 23 00 00    lbz      r9,0(r3)
101c5304: 55 29 c0 0e    rlwinm   r9,r9,24,0,7
101c5308: 88 03 00 01    lbz      r0,1(r3)
101c530c: 54 00 80 1e    rlwinm   r0,r0,16,0,15
101c5310: 7c 00 4b 78    or       r0,r0,r9
101c5314: 89 23 00 02    lbz      r9,2(r3)
101c5318: 55 29 40 2e    rlwinm   r9,r9,8,0,23
101c531c: 7d 29 03 78    or       r9,r9,r0
101c5320: 88 03 00 03    lbz      r0,3(r3)
101c5324: 7c 00 4b 78    or       r0,r0,r9
101c5328: 7f 80 50 00    cmpw     cr7,r0,r10
101c532c: 4d 9e 00 20    beqlr    cr7
101c5330: 88 03 00 2f    lbz      r0,47(r3)
101c5334: 54 00 c0 0e    rlwinm   r0,r0,24,0,7
101c5338: 89 23 00 30    lbz      r9,48(r3)
101c533c: 55 29 80 1e    rlwinm   r9,r9,16,0,15
101c5340: 7d 29 03 78    or       r9,r9,r0
101c5344: 88 03 00 31    lbz      r0,49(r3)
101c5348: 54 00 40 2e    rlwinm   r0,r0,8,0,23
101c534c: 7c 00 4b 78    or       r0,r0,r9
101c5350: 89 23 00 32    lbz      r9,50(r3)
101c5354: 7d 23 03 79    or.      r3,r9,r0
101c5358: 40 82 ff a8    bne+     101c5300 <lookupAsynEnty+0x48>
```

图 3-73　异常复位在反汇编文件中的位置

在实验室的环境中，通过对并发访问的场景不断进行自动化压力测试，成功在实验室还原了工程现场的问题。

结论：M2SNP 单板的 AGENT 进程存在多个进程同时访问同一个全局链表的问题，导致 AGENT 偶发跑飞并重启，造成网元短暂断链。

**3.** 解决方案

针对断链问题，研究开发了新的 SNP 版本包，并对全网进行了升级，升级后未出现断链 20 秒故障。

### 3.5.11　ZXONE 8700 网元因为主框主用 CCP 故障导致网元托管

**1.** 问题描述

某 ZXONE 8700 网络开通调试后，发现网元 A 经常托管，在网管 ping 包时，时通时不通，使用邻居网元 DCN 查询，有时能查到，有时查不到。

**2.** 原因分析

网元 Ping 不通，怀疑是 SOSC 单板收光不正常，或 SNP 单板问题，或 CCP 单板故障。

**3.** 解决方案

（1）现场查看 SOSC 单板收光正常，单板运行正常，排除 SOSC 问题；

（2）倒换主备 SNP 单板，网元故障仍存在；

（3）将 SNP 单板数据清除重做数据，故障仍存在；

（4）倒换主框 CCP 单板后，网管 ping 网元正常，问题解决。

**4.** 总结及注意事项

处理网元监控时，除了 SOSC 单板或者 SNP 单板会影响监控外，CCP 也可能会引起 SNP 与 SOSC 通信异常，导致网元监控出问题。

# 第4章

# 交 换 网 技 术

本章介绍的交换网是指电话交换网和由此发展起来的融合语音、视频、数据为一体的 NGN（下一代网络）网络。电话交换网以电路交换技术为基础，以程控交换为核心；NGN 网络以分组交换技术为基础，以软交换和 IMS 为核心。

## 4.1 交 换 网 技 术

### 4.1.1 交换网技术简介

**1.** 电路交换

电路交换是最早出现的交换方式，经历了人工电话交换、纵横制交换机和数字程控交换三个阶段。1970 年，法国首先推出了第一台数字程控交换机。

**2.** 软交换

随着 IP 网络技术的快速发展以及网络带宽的不断提高，一些企业采用已有的 IP 网络，通过一套基于 PC 服务器的呼叫控制软件，实现 PBX 功能，提供企业各分部之间的内部通信。该技术采用了分组网络作为承载网络，利用呼叫控制软件实现传统的电路交换功能，通过接入设备完成各种终端用户的接入，并可以通过信令网关实现和传统 PSTN 电路交换网的互联互通，具备电路交换的所有功能模型。1997 年，朗讯公司贝尔实验室将其定义为软交换（Soft Switch）概念，随后 ITU-T 和 IETF 等国际标准化组织都各自制定了相关标准规范，以规范推广该技术的应用。软交换采用应用（业务）、控制、接入和传送（承载）彼此分离的分层体系结构，各层之间以开放的标准协议进行互联互通，使得软交换系统具有很强的灵活性、开放性，一度成为 NGN 的核心技术。

**3.** IMS

IMS（IP Multimedia Subsystem）是 IP 多媒体系统。随着 IP 网络技术的不断发展，固

定和移动网络都发生了巨大变化，网络的边境逐渐被打破。在固网领域，大量的互联网业务提供商，能够廉价地提供语音、即时消息、视频电话、文件传输等各种业务，对固定网络运营商带来了极大的挑战。在移动领域，很多 WiFi、WiMax 等新的互联网接入点不受传统运营商控制，这些接入点可以直接接入城市的免费宽带网络，使用一些免费互联网业务应用，其原移动运营商利益也会受到较大的冲击。因此，来自互联网越来越大的压力将使运营商迫切需要能够简洁、快速、低成本地推出创新业务的架构，以提供和互联网业务相似的业务，并根据其策略进行运行管理。因此凭借其提供的业务和互联网的业务具有类似的界面，以及在功能上和具有与固网和移动网业务集成、整合的优势，IMS 架构体系在移动领域中诞生了。IMS 是一种基于 SIP 协议的开放业务体系架构，是核心网向统一融合的网络演进的关键技术。IMS 采取统一的应用业务平台，统一的用户数据库、计费方式、会话控制功能（基于 SIP）、核心传送网络（IP）。它解决了软交换无法解决的问题，如用户的移动支持性、开放的标准化接口、灵活的 IP 多媒体业务提供等，IMS 的接入无关性使其成为固定和移动网络融合演进的基础，使得同时拥有固网和移动网的运营商更有效地对网络资源、用户资源及应用资源进行管理，提高网络的智能化水平，使用户可以跨越各种网络并使用多种终端，感受融合的通信体验。IMS 在软交换的基础上彻底实现了业务与控制的分离，固网与移动网的融合。

## 4.1.2 交换网技术在电力系统中的应用

电力语音交换网分为行政电话交换网和调度电话交换网。行政交换网为行政办公提供语音服务，调度交换网为各级调度节点提供调度生产电话。

**1. 行政交换网**

国家电网公司行政交换网以电路交换为主，部分单位开展了软交换系统试点建设。公司各级交换设备之间采用 2M 中继互联，信令以 No.7 号信令为主，全网用户统一编号。

随着交换技术的发展，各厂家已经停止了程控交换设备研发，设备制造面临停产，现网运行的程控交换机部分存在设备老化严重、备品备件不足的情况。国家电网公司在 2014 年确定了 IMS 技术作为行政电话交换网的演进方向，并于 2015 年在总部、江苏、天津、湖南、吉林、黑龙江、蒙东公司开展第一批 IMS 核心网建设工作。

**2. 调度交换网**

电力调度交换网覆盖各级调度节点，110（66）kV 及以上电压等级变电站覆盖率达到100%。调度交换网仍采用程控交换技术组网，在个别省电力公司开展软交换试验性研究应用。调度电话交换网随着各级电网建设，进一步拓展调度电话交换网交换能力及覆盖范围，完善现有电路交换网的"四级汇接、五级交换"的拓扑结构和双机同组的组网方式，全面实现 2Mbit/s 数字中继。根据现有设备运行状况和实际需求，按照渐进、共存、互补的原则，逐步开展覆盖调度软交换容灾系统，一方面提供覆盖地县备调的调度交换网，另一方面进一步丰富调度电话交换业务，提供语音、数据、视频融合的多媒体调度功能。网络扩充完善后将全面支撑以特高压电网为核心的各级电网的调度电话业务。

### 4.1.3 程控交换系统的组成与原理

**1. 硬件组成**

程控交换系统由硬件和软件两大部分组成，这里所说的基本结构是指程控交换机的硬件结构。图 4-1 给出了程控交换机的基本硬件结构图。程控交换系统的硬件可分为话路系统和中央控制系统两部分，整个系统的控制软件都存放在控制系统的存储器中，该结构既适用于空分交换系统也适用于时分数字交换系统，因为不管何种交换方式，其区别存在于交换网络和用户电路的具体结构，系统的功能并无本质区别。为方便介绍，假定控制系统和话路系统都是以集中控制方式工作的。

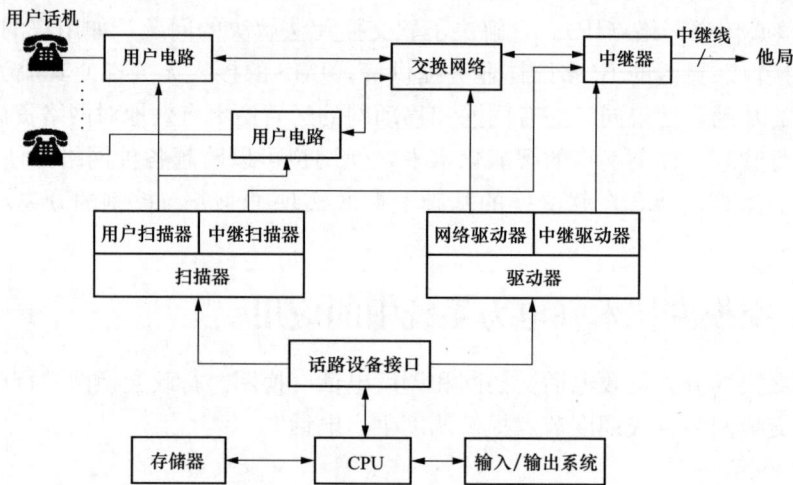

图 4-1　程控交换机基本硬件结构图

（1）话路系统。由交换网络和外围电路组成，其中外围电路包括用户电路、中继器、扫描器、网络驱动器和话路接口等五部分。

1）交换网络的作用是为音频信号（模拟交换）或话音信号的 PCM 数字信号（数字交换）提供接续通路。

2）外围电路。

a. 用户电路是交换网络和用户线间的接口电路。它的作用是一方面把语音信息（模拟或数字）传送给交换网络，另一方面把用户线上的其他信号，如铃流等和交换网络隔离开来，以免损坏交换网络。

b. 中继器是交换网络和中继线间的接口电路。所谓中继线是指该系统与其他系统或远距离传输设备的连接线。中继器具有出局中继和入局中继之分。中继器除具有用户电路的功能外，还具有指定信号形式、中继线工作方向以及为计费提供反极信号等功能。

c. 扫描器是用来收集用户信息的，用户状态（包括中继线状态）的变化通过扫描器可传送到控制部分。

d. 网络驱动器是在中央处理系统的控制下，具体地执行交换网络中通路的建立和释放。

e. 话路设备接口又称信号接收分配器，统一协调信号的接收、传送和分配。

（2）中央控制系统。控制系统的功能包括对呼叫进行处理和对整个交换系统的运行进行管理、监测和维护两方面，控制系统硬件由以下三部分组成：

1）中央处理芯片（CPU），它可以是一般数字计算机的中央处理芯片，也可以是交换系统专用芯片。

2）存储器（内存储器），它存储交换系统常用程序和正在执行的程序和执行数据。

3）输入输出系统，包括键盘、打印机可根据指令或定时打印出系统数据，外存储器存储常用运行程序，机器运行时调入内存储器。一些小型交换机的外存储器常常保持在控制系统之中，所有程序都固化在专门的 EPROM 存储器中。

**2.** 基本功能

程控交换系统基本功能如下：

（1）遇忙回叫：主叫用户呼叫的用户占线时，可放下耳机，待被叫用户空闲后，双方同时振铃，即可通话。

（2）缩位拨号：对于经常需要拨打的电话号码，可用 2 位（00～19）缩位号码代替被叫的多位号码，迅速方便，又不易出错。

（3）呼出加锁：必要时可输入密码，对电话"上锁"；需要使用时可先"解锁"，再使用。

（4）呼叫等待：当具有此功能的用户正在通话时，有第三方呼入，可听到等待音。此时可选择接收新的呼叫，或保留原有的通话，也可根据需要在两者之间轮流通话。

（5）呼叫转移：如用户 A 正在等待 B 的电话，而此时又需要到 C 处去，可将呼叫自动转移到 C 处，用户 A 就能在 C 处接用户 B 打到 A 处的电话。当然，A 在前往 C 处前，先要进行转移登记，回来时要撤销登记。

（6）热线服务：有此项服务的用户，拿起耳机，不需拨号就可接通指定方的电话。为了使热线电话机也能呼叫其他用户，可规定一时限，如 5s 内不拨号，即接通热线用户；若在 5s 内拨号，则可呼叫其他用户。

（7）免干扰服务：当用户正在专心于某项工作或休息，不愿被电话铃声打扰时，可用此项服务。

（8）会议电话：主叫用户，可逐一叫出其他用户，召开电话会议，但参加人数最多不超过 5 个人（包括主叫在内）。

（9）闹钟服务：只要用户事先设定好响铃时间，到时会自动响铃，提醒用户去做计划中的事。

（10）三方通话：用户在通话时可呼出第三方，形成三方同时通话。

以上只是公网中使用的程控交换机所能提供的部分新功能，一些机构中用的小交换机具有更多的服务功能。

**3.** 主要技术指标

程控交换系统的技术性能较多，下面讨论七种常见的性能指标。

（1）话务量负荷。通常用话务量表示电话用户对电话通信的需求量。话务量的单位是爱尔兰（Erl）表示。话务量的大小与用户的呼叫次数和每次呼叫平均占用的时间有关。例如，每线忙时平均呼叫次数为 12 次，每次平均占时 1min，则每线的话务量为：$12 \times 1 \div 60 = 0.2$Erl。

交换机可提供的话务量是指该交换机在规定的服务等级之下所能提供的话务量，它是所有终端话务量的总和。

（2）容量。即交换系统可容纳的终端数，包括用户线和中继线的数量。

（3）呼叫处理能力对于数字交换机来说，一般交换网络的阻塞率很低，能通过的话务量较大，因此，交换机的话务能力往往受到控制设备的呼叫处理能力的限制。

控呼叫处理能力以忙时试呼次数 BHCA（Busy Hour Call Attempts）来衡量，这是评价交换系统的设计水平和服务能力的一个重要指标。

（4）阻塞率。交换网络通常由若干级接线器组成，因而从交换网络的入线到出线之间将经过若干级网络内部的级间连线——链路。当呼叫由入线进入交换网络，但其出线全忙，因而该呼叫找不到一条空闲出线时，该呼叫将损失掉。但有时出现空闲，而相应的链路不通时，呼叫也将损失掉。由于网络内部级间链路不通而使呼叫损失掉的情况称作交换网络的内部阻塞。可以通过增加网络各级链路数量降低内部阻塞概率。当链路数量大到一定程度时，内部阻塞概率将等于零，即成为一种无阻塞的交换网络。

（5）可靠性。可靠性是指产品在规定时间内和规定的条件下完成规定功能的能力。而把在规定的时间内和规定的条件下完成规定功能的成功概率就定义为可靠度，可靠度是一个定量指标。

完成规定功能有不同的含义。如果完成规定功能是指系统的技术性能，则可靠性指标可用系统平均故障间隔时间 MTBF（Mean Time Between Failures）来描述。它依赖于系统中各元器件正常工作的概率和系统的组成。如果完成规定功能是指系统的维修性能，则可靠度就可用系统的平均维修时间 MTTR（Mean Time To Repair）来表示，这种条件下的成功概率通常称为维修度。

长期以来对通信产品没有可靠性指标，但是随着通信技术，尤其是程控交换技术的发展，逐步在通信产品的技术规范中提出了可靠指标。

（6）扩容能力。一个设计优良的程控交换系统应具备简单而方便的扩容能力。这要求交换系统采用模块化（包括硬件和软件系统）设计，这样可在增加模块的情况下，做到使初装容量较小的交换局容量很大的交换局；另一方面，可利用改变不同的模块，使远端模块局（RSM）增强为独立的交换局，而市话局可增强为市话汇接局等，也可以选用不同模块组成各种业务节点，如综合业务数字网、移动交换局、数字交换局业务、智能网中的业务交换点等。

当然，还应在不增加（或少增加）硬件的前提下，只通过改变软件（程序和数据）就能增加新业务，以满足不同的外部条件（如市话局、长话局、汇接局等），为将来新业务的发展带来方便。

（7）组网方式。优良的程控交换系统应具备灵活方便和先进的组网能力。使交换网能与远端模块局（RSM），专用或公用数据网、分组交换网等的连接，具有强大的远端能力、组网灵活。

**4. 呼叫流程**

在程控交换系统中电话接续称作呼叫处理或交换处理，是由软件辅助完成的，其中呼叫处理程序是交换系统软件中的最基本的系统软件。

一个基本的呼叫流程大概要经过 17 个信令传递过程，如图 4-2 所示。

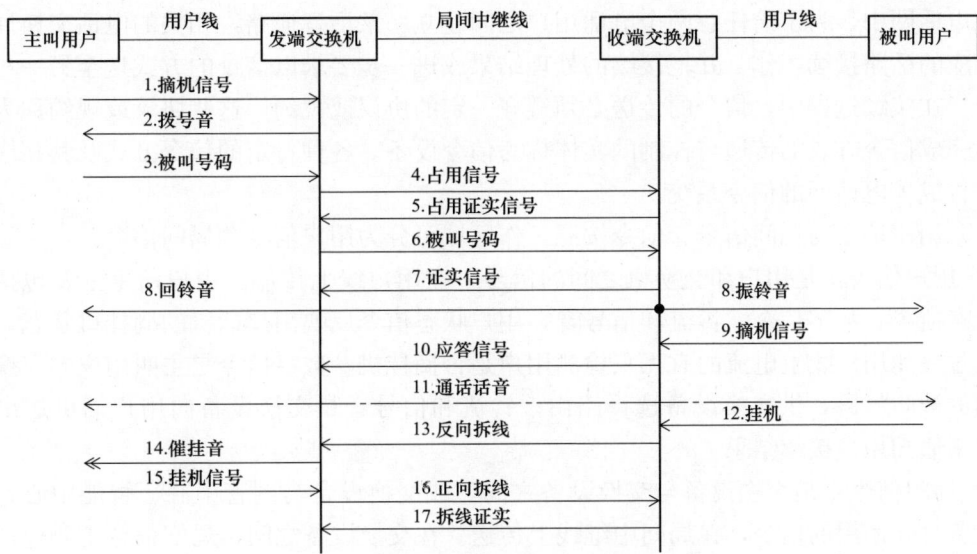

图 4-2 基本的呼叫流程图中信令传递过程

（1）主叫用户摘机，摘机信号送到发端交换机；

（2）发端交换机收到用户摘机信号后，立即向主叫用户送拨号音；

（3）主叫用户拨号，将被叫号码送给发端交换机；

（4）发端交换机根据对被叫号码的分析结果选择局向及中继线，并向终端交换机发送占用信号；

（5）收端交换机发送占用证实信号给发端交换机；

（6）发端交换机把被叫号码送给收端交换机；

（7）收端交换机向发端交换机送证实信号；

（8）收端交换机根据被叫号码，向被叫用户送振铃信号，同时向主叫用户送回铃音；

（9）当被叫摘机应答时，收端交换机接收到应答摘机信号；

（10）收端交换机将应答信号转发给发端交换机；

（11）用户双方进入通话状态，这时，线路上传送话音信号；

（12）通话结束，假设被叫先挂机；

（13）收端交换机向发端交换机送拆线信号；

（14）发端交换机向主叫送催挂音；

（15）主叫挂机，向发端送挂机信号；

（16）发端交换机向收端交换机送正向拆线音；

（17）收端交换机拆线后，回送一个拆线证实信号，一切设备复原。

**5.** 信令系统

电话交换网的主要功能是完成电话用户间通话的接续或转接。为了使网路的交换、传输等设备能够协调动作，在各设备之间必须经常地传递"信息"以说明各自的运行情况，使网路作为一个整体正常运行，这种"信息"就是信令。信令系统就好像通信网的神经系统是任何通信网必不可少的。

在电话网中，为了给任意两个电话用户之间建立一条话音通路，相关的电话交换局必须进行相应的话路接续工作，并把接续的处理结果或进一步要求以信令的方式送至另一相关局或用户。在接续过程中，信令的传送必须遵守一定的协议或规约，这些协议或规约称为信令方式，完成信令方式的传递与控制的实体称为信令设备。各种特定的信令方式及其相应的信令设备构成了电话网的信令系统。

（1）用户信令与局间信令。信令按照工作区域可分为用户信令和局间信令。

1）用户信令：是用户和交换机之间的信号，在用户线上传递。用户信令主要包括描述用户状态信令、数字信令、铃流和信号音：用户状态信令反映用户话机的摘挂机状态，交换设备通过检测用户线上电流的有无来检测用户是否摘挂机。数字信令是主叫用户向交换机设备送出的被叫号码，供交换设备选择路由；铃流和信号音是交换设备向用户话机送出的信令，用来通知用户接续结果。

2）局间信令：是交换设备与交换设备之间，或交换设备与网管中心、智能中心、数据库等设备之间使用的信令，在局间中继线上传送。在交换设备之间，局间信令主要包括用来控制话路接续和拆线的信令及用来保证网路有效运行的信令。

局间信令按照信号通道与话路通道的关系可分为随路信令和共路信令：随路信令是指在话路接续过程中所需的占用、应答、拆线等业务信令均由该话路本身来传送的一种信令方式，即用传送话音的通路来传送为建立和拆除该话路所需的各种业务信令；共路信令是将信令通路与语音通路分开，而将若干条电路的信令集中在一条专用于传送信令的通道上传送的信令方式。

在我国普通应用的局间信令系统有中国 1 号信令、7 号信令和 PRI 信令。

中国 1 号信令：是国际 R2 信令系统的一个子集，是我国采用的随路信令系统，在我国的长途电话网和市内电话网中都已使用。

7 号信令（简称 SS7 或 No.7 信令）：是国际电信联盟 ITU-T 推荐首选的标准信令系统，属于共路信令系统，广泛应用在公共交换电话网、蜂窝通信网络等通信网络上。7 号信令的基本结构主要划分为消息传递部分（MTP）、信号连接部分（SCCP）和用户部分（UP）。7 号信令结构复杂、功能强大，多用于局用交换机之间的互联。

PRI 信令（又称 ISDN 信令、DSS1 信令、PRA 信令、30B＋D 信令）：PRI（Primary Rate Interface）即基群速率接口，是 ISDN 体系中定义的一种用户网络接口。我国采用 30B＋D 方式，总速率为 2.048Mbps。其中，B 信道为用户信道，用来传送数据、话音、图像等用户信息，速率是 64Kbps；D 信道为控制信道，用来传送公共信道信令，控制同一接口的 B 信道上的呼叫，速率是 64Kbps 或 16Kbps。由于 PRA 中继作为用户端接入使用时，由于不需要目的地编码资源，故使用比较灵活、广泛，多用于用户交换机与其他交换机互联。PRI 中继在开通前须跟用户确定 D 通道占用时隙及中继开通方式：出中继、入中继或者双向中继。

## 4.1.4 软交换系统的组成与原理

**1.** 硬件组成

软交换的设计思想是利用 IP 交换技术，将程控交换中的接口系统（用户电路、中继器)、交换网络、控制系统等各部件之间用 IP 数据包进行信息交换,从而将呼叫控制与传输网络从物理层面分离开来。

　　软交换系统基础硬件组成如图 4-3 所示。其中,数据交换机成为各组件之间沟通的桥梁,除了负责各组件之间的信令交换外,还提供了语音、视频的交换;呼叫处理服务器相当于程控交换机的中央处理器,负责呼叫控制;网管服务器负责提供网络管理功能;媒体网关相当于程控交换机的中继器,负责与程控交换机互联;模拟网关 AG 相当于程控交换机的远端数字模块局,负责门数较多的模拟用户群接入;综合接入设备 IAD 相当于程控交换机的用户电路,负责模拟用户接入。

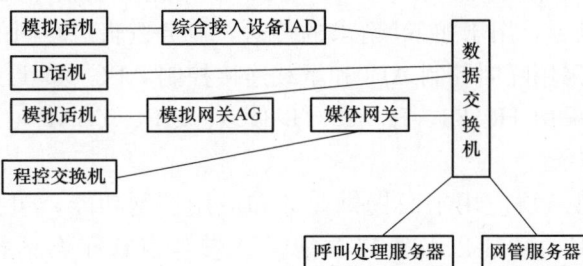

图 4-3　软交换系统基础硬件组成

**2.** 体系参考模型

ISC 推荐的软交换系统参考模型如图 4-4 所示。

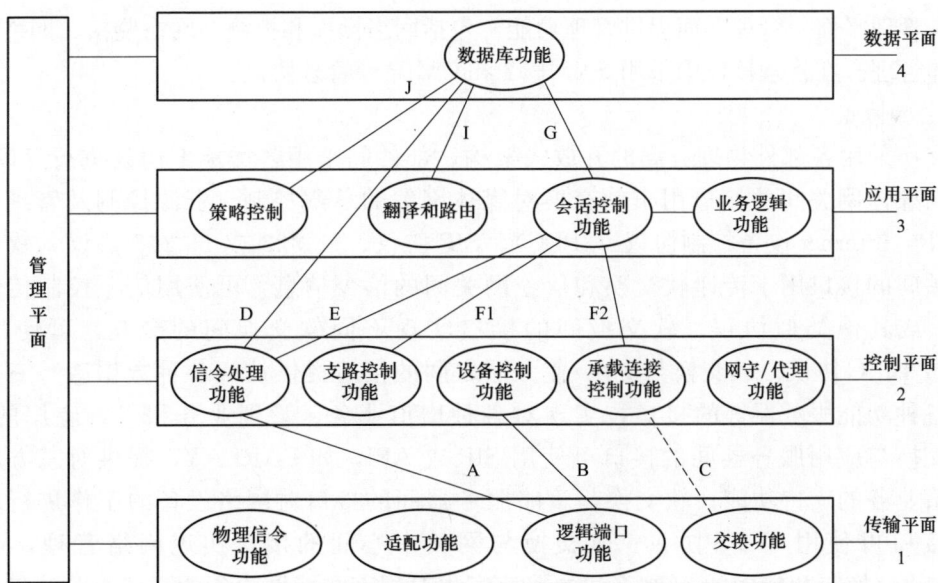

图 4-4　软交换系统参考模型

　　在图 4-4 所示的参考模型中,涉及传输平面、控制平面、应用平面、数据平面和管理平面五个平面。

（1）传输平面。传输平面为最底层，负责语音视频等具体承载数据的传送，主要具有交换功能、逻辑端口功能、适配功能和物理信令功能。与传输平面有关的参考点有 A，B，C，其中 A 为信令信道，采用 IETF IPS7 协议，B 参考点处于逻辑端口功能和设备控制功能之间，采用媒体网关控制协议 MGCP，MeGaCo，IPDC，Q. 931 等协议，C 参考点采用 VSI，GSMP 等协议。在传输平面与外部的接口 1 中，采用 TDM 话路或分组链路，包括带内信令。

（2）控制平面。第二层控制平面提供一些控制功能，如信令处理功能，承载连接控制功能，设备控制功能，支路控制功能，网守（gatekeeper）和代理信令功能等。参考点 D 处于信令处理功能和数据库功能之间采用 TCAP 信令。参考点 E 在信令处理功能和会话控制功能之间，采用 TCAP 信令，用于如 IN 请求的传送，业务逻辑对呼叫的控制等消息的传送。而参考点 F1，F2 分别采用呼叫控制 API 和承载连接控制 API，如 TAPI、JTAPI 等。控制平面与外界的接口 2 采用 H. 323（H. 225/H. 245）、SIP、TCAP（TCAP/SCCP/M3UA/SCTP/IP）等协议和信令。

（3）应用平面。第三层应用平面提供业务和应用控制功能，包括会话控制功能、业务逻辑功能、翻译和路由功能以及策略功能。H 参考点介于会话控制功能和业务逻辑功能之间，采用诸如 JAIN，Parlay 之类的公共 API。G、I 参考点采用 TCAP，LDAP 等协议。J 参考点尚未定义。应用平面与外界的接口中采用 H. 323（H. 225），SIP，JCAT 等协议。

（4）数据平面。第四层数据平面提供数据库功能，为计费等功能提供服务，它的具体功能、参考点、接口有待进一步研究。

（5）管理平面。管理平面提供管理功能，包括网络操作和控制、网络鉴权、网络维护和网络实体管理。在管理接口中采用 SNMPv2 和 CMIP 等管理协议。

**3. 主要协议**

软交换采用各部件物理分离的开放式架构，部件间采用各类标准协议进行互联互通。软交换与媒体网关间的接口用于软交换对媒体网关的承载控制、资源控制及管理，可使用 MGCP、Internet 设备控制协议（IPDC）、SIP 协议、H. 323 或 H. 248 协议。软交换与信令网关间的接口用于传递软交换和信令网关间的信令信息，可使用信令控制传输协议（SCTP）或其他类似协议。软交换间的接口实现不同软交换间的交互，可使用 SIP、H. 323 或 BICC 协议。软交换与应用/业务层之间的接口提供访问各种数据库、三方应用平台、各种功能服务器等的接口，实现对各种增值业务、管理业务和三方应用的支持。包括软交换与应用服务器间的接口可使用 SIP 或 API，如 PARLAY，提供对三方应用和各种增值业务的支持功能；软交换与策略服务器间的接口对网络设备的工作进行动态干预，此接口可使用 COPS 协议；软交换与网关中心间的接口实现网络管理，可使用 SNMP；软交换与智能网的 SCP 之间的接口实现对现有智能网业务的支持，此接口可使用 INAP。

软交换的协议框架如图 4-5 所示。软交换协议中最常见的语音协议有：H. 323、MGCP、H. 248、SIP 协议。

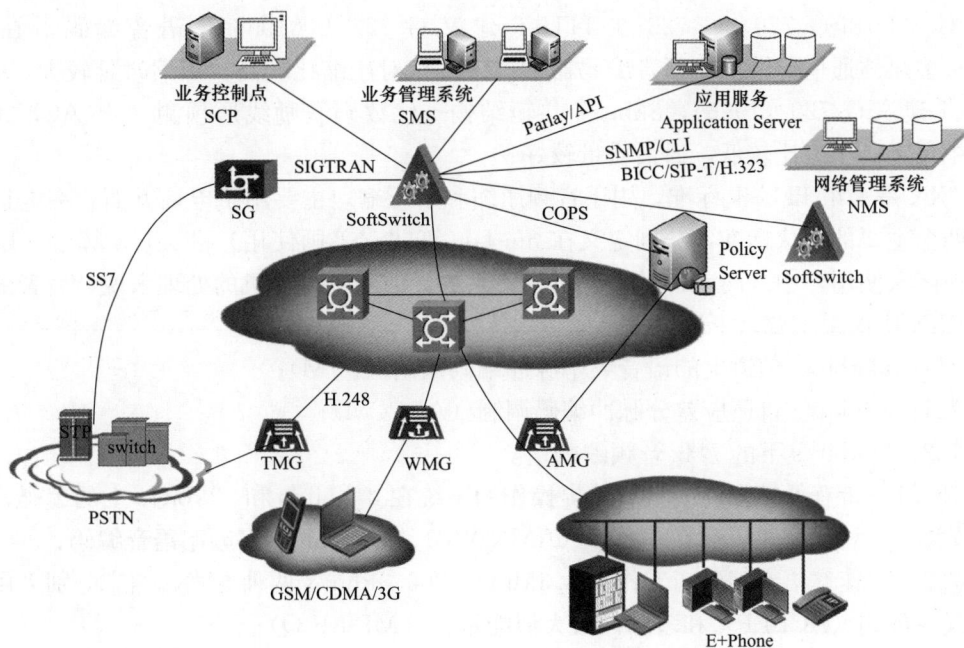

图 4-5　软交换协议框架

H. 323 协议由 ITU-T 组织于 1998 年定版，定义为通用的媒体语音控制协议，设计之初并不是为 IP 电话专门提出的，并且 IP 电话发展很快，早期的 H. 323 技术协议架构缺乏拓展性，已经无法适应当今丰富的、复杂的媒体业务，所以这种协议多使用在比较早期的语音设备中。

MGCP 协议是 1999 年由 IETF 制定的媒体网关控制协议，最早定义了连接模型包括终端（endpoint）和连接（connection）两个主要概念，属于信令层面的网关控制协议。

H. 248 协议是在 MGCP 协议的基础上，结合其他媒体网关控制协议特点发展出来的一种协议，弥补了 MGCP 协议在描述能力上的不足，适合在大型网关上应用。虽然由于 H248 协议设定的事务（消息）必须由终端 MG 向媒体网关 MGC 请求，所以在特大规模网络应用时，会加重 MGC 的负担，而对于小型交换，其系统部署较为复杂，并且随着当今信息化的发展，对于富媒体、视频协议的续期不断提高，H. 248 已经无法满多样化的音视频业务发展需求。

SIP 协议（Session Initiation Protocol，会话初始协议）是目前应用面最广、最先进的语音控制协议。它是工作在 TCP/IP 应用层的信令控制协议，用于创建、修改和终止一个呼叫。相比 H. 248，SIP 协议进一步将控制权力下放至媒体网关，MGC 只处理重要的注册及呼叫流程，简化了 MG 与 MGC 之间的控制信令交互。SIP 协议是一种基于文本的会话控制协议，该协议具有可扩展特性，可以轻松定义并迅速实现新功能。可以简单易行地嵌入廉价终端用户设备。该协议可确保互操作能力，并使不同的设备进行通信。目前 SIP 协议的发展及推广非常迅速，IT 领域的各大厂商都相继推出 SIP 的产品。在融合通信时代，SIP 充当了最重要的角色。

**4.** 关键技术

（1）语音编码技术与视频编码技术。语音压缩是 IP 电话节约成本的关键之一，通常可以使用 G.723 和 G.729、G.723 在 ITU-T 建议 G.723.1（1996），语音编码器在 5.3、6.3Kbps 多媒体通信传输双率语音编码器中规定。相对压缩比较高，压缩时延较大。G.729 在 ITU-T 建议 G.729（1996），8kbit/s 共轭结构—代数码激励线形预测（CS-ACELP）语音编码中规定。压缩比较低，通话质量较好。

G.7XX 是 1 组 ITU-T 标准，用于音频压缩和解压缩，主要用于电话方面。在电话技术中，有两个主要的算法标准，分别定义在 mu-law 算法（美国使用）和 a-law 算法（欧洲及世界其他国家使用）中。两者都是基于对数关系的，但对于计算机的处理来说，后者更为简单。G.7XX 协议组主要由下述协议组成。

G.711：64kbit/s 信道上的语音频率脉冲编码调制（PCM）；

G.721：32kbit/s 自适应差分脉冲编码调制（ADPCM）；

G.722：64kbit/s 下的 7Hz 音频编码；

G.722.1：带有低帧损耗的具有免提操作的系统在 24kbit/s 和 32kbit/s 上的编码；

G.722.2：利用自适应多频率宽带（AMR-WB）以 16kbit/s 多频率语音编码；

G.723：双速率语音编码，工作在 5.3kbit/s 和 6.3kbit/s 两种方式，相应分别采用代数码激励线性预测（ACELP）和多脉冲最大似能量化（MP-MLQ）；

G.726：40、32、24、16kbit/s 自适应差分脉冲编码调制 ADPCM；

G.727：5、4、3 和 2bps 嵌入式自适应差分脉冲编码调制 ADPCM；

G.728：利用低延迟代码线性预测以 16bit/s 进行语音编码；

G.729：利用共轭结构—代数激励编码线性预测（CS-ACELP）以 8bit/s 进行语音编码。

动态图像专家组（Moving Pictures Experts Group，MPEG）标准的视频压缩编码技术主要利用了具有运动补偿的帧间压缩编码技术以减小时间冗余度，利用 DCT 技术以减小图像的空间冗余度，利用熵编码则在信息表示方面减小了统计冗余度。上述技术的综合运用，大大增强了压缩性能。随着市场的需求，在尽可能低的存储情况下获得好的图像质量和低带宽图像快速传输已成为视频压缩的两大难题。为此，IEO/IEC/和 ITU-T 联合制定了新一代视频压缩标准 H.264。

H.264 和以前的标准一样，是 DPCM 加变换编码的混合编码模式，但它采用"回归基本"的简洁设计，不用众多的选项，获得比 MEPG-4 好得多的压缩性能；H.264 加强了对各种信道的适应能力，采用"网络友好"的结构和语法，有利于对误码和丢包的处理；H.264 应用目标范围较宽，可以满足不同速率、解析度以及传输（存储）场合的需求。

在技术上，H.264 标准中有多个闪光之处，如统一的 VLC 符号编码，高精度、多模式的位移估计，基于 4 块的整数变换、分层的编码语法等。这些措施使 H.264 的算法具有很高的编码效率，在相同的重建图像质量下，能够比 H.263 节约 50% 左右的码率。H.264 的码流结构网络适应性强，增加了差错恢复能力，能够很好地适应 IP 和无线网络的应用。

H.264 能以较低的数据速率传送基于联网协议（IP）的视频流，在视频质量、压缩效率和数据包恢复丢失等方面，超越了现有的 MPEG-2、MPEG-4 和 H.26x 视频通信标准，更适合窄带传输。

MPEG 标准从针对存储媒体的应用发展到适应传输媒体的应用，其核心视频编码的基本框架是和 H.261 一致的，其中引人注目的 MPEG-4 的"基于对象的编码"部分由于尚有技术障碍，目前还难以普遍应用。因此，在此基础上发展起来的新的视频编码 H. 264 克服了前者的弱点，在混合编码的框架下引入了新的编码方式，提高了编码效率，在低码流下可达到优质图像质量。

（2）媒体传输技术。

1) RTP（Realtime Transport Protocol）协议：实时传输协议 RTP：是针对 Internet 上多媒体数据流的一个传输协议，由 IETF（Internet 工程任务组）作为 RFC1889 发布。RTP 被定义为在一对一或一对多的传输情况下工作，其目的是提供时间信息和实现流同步。RTP 的典型应用建立在 UDP 上，但也可以在 TCP 或 ATM 等其他协议之上工作。RTP 本身只保证实时数据的传输，并不能为按顺序传送数据包提供可靠的传送机制，也不提供流量控制或拥塞控制，它依靠 RTCP 提供这些服务。

2) RTCP（Realtime Transport Control Protocol）协议：实时传输控制协议 RTCP 负责管理传输质量在当前应用进程之间交换控制信息。在 RTP 会话期间，各参与者周期性地传送 RTCP 包，包中含有已发送的数据包的数量、丢失的数据包的数量等统计资料，因此，服务器可以利用这些信息动态地改变传输速率，甚至改变有效载荷类型。RTP 和 RTCP 配合使用，能以有效的反馈和最小的开销使传输效率最佳化，故特别适合传送网上的实时数据。

Jitter Buffer（抖动缓冲器）用于防止抖动和乱序。抖动是由各种延时变化导致网络中数据分组到达速率的变化以及接收包的顺序和发送包的顺序不一致引起的。为了补偿抖动和乱序引起的语音失真，在接收侧语音设备上加入了 Jitter Buffer 缓冲区来长时间保存数据分组，从而使最慢的分组能及时到达，顺序处理。同时调整发送给语音设备的语音数据速度，以真实地恢复出的原始语音。

（3）回声消除技术。在 PBX 或局用交换机侧，有少量电能未被充分转换并沿原路返回，形成回声。如果打电话者离 PBX 或交换机不远，回声返回很快，人耳听不出来，这种情况下无关紧要。但是当回声返回时间超过 10ms 时，人耳就可听到明显的回声了。为了防止回声，一般需要回声消除技术，在处理器中有特殊的软件代码监听回声信号，并将它从听话人的语音信号中消除。对于 IP 电话设备，回声消除技术是十分重要的，因为一般 IP 网络的时延很容易就达到 40～50ms。

随着消回声技术的发展，当前回声消除研究的重点，已由"电路回声"消除转向了"声学回声"。

电路回声消除器是使用较早的一种回声控制方法，它是一种非线性的回声消除方法。它通过简单的比较器将接收到准备由扬声器播放的声音与当前话筒拾取的声音的电平进行比较。由于回声抑制是一种非线性的回声控制方法，会引起扬声器播放的不连续，影响回声消除的效果，随着高性能的回声消除器的出现，电路回声消除器已很少使用了。

声学回声消除的另一方法是使用声学回声消除器 AEC（Acoustic Echo Chancellor），AEC 是以扬声器信号与由它产生的多路径回声的相关性为基础，建立远端信号的语音模型，利用它对回声进行估计，并不断地修改滤波器的系数，使得估计值更加逼近真实的回声。然后，将回声估计值从话筒的输入信号中减去，从而达到消除回声的目的。AEC 还将话筒的输入与扬声器过去值相比较，从而消除延长、延迟的多次反射的声学回声。根据存储器存放的扬声器过去值，AEC 可以消除各种延迟的回声。

## 4.1.5 IMS 系统的组成与原理

**1.** 体系架构

IMS 的体系结构分为业务层、控制层和接入层（链接层）：业务层由应用（和内容）服务器组成，负责为用户提供增值服务；控制层由网络控制服务器组成，负责管理呼叫或会话的设定、修改和释放，其中最重要的是具有呼叫会话控制功能（CSCF）的 SIP 服务器，在控制层中还配置了计费、运营维护等多功能，边界网关负责与其他运营商网络或其他类型网络之间的互通；接入层由用于骨干网和接入网的路由器及交换机组成。

省级电力 IMS 行政交换电话网络以省为单位统一规划、集中部署、分步实施，业务层、控制层网元在省公司集中部署、接入层网元（含终端）在各地市供电公司分散设置。IMS 的网络组织结构，应保证满足远景行政办公用户的发展需求，在此期间保持网络结构稳定，仅作接入层网元增加和扩容。

（1）IMS 行政交换网络架构如图 4-6 所示。IMS 网络核心网设备包括 S/P/I-CSCF、HSS、ENUM/DNS、MGCF、IM-MGW、MRFC/MRFP、AGCF、SBC 及 MMTEL，其中呼叫会话控制功能（CSCF）是 IMS 中的会话控制功能体，在 IMS 中实现了多媒体呼叫中主要的 IMS 控制功能。

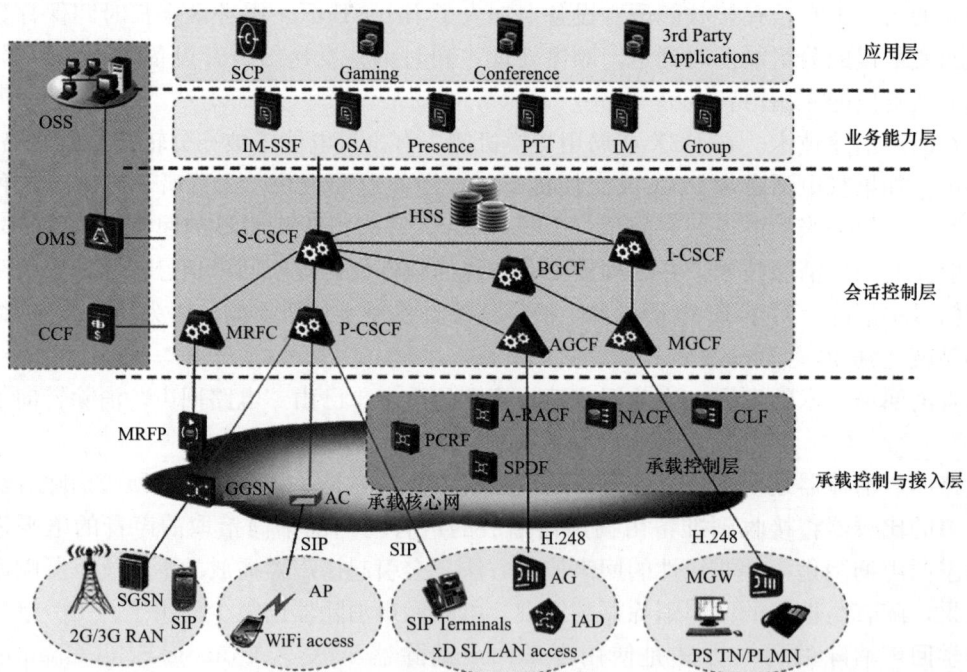

图 4-6　IMS 行政交换网络架构

CSCF（Call Session Control Function）呼叫会话控制功能。CSCF 类型有：①P-CSCF，代理 CSCF（Proxy CSCF）用户在归属或者拜访网络的第一个连接点；②I-CSCF，问询 CSCF（Interrogating CSCF）用户的归属网络第一入口点，分配 S-CSCF、路由查询以及域

间拓扑隐藏功能；③S-CSCF，服务 CSCF（Serving CSCF，S-CSCF 是多媒体模块的核心，负责对终端的注册鉴权，会话控制，业务触发。

完成对外接口功能的网元实现 IMS 网络与其他网络的通信，包含的网元为：①MGCF（Media Gateway Control Function），实现 IMS 核心控制面与 PSTN/PLMN 的交互控制 MGW 完成 TDM 承载与 IP 承载的实时转换；②IM-MGW（IP multimedia media gateway），完成 IMS 与 PSTN 及 CS 域用户宽带、窄带承载互通及必要的编解码变换；③SG（Signaling Gateway）信令网关，完成 ISUP over IP 到 ISUP over TDM 的转换，因为 MGCF 只支持 IP 接口。

HSS（Home Subscriber Server）归属用户服务器 HSS 用于归属网络中保存用户的签约信息，主要信息包括：①用户标识（包括公共及私有标识）、号码和地址信息；②用户安全上下文，用户网络接入认证的密钥信息、漫游限制信息；③用户的路由信息，HSS 支持用户的注册，并且存储用户的位置信息；④用户的业务签约信息，包括其他 AS 的增值业务数据。SLF（Subscription Locator Function）签约数据定位功能，用于多个 HSS 的选择定位。

MRF（Multimedia Resource Function）媒体资源功能，包含两部分：①MRFC（Multimedia Resource Function Controller）媒体资源功能控制器，解析来自 S-CSCF 及 AS 的 SIP 资源控制命令，实现对 MRFP 的媒体资源的控制；②MRFP（Multimedia Resource Function Processor）媒体资源功能控制器，在 MRFC 的控制下，MRFP 为终端提供媒体资源，多媒体信息播放（提示音、流媒体），媒体内容解析处理（编解码变换等）。

DNS/ENUM Server：DNS（Domain Name System）服务器负责 URL 地址到 IP 地址的解析。ENUM（E.164 Number URI Mapping）服务器负责电话号码到 URL 的转换。NAT/ALG/SBC 设备：完成公私网的 IP 地址转换、媒体流转发以及网络安全保障等功能。

SBC 功能：①信令代理功能，从 UE 用户看，认为 SBC 就是 P-CSCF；从 P-CSCF 看认为 SBC 就是 UE 用户；②媒体代理，所有的媒体流都是通过 SBC 来传输的。

AS（Application Server）应用服务器。为 IMS 用户提供 IM 增值业务，可以位于用户归属网，也可以由第三方提供，其主要功能为：处理从 IMS 发来的 SIP 会话，发起 SIP 请求，发送计费信息给 CCF 和 OCS。IMS AS 类型：①OSA-SCS（Open Service Access-Service Capability Server），提供 OSA 服务网关功能，为第三方服务器提供接口；②IM-SSF（IP Multimedia service switching function，作为网关，提供与传统智能网服务器的接口；③SIP AS：直接提供 IMS 业务。

PCRF（Policy Charging Rule Function）策略和计费规则功能，实现移动网络中的 QoS 控制功能。SPDF/ARACF 实现固定网的 QoS 控制功能。NACF（Network Access Configuration Function）网络接入配置功能。SPDF（Service-based Policy Decision Function）基于业务的策略决策功能。CLF（Connectivity Session Location and Repository Function）连通性会话定位与存储功能。A-RACF（Access-Resource and Admission Control Function）接入网资源接纳控制功能。

IMS 网络网元设置方案如下：在省层面集中部署 S-CSCF/BGCF、I-CSCF、P-CSCF、HSS、ENUM/DNS、MGCF、MRFC/MRFP、MMTEL AS、AGCF、SBC 等网元以及网管、计费支撑系统、业务平台等；IM-MGW 建设初期在省公司集中部署，后续下沉到地市层面，与公网运营商的互联出口仍按现有方式从各地市公司与相关运营商进行互联；地市层面除 IM-MGW 外无核心网元，只有接入 AG、IAD 设备和终端设备。

（2）容灾方式。从程控交换、软交换，到 IMS 技术，核心交换控制越来越集中，单个核心网设备的容量也越来越大，设备的集成度也越来越高，一旦设备发生故障，影响的用户和业务范围将非常广泛，给现网运行带来了更高的风险。对于 IMS 网络而言，核心网容灾备份非常重要。

IMS 核心网容灾主要通过地理容灾、容灾机制等方式实现。以省为单位部署 IMS 网络，根据容灾方式不同，常用的有两种部署方案。

1）1+1 备份容灾方式。全省集中建设 2 套核心网设备，省内选择两个中心城市异地部署备份，或者同城异址部署；

2）N+1 备份容灾方式。全省建设三套 IMS 核心网络，划分为三大片区，在片区中心地市各建设 2 套 IMS 核心网设备，分别负责三大片区内 IMS 业务，同时相互间形成 N+1 的灾备备份。

（3）互联互通。

1）与公网的互联互通。IP 多媒体网关（IM-MGW）负责 IMS 与 PSTN/CS 域之间的媒体流互通，主要承担与调度交换网、现有行政交换通信系统、公网的互联互通功能，IM-MGW 设备直接与地市公网运营商通过中继链路相连，信令采用 No.7 协议互通。IMS 与公网互通主叫路由采取就近出网方式公网互通点。建网初期，IMS 网络与公网运营商的互通经过现有的行政电路交换网/软交换网转接，待 IM-MGW 在地市全部建成后，与公网运营商的互通节点改为 IMS 网络在省公司与各地市的 IM-MGW。

2）与调度网络的互联互通。IMS 网络与调度交换网互通点设置在地市。IMS 网络采用 E1 中继与调度交换网互通。信令采用 NO.7 或 PRI 协议互通。建网初期，IMS 网络与调度交换网的互通经过行政电路交换网转接，随着行政电路交换网退网，IMS 可直接与调度交换网互通。

**2. 路由策略**

（1）IMS 网内路由策略。

IMS 行政交换网络用户之间的呼叫原则上均在 IMS 网内进行呼叫接续。由于 SBC 部署在省层面，则省内呼叫路由至省层面再接续到被叫所在地市。

IMS 网内的路由方式有静态配置和动态解析 2 种：前者通过在 IMS 网元上配置相邻网元的 IP 地址及路由实现话路的接续；后者则是 IMS 网元通过到 DNS 服务器进行域名解析得到下一跳的 IP 地址，为目前主流配置方式。基于容灾备份和便于后续网络调整考虑，除域内 I-CSCF 到 S-CSCF、S-CSCF 到 MGCF、MGCF 到 I-CSCF、S-CSCF 到 AS 的路由优选静态链路方式（无需查询 DNS），次选基于 ENUM/DNS 的动态解析路由方式外，其他网元间的路由均采用动态解析方式。

（2）IMS 与省外网络路由策略。IMS 行政交换网用户拨打网内他省 IMS 用户，主叫 S-CSCF 基于两级 ENUM/DNS 查询将呼叫路由至被叫 I-CSCF，被叫 I-CSCF 通过查询 HSS 得到为被叫服务的 S-CSCF，从而将话路路由到被叫。

建有 IMS 网络的省份与尚未建设 IMS 的省份之间的跨省业务必须通过现网分部、省级汇接交换设备之间的互联实现互通。

（3）IMS 与原行政电路交换网及调度网路由策略。

在新建的 IMS 网络没有完全替换原有行政电路交换网之前，两张网络将有一段共存期，因此也涉及互通的问题。

IMS 用户呼叫原行政电路交换网用户（或调度网用户）场景下，应采用就远出网原则。IMS 呼叫路由应疏通至 IMS 最远的与原行政电路交换网的互通点，后续的话务路由遵循原行政电路交换网已有路由原则。

原行政电路交换网用户（或调度网用户）呼叫 IMS 用户场景下，应考虑尽量减少原行政电路交换网路由数据的修改。呼叫遵循原行政交换网现有路由原则路由至 IMS 网络后，IMS 网络根据被叫号码将该呼叫路由至被叫用户。

IMS 用户与原行政电路交换网及调度网用户互通路由去话路由（省内呼叫）：IMS 行政交换网用户呼叫省内的原电路交换网用户时，主叫 S-CSCF/BGCF 查询 ENUMServer 解析失败，将呼叫路由至 MGCF，MGCF 根据被叫号码字冠分析将呼叫路由至被叫用户所在地对应的原程控网交换设备，后续路由遵循原程控网现有原则。

IMS 用户与原行政电路交换网及调度网用户互通路由去话路由（省际呼叫）：IMS 行政交换网用户呼叫跨省的原电路交换网用户时，主叫 S-CSCF/BGCF 进行两级查询 ENUM-Server 解析，将呼叫路由至被叫所在地市的 I-CSCF，I-CSCF 通过查询 HSS 得到为被叫不是本网用户，则将呼叫路由到 MGCF，MGCF 根据被叫号码字冠分析将呼叫路由至被叫用户所在地对应的原程控网交换设备，后续路由遵循原程控网现有原则。

IMS 用户与原行政电路交换网及调度网用户互通路由来话路由：原行政电路交换网用户呼叫 IMS 行政交换网用户，到达被叫网络后，通过 MGCF 接入指定 I-CSCF，I-CSCF 查询 HSS 得到被叫所在的 S-CSCF，将呼叫路由至被叫。

调度交换网与 IMS 行政交换网之间是单向互通的关系。调度网用户可以单向拨打 IMS 行政交换网用户。调度网拨打 IMS 行政交换网用户的信令和媒体路由方案同上。

（4）IMS 与公网路由策略。

IMS 用户呼叫公网运营商用户采用就近出网方式，IMS 呼叫路由应疏通至 IMS 域中离主叫用户所在地最近的公网互通点，后续的话务路由遵循公网现有路由原则。

公网用户呼叫 IMS 用户，遵循公网现有路由原则（就远出网）路由至国家电网公司 IMS 行政交换网络后，IMS 网络根据被叫号码将该呼叫路由至被叫用户。

IMS 用户与公网用户互通路由——去话路由：IMS 行政交换网用户呼叫公网运营商用户时，主叫 S-CSCF/BGCF 查询 ENUM Server 解析失败，将呼叫路由至 MGCF，MGCF 根据主叫号码字冠分析将呼叫路由至主叫用户所在地对应的公网交换设备，后续路由遵循公网现有原则。

IMS 用户与公网用户互通路由——来话路由：公网用户呼叫 IMS 行政交换网用户，到达被叫网络后，通过 MGCF 指定 I-CSCF，I-CSCF 查询 HSS 得到被叫所在的 S-CSCF，将呼叫路由至被叫。

公网运营商之间以及公网运营商与企业专网之间，出于网络安全性考虑，目前采用 TDM 中继互通方式。

**3.** 主要协议及功能

（1）业务平台。

IMS 网络中业务层实体包括支持 SIP 协议的应用服务器 SIP AS，通过业务触发的方式为 IMS 用户提供各种 IMS 业务。根据用户的范围，IMS 业务可分为全网业务和省公司业务，其中全网业务是由公司全网统一部署的业务平台提供的业务，省公司业务是由省公司部署的业务平台提供的业务。

为实现全省业务统一应用，将业务相关的服务器、网元在省公司集中部署。

多媒体电话应用服务器（Multi Media Telephony Application Service，MMTELAS）主要业务功能包括：

1）基础业务：点对点语音通话；

2）补充业务：主叫号码显示、主叫号码显示限制、无条件呼叫前转、遇忙呼叫前转、无应答呼叫前转、未注册前转，呼叫等待、三方通话、查找恶意呼叫、呼出限制、免打扰、缩位拨号；

3）Centrex 业务；

4）被叫号码补全以及主叫号码的规整；

5）一号通：国网的 IMS "一号通" 主要适用于国网内网用户主叫 "一号通" 号码业务场景，但不支持公网用户主叫国网内网的 "一号通" 号码业务场景（本设计拟实现）；

6）通话记录；

7）自助服务门户；

8）传真业务（不推荐）；

9）用户分源；

10）管理维护功能；

11）点击拨号。

其他配置的业务平台：为继承现有软交换业务，支持省内跨单位多媒体会议，需部署 1 套多媒体会议业务 AS。

（2）网管系统。

IMS 网管系统包括网元层、网络层管理功能：网元层管理功能包括对所管设备的配置管理、告警管理、软/硬件维护管理、状态检测、安全管理等；网络层管理功能包括整个网络的拓扑视图，对网络的性能检测、统计和分析，对网络流量的检测及对网络拥塞的控制等。

IMS 网管系统拓扑如图 4-7 所示，主要包含以下结构：

1）核心网网管。通过标准的北向接口，接入国网公司 TMS 系统，实现对 IMS 核心网设备的集中维护和管理，包括：

a. 设备故障集中监控；

b. HSS、S/P/I-CSCF、IM-MGW、SBC、MGCF、MRFC、MRFP、AGCF、SLF、SBC、CCF（Mediaton）的设备管理和集中配置；

c. 对 ENUM 服务器和 DNS 服务器的操作及管理；

d. 对厂商 IMS 业务平台系统的统一操作及管理；

e. 厂商设备网管系统本身也包含在管理范围内，包括其数据库服务器、应用服务器、

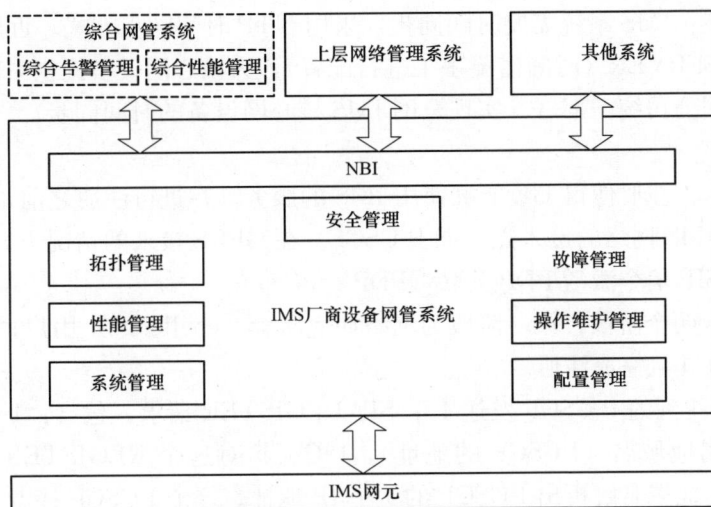

图 4-7　IMS 网管系统拓扑图

Web 服务器、工作站、PC 机、局域网交换机、路由器等；

f. IMS 专用的各类数据交换机/路由设备、防火墙、数据库服务器、工单接口机等及其形成的网络。

建议省公司层面集中设置 1 套 IMS 核心网管系统，要求具有分权、分域功能。由省公司统一完成 IMS 核心网络的局数据制作、号段规划、业务开通、用户数据配置、数据更改等运行维护工作的实施、管理和考核。各地市、县单位只负责语音接入设备的本地维护工作，实现对本区域内用户数据及相关网元的配置。

2）接入网网管：一般各设备厂商自带网管系统，建议以地市为单位各部署 1 套接入网网管系统，省公司可通过远程方式实现运行监视。接入网网管的管理范围主要包括 IMS 网络中 AG、IAD、SIP 话机等接入设备，主要负责用户放号以及设备的管理、操作、维护等工作。

3）计费及结算系统：由于国网公司计费系统为非运营支撑的计费系统，当前主要用于非实时的离线计费、话务及账务查询。计费及结算系统通过 FTP 方式从 IMSCCF 网元采集 IMS 网络中的 AS、P-CSCF、MGCF、S-CSCF 产生的计费信息（原始话单数据，含汇聚转接话单），合成标准格式的话单，根据预定的计费规则进行计费计算，以及与公网运营商结算费用计算。计费及结算系统应能提供通话记录查询、计费及结算相关统计报表，支持按单位（部门）、时间等多种维度进行相关统计和查询。新建计费及结算系统采集接口服务器经 IP 数据网 IMS VPN 与 IMS CCF 设备互通。

建议省公司层面集中设置 1 套计费及结算系统，实现计费原始话单采集，并进行预处理转换成标准话单，要求具备话务统计分析、结算统计分析、分散计费功能，并向各地市提供统计报表。

**4.** 同步方式

同步方式分为时钟同步和时间同步两种。

（1）时钟同步：IMS 网内 IM-MGW 网元需要时钟同步，同步方式应采用主从同步方式。从外部提取的时钟同步至少为 1 主 1 备 2 路。时钟同步接口可以为 2Mbit/s 或 2MHz，优选 2Mbit/s。

（2）时间同步：IMS 系统需要时间同步，采用 NTP 时间同步方式。近期选择 IMS 网管 OMC 作为 NTP SERVER（时间需要手工进行配置），为核心网设备提供时间同步。

远期按照国网公司统一部署，实现全网 IMS 核心网设备的时间同步。

**5. 关键技术**

（1）注册技术。注册使得 UE 能够使用 IMS 的服务。在进行注册之前，UE 必须先获得 IP 连接，并发现 IMS 网络的接入点，如 P-CSCF。在 GPRS 接入的情况下，UE 执行 GPRS 连接过程，并为 SIP 信令激活 PDP 关联（PDP context）。

IMS 注册包含两个阶段：第一阶段为网络如何质疑（challenge）用户；第二阶段为 UE 如何响应这个质疑并且完成注册。

首先，UE 向找到的 P-CSCF 发送 1 个 SIP REGISTER 请求，包含：1 个需要被注册的用户标识符和所属地域名（I-CSCF 的地址）。P-CSCF 对这个 REGISTER 请求进行处理，并使用提供的所属地域名解析出 I-CSCF 的 1 个 IP 地址。这个 I-CSCF 接着会联系 HSS，并获取进行 S-CSCF 选择所需的能力。在完成 S-CSCF 选择后，I-CSCF 把这个 REGISTER 请求转发给选择的 S-CSCF。S-CSCF 会发现用户没有被授权，因此它会从 HSS 获取认证数据并用"401 未授权"应答来质疑用户。接着，UE 会计算出应答并给 P-CSCF 发送一个新的包含这个应答的 REGISTER。P-CSCF 会再次找到 I-CSCF，接着 I-CSCF 会再次找到 S-CSCF。S-CSCF 最终会检查这个应答，如果正确则从 HSS 下载用户描述，并发送一个"200 OK"表示接受这个注册。一旦 UE 成功被授权，UE 就能够发起和接受会话了。在注册的过程中，UE 和 P-CSCF 都会知道网络中哪个 S-CSCF 将会为 UE 提供服务。

UE 有责任保持这个注册，这是通过定期的刷新注册来实现的。如果 UE 没有刷新注册，则 S-CSCF 会在注册到期后移除注册信息，并且不会发出通知。当 UE 想从 IMS 网络中注销时，它可以通过简单的发送一个注册有效期为零的 REGISTER 就可以实现。注册前后实体信息变化对照见表 4-1。

表 4-1　　　　　　　注册前后实体信息变化对照表

| 实体 | 注册前 | 注册中 | 注册后 |
|---|---|---|---|
| UE（用户） | P-CSCF 地址、所属地域名、证书、公共用户标识符、私有用户标识符 | P-CSCF 地址、所属地域名、证书、公共用户标识符、私有用户标识符、安全关联 | P-CSCF 地址、所属地域名、证书、公共用户标识符（和隐式注册的公共用户标识符）、私有用户标识符、安全关联、服务路由信息（S-CSCF） |
| P-CSCF（代理呼叫会话控制） | 没有保存信息 | 初始网络入口点、UE 的 IP 地址、UE 的公共用户标识符和私有用户标识符、安全关联 | 最终网络入口点（S-CSCF）、UE 的 IP 地址、已注册的公共用户标识符（和隐式注册的公共用户标识符）、私有用户标识符、安全关联、CCF 地址 |
| I-CSCF（查询呼叫会话控制） | HSS 或 SLF（Subscription Location Function，签约位置）的地址 | HSS 或 SLF 的入口、P-CSCF 地址、S-CSCF 地址 | HSS 或 SLF 的地址 |
| S-CSCF（服务呼叫会话控制） | HSS 或 SLF 的地址 | HSS 地址/名称、用户档案（受限的-根据每个网络的情况）、P-CSCF 地址/名称、公共/私有用户标识符、UE 的 IP 地址 | HSS 地址/名称、用户档案（受限的-根据每个网络的情况）、P-CSCF 地址/名称、公共/私有用户标识符、UE 的 IP 地址 |

| 实体 | 注册前 | 注册中 | 注册后 |
|---|---|---|---|
| HSS（归属签约用户服务器） | 用户档案、认证数据、S-CSCF 选择参数 | 用户档案、P-CSCF、网络 ID | 包括更新过注册状态的公共用户标识符的用户档案、S-CSCF 的名字 |

（2）会话技术。当用户 A 想和用户 B 建立会话时，UE A 产生 1 个 SIP INVITE 请求，并通过 Gm 接口发送到 P-CSCF。P-CSCF 对这个请求进行一定处理。

例如，它解压这个请求并在通过 Mw 接口转发给 S-CSCF 之前先验证主叫的用户标识符。S-CSCF 进一步处理这个请求和执行服务控制，这可能包含和 AS 的交互，但是最终会根据 SIP INVITE 消息中的被叫用户标识符来决定被叫所属网络。被叫网络中的 I-CSCF 会通过 Mw 接口接收到这个请求，并且通过 Cx 接口联系到 HSS 以获取为被叫提供服务的 S-CSCF。这个请求又通过 Mw 接口发送到被叫的 S-CSCF。这个 S-CSCF 负责处理接收到的会话，这可能包含和 AS 的交互，并最终会通过 Mw 接口发送给 P-CSCF。在进一步处理后（如压缩和私密检查），P-CSCF 通过 Gm 接口将 INVITE 请求转发给了 UE B。UE B 产生 1 个应答消息，183 会话进行中（183 Session Progress），这个应答沿着建立好的路径（即 UE B->P-CSCF->S-CSCF->I-CSCF->S-CSCF->P-CSCF->UE A）反方向发送到 UE A。在多次消息交互后，2 个 UE 都完成了会话的建立，并可以开始真正的上层应用了。在会话建立的过程中，控制端可能会控制用来传输媒体的承载通道。

**6. 主要特点**

（1）接入无关性。IMS 支持多种固定/移动接入方式的融合。从理论上说，只要承载网建设完备的区域，不同品牌的设备具备相应协议接口，都可以接入 IMS 网络。

（2）归属地控制。IMS 采用归属地控制，区别于软交换的拜访地控制，和用户相关的数据信息只保存在用户的归属地。用户鉴权认证、呼叫控制和业务控制都由归属地网络完成，从而保证业务提供的一致性，易于实现私有业务的扩展，促进归属管理方积极提供更多元化的业务。

（3）业务提供能力。IMS 将业务层与控制层完全分离，有利于灵活、快速地提供各种业务应用，更利于业务融合。IMS 的业务还可以通过开放的应用编程接口提供给第三方，可以为广大的用户开发出更加丰富多彩的应用。各地市可根据区域性特点开发具有特色的各类业务。

（4）安全机制。IMS 网络部署了多种安全接入机制、安全域间信令保护机制以及网络拓扑隐藏机制。

（5）统一策略控制。IMS 网络具有统一的 QoS、安全和计费策略控制机制。

随着 IMS 技术的不断发展，各类新型的业务也不断被开发出来，灵活的组网机制、强大的拓展空间决定了 IMS 广阔的发展空间。

# 4.2 组 网 方 案

## 4.2.1 行政程控交换组网方案

**1. 组网设备**

目前，电力行政交换网的交换机品牌主要有西门子、华为、中兴。

（1）西门子 EWSD 数字程控交换机。模块小到几十门，大到几万门，中国网上目前 EWSD 最小的模块为 80 门（DDLU），最大的远端为 2 万多门。EWSD 远端模块有多种类型，有标准模块局 RDLU；有集成了交换、传输、配线架、电池等设备的一体化箱体 RSDLU（箱体分室外型和室内型）；有具备内部交换功能及侧门中继、后门中继等功能的 RSU。此外，EWSD 所有的用户接入模块都采用标准的 2M 或 155M 接口与 EWSD 主局相连接，因此，EWSD 可利用任何标准的传输，将众多模块按照用户要求进行布置，组网非常灵活。

（2）华为 C&C08 数字程控交换机。提供符合 ITU-T 标准的 ISDN、PHI、V5 等各种接口，具备完善的信令系统，集交换与传输、有线与无线、窄带与宽带于一体，具有开放的通信平台，全方位地支持新国标要求提供的 PSTN 业务、ISDN 业务、Centrex 业务、IN 业务以及其他新业务，适用于端局、汇接局、关口局、长途局和国际局。C&C08 交换机 128 模块是大容量综合网络集成系统，由中央交换网（CNET）、中央处理模块（CMP）、同步定时系统（CKS）、通信控制模块（CCM）、业务处理模块（SPM）、共享资源模块（SRM）、线路接口模块（LIM）、后管理模块（BAM）和综合告警箱（ALM）9 个部分组成。C&C08 系统容量可从 256 户用户平滑扩充到 80 万用户线或 24 万中继线，10 万中继只需 9 个机柜，全光口功耗仅为 8.2kW，占地面积 3.95m²，远低于传统交换机。其组网灵活，支持 FTTB、FTTC，可根据用户容量及接口类型利用 C&C08 提供的多种远端模块及传输设备，实现多级模块组网。可组成环形、链形、树形、星形等网络拓扑结构，快速提供业务。信令系统结构先进，升级容易，兼容性好。C&C08 交换机具备与对端交换机建立直联或准直联 NO.7 链路的能力，提供满足国内、国际各种信令标准规定的 TUP、ISUP、NO.5、R2、中国 1 号和 DSS1 信令，可以作为国际长途局，支持 INAP 协议，可以作为 SSP。

（3）中兴 ZXJ10 程控数字交换机。模块化结构，组网灵活，成熟技术，提供超高可靠性；具有丰富的综合增值业务提供能力；提供强大的信令处理能力，支持中国 1 号信令、DSS1 信令、V5 信令，全面实现七号信令 MTP、TUP、ISUP、SCCP、TCAP、MTUP、MISUP 等各项功能，完全符合国标和 ITU－T 标准。

**2. 组网规范**

电力行政交换系统的规范主要有：DL/T 598—2010《电力系统自动化交换电话网技术规范》，重点摘录如下：

（1）电力交换电话网内交换机接入公网时，可采用端局或用户交换机的形式，不应采用公网交换机虚拟的形式；单独设置汇接交换中心的交换节点可由汇接交换中心汇接与公网的呼叫。接入公网应符合 YD 344—1990 的各项规定。

（2）自动迂回路由设置应遵循以下原则：

a）呼叫本汇接区的来话业务，不应迂回到其他汇接区汇接。

b）上一级汇接交换中心之间的业务，不应迂回到下一级汇接中心汇接。

c）两个同级汇接区之间的业务，应在该两个汇接区之间进行业务汇接，不应迂回到其他汇接区进行汇接。

d）由上级流向下级汇接交换中心的业务，不应迂回到其他汇接区到上级的直达路由上进行汇接。

e）由下级流向上级汇接交换中心的业务，不应迂回到其他汇接区到下级的直达路由上进行汇接。

f）各级交换网应根据条件可能和接续合理的原则设置自动迂回路由。每个汇接点自动迂回的次数不超过3次，即第一路由和两个迂回路由。

g）设置自动迂回路由时，任何交换节点的呼叫不允许经对方交换机由原呼出电路群返回本交换节点，也不允许经多次转接再返回本交换节点。

**3.** 组网方案

以某省电力公司行政程控交换网为例，其组网以省电力公司为三级汇接中心、地市供电公司为四级汇接中心，其他县供电公司、变电站等单位为端局，形成分级汇接、分区覆盖的拓扑结构；在省公司和地市供电公司均配置西门子 EWSD 局用交换机。各直属单位、县供电公司以及电厂以远端模块方式或中继连接模式接入。行政交换网按照国家电网公司的号码分配原则，进行全省统一组网、统一编号。

省电力行政交换网归属于分部汇接区行政交换网络，以省电力公司交换机作为汇接中心，通过 2×E1 连接至分部汇接中心，接入国网行政交换网。省电力公司与相邻省公司各开设 1×E1 省间直达电路，疏通部分省间话务。省电力公司汇接中心信令方式采用 No.7 信令。

省电力公司及各地市供电公司行政交换机通过与本地公网运营商开设 N×E1 互联，实现与公网运营商间的互通，信令采用 No.7 信令或 PRA 信令。另外，省电力行政交换网采用 PRA 信令开设 1×E1 与调度交换系统、电话会议系统等系统进行互联。行政程控交换网络拓扑结构如图 4-8 所示。

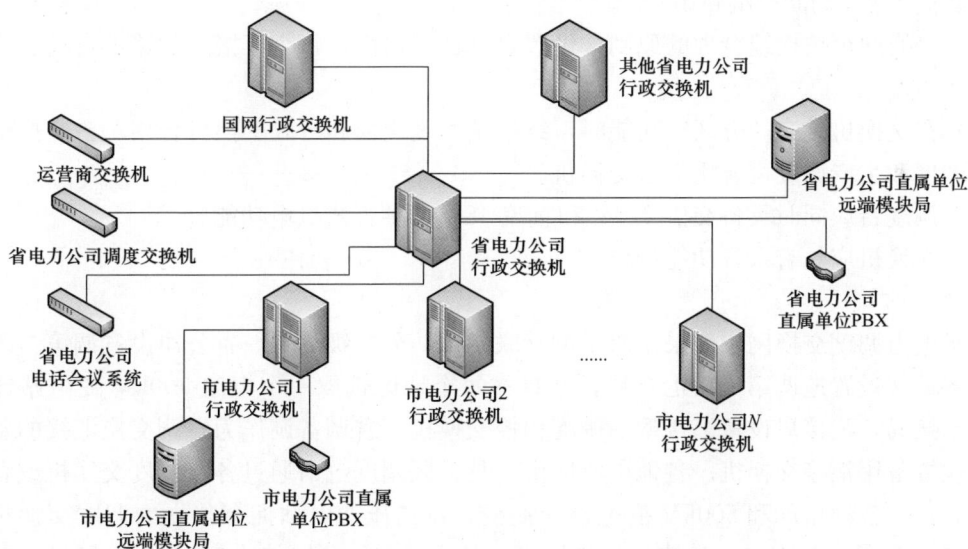

图 4-8　行政程控交换系统网络拓扑结构图

## 4.2.2　调度程控交换组网方案

**1.** 组网设备

目前，电力调度交换网常用的调度交换机品牌有：哈里斯 H20-20 系列交换机、西门子调度交换机、塔迪兰调度交换机、爱立信 MD110 调度交换机。

哈里斯 H20-20 数字交换机系列机型 MAP 型、LH 型、LX 型和 CCS-IXP 型。各机型使用的操作系统、应用软件、系统功能，以及用户板、中继板、信号收码板等接口电路板都是相同的，不同的是系统容量、机械结构和端口布局。MAP 系统采用模块化结构，使用标准的 0.48m 高（19in）机架，系统由 1~5 个模块组成，其中 1~2 个模块为公共设备/接口模块，其余的为接口模块。根据应用需要，MAP 系统可以采用冗余或非冗余公共控制配置。

**2.** 组网规范

DL/T 5157—2012《电力系统调度通信交换网设计技术规程》关于组网要求，重点摘录如下：

（1）在省级及以上交换中心应采用双机冗余系统。

（2）主网汇接交换站：除了交换中心以外，应在主网的通信枢纽点设置汇接交换站。

（3）网路拓扑规则应以调度通信话务量小而可靠性与可用性高为原则，根据调度隶属关系和通信网路的布局来组建和优化网路拓扑结构。其拓扑规则应符合下列要求：

1）上一级交换中心与下一级交换中心应直接连接。

2）各级交换中心与其相关汇接交换站应直接连接。

3）电网互连的相邻同级交换中心可相互连接。

4）相邻汇接交换站可相互连接。

5）终端站应与两个汇接交换站相互连接。

（4）路由设置应遵循 $N-1$（$N>2$）的安全性原则，即网内任 1 个交换节点应至少与另 2 个交换节点建立局间中继路由。

（5）交换网可按接续合理的原则，设置自动迂回路由，每个汇接点的路由自动迂回不宜超过 2 次。

（6）在交换机具有"分区"功能时，终端站调度交换和行政交换可合用 1 台交换机；电厂系统调度和生产调度可合用 1 台交换机。

（7）调度台应同时具备交流 220V 和直流 48V 两种方式供电功能。

（8）交换机应具有录音功能接口。

**3.** 组网方案

省级电力调度交换网一般采用双星型互联架构，分二级部署。省公司设省调第一级汇接局，在各地区设置地调第二级汇接局，并且在每个地区选取一个枢纽 500kV 变电站作为第二级次汇接局，汇接局设置汇接型的调度程控交换机，省调备调作为省调交换汇接的备用汇接局，设置备用汇接交换机。各地市所属市、县、区调度电话通过各自调度交换机或者远端模块方式接入各地市局和 500kV 变电站交换机，特高压变电站拥有独立的调度交换机，分别接入各地市和站在的 500kV 变电站交换机。各个地市局所属其他 500、220kV 变电站，集控站配置调度台或者调度单机，通过 U 接口延伸器或者 PCM 分别从地区局局大楼和 500kV 变电站接出。省调所属的各个发电厂设置自己的内部调度程控交换机，从两个方向与站在地市局和 500kV 变电站通过 2M 中继相连，接入电网。

全网采用 Q 信令方式，以 2M 中继实现互联互通。省汇接局至各地调汇接局设 2M 直达路由，省汇接局至各次汇接局（一般设在 500kV 变电站）设 2M 直达路由，本地区地调汇接局至次汇接局设 2M 直达路由，各被调点至地调汇接局设直通线路，各被调点至次汇接局设直通线路，组成以省调汇接局、地调汇接局、500kV 变电站次汇接局为节点的二级汇接的调度电话交换网络。调度组网实现双机异地备份、异机同组，系统完全热备份，网内任何调度台或交换机的单机故障均不中断调度电话业务。

整个电网调度交换系统网络结构如图 4-9 所示。

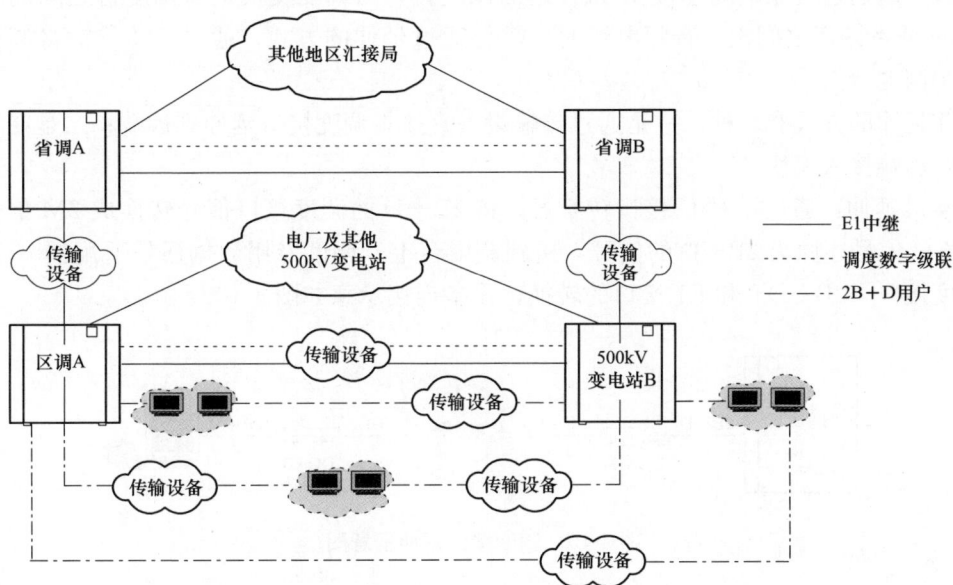

图 4-9　调度交换系统网络结构图

（1）组网特点。二级汇接方式，结构简单明了。浙江电网调度交换网络采用两级汇接方式，省公司为一级，地市公司为二级。省调调度交换机作为一级汇接点，2 套调度交换机并机运行，除了用于省调调度台放号以外，主要用于汇接华东网局和各个地市局、500kV 变电站的调度交换机；每个地市局 2 套调度交换机，分别安装在局大楼和该地市的某一个 500kV 变电站，对上分别与省调的 2 套调度交换机互联互通，对下与各县市局、所属电厂调度交换机互联，组成整个调度交换网。整个网络结构简单明了，同级交换机之间设置路由迂回功能，任何一个方向的路由阻塞，都可以通过迂回，到达各个调度点。

全网数字化，不仅体现在交换网络的数字化，还体现在中继接口与用户接口数字化、调度接口的数字化，以及调度终端设备的数字化。在全网数字化的基础上，全网呼叫遇忙的可能性极其微小，从而极大地削弱了对调度网的强插、强拆要求，简化了呼叫过程和数据配置。

在浙江调度通信网中采用 E1 数字中继电路，同时采用专网共路信令 Q 信令，使全网成为一个透明网络。采用广泛使用的公共信道信令，它可以完成 2 台或 2 台以上交换机的点对点或汇接功能。有以下优点：接续速度快，无论几个汇接点即拨即通；主叫号码可随被叫号码发送，有利于集中话务处理或控制；硬件要求低，经济性好；性能稳定；对传输要求低；适应性强，可与多种异型机相连，如西门子、飞利浦、朗讯等。

省调到两个地区汇接局采用路由不相关的 2M 通道。由于中继容量大大超过调度话务量，因此全网中继遇忙的概率微小，中继强拆功能基本不再使用。

（2）调度台异地延伸。电力调度通信网采用二级结构，在变电站等被调度对象处不再设置交换机，而是采用延伸的方式。全网选择 2B＋D 数字用户电路作为调度接口，该类型的数字接口可以通过音频电缆连接 4.5km 远的调度台，当调度交换机与调度台之间的距离超过 4.5km 或者两者之间没有音频电缆时，需要通过延伸的方式，通过 2M 传输将调度接口信号送到调度台上。

目前延伸的方式有 2 种：一是通过传输设备直接将调度接口延伸到远端；二是在远端配置哈理斯远端接入模块。

U 接口延伸：通过 1 对 U 接口转换器，将 2B＋D 的调度接口信号转换成 2M 信号，在对端将 2M 信号还原为 2B＋D 的信号，送到调度台上。调度专用数据通信适配器（DCAD）提供调度接口（2B＋D）和 E1 接口的转换，设备连接示意如图 4-10 所示。

图 4-10　调度接口延伸示意图

远端模块延伸：远端接入模块由近端模块（LM）和远端模块（RM）两部分组成，近端模块直接连接于 H20-20 主机的 PGA 电缆上，并通过 E1 接口连接远端模块，远端模块提供 H20-20 的标准端口机架，可以配置 H20-20 类型的用户板和 LS、EM 中继板。因此，通过远端模块延伸不但可以延伸调度数字接口，还可以延伸普通模拟接口，用于提供现场场地电话。远端接入模块拓扑结构示意如图 4-11 所示。

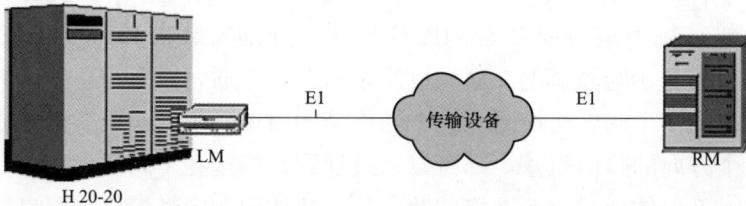

图 4-11　远端接入模块拓扑结构示意图

（3）调度台异地双机同组。调度台异机同组是指连接在不同调度交换机上的多个调度台可以定义在一个调度台组内。每个调度台组内的各成员共享调度信息，包括：

1）来话信息：主叫号码，占用电路号，呼叫类型等。

2）应答信息：成功应答来话的席位号码，及该来话的主叫号码等。

3）席位状态信息：缺席，通话及通话对象，保持及保持对象，会议及会议成员号码，回铃及回铃对象，拆线及拆线对象。

在同一调度台组内，由于各成员可以共享调度信息，在此基础上，系统可实现的调度台组功能包括：

1) 当调度台组收到任何来话时，组内各成员会同时响铃并进行来话显示。

2) 组内任何成员可以应答调度台组所收到的任何来话。

3) 任何成员可以显示组内其他任何成员的状态，例如：缺席，通话及通话对象，保持及保持对象，会议及会议成员号码，回铃及回铃对象，拆线及拆线对象。

（4）号码分配及拨号规则。电力调度交换网编号采用全网 9 位等位编号。局内用户采用 4 位编号，局内用户之间可以 4 位拨号。网内编号方式为 X1X2X3PQRSAB：X1 为调度交换网专用字冠；X2 为各个网局号码字冠；X3 为网局内各个省局号码字冠；PQ 为省所地区局号码字冠；RS 为地区站点号码；AB 为用户号码。

## 4.2.3　行政软交换组网方案

**1. 组网设备**

（1）思科系统组网设备。思科系统组网设备主要由呼叫处理器 CUCM、语音关守设备、语音数据承载网络平台构成。

1) 呼叫处理器 CUCM。CUCM 是思科软交换平台解决方案中强大的呼叫处理组件，是一个可扩展、可分布、高度可用的企业 IP 语音呼叫处理解决方案。CUCM 系统支持多种不同方式的分布式集群管理和控制，它能够集群多个 CUCM 服务器，并将其作为单一实体进行管理。在 IP 网络上集群多个呼叫处理服务器在业内堪称是一种独特的功能。CUCM 集群实现了每个集群 1～30000 部 IP 电话的可扩展性、负载均衡和呼叫处理服务冗余。通过互联多个集群，系统容量可以扩展至 100 多个站点系统 100 多万名用户。集群汇聚了多个分布式 CUCM 的功能，增强了服务器到电话、网关和应用的可扩展性和接入能力。三重呼叫处理服务器冗余功能改进了总体系统可用性。

CUCM 系统支持传统的语音终端和 IP 终端，如模拟电话、IP 硬电话、IP 软电话、H.323 终端、SIP 电话等。CUCM 软件将电话特性和应用扩展至分组电话网络设备，如 IP 电话、介质处理设备、IP 语音网关和多媒体应用。其他数据、语音和视频服务，如统一信息处理、多媒体会议、合作联络中心和互动多媒体响应系统，都可通过 CUCM 开放电话应用编程界面（API），与 IP 电话解决方案实现互动。CUCM 软件还可以通过增加软件组件，形成一整套集成语音应用和设施，包括 CUCM 接线员控制台、一种软件式的人工接线员控制台、一个软件式的临时会议应用、大规模管理工具（BAT）、CDR 分析和报告（CAR）工具、实时监控工具（RTMT），以及 CUCM 接线员应用。

2) 语音关守设备。在 H.323 的网络中，关守是提供呼叫控制功能的设备，其主要完成：地址翻译、电话号码到 IP 地址的转换；呼叫控制，通过带宽识别或呼叫认证进行呼叫的控制；带宽控制，对在呼叫过程中，端设备发出的要求带宽变化的请求进行控制；区域管理，通过以上功能，对所在区域（Zone）以及区域间的呼叫进行管理。

3) 语音数据承载网络平台。语音承载网络平台是整个软交换平台系统的基石，采用 Cisco7600 系列高性能路由器进行通信数据网组网。每台 Cisco7600 系列采用双 2500W 直流电源作为设备供电，并配置冗余 SUP720 引擎，保证系统稳定可靠运行。业务端口方面，每台核心 7600 都配置 1 块 WS-6148A-GE-TX 板卡，提供 48 个 10/100/1000M 自适应以太网电口；配置 1 块 WS-6724-SFP 板卡，提供 24 个 GE SFP 光纤接口。每个地市核心采用 GE 链路连接通信数据网 MSTP 骨干，并通过光纤直接接入楼层交换机。楼层采用 Cisco2960-PoE 交换机作为话机接入，每台接入交换机都提供 24 口 10/100M 以太网接口，每个端口都支持独立 15.4W 的在线供电。整个网络采用千兆骨干，百兆到终端的连接方式提供足够的带宽链路。语音数据承载网络结构图如图 4-12 所示。

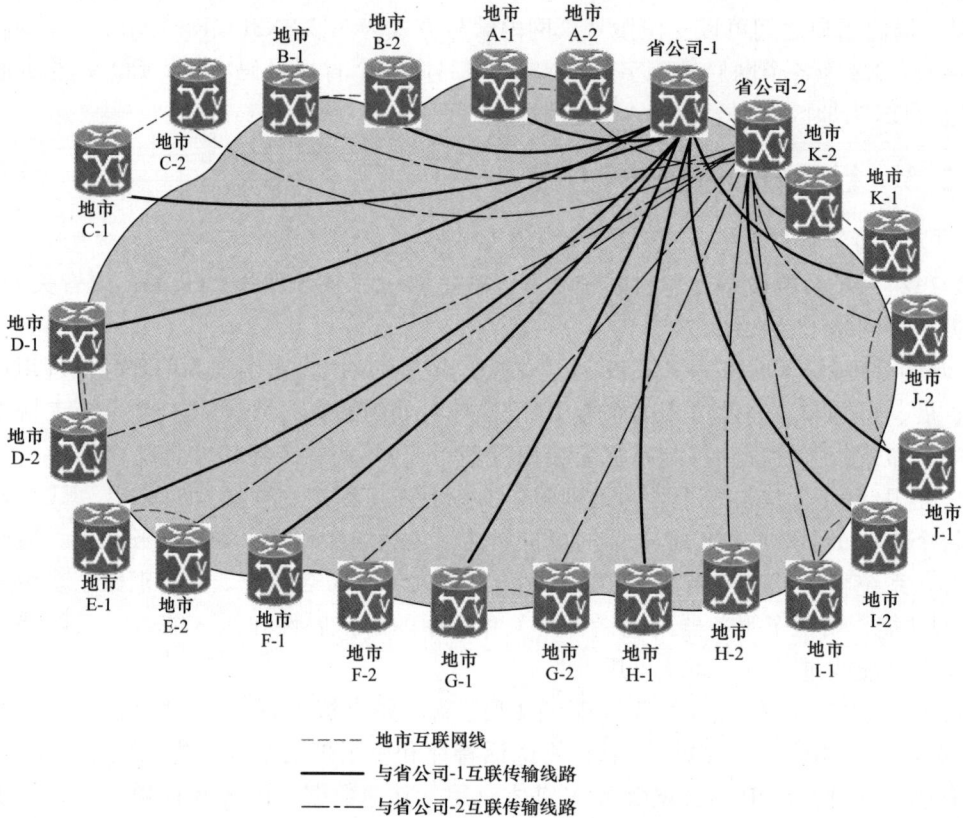

图 4-12　语音数据承载网络结构图

（2）中兴系统组网设备。通过使用中兴软交换接入网关 ZX SS10 A200/ZXMSG5200 或综合接入媒体网关 ZX SS10 M100/ZXMSG9000 等直接替换原端局 PSTN 设备，将原有端局下的用户全部割接到中兴软交换的接入网关或综合接入媒体网关上，该网关下的用户通过本地中继网关和信令网关实现与原有 PSTN 的互通。接入网关还是综合接入媒体网关取决于被替换端局下用户的接入方式。如果被替换端局下仅仅是纯窄带用户接入方式或同时有宽带用户的接入，可以采用中兴软交换接入网关 ZXSS10 A200/ZXMSG5200 对该端局进行替换；如果被替换端局下有窄带用户、宽带用户、接入网用户、远近端用户单元/模块的接入，可以采用 ZX SS10 M100/ZXMSG9000 对原端局进行替换。采用中兴软交换进行端局改造时，单个接入网关最大可以满足 80 万线用户的接入需求。满足运营商的本地网改的需求。中兴软交换系统拓扑结构如图 4-13 所示。

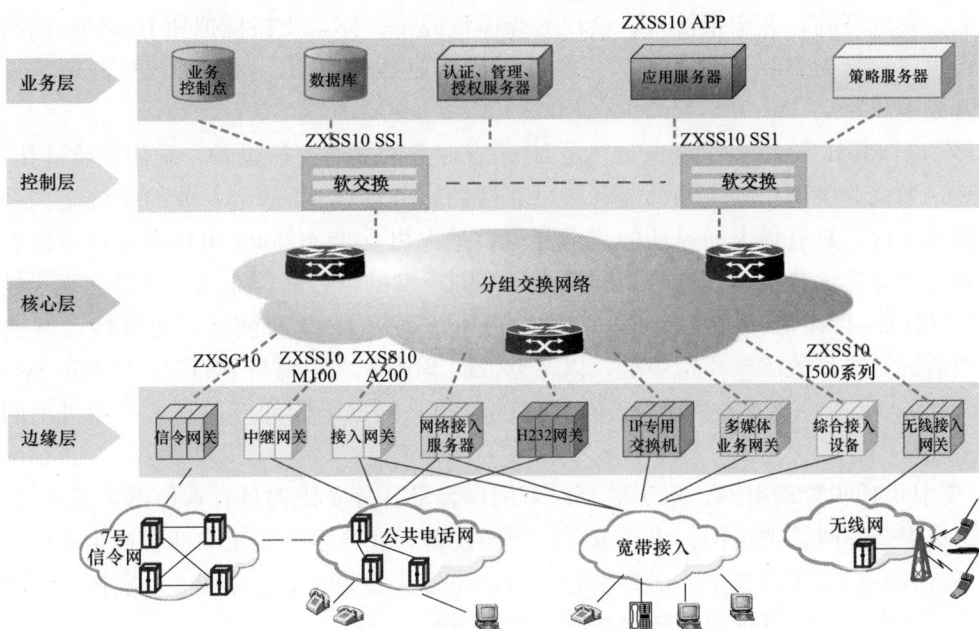

图 4-13   中兴软交换系统拓扑结构图

利用中兴通信软交换大容量综合接入媒体网关 ZXSS10 M100/ZXMSG9000 对汇接局进行改造，端局用户的数据管理和业务提供统一由 SoftSwitch 支持，降低了改造成本和工作量。端局用户由汇接局和软交换提供各类业务，逐步完成替换老机型端局的目标。

采用软交换固网优化改造，通过在汇接局放置媒体网关将端局用户的业务触发提升到汇接局，避免对端局的改造，同时用户可以使用软交换业务平台提供的各类智能业务和增值业务。PSTN 网络经过软交换进行网络优化后，原有端局无法提供的业务均可以由软交换业务系统提供，用户数据统一由 IHLR 进行管理，可以为用户提供混合放类业务，而且固网用户的业务触发方式可以采用签约触发，智能业务实现更方便。

软交换网络优化方案可以为传统的 PSTN、PHS、新建的软交换系统以及未来的 3G 网络同时提供各类新业务和增值业务。

一般来说，企业通信网络有 2 种建设方案：

1）运营商利用其公共网络，为企业用户提供通信解决方案，企业用户只使用，无需负责网络的建设与维护；

2）企业自己承建通信网络，并通过某种方式接入运营商的公共网络，与之互通。

当企业通信网络达到一定的规模与业务量，并且对网络有较高的安全性和保密性等特殊要求时，企业用户自建通信网络就成为一种经济的选择。

（3）华为系统组网设备。华为系统组网设备可满足企业移动化、视频化和协同办公的需求，最大可支持 40 万用户容量，融合语音、数据、视频和业务流等，实现任意终端在任意时间、地点安全快捷地接入系统，可满足各种用户规模的企业，在 IP 语音、群组沟通、协同会议、移动办公、业务流融合等方面的需求。

eSpace U1900 系列软交换设备是华为 IP 语音解决方案的交换设备，产品采用纯 SIP 软交换核心，集成度高，宽窄带接入、会议等媒体资源于一体，支持模拟和 IP 终端混合部署。单台最大用户容量为 100～20000，满足各种规模企业办公应用，可以有效提高通信效率和降低运营成本。

USM（Unified Session Manager）是 IP 语音业务的核心交换设备，采用纯软件化设计，集成度高，为企业级用户提供高性能和高可靠性的服务。USM 基于专业的系统架构和高可靠的软硬件平台，具有强大而灵活的组网能力，最大可支持 400000 用户容量，可以有效提高通信效率和降低运营成本，满足不同规模、不同类型的语音通信需求。产品实现了模拟话机和 IP 话机的混合组网：直接接入本地模拟话机；利用 IP 承载网络，通过接入网关 IAD 接入模拟话机，通过数字或模拟中继，以及宽带的 SIP 中继实现与 PSTN（Public Switched Telephone Network）或者专网语音交换设备的连接。根据不同的应用需求，通过不同的组网方式实现。

1）集中式呼叫管理组网。对于 2 万以下用户容量且分支机构具有本地再生需求的企业，可以采用集中式呼叫管理组网。中心节点软交换设备和业务服务器集中部署在企业机房，正常情况下所有的终端用户集中注册到中心节点。在分支部署分支节点网关，实现本地出局和本地再生。集中式呼叫管理组网结构如图 4-14 所示。

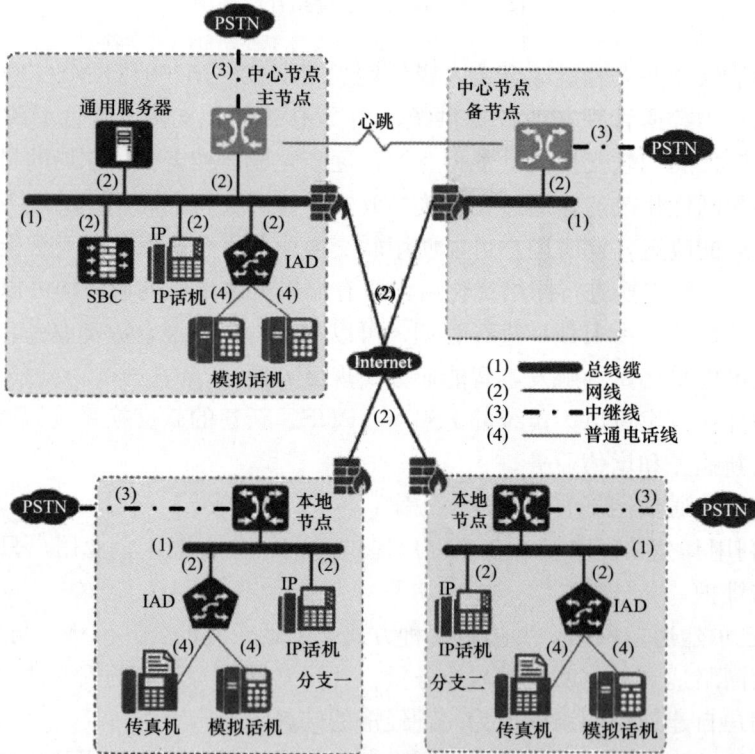

图 4-14　集中式呼叫管理组网结构

由图 4-14 可知，总部的软交换设备称为"中心节点"，中心节点支持双机主备功能，两台设备分别作为主节点和备节点。分支机构的软交换设备称为"本地节点"。中心节点和本地节点分别通过数字中继或模拟中继出局至 PSTN。中心节点和本地节点之间通过 SIP 中继互联，以心跳机制监控对端设备运行状态。中心节点和本地节点连接正常时：所有用户在中心节点上统一进行业务配置和管控；本地节点的 IP 话机直接注册到中心节点；本地节点 SIP 用户数据实时与中心节点同步；本地节点模拟用户通过本地节点代理注册到中心节点。中心节点和本地节点断连或中心节点设备故障时，本地节点模拟用户基本通话功能不受影响；本地节点上的 IP 话机注册到中心节点失败，自动切换 SIP 服务器为本地节点，本地节点 SIP 用户的基本通话功能不受影响。

2）分布式呼叫管理组网（对等方式）。对于 1 万～3 万用户容量的企业，可以采用对等方式的分布式呼叫管理组网。在 2 个或 3 个节点分别部署软交换设备，单独提供本节点的呼叫业务。各节点通过 SIP 中继互联，实现不同节点间的呼叫路由。分布式呼叫管理组网（对等方式）结构如图 4-15 所示。

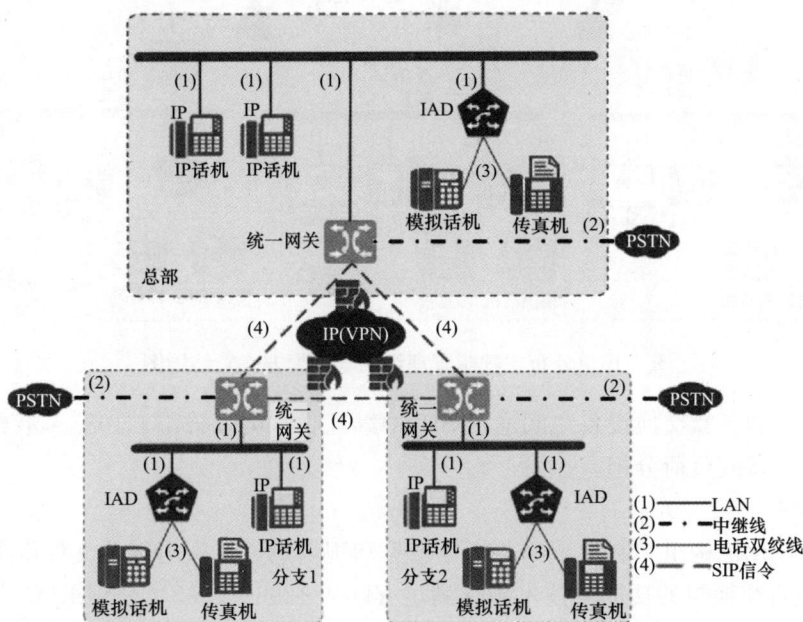

图 4-15　分布式呼叫管理组网（对等方式）结构图

由图 4-15 可知，软交换设备部署在每个节点，负责本节点下的用户注册、局内呼叫和本地 PSTN 呼叫。软交换设备之间通过 SIP 中继互联，实现不同节点间的呼叫路由。各节点下的 IP 话机、话务台 SIP 用户、eSpace IAD 代理的模拟话机和传真机都注册到本节点的软交换设备。各节点的软交换设备，可以通过 PRA、SS7、QSIG、R2、BRI、AT0 等中继连接 PSTN，实现本地出局。

3）分布式呼叫管理组网（汇聚方式）。对于 3 万以上用户容量的企业，可以采用四个及以上软交换设备汇聚方式的分布式呼叫管理组网，其组网结构如图 4-16 所示。

由图 4-16 可知，软交换设备部署在每个节点，负责本节点下的用户注册、局内呼叫和本地 PSTN 呼叫。各节点下的 IP 话机、话务台 SIP 用户、IAD 代理的模拟话机和传真机都注册到本节点的软交换设备。各节点的软交换设备可以通过 PRA、SS7、QSIG、R2、BRI、AT0 等中继连接 PSTN，实现本地出局。汇聚网关提供节点间呼叫路由功能。各汇聚网关

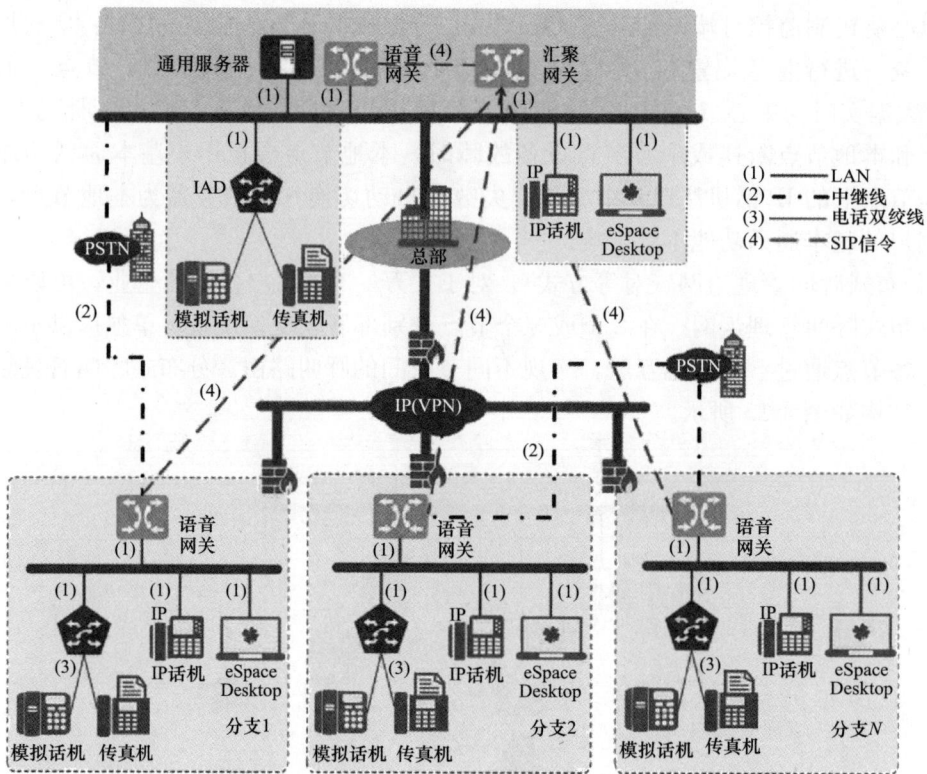

图 4-16　分布式呼叫管理组网（汇聚方式）结构图

之间、汇聚网关和各软交换设备之间通过 SIP 中继互联，可以采用 U1981。汇聚网关可以多台部署，实现主备或负荷分担。

**2.** 组网规范

软交换国际化机构组织制定了相关指导意见和规划意见，列出部分文件供参考：

（1）IP 语音交换机的功能及技术指标满足 YD/T 1296—2003《公用 IP 语言交换机设备技术要求》要求；

（2）IP 电话系统接入电力交换电话网时，宜采用中国 No. 7 信令方式，其信令网关设备及信令互通应满足 YD/T 1127—2001《No. 7 信令与 IP 互通的技术要求》和 YD/T 1203—2002《No. 7 信令与 IP 的信令网关设备技术规范》要求；

（3）2048kbit/s 接口，其物理/电气参数特性应符合 GB/T 7611—2016《数字网系列比特率电接口特性》的要求，帧结构应符合 ITU-TG. 704 的要求；

（4）2048kHz 接口，其接口物理/电气参数特性应符合 GB/T 7611—2016《数字网系列比特率电接口特性》的要求；

（5）计费信息的内容应符合 YD/T 1176—2002《公用电信计费的基本技术要求》中的相关规定。

**3.** 组网方案

以某省电力公司软交换系统为例，采用思科设备组网，包含呼叫处理器、语音网关、高级路由器和 PoE 接入网关等多种设备。全网通过 MPLS VPN 技术进行网络互联互通。针对软交换平台，通过 MPLS VPN 开通一个专用 VPN 给语音业务，使用 LLQ（Low Latency Queuing，低时延队列）、CBWFQ（Class-Based Weighted Fair Queuing，基于类的加权公平队列）等 QOS 保障机制，对语音数据包进行识别，并通过对语音包进行等级标记，优先机级分类，并分配以预定的保障带宽与传输优先级。

各个地市布置 1 台 GK，单独作为省电力公司的反射器，电话业务通过两条链路与全网互联（IP 网络和程控交换机双链路），保证网络的安全性。省电力公司电话通过 EWSD 程控交换机与运营商互联，而与省公司内部通话时具有双出局链路，可通过软交换系统与任意地市通信，也可通过程控交换机连接任意地市。

全网采用 DAI 技术（Dynamic ARP Inspect，动态 ARP 技术），对所有话机以及网络内服务器群进行动态 ARP 检测，防止 ARP 等网络攻击行为的出现。针对跨办公网络的话机接入，采用 phone proxy 等安全技术，提供话机的安全接入。省公司软交换系统拓扑结构如图 4-17 所示。

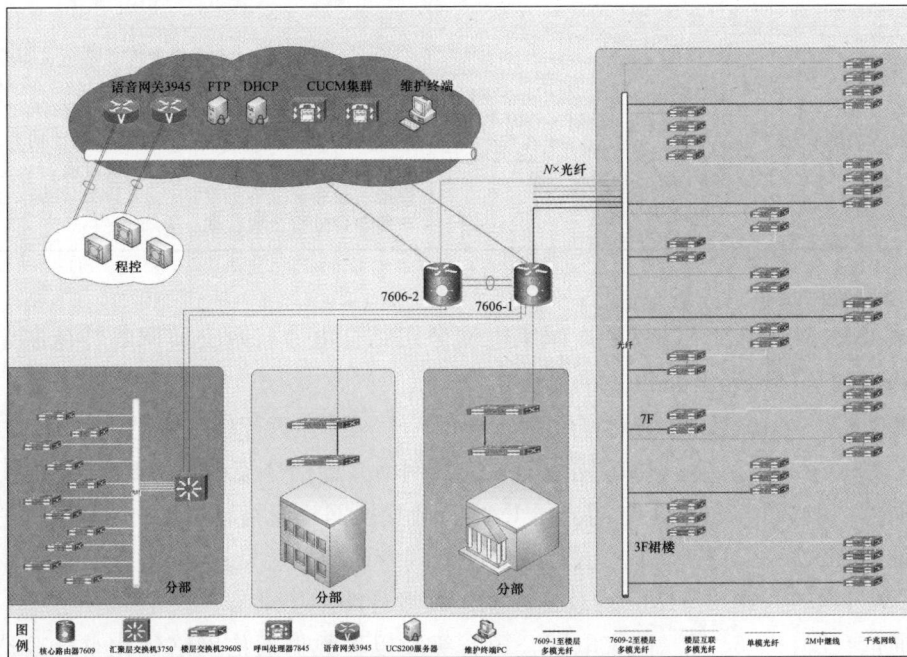

图 4-17　省级电力公司软交换系统拓扑结构图

## 4.2.4　行政 IMS 组网方案

**1.** 组网设备

随着 IMS 技术的不断发展，国内各知名厂家也不断研发、生产相关设备，目前使用度比较高品牌有华为、中兴和哈里斯等，现简要介绍一下华为品牌常用的接入设备参数，见表 4-2。

表 4-2                                              华为接入设备参数表

| 序号 | 设备名称 | 配置要求 | | 设备描述 |
|------|----------|----------|----------|----------|
| | | 自带用户（线） | 中继（E1） | |
| 1 | IM-MGW<br>（IP 多媒体网关） | | 126 | UMG8900 处理能力为 40 万 BHCA。支持双归属，框内包含管理板、电源板、业务处理板块 1＋1 备份。2 块 E1 中继接口板，每块接口单板容量为 63E1，126 路 E1 中继，支持 No.7、PRI 信令、Q 信令 |
| 2 | AG<br>（模拟网关） | 1000 | | HONETUA5000 综合接入，1 个主框，1 个从框，主控、电源双配，配置 1024 路用户线，支持 SIP＼H.248，含配套机柜 |
| 3 | IAD<br>（综合接入设备） | 224 | | eSpaceIAD1224，含 1 个 IAD1224 主机及 7 块模拟用户接口板（32FXS，含 10m 用户电缆） |
| 4 | SIP 终端 | 高档（提供视频通话功能） | | eSpace8950，8 英寸，1280×800 分辨率，IPS 多点触摸屏；2 个 GE 口，10/100/1000M 网口自适应，可配置 VLAN；2 个 USB2.0 接口；遵循 HDMI1.4 标准接口；电源输入：交流 100～240V，输出：直流 12V/2A |
| 5 | 接入层网管 | 地市层设备，负责用户放号以及接入层设备和 IM-MGW 管理、操作、维护等工作，具备分权分域功能，实现属地化运维 | | eSight 网管，RH5885 作为核心网网管服务器，4×E7-4820V2CPU，8 × 8GB 内存，3 × 2TSATA 盘，DVDRW，8×GE，SR420BC-1GB＋BBU，2×2000W 电源，滑道硬件、软件（具备话务统计功能、开放北向接口）、技术资料；具备北向接口能力，支持告警、性能、设备配置等信息的上传 TMS 系统，并可实现二级单位分权分域管理 |

**2.** 组网规范

近年来 IMS 网络建设飞速发展，国家电网公司结合电力行政交换网的特色制定了相关指导意见和规划意见，列出部分文件供参考：

YD/T 5185—2010《IP 多媒体子系统（IMS）工程设计暂行规定》；

YD/T 2290—2011《统一 IMS 网络与软交换网络互通信令流程技术要求》；

信通通信〔2015〕7 号国家电网公司 IMS 行政交换网建设指导意见；

信通计划〔2015〕31 号"十三五"通信网规划专业指导意见；

Q/GDW 11439—2015《IMS 行政交换网工程设计深度要求》；

信通通信〔2014〕54 号《国家电网公司省级及以下数据通信网络优化整合改造实施总体工作要求》；

Q/GDW 11395.1—2015《IMS 行政交换网系统规范　第 1 部分：总体技术要求》；

Q/GDW 11395.2—2015《IMS 行政交换网系统规范　第 2 部分：互联互通要求》。

**3.** 组网方案

以某省电力公司 IMS 网络建设方案为例。省汇接局建设核心汇聚设备，在互通层面，省公司部署的 IM-MGW 替代 C3 汇接局。地市公司部署的 IM-MGW 替代 C4 汇接局。

（1）核心层组网方案。在省公司和省调备调分别部署 2 台 IMS CE 设备，采用口字形上联 2 台省 PE 设备，IMS CE 与省 PE 之间部署动态路由协议 OSPF。IMS CE 设备保护采用 VRRP（Virtual Routen Redundancy Protocol，虚拟路由冗余协议）＋BFD（Bidinectional

Forwarding Detection，双向转检测）的技术实现 50ms 切换。ZMS 核心层网络组织图如图 4-18 所示。

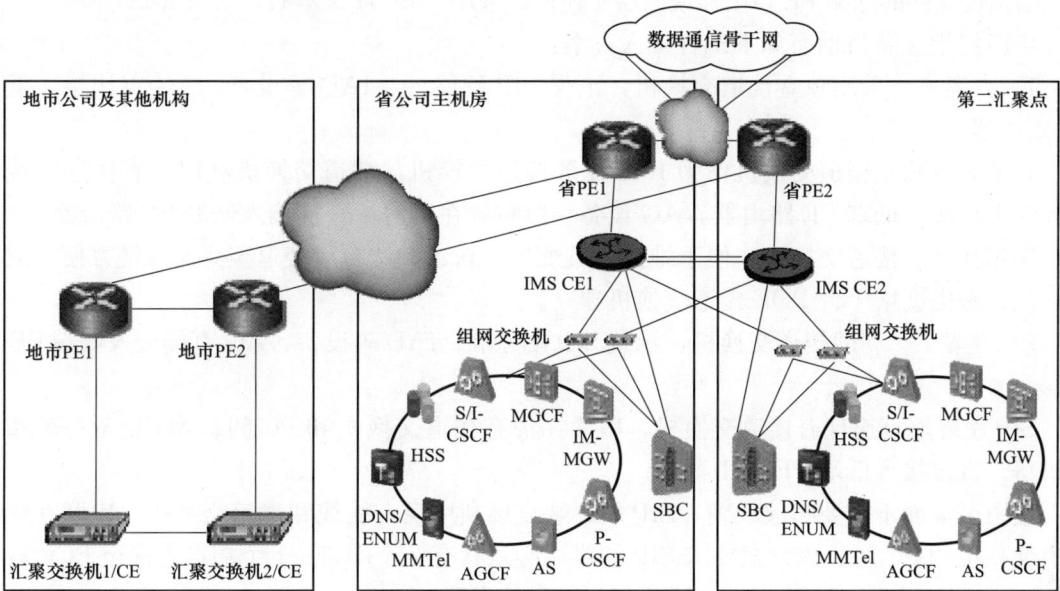

图 4-18　IMS 核心层网络组织图

由图 4-18 所知，IMS 核心网、业务网的各网元直接接到省公司和省调备调的 IMS CE1/2，通过 IMS VPN 实现 IMS 信令流、媒体流的承载以及网元间、核心网和业务网络间的互通和访问。每套 IMS 系统配置 2 台组网交换机，1 台组网交换机汇聚所有 IMS 设备的主用端口，另 1 台组网交换机汇聚所有 IMS 设备的备用端口。IMS 设备经过 IMS 组网交换机汇聚后，分别采用 GE 链路上行 2 台 IMS CE 设备。当 CE1 整机重启或断电时，通过 VRRP 协议，CE2 被选为 Master，同时核心网设备通过 BFD 协议能够快速感知到 CE1 设备故障，从 IMS—CE1 快速切换到 IMS—CE2 链路。

省公司 IMS CE 与省调备调 IMS CE 设备之间需新增 2 条不同路由的 GE 物理链路，采用 Eth-trunk 将 2 条物理链路捆绑成 1 条逻辑链路，配置为二层端口。IMS CE 之间互联链路作用如下：

1）CE 设备的 VRRP 心跳报文的传输。CE 设备采用 VRRP 协议实现冗余保护，CE 下联核心网设备端口以及主备 CE 互联端口均配置为二层端口，CE 互联端口配置为 TRUNK，透传所有信令、媒体 VLAN。VRRP 协议配置在 LANIF 逻辑接口上，VRRP 心跳报文通过主备 CE 之间的互联链路透传。

2）SBC 的 VRRP 心跳报文的传输。SBC 设备采用 VRRP 协议实现冗余保护，VRRP 协议直接配置在主备 SBC 与 CE 互联的物理端口上，心跳报文通过 CE 互联链路透传。

3）IMS 设备与 CE 之间链路的保护。链路正常时，流量直接由 IMS 至 CE1，当 IMS 至 CE1 的链路断开，数据路由变为 IMS-CE2-CE1，从而对 IMS 设备与 CE 之间的链路进行了保护。

2 台 IMS CE 设备之间需要部署 2 条跨局链路，组网交换机至异局址 IMS CE 需要部署

2 条跨局链路，共需新增 4 条跨局链路，可采取裸光纤或者传输链路。

（2）接入层组网方案。IMS 终端设备可以分为 SIP 硬终端、AG 以及 IAD 设备，通过地市数据通信接入网的低端 PE 路由器或三层交换机，采用 IMS VPN 承载，接入 IMS 网络。

IMS 终端设备目前有如下三种接入方案：

1）方案一：采用独立楼道交换机，汇聚 SIP 硬终端、IAD 等设备，AG 直接接入低端 PE 路由器。

新增 1 台独立楼道交换机作为 IMS 业务楼道交换机，楼道交换机利用现有楼层间线缆资源双上行接入低端 PE 路由器。AG 设备一般布置在机房，直接接入低端 PE 路由器。

采用独立的楼道交换机，便于维护人员维护。新建大楼布放楼道至桌面线缆方便、成本低，优先考虑新增 1 台 POE 楼道交换机独立。

2）方案二：利旧楼道交换机，承载 SIP 硬终端、IAD 等设备，AG 直接接入低端 PE 路由器。

SIP 硬终端直连现有楼道交换机，串联在现有楼道交换机和 PC 间。AG 设备一般布置在机房，直接接入低端 PE 路由器。

楼道至桌面不需要布放线缆，SIP 硬终端直接利用现有线缆和楼道交换机，串联在现有楼道交换机和 PC 间。该方案要求 SIP 硬终端必须具有 2 个端口：1 个端口连接至 PC，称为 LAN 口；另 1 个端口上连现有楼道交换机，称为上联口。

3）方案三：利用信息内网承载 SIP 硬终端、IAD 等设备，接入侧直接采用信息 VPN，在 SBC 侧打通信息 VPN 与 IMS VPN，实现 IMS 业务的承载。

SIP 终端直接接入现有楼道交换机，采用信息 VPN 承载，通过 SBC 实现信息 VPN 与 IMS VPN 的互通。接入侧不再为 IMS 业务设定 VPN，同时不再为 IMS 业务增加任何交换机设备，投资最少。信息 VPN 与 IMS VPN 路由完全隔离，相互不影响。SBC 具备高安全防范和控制能力，使用 SBC 设备作为接入侧设备的代理设备，实现接入侧设备的安全接入。但是 IMS 业务与信息业务承载在同一 VPN 上——信息 VPN，无法实现不同业务的不同 QoS 保障，且 VPN 路由表里面同时具有 IMS 业务路由和信息业务路由，不便于维护。

对比以上 3 种方案，IMS 终端接入最终采用如下方案：

（1）新建大楼布放楼道至桌面线缆方便或楼道至桌面有多余线缆，优先采用方案一新建独立楼道交换机；

（2）楼道至桌面无多余线缆，且布放线缆难度大、成本高，优先采用方案三接入信息内网。

# 4.3 故 障 案 例

## 4.3.1 行政程控交换故障案例

［案例 4-1］ 西门子 EWSD 程控交换机的数字远端模块 RDLU 的用户做主叫或被叫时，通话双方互相听不到对方说话，即单向通话现象。

检查用户 DLU（数字电路用户单元）的状态两侧都是正常的，问题多在于两个属性为

EXTDLU（扩展的数字电路单元）的 2M，其 PCM 线接成了鸳鸯线，正确接线时交换机的电缆的收端地线要与 PCM 设备的发端地线相连，交换机的发端地线要与 PCM 设备的收端地线相连。如果交换机的电缆的收端地线接到了 PCM 设备的收端地线，或交换机的发端地线与 PCM 的发端地线相连，就会出现上述情况。

如何确定连接错误的 2M，可以用命令把 DLU（数字电路用户单元）的一侧 MBL（维护性闭塞），如果此时发起的呼叫仍然有这种单通的现象，那么问题最可能出在这侧的 EXTDLU（扩展的数字电路单元）上 DDF 把该 2M 的线断开了，此时所有的呼叫都经过 CCSDLU（带信令的数字电路单元）的 2M，应当不再出现上述现象。

[案例 4-2]　西门子 EWSD 程控交换机的中继板 LTG 出现 UNA（不可用）告警。

中继链路板 LTG 是被中央单元 CP 实时监视的，如果硬件故障，中继链路板 LTG 状态变为 UNA（不可用状态），最好先检查电源，如有电则断电再打开，用命令 CONFLTG 到 MBL（维护性闭塞）并诊断中继板，排除故障最简单的办法就是与正常运行的 LTG 对换。如果不是模块硬件的问题，那么就有可能是机框后背板故障。但是中继板 LTG 后背板的故障并不多见，也可以与其他中继板 LTG 对换到上级单元网络交换 TSG0/1 的电缆，注意一个重要的概念，这个中继板 LTG 是多少号取决于它所连到交换网络单元 TSG 后面的电缆位置，当改变电缆与 TSG 连接位置后这个中继板 LTG 的号码已改变，尽管它的模块没有改变，排除故障时这也是一种定位故障的方法。

[案例 4-3]　西门子 EWSD 程控交换机的数字远端模块的 DLUC 状态为 DST（降级服务状态，不能正常通信）。

用户模块 DLUC0 和 C1 一侧或两侧 DST 是远端用户模块 RDLU 最为常见的问题，而最大的可能性是 PCM 的连接不正确或 PCM 故障。

可以在主局机房的 DDF 上，对中继板 LTG 自环，即把这个 2M 电缆的收（信号）线与发（信号）线相连，收（地）线与发（地）线相连，在这样的情况下，用命令 STATDIU：LTG＝a－b；看 DIU＝0 或 1 显示的 PCM 的状态是 ACT，刚正常。

下一步在远端用户模块 RDLU 机房的 DDF 上对中继板 LTG 自环，用命令 STATDIU 检查数字接口单元 DIU 的 PCM 是否为 ACT（正常激活运行状态），如果不是 ACT，那么问题出在 PCM 没有接对、接好或设备故障。

如果在主局的 DDF 上对中继板 LTG 自环，PCM 的状态不是激活状态 ACT，那么应当把电缆从中继板 LTG 后背板上拔掉，用万用表检查收、发信号线是否导通，是否与地短路，如果不是电缆的问题，那么应当换 LTG 的模块，如果问题依然存在，应当把这根电缆插到另一个中继板 LTG 的后面，再同样自环，如果是 PCM 可以激活正常工作状态 ACT，那么肯定是后背板的故障。

如果在主局机房的 DDF 上对中继板 LTG 自环，PCM 是正常工作状态 ACT，在远端模块 RDLU 机房的 DDF 上对中继板 LTG 自环，PCM 也是 ACT，那么问题可能出在 DDF 到用户模块 DLU 的电缆上、DLU 控制模块、电源模块及状态或 DLU 的后背板。

[案例 4-4]　西门子 EWSD 程控交换机的模拟用户没有拨号音。

检查用户模块 DLU，DLUMOD，DLUPORT 单元的状态：TESTDLULC；检查中继板 LTG 中 16 个 CRPC（收号器）是否建全：全部在 ACT 激活状态；在用户配线架 MDF

的水平端子板上听拨号音，如有刚确定是外线故障；如果是远端用户模块 RDLU 用户，用命令 DISPPCMAC 检测 EWSD 侧的传输质量；如果是忙时，则当时 120 条话路通道都被占用，那么过了忙时就会有拨号音。

## 4.3.2 调度程控交换故障案例

[案例 4-5] 用户反应某调度台（组）经常有振铃，但电话无法接通，也不显示来电号码，如果不接电话，铃响几声后就停了。问题经常出现，并且无规律。

（1）故障分析：根据上述故障现象，问题可能发生在以下 4 个方面：

1）直通电话，如果在该调度台（组）下有直通热线电话，并且某一个电话因线路绝缘不良，产生瞬间短路，相当于该电话取机，直通到调度台，从而向该调度台振铃；

2）交换机调度接口板故障，如果与该调度台连接的调度接口板损坏，造成调度接口板向调度台发送振铃信号，调度台响铃；

3）调度交换机软件故障，调度交换机软件出现混乱或者有 BUG 时，调度交换机向调度台发送误振铃信号，调度台产生振铃；

4）调度台本身故障，调度台要产生振铃音，首先是调度交换机发生给调度台振铃信号，调度台收到振铃信号后，将该信号转换成振铃音，如果调度台自身发生故障，调度台也将产生误振铃信号。

（2）处理方法。

1）检查调度交换机数据，查看是否有直通电话指向该调度台（组），如果有，可以通过查看该调度台的呼叫记录（CDR）查找来电号码。经查找，该调度台上没有直通电话，排除直通电话短路问题。

2）拔插或者更换调度接口板，更换与该调度台相连的调度接口板，故障仍存在，说明误振铃故障不是调度接口板引起的。

3）倒换调度交换机公共控制部分主、备用系统，系统倒换后，调度交换机将清理暂存的数据并对所有端口重新扫描，如果调度交换机的数据或系统软件有混乱而产生误振铃，将会被处理，本次故障倒换系统后，故障未消除，从而排除故障是由调度交换机引起的。

4）调看调度交换机的呼叫详细记录：

CDR…? display

从 CDR 话单上看，出现大量如下话单：

```
RECORD NUMBER:       1      TIME STAMP: 14-DEC-2016  16:37

Start Date   12/14/2016 | Answer Date            | End Date    12/14/2016
Start Time     16:37:11 | Answer Time            | End Time      16:37:17

Caller Station        5975    | Selected Trunk Group
Caller Circuit     02-04-02   | Selected Circuit
Caller COS            15      | Selected COS
Caller Routing Class   1      | Selected Routing Class
Caller Switch ID     000      | Selected Route Pattern
Caller ANI                    | Selected Facility
Record Audit                  | Call Type     ONE LINE
Conference Audit              | Call Status   DIALING
Access Code                   | Queue Status  NULL QUEUE
Code Validation      -----    | Queue Time

Dialed Number
Authorization Code                      R2 Status          0
Account Code
```

且该类型话单的 end time 和 anwser time 都是 1 或 2，甚至是 0，主叫都是该调度台的手柄号，没有被叫号码和电路号，所以，故障点一般出在调度台本身。因调度台里面的话机芯片出现故障，但又没有完全损坏，处于时好时坏的临界状态，最终导致上述故障现象发生。

更换该调度台后，调度电话正常，故障排除。

[案例 4-6]　省调调度台左手柄拨打某电厂（电厂 C）调度电话不通，省调右手柄拨打该电厂调度电话正常，电厂 C 拨打省调调度电话不通。

（1）故障分析：省调与该电厂 C 调度电话网络拓扑图如图 4-19 所示，省调拨打电厂 C 的调度电话有 2 个路由方向，省调左手柄发起呼叫时，首先通过省调 A 交换机到电厂 A，通过电厂 A 汇接到电厂 C。省调右手柄首先通过省调 B 交换机到达地区局，通过地区局汇接后再到电厂 B，最后送往电厂 C；电厂 C 呼出电话，第 1 路由是到电厂 A，通过电厂 A 汇接到省调 A。

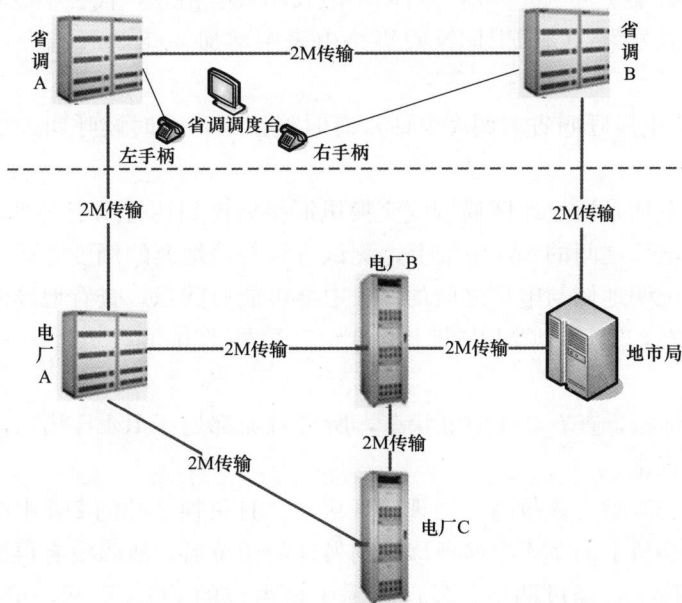

图 4-19　省调与该电厂 C 调度电话网络拓扑图

测试省调 A 调度交换机与电厂 A 调度交换机之间的 2M 中继电路状态，结果显示电路状态正常。测试电厂 A 与电厂 C 之间的 2M 中继电路状态，发现 2M 退出服务，因此故障点在电厂 A 与电厂 C 之间的 2M 中继上。

（2）处理方法：拔插电厂 A 与电厂 C 之间 2M 中继板，调度电话恢复正常。由于电厂 C 与电厂 A、B 之间的迂回数据没有做，当电厂 A 与电厂 C 之间 2M 发生故障时，无法通过路由迂回从电厂 B 进行呼叫，所以，造成省调度某一手柄与电厂 C 之间的呼叫不正常，电厂 C 也由于首先接至电厂 A，电厂 A 与电厂 C 之间 2M 中断时，无法呼叫省调。

[案例 4-7]　某 1 调度台（组）的左、右手柄分别连接在调度交换机 A 和调度交换机 B 上，当调度电话在交换机 A 落地时，调度台左、右手柄都能接起电话，当调度电话在交换机 B 落地时，调度右手柄能接电话，左手柄接不起电话。

调度电话呼叫调度台（组）通常是拨打调度台的组号，当某一手柄接听电话时，是通过直接代答或者跨机代答完成的，每一台调度交换机数据中分配给一组调度台一个组号，当呼叫调度交换机 A 时，如果是本调度交换机的手柄接电话，通过发送直接代答码接听电话，如果是调度交换机 B 的手柄接电话时，通过 2M 中继发送跨局代答码接听电话。上述故障中，当电话在交换机 A 落地时，调度台的左、右手柄接听电话正常，说明 A 交换机的左手柄和 B 交换机的右手柄发送的代答码都正常，当电话在 B 交换机落地时，右手柄能接听电话，说明右手柄发送的直接代答码和跨机代答码都正常，左手柄接不起电话，说明左手柄发送的跨机代答码送不到交换机 B 上。

当调度电话在交换机 B 落地时，左手柄要接该电话，实际上是发起代答呼叫，左手柄将发送代答码 * 88 38XX 送到交换机 B 上。检查调度交换机 B 的数据时，发现 2M 中继呼入的收集路由表（COL）CR-PRI-IN 中缺少 1 条指令 * 88 38X，调度台左手柄需要代答右手柄的呼叫时，无法收集字符 * 88 38X，所以不能发出代答指令，代答不成功。

处理方法：在表号为：CR-PRI-IN 收集路由表中增加 * 88 38X 指令，经测试，调度台代答正常。

[案例 4-8]　某电厂呼叫省调调度电话，有时候正常，有时候呼叫失败，省调呼叫该电厂时，情况一样。

该电厂的调度电话是通过地区局调度交换机汇接后再到达省调交换机，问题可能出在省调与地调、地调与电厂之间的 2M 中继上，测试省调与该地调的调度电话，省调与该地调的调度电话都正常，说明地调与电厂之间的 2M 中继可能有问题。查看地调调度交换机与电厂之间的 2M 中继状态，发现该 2M 中继上有 3 个时隙处于 being　restarted 状态，其余时隙处于 IDLE 状态。

拔插该 2M 中继板，查看 2M 中继状态，所有时隙都处于 IDLE 状态，测试调度电话使用情况，调度电话正常。

通过近半个月的观察，该故障又出现过 3 次，并且更换 2 端的 2M 中继板，故障仍然出现，将地调调度交换机上的 2M 中继板移动到另外的槽位后，故障没有再出现，说明故障点在调度交换机的槽位上，经过测试，发现故障由该由位的 PGA 引起，更换该 PAG 板，问题最终解决。

### 4.3.3　软交换故障案例

[案例 4-9]　某站点核心设备电源故障处理。

缺陷现象：在网管日常巡检过程中发现某站点软交换核心设备 Cisco 6506 设备电源模块失效。Cisco 6506 的另一路电源模块正常工作，所以暂不影响该设备运行，该站点 IP 话机业务也暂不受影响。故障现象如图 4-20 所示。

诊断分析：经现场查看，电源模块的 INPUT 告警灯亮，FAN 灯熄灭。前期已更换新的电源模块，告警灯依然常亮，判断为设备机框硬件故障，需要更换机框完成本次消缺工作。

由于故障消缺期间站点各单位基于软交换平台上的 IP 电话无法使用，故特申请在非工作时间完成此次消缺工作。

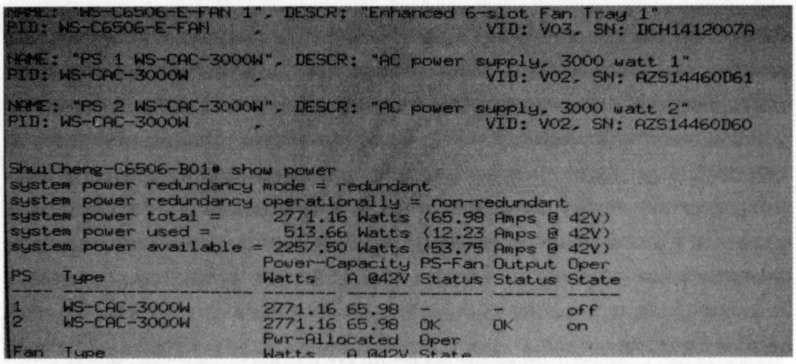

图 4-20 故障现象图

故障处理：

（1）网管远程登录 Cisco 6506 设备保存配置并备份配置信息及相关端口信息；

（2）现场再次确认板卡信息、模块与光纤的标签信息，现场再次备份 Cisco 6506 配置；

（3）设备断电，拔出双引擎和 48 口电口模块，更换机框；

（4）插入引擎和电源模块，设备加电，查看硬件状态、配置信息和路由状态；

（5）将配置文件导入设备；

（6）网管系统中查看该站点 IP 话机状态信息，部分 Hub 接入话机需工作日手动重启。

[案例 4-10] 思科 7975 话机初始只显示英文处理报告。

缺陷现象：思科 7975 话机初次安装后，界面是英文状态，话机上无法改成中文。

诊断分析：思科 7975 话机在初次安装后没有中文选项，并在话机上无法设置成中文。经过故障缺陷分析，思科 7975 话机的 SCCP75.8-2-1 版本存在 bug，在 CUCM 上打了中文补丁后，仍无法使用中文。推荐思科的 7975 话机使用 SCCP75.9-2-1S 或更高版本。

故障处理：

（1）官网下载 7975 话机的 SCCP75.8-4-3、SCCP75.9-2-1S 镜像，存入 TFTP 服务器中。

（2）上传 TFTP 的软件镜像。

（3）应用镜像信息。

[案例 4-11] 软交换 IP 地址池容量不足的缺陷的处理。

缺陷现象：某公司使用 20.2.11.0/24 网段的 IP 地址，一～三楼使用 20.2.11.0/25 网段的 IP 地址，四～五楼使用 20.2.11.128/25 网段的 IP 地址，随着该公司 IP 电话使用数目的增加，目前只剩下 11 个可用的 IP 地址。

诊断分析：由于省公司 DHCP 服务器分配给该公司的 IP 已基本用尽，所以需要新建地址池来满足该公司日益增长 IP 话机需求。

故障处理：

（1）该公司的 DHCP 服务器需新建 2 个地址池：一～二楼使用 20.2.10.0/25 网段的 IP，三～五楼使用 20.2.10.128/25 网段的 IP。在楼层交换机和汇聚交换机上新增 2 个 VLAN，一～二楼 CISCO 2960 剩余的交换机端口使用 VLAN557，三～五楼 CISCO 2960 剩余的端口使用 VLAN 556。

（2）将该公司原先使用一～二楼的 IP 地址都转移到 20.2.11.0/24 中，新建 1 个新的 IP

地址池 20.2.10.0/24，将三～五楼的 IP 地址都转移到此网段中，并将路由器的配置做出相应修改。

使用方法（1）的优点在于，在方案实施过程中对现有的话机使用无影响，工作量较小，但是日后的维护工作量较大。使用方法（2）的优点在于，虽然工作量较大，实施过程中可能对用户的日常工作带来影响，但是会减轻日后的网管维护工作量。

### 4.3.4　IMS 故障案例

[**案例 4-12**]　某台 eSpace 话机通话过程中偶尔出现语音中断现象。

故障现象：某安装点 eSpace 话机在接入测试时，会在通话时不定时出现语音中断/视频定格的现象。

诊断分析：通话中出现媒体中断现象是因网络中出现丢包，问题可能出现在网络环境或者话机配置问题。

故障处理：在终端接入的 SBC 及终端分别 ping 对方地址，发现媒体中断时终端所在网络产生丢包。在交换机进行监控，发现网络中出现异常大流量 Arp 报文时，网络丢包同时话机的网口有 down/up 的动作。在终端侧对话机网口进行抓包，发现丢包时异常 Arp 报文超过 100 包/70ms，而话机程序设置有针对异常 Arp 报文的阈值是 100 包/70ms，因此话机网口产生重启导致丢包影响通话。

在实验室针对异常 Arp 报文流量进行测试，调整阈值至 1000 包/100ms 时，不影响话机的正常使用。使用新版本升级话机工作正常使用。

[**案例 4-13**]　部分呼叫前转场景的主叫号码显示异常。

故障现象：公网用户（A）呼叫 IMS 下用户（B），呼转到公网用户（C）时，公网用户（C）的来电显示号码不正常。

诊断分析：IMS 域内用户的前转正常，在 IMS 出局的前转场景中出现问题，问题应出在 UAC 配置，或对端中兴交换机的配置。

故障处理：跟踪 UAC 出局的 PRA 信令，所送信令中主叫为正常的公网号码。请维护人员协助跟踪，交换机在出局到公网信令在主叫前插 6341，导致主叫异常。运维人员对出局到公网的主叫进行分析，如果是 4 位国网号码，前插 6341 前缀，如果主叫为 8 位号码，则不前插前缀。

[**案例 4-14**]　用户的语音通知为英文。

故障现象：用户在需要放音的场景（如用户忙、业务登记）时听到的语音提示为英文。

诊断分析：放音是由 ATS 向 MRFC 通知所需的语音 ID，由 MRFC 控制 MRFP 播放相应的语音问题，因此为英文 ATS 或 MRFC 配置问题。

故障处理：检查 ATS 的放音配置数据（LST MRFVARCFG），英文设置为第一语音。修改放音配置第一语音为中文（MOD MRFVARCFG：LDN＝0，LKIND1＝CHI;）。

第5章

# 会 议 电 视 系 统

本章介绍会议电视系统技术、典型应用，以及典型案例分析。

# 5.1 会 议 电 视 系 统 技 术

## 5.1.1 会议电视系统概述

会议电视系统是一种以传送视觉信息为主的会议方式的多方通信。电视会议是用电视和电话在两个或多个地点的用户之间举行会议，实时传送声音、图像的通信方式，它同时还可以附加静止图像、文件、传真等信号的传送。参加电视会议的人，可以通过电视发表意见，同时观察对方的形象、动作、表情等，并能出示实物、图纸、文件等实拍的电视图像或者显示在黑板、白板上写的字和画的图，使在不同地点参加会议的人感到如同和对方进行"面对面"的交谈，在效果上可以代替现场举行的会议。目前主要应用，如政府会议、商务谈判、紧急救援、作战指挥、银行贷款、远程教育、远程医疗，网上培训等方面。会议电视系统由终端系统、多点控制单元（MCU）、传输网络和网络管理系统四部分组成。

**1.** 终端系统

终端系统由编解码器、摄像机、麦克风、电视机、投影机等外围设备组成，其核心是编解码器。编解码器常称为会议电视终端，它将本方的图像信号、语音信号和用户数据进行采集、压缩编码、多路复用后送到传输信道上，同时把从信道接收到的会议电视信号进行多路分解、视音频解码，还原成对方会场的图像、语音及数据信号输出到用户的视听播放设备。会议电视终端还能将本方的会议控制信号（如建立通信、申请发言、申请主席控制权等）送到 MCU，同时接收 MCU 送来的控制信号，执行 MCU 对本方的控制指令。

**2.** 多点控制单元（MCU）

MCU（Multi Control Unit）是会议电视系统中的核心设备，完成多点对多点的切换、汇接或广播，它实质上是一台多媒体信息交换机。MCU 主要由线路单元、音频处理单元、视频处理单元、数据处理单元、控制处理单元等五部分组成，其主要功能有：是接收来自终端的视频、音频、控制等各种数据组合而成的数据流，然后将音频信号进行混合处理后插入到输出数据流中，并对视频和控制数据进行选择和切换处理，发送需要的数据流到各终端，它还能够提供多种会议控制方式。

**3.** 传输网络

会议电视业务可以在现有的多种通信网络中展开，如 N-ISDN、DDN、PSTN、LAN、ATM、INTERNET、数字专网等。会议电视系统利用通信网络传送动态图像信号、语音信号、数据信号和系统控制信号。线路接口要符合 ITU-T 的会议电视系统的接口标准，如 E1、V.35、ISDN、IP 等。

**4.** 网络管理系统

网络管理系统用于控制和管理会议电视系统，分为本地网管系统和网管中心系统两部分。

## 5.1.2　高清会议电视系统的接口及协议

**1.** HD-SDI（高清数字分量串行）接口

HD-SDI 是根据 SMPTE 292M（摄影与电视工程师协会），在 1.485Gb/s 或者 1.485Gb/1.001Gb/s 的信号速率条件下传输的接口规格，该规格规定了数据格式，信道编码方式，同轴电缆接口的信号规格，连接器及电缆类型与光纤接口等。其接口实物图如图 5-1 所示。HD-SDI 接口的优点如下：

图 5-1　HD-SDI 接口实物图

（1）架设距离长：在采用高频衰减较少的特性阻抗 75Ω 的专用电缆，有效架设距离为 100m。

（2）标准线缆：HD-SDI 接口采用同轴电缆，以 BNC 接口作为线揽标准。有效距离为 100m，超过 100m 则必须使用中继器。

（3）一根线传输：HD-SDI 可以使用一根同轴电缆传输视频和音频信号。即使是立体声也同样可以传输。而无需像标清时代，使用三根 AV 线来连接视频，音频左声道，音频右声道。

**2.** YPbPr 接口

YPbPr 也叫色差分量接口，采用的是美国电子工业协会 EIA-770.2a 标准，还有一种 YCbCr 接口，两者的区别在于前者是隔行扫描色差输出，后者是逐行扫描色差输出。而色差输出将 S-Video 传输的色度信号 C 分解为色差 Cr 和 Cb，这样就避免了两路色差混合解码并再次分离的过程，保持了色度通道的最大带宽。而 Y 即表示亮度信号。YPbPr 接口不是数字接口，仍然定义为模拟接口。YPbPr 接口可以使用同轴电缆、用 BNC 头，也可以使用普通莲花头，如图 5-2 所示。

图 5-2　YPbPr 接口示意图

**3. HDMI 接口**

高清晰度多媒体接口（High Definition Multimedia，HDMI）。可以提供高达 5Gbps 的数据传输带宽，可以传送无压缩的音频信号及高分辨率视频信号。同时无需在信号传送前进行数/模或模/数转换，可以保证最高质量的影音信号传送。HDMI 接口的优点是通过一条 HDMI 线，便可以同时传送影音信号，同时，由于不进行数/模或模/数转换，能取得更高的音频和视频传输质量。HDMI 最远传输距离为 15m。HDMI 接口如图 5-3 所示。

图 5-3　HDMI 接口示意图

**4. DVI 接口**

DVI（Digital Visual Interface，数字视频接口）是 1999 年由 Silicon、Image、Intel（英特尔）、Compaq（康柏）、IBM、HP（惠普）、NEC、Fujitsu（富士通）等公司共同组成数字显示工作组（Digital Display Working Group，DDWG）推出的接口标准。DVI 接口分为两种：一种是 DVI-D 接口，只能接收数字信号，接口上有 3 排、8 列共 24 个针脚，其中右上角的一个针脚为空，不兼容模拟信号；另外一种是 DVI-I 接口，可兼容模拟信号和数字信号。兼容模拟信号时必须通过转换接头，一般采用这种接口的显卡都会带有相关的转换接头。DVI 传输的是数字信号，数字图像信息不需经过任何转换，就会直接被传送到显示设备上，因此减少了数字→模拟→数字繁琐的转换过程，大大节省了时间，因此它的速度更快，可有效消除拖影现象，但有效距离为 5m 左右。DVI 接口示意图和实物图分别如图 5-4 和图 5-5 所示。

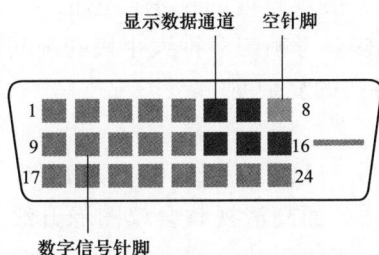

图 5-4　DVI 接口示意图　　图 5-5　DVI 接口实物图

常用高清会议电视系统接口对比见表 5-1。

表 5-1　　　　　　　　　　　常用高清会议电视系统接口对比

| 分类 | HD-SDI | YPbPr | HDMI | DVI |
|---|---|---|---|---|
| 端口数量 | 1 | 3 | 1 | 1 |
| 传输格式 | 1080i，1080p，720p | 1080i，1080p，720p | 1080i，1080p，720p | 1080i，1080p，720p |
| 信号传输模式 | 无压缩转换的数字信号 | 模拟信号 | 无压缩转换的数字信号 | 无压缩转换的数字信号 |
| 同时音频传输 | 支持 | 不支持 | 支持 | 不支持 |
| 传输带宽 | 1.45Gbps | 30Mbps | 5Gbps | 8Gbps |
| 最远传输距离（m） | 100 | 50 | 20 | 5 |

通过表 5-1 分析比较得出，性能最佳的高清接口是 HD-SDI 接口，该接口是目前广电行业采用的标准高清接口。

## 5.1.3 高清会议电视系统协议

**1.** 高清视频协议

对于标清视频会议，由于其压缩对象是 CIF（352×288）或 DVD 标准的 4CIF（704×576）图像质量的视频，故一般使用 H.261，H.263，H.263＋，H.263＋＋，H.264，MPEG-4 等视频压缩标准。

高清视频会议图像处理对象不再是 CIF 或 4CIF，而是 1280×720 或 1920×1080，故其采用 H.264 压缩标准。

H.264 压缩标准是由 ISO/IEC 与 ITU-T 组成的联合视频组（JVT）制定的新一代视频压缩编码标准，主要优点如下：

（1）在相同的重建图像质量下，H.264 比 H.263＋和 MPEG-4（SP）减少 50％码率。

（2）对信道时延的适应性较强，既可工作于低时延模式以满足实时业务，如会议电视等；又可工作于无时延限制的场合，如视频存储等。

（3）提高网络适应性，采用"网络友好"的结构和语法，加强对误码和丢包的处理，提高解码器的差错恢复能力。

（4）在编/解码器中采用复杂度可分级设计，在图像质量和编码处理之间可分级，以适应不同复杂度的应用。

（5）相对于先期的视频压缩标准，H.264 引入了很多先进的技术，包括 4×4 整数变换、空域内的帧内预测、1/4 像素精度的运动估计、多参考帧与多种大小块的帧间预测技术等。新技术带来了较高的压缩比，同时大大提高了算法的复杂度。

**2.** 高清音频协议

与视频协议类似，对于标清视频会议一般采用 G.711、G.722、G.722.1、G.728 等作为标清视频会议的音频编码方式，其仅能传输单声道，而高清视频会议图像升级为 1080i，声道改进为立体声，所以必须采用能处理 44kHz 立体声效果的 AAC 或其他类似音频编码。AAC-LD 实现了超宽频音频编码中最短的延时，并保证接近 CD 的音质，达到音质、比特率和延时三者的最佳组合，因此也成了高清视频会议系统音频编解码技术的最优选择。

# 5.2 典型应用—国网资源池会议平台

目前，会议电视系统在电网公司突出表现在三个方面：一是小规模的会商型会议数量明显增多，召开这类会议的数量和频率远超行政和应急会议；二是召开跨单位、跨层级的会议成为现实需求，存在总部和地市级公司直接互动的情况；三是同一时间安排多场会议的情况越来越多。

行政平台更适合召开规模大，议程相对固定的会议，应急平台则专用于处理突发事件和应急会商，而这种新的会议场景必须通过与之相适应的平台实现，于是资源池会议平台应运而生。

**1. 组网架构**

资源池会议平台由 MCU、网闸（Gatekeeper，GK）、网管系统组成，其组成示意如图 5-6 所示。

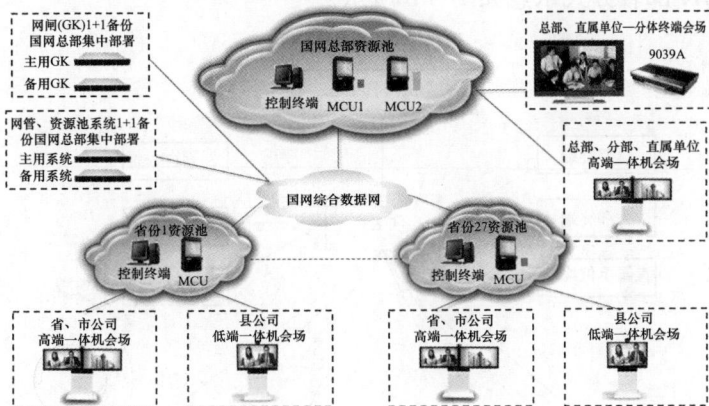

图 5-6  资源池会议平台组成示意图

（1）MCU 和终端。资源池平台采用 MCU 资源池分布部署方式，在总部和省公司部署 28 套 MCU 设备，按照视频 VPN 网络架构，通道质量，以及 MCU 端口裕量等要素划分为总部、华北、华东、华中、东北、西北 6 个区域，其部署方式如图 5-7 所示。

总部 MCU 资源主要满足总部、分部、总部直属单位接入需求，以及同时召集所有省公司开会的要求。省公司 MCU 资源主要满足省内地市、县公司的接入需求。总部 MCU 资源池与省公司 MCU 资源池之间可以实现资源的统一调配和备份。

总部、分部、省公司之间利用国网数据网进行通道组织，省公司、地市公司、县公司之间利用省公司数据网进行通道组织，两级数据网在省公司侧实现互联互通。

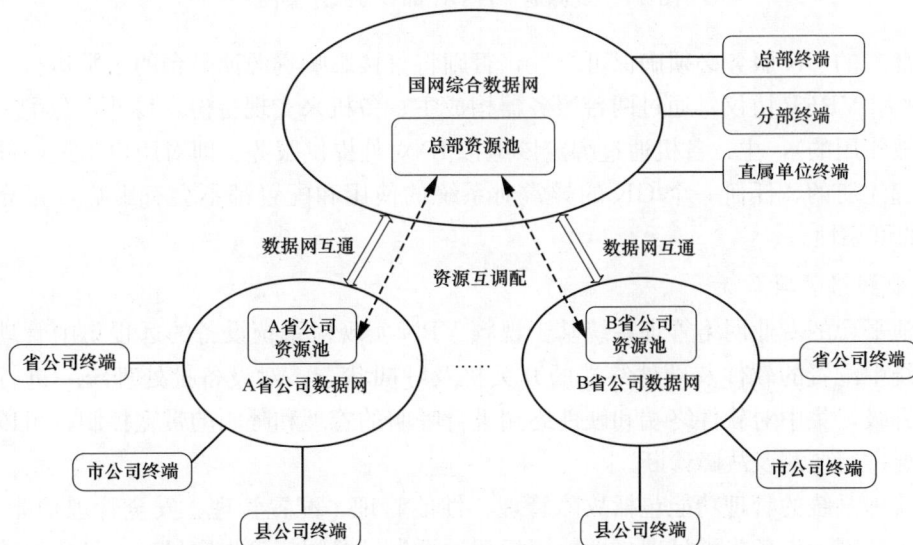

图 5-7  资源池平台 MCU 部署方式

（2）GK 服务。GK 采用一级部署方式，全网 MCU、终端设备都注册到同一个 GK，并由网管系统统一管理。GK 服务是 H. 323 网络所有呼叫的焦点，负责呼叫地址解释和消息路由，并具备备份功能。它提供的重要服务包括接入认证、地址解析、区域管理和带宽管理等。资源池平台 GK 部署方式示意如图 5-8 所示。

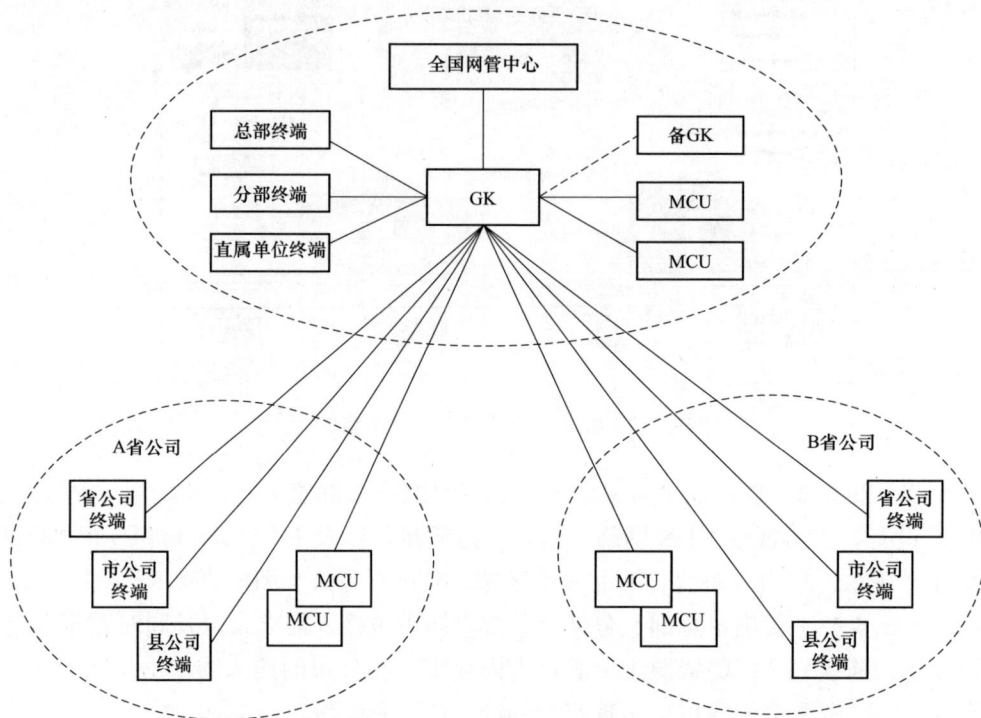

图 5-8　资源池平台 GK 部署方式示意图

一级部署的 GK 服务必须确保可靠性，否则将直接影响资源池平台的正常运行。

GK 采用 VRRP 协议，通过两台服务器构成主、备机来实现备份。另外，分配一个虚拟 IP（没有被使用的），主、备机通过绑定该虚拟 IP 对外提供服务。即对用户来说，都是向一个地址发起注册的，任何一个 GK 的异常对系统的使用和配置都不会有影响，充分的保证 GK 服务的可靠性。

**2. 专业网络管理系统**

资源池平台的专业网络管理系统基于视频 VPN 实现对系统设备的远程集中管理，其可以监视系统中配置的软件及硬件终端的开关机及呼叫状态，对设备批处理统一进行参数配置、软件升级，集中对软件终端和硬件终端进行呼叫的管理和呼叫的带宽控制，可以对传输通道的情况进行监测及故障诊断。

网络管理系统的管理功能包括故障管理、性能管理、配置管理、安全管理功能。其中，故障管理包括网元设备告警呈现、性能指标超过预先设置阈值等告警呈现、具备故障日志查询功能、告警查询和告警处理等功能，告警信息能够进行记录保存，方便查询；性能管理包括采用图形和表格等形式呈现网络性能数据，并进行统计分析处理；配置管理包括网元配置数据查询和配置数据修改功能；安全管理功能包括实现分权管理，为每个用户提供单一的用户名和密码，对于不同用户可以分配不同等权限，将操作人员操作权限等限制在某一级。

网络管理系统由服务器、操作系统，以及磁盘阵列组成，部署方式如图 5-9 所示。

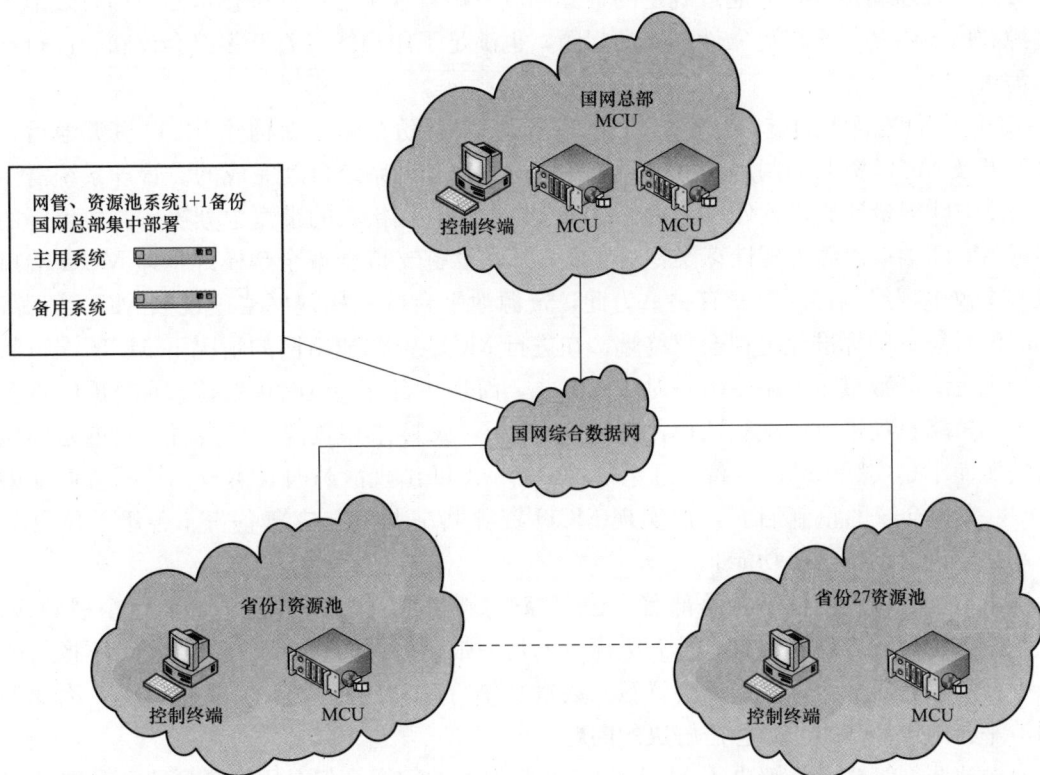

图 5-9　网络管理部署方式示意图

网络管理系统也是一级部署的，必须确保可靠性，否则会影响资源池平台的可靠性。网络管理系统的可靠性可以从以下三方面保障：

首先，是服务器硬件层面的备份，当主机或备机其中一台发生硬件故障时，网络管理服务会在规定时间内自动切换到另一台。

其次，是平台数据的备份，平台数据保存在外置的独立磁盘阵列中，而磁盘阵列硬件本身支持控制器备份、电源备份、硬盘备份、数据备份，当某个部件发生故障时，仍然可以正常使用，不中断网络管理业务。

最后，是操作系统的备份，当主机或备机其中一台发生软件故障时，网络管理服务会在规定时间内自动切换到另一台。

**3.** 技术应用

资源池平台采用了资源池策略、全编全解、自动组会、多组会议并行、用户自助会控等新的技术，这些技术的内容已经在前文中详细介绍，这里重点介绍技术的应用。

MCU 资源池方式是对基于 IP 网络的会议电视组网方式和组会模式的改进。MCU 资源池技术通过 1 套专业网络管理系统集中管控多台 MCU 的端口资源，实现统一调配和备份，同时支持会控指令并发，实现了同时召开多组会议的功能。MCU 资源池技术支持自动组会，即通过与会议室管理系统集成实现会议资源预占和预约时间记录，依托"时间戳"技术自动触发会议启动指令，并通过既定的资源调度策略自动组会。此种技术的应用有效地解决了资源利用率不高，会议可靠性不高的问题，也满足了用户同时召开多组会议和会议自动召开的需求。

MCU 资源池技术的核心是资源的计算、调度和备份策略。在构建 MCU 资源池后，会议的召开及 MCU 资源的调用是由资源池平台的专用管理系统自动完成的。管理系统需要实时进行 MCU 容量计算，此外，为避免由于会议电视终端接入的带宽、分辨率、协议等的不同造成 MCU 端口资源出现计算误差，要求 MCU 设备支持全编全解模式，即 MCU 端口数量只与会议电视终端接入数量有关。为此，资源池平台统一构建网络硬视频 MCU 资源池，须同时配置统一的标准化电视会议终端。在进行 MCU 资源池组网的情况下 MCU 端口数量与会议电视终端数量，不采用一一对应的方式，而是在召开会议时由系统按照 MCU 资源预先设定的策略自动进行调配和选择，有效地节约了 MCU 端口资源。参会者面对的是虚拟的会议资源而不是实际 MCU 设备。在系统中一台 MCU 出现故障时，可自动选择资源池中其他 MCU 实现会议的重新召开，以实现 MCU 资源共享调配与应急备份、各级单位灵活组会、小型会议自助开会等功能。

国家电网公司资源池平台是部署在公司综合数据网视频 VPN 上的，而这个视频 VPN 覆盖了总部、分部、省、地市、县五级单位，是一张超级大网。由于资源池平台不像行政和应急平台那样有双平台保障，但会议召开数量却是行政和应急平台的 10 倍以上，因此保障资源池平台的可靠性是一个急需解决的问题。

资源池调度策略已经解决了 MCU 设备故障引发的问题，但是因通道质量不佳影响会议的问题仍存在，国家电网公司采用的是一套完备的通道纠错策略，最大限度地克服了通道质量不佳对会议的不利影响。

网络通道纠错策略包括校验纠错、丢包重传、断线保护和自动降速四部分，各部分相辅相成，共同发挥作用，可解决除网络物理层中断之外的其他所有问题，具体如下：

（1）校验纠错：采用 H.264 视频编码协议召开会议，当视频接收端检测到一定比例（通常是 0.1%）的 P 帧丢失时，即刻向视频发送端发出增加冗余包的请求消息，并将丢包率信息封装在消息中。发送端收到请求后依据丢包率计算出相应数量的冗余 P 帧并回执，可实现图像质量 1s 之内恢复。检验纠错示意如图 5-10 所示。

图 5-10　检验纠错示意图

（2）丢包重传：采用 H.264 视频编码协议召开会议，当通过检验纠错方式仍无法修复视频画面，且时间超过 0.5s 时，图像接收端即向发送端发出请求 I 帧消息，发送端重新生成 I 帧并回执，实现图像在 1s 内恢复。丢包重传策略示意如图 5-11 所示。

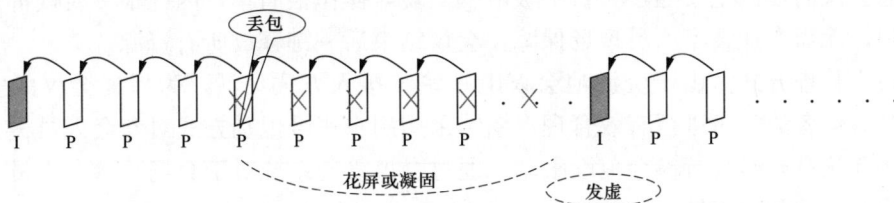

图 5-11　丢包重传策略示意图

（3）断线保护：在会议召开过程中，某会场终端因网络异常造成"离会"时，多点控制单元 MCU 与该终端之间的逻辑通道资源仍保留 30s，即在 30s 内网络恢复可用状态时，终端无须重新申请呼叫，可直接和自动入会。

（4）自动降速：在会议召开过程中，MCU 和某会议终端之间的逻辑通道因网络质量持续不佳，导致不满足当前的音视频数据包传输要求时，由 MCU 向终端发出调整通信能力的指令，两个节点重新协商通信能力，对影响会议速率的分辨率（清晰度）和帧率（流畅度）两个核心因素进行调整，以适应当前的网络带宽，实现会议持续召开。

网络通道纠错策略以嵌入式软件模块的方式集成于 MCU 设备和会议终端设备的内置芯片中。在会议召开过程中，MCU 设备和会议终端设备自动进行网络性能诊断和通信能力评估，在网络通信质量不佳时，触发相应的纠错子模块实现通信方式的快速调整，实现了通道丢包率 20%，网络延时达 400ms，网络抖动达 50ms 的情况下，视频会议仍可正常进行。

**4. 平台特殊功能**

与行政和应急平台相比，资源池平台具有自动组会和用户安全管理两项特殊功能。

（1）组会流程及实现方式。资源池平台是国家电网公司会议系统中唯一支持自动组会的平台，因此组会流程必须合理、可行，目前资源池会议电视系统的自动组会流程如下：

1）会议主办方登录协同办公系统进行会议预定；

2）协同办公系统会议室管理完成会议审批后，协同办公系统将会议信息发布到会议管理系统，同时会议管理系统在网络管理系统内自动创建会议；

3）网管系统根据会议管理系统传递的会议信息智能分配会议资源，调度会议，管理 MCU 资源池；

4）各参会分会场在协同办公系统中进行会议回执，协同办公系统将参会单位信息同步给会议管理系统，会议管理系统根据回执反馈的所用会场自动关联视频会议设备，将该视频会议终端设备添加到会议中；

5）资源池系统根据会议系统管理添加的会场自动呼叫该会场入会。

资源池平台目前的主会流程通过办公室自动管理系统、会议管理系统和专业网管系统三方联动实现。三套系统分工不同，办公自动化系统向会议申请人提供会议预定、会议室选择功能，该系统将会议的时间、参会单位、会议室等信息以"通知单"的形式发送给会议管理系统。会议管理系统对通知单中的会议室信息转换为会议终端信息，形成一个数据包发送给专业管理系统，专业管理系统依据数据包中的会议时间、会场数量、终端信息等现"预占"资源，等会议召开时间一到，专业管理系统依据资源池调度策略自动启动会议。

资源池会议的控制主要通过一台平板电脑实现，操作很简单，因此很多时候都是参会人员自己控制，无需专业技术人员现场保障，会议结束后一键释放所有资源。

（2）用户管理方式。由于资源池会议电视系统接入方式灵活，为保证会议的安全保密性，需要对参会者的身份进行有效管理。系统采用用户账号识别方式对参会人员进行身份认证，同时在会议召开时进行参会范围限制。通过会议管理系统对于会场、参会人员身份识别保证会议的安全性和保密性。

**5.** 应用场景

资源池会议平台是国家电网公司会议电视系统一体化阶段的新建平台，它基于资源池策略、全编全解、自动组会、多组会议并行、用户自助会控等新的技术实现，满足了召开多层级和跨层级会议、会场灵活接入、自动灵活组会，并行召开多组会议等新的需求。

# 5.3 典 型 案 例

## 5.3.1 会场麦克风出现啸叫

**1.** 故障现象

上午 10：00，所有发言单位按照要求准时开机调试，终端进行视频、音频部分的测试，一切正常。

会议正式开始后，大约 15：05，麦克出现杂声，会场中有尖锐的"滋滋"声。会议保障人员立即拉低本地调音台总音量，然后通过视频监视器发现发言者所用的拾音话筒和音箱正对，造成啸叫。工作人员紧急进入会场调整麦克位置。调整后啸叫削弱，会议正常召开至结束。

**2.** 影响范围

导致发言者话声不清晰，与会人员听不清发言。

**3.** 处理过程

发现啸叫后，会议保障人员立即拉低本地调音台总输出，啸叫声减小但领导发言仍不清晰，存在杂声。会议保障人员观察发现麦克正对音箱位置，紧急入场调整麦克杆位置后，使麦克风位置离开音箱声音辐射角度，啸叫声得到削弱，会议继续正常召开至结束。

**4.** 故障原因

啸叫是音箱声音能量的一部分通过声传播的方式传到传声器而引起的声反馈，是扩声系统中经常出现的一种不正常现象。

扩声系统中用话筒进行现场扩音时，就会存在话筒啸叫问题，是由于传声器将扬声器重放出来的声音反复拾取形成正反馈，当音量超过一定的限度时，这种同频声音信号就会引起放大电路回授，产生啸叫。

出现啸叫现象主要有以下三方面原因：

（1）话筒拾音入射角度与音箱（扬声器）辐射角度接近，直接拾取重放的声音；

（2）音箱（扬声器）与话筒距离较近间接拾取重放声；

（3）扩音室（会议室）频响特性不好，存在驻波点，当按额定功率输出时，这一频率的声场会高出其他频率，当节目频率与其相同时，就会造成传声器间接拾取过多此频率信号，形成啸叫。

就本次会议室发生情况而言，经会议保障人员排查发现是因为会议室中同时使用扬声器和音箱，且扬声器拾音的入射角度被调整在了音箱的辐射角内，导致发言声被反复拾取，产生啸叫。

**5. 暴露问题**

前期调试工作没有做到位。为避免啸叫，会议的前期调试应该首先检查音箱的摆放位置是否合理，尽量避免将麦克风置于音箱的辐射区内（不能正对着音箱），然后逐个话筒、通道进行调试。

**6. 整改措施**

（1）加强会前调试工作。会议的前期调试应首先检查音箱、麦克风以及两者相对位置，避免将麦克风至于音箱的辐射区内，至少不能够正对音箱，然后逐个话筒通道进行调试。

（2）适当减少传声器通路的音量。根据会议情况实时控制音量大小，当有啸叫现象发生时，会议调控人员要及时将音量拉下来，以免出现啸叫。当有人员握有传声器经过音箱前时，也要注意控制音量，否则也会造成啸叫。

（3）咨询专业人员。请专业的调音师，进行一次模拟会议测试，寻找出现啸叫的频点，通过调音台/处理器进行高、中、低频的啸叫点移除。

（4）在重要设备前张贴警示牌。在调好的重要设备前应该张贴"视频会议重要设备，请勿动！"警示牌。未经允许，不得随意触碰、搬移。

## 5.3.2 五类双绞线引起交换机之间协商带宽降级

**1. 故障现象**

会议前一天进行会议系统调试，视频、声音、双流均正常。会议当天8：00，所有单位按照要求准时开机调试，对所有单位视频、音频、双流测试正常。

8：25会议应主办方要求，临时添加三个直属单位参加会议。当三个会场添加完成，发现全网会场画面均出现马赛克。

**2. 影响范围**

调试过程中省公司主、分会场画面和声音均受影响。

**3. 处理过程**

10：25，全网出现丢包。初步判断MCU或流量汇聚处链路出现问题，紧急采取应急措施，将会议切换至备用MCU，会议正常召开。

会议结束后，通过故障重现和多次实验，发现MCU连接超过25个点时全网会出现丢包现象，主用MCU会议流量汇聚处有一根链路仅协商出百兆带宽。将五类双绞线更换为六类双绞线，网络恢复正常。

**4. 故障原因**

当使用五类双绞线时，交换机千兆端口存在协商降级问题，当交换机端口处于自协商状态下，端口带宽下降为百兆。

**5.** 暴露问题

省公司在承载网设备割接优化时，未考虑到线缆等辅材对承载网性能的影响。

**6.** 整改措施

（1）省公司针对全网交换机连接线路进行排查，对不符合要求的网线进行整改。对视频会议使用网线进行严格检查。

（2）加强网络通道和核心设备状态的监管，及时发现网络异常情况。

（3）MCU 等核心设备必须使用千兆线缆互联。

### 5.3.3　强弱电信号干扰导致音频电流声和画面水波纹严重

**1.** 故障现象

9：00，各地市准时开机调试，省公司对终端进行视频、音频的测试，一切正常。

14：00，会议正式开始。

14：35，会场音频信号出现嗞嗞嗞的噪声，同时会场主用的主终端视频信号出现水波纹。操控室监听的声音和监视器显示的画面也均出现相同现象。

**2.** 影响范围

省公司立即切换至备终端音频信号和视频信号，对会议效果无显著影响。

**3.** 处理过程

会议进行至 14：35，省公司发现操控室监听出现噪声，同时监视器主终端画面出现水波纹，会场出现同样情况，立即将备终端信号切至会场。至会议结束，备终端未出现此类现象。

**4.** 故障原因

会议结束后，省公司在机房与会场进行针对性的测试调试，排查故障，分析原因。通过测试排查，初步判定是因机房主终端走线不规范，强电与弱电之间间距过小。

**5.** 暴露问题

弱电对电波非常敏感，抗干扰能力差，所以仅靠护套线管保护还不能完全削减其与邻近电波的反应。所以在铺设线缆时，弱电与强电、弱电与弱电之间如果水平间距过小，很容易造成信号互相干扰。省公司在复原会场时和验收的时候应注意检查线缆间距是否符合标准。

**6.** 整改措施

（1）判断干扰源、受扰对象，从而做到合理布线，并在验收时着重检查强弱电线缆间距。

（2）施工方应在施工时确保屏蔽主体有良好、可靠的接地系统，接地电阻不大于 $1\Omega$，采用单点接地。

## 第6章

# 通 信 数 据 网

本章主要介绍通信数据网技术、数据网组网、数据网典型应用等内容。

# 6.1 数 据 网 技 术

## 6.1.1 VLAN 技术

目前，大部分的局域网都是采用以太网来实现的。早期的以太网是总线型结构，所有节点共享一条通道，整个以太网即是一个冲突域，也是一个广播域。因此，网络存在着多节点数据冲突的问题。同时，当网络中存在大量广播信息的时候，将严重消耗带宽资源。除此之外，共享型以太网还存在着信息安全问题，不能有效隔离各个用户。随着二层交换机的出现，以太网可以接入越来越多的主机，具有更大的带宽。每个交换机的接口就是一个冲突域，解决了各端口数据冲突的问题。但是，广播域和信息安全的问题仍然无法得到解决。路由器能基于IP 地址信息来选择路由和转发数据，能在网络层限制广播域的范围，但实现起来较为复杂。

虚拟局域网 Virtual LAN，VLAN 它能在数据链路层实现广播域的划分，将不需要直接通信的设备隔离，既能保证信息安全，又能防止广播风暴。目前，VLAN 一般采用静态设置方式，其根据交换机的端口来划分 VLAN 的。默认情况下，所有的端口都属于 VLAN1，同一个 VLAN 允许跨越多台交换机。VLAN 技术将一台二层交换机在逻辑上划分为多个VLAN，每个 VLAN 就是一个广播域。同一个 VLAN 内的接入设备共享同一个广播域，它们之间可以直接进行二层通信。属于不同 VLAN 间的设备一般不允许直接进行二层互通。因此，VLAN 同时解决了广播域和信息安全的问题。

**1.** VLAN 标签

交换机划分 VLAN 后，通过在以太网帧头部的目的 MAC 地址和源 MAC 地址后面添加4 个字节的标签来区分不同的 VLAN，帧格式如图 6-1 所示。

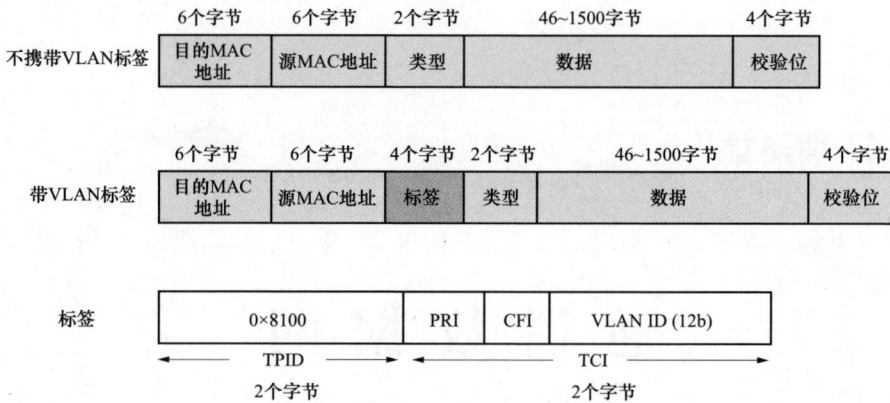

图 6-1  VLAN 标签帧格式

根据 IEEE802.1q 文档中的规定，VLAN 标签分为 TPID 和 TCI 两部分。

（1）TPID（Tag Protocol Identifier）：长度为 2 个字节，其值固定为 0×8100，表明这是一个携带 802.1q 标签的帧。

（2）TCI（Tag Control Information）：长度为 2 个字节，分为 PRI、CFI 和 VLAN ID 三部分。PRI 长度为 3 比特，表示帧的优先级，取值范围为 0～7，值越大优先级越高。CFI 长度为 1 比特，用于表示 MAC 地址是否为经典格式，CFI 为 0 表示为经典格式，CFI 为 1 表示为非经典格式。在以太网中，CFI 的值为 0。VLAN ID 长度为 12 比特，用户可使用的 VLAN ID 取值范围为 2～4094。

**2.** VLAN 链路类型

VLAN 链路分为 Access 链路（接入链路）和 Trunk 链路（干道链路）。接入链路主要是指连接用户设备和交换机的链路。干道链路主要是指连接交换机和交换机的链路。接入链路上一般为不带标签的帧，干道链路上一般为带 VLAN 标签的帧，如图 6-2 所示。默认情况下，交换机所有接口都属于 VLAN 1。

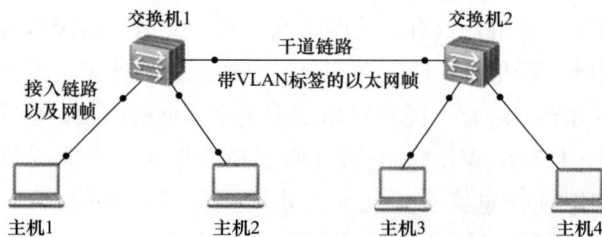

图 6-2  VLAN 链路类型

**3.** VLAN 端口类型

VLAN 端口主要分为 Access 端口（接入端口）和 Trunk 端口（干道端口），华为交换机上还有另一种 Hybrid 端口。

（1）Access 端口。Access 端口是交换机上用来连接用户主机的端口，它用于连接接入链路。一个 Access 端口只属于一个 VLAN。以图 6-3 所示的网络拓扑为例，Access 端口收发数据帧的过程如下：

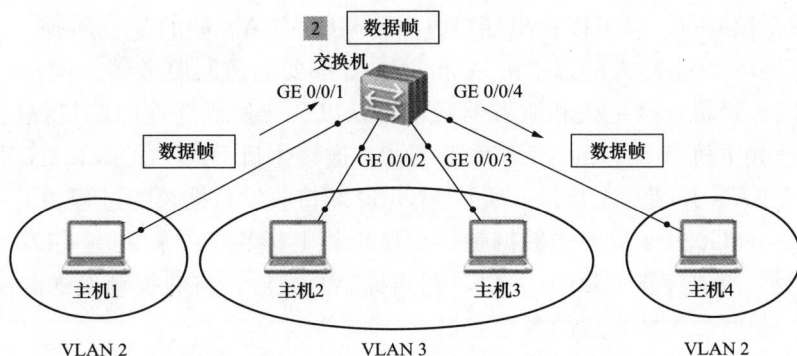

图 6-3　Access 端口数据帧转发规则

1) Access 端口接收数据帧。主机 1 发送不带 VLAN 标签的帧给交换机的 GE 0/0/1 口，交换机收到数据帧后，根据 GE0/0/1 口所属的 VLAN，给数据帧加上 VLAN 2 标签。由于主机 4 和主机 1 同处于 VLAN 2 中，则交换机将带标签的数据帧转发给 GE 0/0/4 口。

2) Access 端口下发数据帧。交换机将标签剥离后，通过 GE 0/0/4 口将不带 VLAN 标签的数据帧中转发给主机 4。Access 端口发往主机的以太网帧总是不带标签的帧。GE0/0/1 和 GE 0/0/2 口属于 VLAN3，因此，这两个端口将不会接收来自 VLAN2 的数据帧。

（2）Trunk 端口。Trunk 端口是交换机用于和其他交换机连接的端口，它连接干道链路。Trunk 端口允许多个 VLAN 标签的数据帧通过。以图 6-4 所示的网络拓扑为例，Trunk 端口收发数据帧的过程如下：

1) Trunk 端口发送数据帧。主机 1 和主机 2 发送的数据帧在交换机 Access 端口打上标签后，转发到 Trunk 端口。Trunk 端口将检查标签 VLAN 10 和 VLAN 20 是否在允许通过的 VLAN ID 列表中，在本例中，这两个 VLAN 都被允许通过。交换机将保持数据帧的 VLAN 标签不变转发到对端 Trunk 端口。

2) Trunk 端口接收数据帧。Trunk 端口接收到对端设备发送的带 VLAN 标签的数据帧时，检查 VLAN ID 是否在允许通过的 VLAN ID 列表中。如果 VLAN ID 在接口允许通过的 VLAN ID 列表中，则接收该报文，否则丢弃该报文。

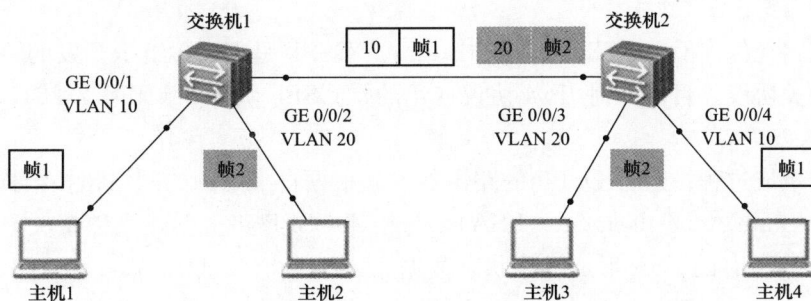

图 6-4　Trunk 端口数据帧转发规则

（3）Hybrid 端口。Hybrid 端口是华为交换机上既可以连接用户主机，又可以连接其他交换机的端口。Hybrid 端口既可以连接接入链路又可以连接干道链路。Hybrid 端口允许多个 VLAN 的数据帧通过，并可以在出端口方向将某些 VLAN 帧的 Tag 剥掉。

以图 6-5 所示网络拓扑为例，主机 A 和主机 B 都要能访问服务器，但是它们之间不能互相访问。此时交换机连接主机和服务器的端口，以及交换机互连的端口都配置为 Hybrid 类型。交换机连接主机 A 端口的 VLAN ID 是 2，连接主机 B 端口的 VLAN ID 是 3，连接服务器端口的 VLAN ID 是 4。图 6-5 所示 Hybrid 端口收发数据帧的过程如下：

在交换机 A 的 G0/0/1 口发送数据帧，交换机打上标签 2 并转发到 GE0/0/0 口，交换机 B 接收数据帧，并转发至 GE0/0/1 口，剥离标签。最后，将数据帧发送给服务器。同样的，服务器也可以将数据帧发送给各台主机。

要实现以上的数据转发，必须在连接主机的端口上配置命令 port hybrid untagged vlan vlan-id。比如，在交换机 GE0/0/1 口配置命令 port hybrid untagged vlan 2 4，配置后当携带 VLAN 标签 2 和标签 4 的数据帧到达 GE0/0/1 口时，交换机将会把这些数据帧的标签剥除并转发给主机 A。如果数据帧带标签 3，则会被丢弃。

在交换机 A 和交换机 B 互联的端口上配置 port hybrid tagged vlan 2、3、4 命令，则交换机 A 和交换机 B 之间的链路上允许传输带标签 2、3、4 的数据帧。

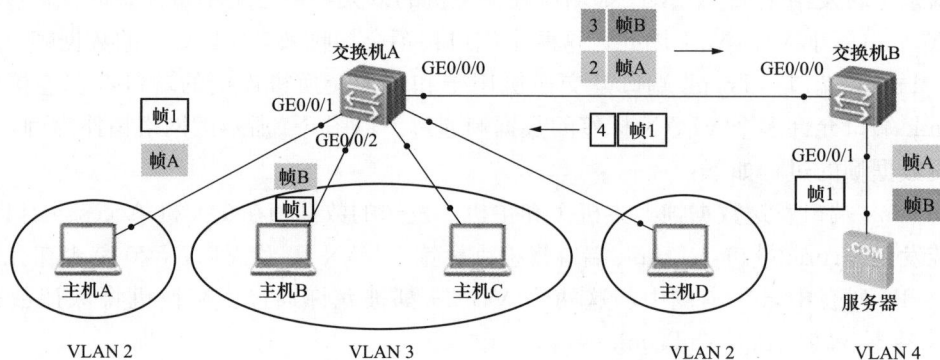

图 6-5  Hybrid 端口数据帧转发规则

## 6.1.2  OSPF 路由协议

开放最短路径优先 Open Shortest Path First，OSPF 是 IETF 组织开发的一个基于链路状态的内部网关协议。目前针对 IPv4 协议使用的是 OSPF 版本 2（RFC 2328）。

**1.** 基本概念

（1）路由生成过程。运行 OSPF 的路由器首先根据自身周围的网络拓扑结构生成链路状态通告（Link State Advertisement，LSA），与相邻 OSPF 路由器建立邻接关系，交换彼此的 LSA，并汇集所有的 LSA 形成链路状态数据库（Link State Database，LSDB）。OSPF 路由器将 LSDB 转换成一张带权的有向图，这张图便是对整个网络拓扑结构的真实反映。各个路由器得到的有向图是完全相同的。每台路由器根据有向图，使用 SPF 算法计算出一棵以自己为根的最短路径树，这棵树给出了到自治系统中各节点的路由。OSPF 路由表生成过程如图 6-6 所示。

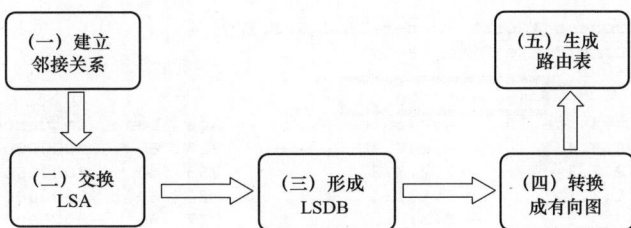

图 6-6 OSPF 路由表生成过程

从图 6-6 所示过程可以看出，在 OSPF 路由器中存在两张重要的表，LSDB 路由表和 OSPF 路由表。LSDB 是根据区域分别生成的，比如，在图 6-7 中路由器 R1 既属于区域 0 又属于区域 1，因此，R1 中有两个区域的 LSDB。同一区域的路由器具有相同的 LSDB，如图 6-8 所示，R2 的 LSDB 与 R1 区域 0 的 LSDB 相同，如图 6-9 所示。

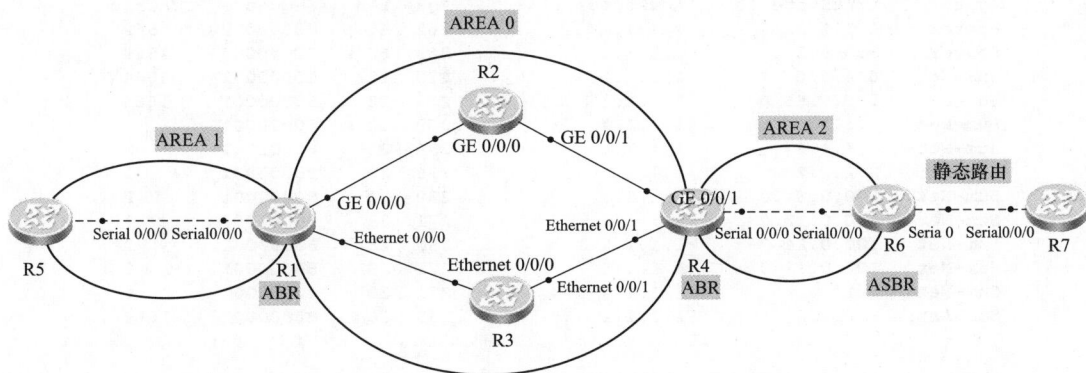

图 6-7 OSPF 网络举例

（2）Router ID 的选择。运行 OSPF 协议的路由器，每一个 OSPF 进程必须存在自己的 Router ID（路由器 ID）。Router ID 是一个 32 比特无符号整数，可以在一个自治系统中唯一的标识一台路由器。Router ID 号可以通过命令进行配置，一般建议使用 Loopback 口的 IP 地址作为路由器的 Router ID。在没有配置的情况下，路由器会按照以下顺序选择一个 IP 地址作为 Router ID，如图 6-10 所示。

1）如果该路由器配置了多个 Loopback 口，将选取其中数值最大的 IP 地址作为 Router ID。

2）如果该路由器没有配置 Loopback 口，有多个激活状态的物理接口，则选取其中数值最大的 IP 地址作为 Router ID。

（3）OSPF 的协议报文及其状态。OSPF 有五种类型的协议报文。

1）Hello 报文：周期性发送，用来发现和维持 OSPF 邻居关系，内容包括一些定时器的数值、指定路由器（Designated Router，DR）、备份指定路由器（Backup Designated Router，BDR）以及自己已知的邻居。

2）数据库描述（Database Description，DD）报文：描述了本地 LSDB 中每一条 LSA 的摘要信息，用于两台路由器进行数据库同步。

```
OSPF Process 1 with Router ID 1.1.1.1
       Link State Database

            Area: 0.0.0.0
Type     LinkState ID    AdvRouter       Age   Len   Sequence    Metric
Router   4.4.4.4         4.4.4.4         228   60    8000000A    1
Router   2.2.2.2         2.2.2.2         233   60    80000007    1
Router   1.1.1.1         1.1.1.1         230   60    80000009    1
Router   3.3.3.3         3.3.3.3         227   60    80000009    1
Network  100.0.24.2      4.4.4.4         234   32    80000001    0
Network  100.0.13.2      3.3.3.3         228   32    80000002    0
Network  100.0.12.1      1.1.1.1         236   32    80000001    0
Network  100.0.34.2      4.4.4.4         229   32    80000002    0
Sum-Net  6.6.6.6         4.4.4.4         263   28    80000001    1562
Sum-Net  100.0.46.0      4.4.4.4         273   28    80000001    1562
Sum-Net  5.5.5.5         1.1.1.1         261   28    80000001    1562
Sum-Net  100.0.15.0      1.1.1.1         271   28    80000001    1562
Sum-Asbr 6.6.6.6         4.4.4.4         263   28    80000001    1562

            Area: 0.0.0.1
Type     LinkState ID    AdvRouter       Age   Len   Sequence    Metric
Router   1.1.1.1         1.1.1.1         262   48    80000002    1562
Router   5.5.5.5         5.5.5.5         263   60    80000003    1562
Sum-Net  6.6.6.6         1.1.1.1         230   28    80000001    1564
Sum-Net  100.0.46.0      1.1.1.1         230   28    80000001    1564
Sum-Net  3.3.3.3         1.1.1.1         230   28    80000001    1
Sum-Net  4.4.4.4         1.1.1.1         230   28    80000001    2
Sum-Net  2.2.2.2         1.1.1.1         236   28    80000001    1
Sum-Net  100.0.34.0      1.1.1.1         230   28    80000001    2
Sum-Net  100.0.13.0      1.1.1.1         271   28    80000001    1
Sum-Net  100.0.24.0      1.1.1.1         230   28    80000001    2
Sum-Net  100.0.12.0      1.1.1.1         271   28    80000001    1
Sum-Net  1.1.1.1         1.1.1.1         271   28    80000001    0
Sum-Asbr 6.6.6.6         1.1.1.1         233   28    80000001    1564


            AS External Database
Type     LinkState ID    AdvRouter       Age   Len   Sequence    Metric
External 0.0.0.0         6.6.6.6         277   36    80000001    1
```

图 6-8  路由器 R1 的 LSDB

```
OSPF Process 1 with Router ID 2.2.2.2
       Link State Database

            Area: 0.0.0.0
Type     LinkState ID    AdvRouter       Age   Len   Sequence    Metric
Router   4.4.4.4         4.4.4.4         633   60    8000000A    1
Router   2.2.2.2         2.2.2.2         638   60    80000007    1
Router   1.1.1.1         1.1.1.1         637   60    80000009    1
Router   3.3.3.3         3.3.3.3         634   60    80000009    1
Network  100.0.24.2      4.4.4.4         639   32    80000001    0
Network  100.0.13.2      3.3.3.3         635   32    80000002    0
Network  100.0.12.1      1.1.1.1         643   32    80000001    0
Network  100.0.34.2      4.4.4.4         633   32    80000002    0
Sum-Net  6.6.6.6         4.4.4.4         668   28    80000001    1562
Sum-Net  100.0.46.0      4.4.4.4         678   28    80000001    1562
Sum-Net  5.5.5.5         1.1.1.1         668   28    80000001    1562
Sum-Net  100.0.15.0      1.1.1.1         678   28    80000001    1562
Sum-Asbr 6.6.6.6         4.4.4.4         668   28    80000001    1562


            AS External Database
Type     LinkState ID    AdvRouter       Age   Len   Sequence    Metric
External 0.0.0.0         6.6.6.6         94    36    80000002    1
```

图 6-9  路由器 R2 的 LSDB

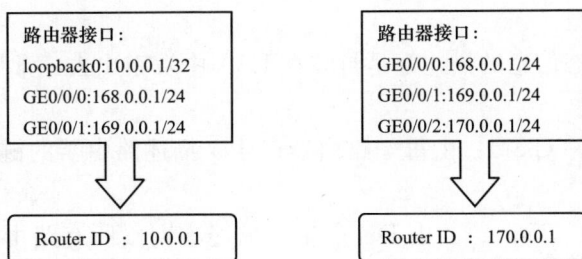

图 6-10　Router ID 的选择

3）链路状态请求（Link State Request，LSR）报文：向对方请求所需的 LSA。两台路由器互相交换 DD 报文之后，得知对端的路由器有哪些 LSA 是本地的 LSDB 所缺少的，这时需要发送 LSR 报文向对方请求所需的 LSA。内容包括所需要的 LSA 的摘要。

4）链路状态更新（Link State Update，LSU）报文：向对方发送其所需要的 LSA。

5）链路状态确认（Link State Acknowledgment，LSAck）报文：用来对收到的 LSA 进行确认。内容是需要确认的 LSA 的 Header（一个报文可对多个 LSA 进行确认）。

OSPF 协议主要有八种邻居状态：

1）Down：表示当前接口未收到任何 Hello 报文。

2）Attempt：只存在于 NBMA 网络中。当一台设备试图通过 Hello 报文去联系自己的邻居，但是没有收到回应的报文时，就会将它的邻居设置为该状态。

3）Init：表示一台路由器收到了其他路由器发送的 Hello 报文，但是在报文中的邻居列表没有看到自己的 Router ID。

4）2-way：表示一台路由器收到了其他路由器发送的 Hello 报文，并且在 Hello 中的邻居列表中看到自己的 Router ID。

5）Exstart：表示路由器正在与邻居协商主从关系，被选为 Master 的路由器将决定 DD 报文交换的序列号。

6）Exchange：表示邻居之间在交换 DD 报文。

7）Loading：表示路由器在比较 DD 报文和 LSDB。如果发现 DD 报文中存在 LSDB 中没有的 LSA，则向邻居发送 LSU 请求该 LSA。

8）Full：路由器完成更新 LSDB，已经具有完整的 LSDB。

以上状态中 Down 状态、2-way 状态和 Full 状态是稳定状态。在广播型网络中，角色为 DRother 的路由器，与其他 DRother 路由器形成稳定关系时，为 2-way 状态。其他情况下，OSPF 路由器与邻居的关系必须为 Full 状态，如图 6-11 所示。

图 6-11　OSPF 的 FULL 状态机

**2.** 主要的 LSA 类型

OSPF 中对链路状态信息的描述都是封装在 LSA 中发布出去，常见的 LSA 有以下六种类型：

（1）Router LSA（Type1）：由每个路由器产生，描述路由器的链路状态和开销，在其始发的区域内传播。

（2）Network LSA（Type2）：由 DR 产生，描述本网段所有路由器的链路状态，在其始发的区域内传播。

（3）Network Summary LSA（Type3）：由区域边界路由器（Area Border Router，ABR）产生，描述区域内某个网段的路由，并通告给其他区域。

（4）ASBR Summary LSA（Type4）：由 ABR 产生，描述到自治系统边界路由器（Autonomous System BoundaryRouter，ASBR）的路由，通告给相关区域。

（5）AS External LSA（Type5）：由 ASBR 产生，描述到自治系统（Autonomous System，AS）外部的路由，通告到所有的区域（除了 Stub 区域和 NSSA 区域）。

（6）NSSA External LSA（Type7）：由 NSSA（Not-So-Stubby Area）区域内的 ASBR 产生，描述到 AS 外部的路由，仅在 NSSA 区域内传播。

图 6-8 和图 6-9 显示了以上 Type1～5 的 LSA。

**3.** OSPF 区域

（1）区域划分。

随着网络规模日益扩大，当一个大型网络中的路由器都运行 OSPF 路由协议时，路由器数量的增多会导致 LSDB 非常庞大，占用大量的存储空间，并使得运行 SPF 算法的复杂度增加，导致 CPU 负担很重。

在网络规模增大之后，拓扑结构发生变化的概率也增大，网络会经常处于不稳定状态，造成网络中会有大量的 OSPF 协议报文在传递，降低了网络的带宽利用率。更为严重的是，每一次变化都会导致网络中所有的路由器重新进行路由计算。

OSPF 协议通过将自治系统划分成不同的区域（Area）来解决上述问题。所谓区域是从逻辑上将路由器划分为不同的组，每个组用区域号（Area ID）来标识。

OSPF 区域的边界是路由器，不是链路。一个路由器可以属于不同的区域，但是一个网段（一条链路）只能属于一个区域。划分区域后，可以在区域边界路由器上进行路由聚合，以减少通告到其他区域的 LSA 数量，可以将网络拓扑变化带来的影响最小化。

OSPF 路由器根据在 AS 中的不同位置，可以分为以下四类：

1）区域内部路由器（Internal Router）：该类路由器的所有接口都属于同一个 OSPF 区域，如图 6-7 中的 R2 路由器。

2）区域边界路由器（Area Border Router，ABR）：该类路由器可以同时属于两个以上的区域，但其中一个必须是骨干区域。ABR 用来连接骨干区域和非骨干区域，它与骨干区域之间既可以是物理连接，也可以是逻辑上的连接，如图 6-7 中的 R1 和 R4 路由器。

3）骨干路由器（Backbone Router）：该类路由器至少有一个接口属于骨干区域。因此，所有的 ABR 和位于 Area0 的内部路由器都是骨干路由器，如图 6-7 中的 R1～R4 路由器。

4）自治系统边界路由器 ASBR：与其他 AS 交换路由信息的路由器称为 ASBR。ASBR

并不一定位于 AS 的边界，它有可能是区域内路由器，也有可能是 ABR。只要一台 OSPF 路由器引入了外部路由的信息，它就成为 ASBR，如图 6-7 中的 R6 路由器。

（2）骨干区域与虚连接。

1）骨干区域（Backbone Area）。OSPF 划分区域之后，主要分为骨干区域和非骨干区域。骨干区域的区域号（Area ID）是 0，它与所有非骨干区域相连。骨干区域负责区域之间的路由，非骨干区域之间的路由信息必须通过骨干区域来转发。对此，OSPF 有两个规定：①所有非骨干区域必须与骨干区域保持连通；②骨干区域自身也必须保持连通。

但在实际应用中，可能会因为各方面条件的限制，无法满足这个要求。这时可以通过配置 OSPF 虚连接（Virtual Link）予以解决。

2）虚连接（Virtual Link）。虚连接是指在两台 ABR 之间通过一个非骨干区域而建立的一条逻辑通道。它的两端必须是 ABR，其中至少一台 ABR 必须在骨干区域中，并且必须在两端同时配置方可生效。为虚连接两端提供一条非骨干区域内部路由的区域称为传输区（Transit Area）。

某区域因种种原因未能与骨干区域直接相连，则可以通过虚连接接入到骨干区域。虚连接相当于在两个 ABR 之间形成了一个点到点的连接。如图 6-12 所示，AREA 2 没有与骨干区域 AREA 0 直接相连，可以在 ABR（R2 和 R3）上配置虚连接，使 AREA 2 通过一条逻辑链路与骨干区域保持连通。在这个连接上，和物理接口一样可以配置接口的各种参数，如发送 Hello 报文间隔等。

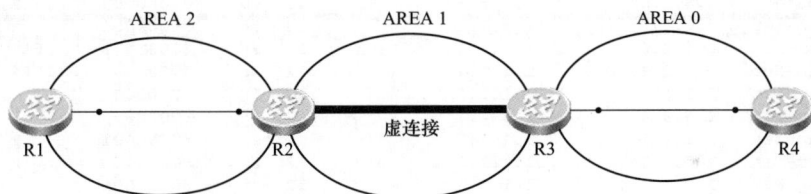

图 6-12 虚连接示意图

两台 ABR 之间直接传递 OSPF 报文信息，它们之间的 OSPF 路由器只是起到一个转发报文的作用。由于协议报文的目的地址不是中间这些路由器，所以这些报文对于它们而言是透明的，只是当作普通的 IP 报文来转发。

（3）Stub 区域。Stub 区域是一种特定的区域，往往位于整个网络的边缘。该区域不允许引入外部路由（Type5 LSA），其目的是为了减少区域中路由器的路由表规模以及路由信息传递的数量。当区域被设置成 Stub 区域时，路由器会自动生成一条默认路由通往外部。在图 6-7 中的网络中，AREA 1 被设置成 Stub 区域时，会将类型为 External LSA（Type5 LSA）去除掉，同时自动增加一条默认路由，如图 6-13 和图 6-14 所示。

为了进一步减少区域中路由器的路由表规模以及路由信息传递的数量，可以将该区域配置为 Totally Stub（完全 Stub）区域，该区域的 ABR 不会将区域间的路由信息和外部路由信息传递到本区域，同时生成一条默认路由。在图 6-7 所示的网络中，AREA 1 被设置成 Totally Stub 区域时，路由器的 LSDB 如图 6-15 所示。路由器 R5 只保留了区域内 LSA，并增加一条默认的 LSA。

```
            OSPF Process 1 with Router ID 5.5.5.5
                  Link State Database

                       Area: 0.0.0.1
      Type       LinkState ID   AdvRouter        Age   Len   Sequence    Metric
      Router     1.1.1.1        1.1.1.1          12    48    80000003    1562
      Router     5.5.5.5        5.5.5.5          11    60    80000003    1562
      Sum-Net    6.6.6.6        1.1.1.1          16    28    80000001    1564
      Sum-Net    100.0.46.0     1.1.1.1          16    28    80000001    1564
      Sum-Net    3.3.3.3        1.1.1.1          16    28    80000001    1
      Sum-Net    4.4.4.4        1.1.1.1          16    28    80000001    2
      Sum-Net    2.2.2.2        1.1.1.1          16    28    80000001    1
      Sum-Net    100.0.34.0     1.1.1.1          16    28    80000001    2
      Sum-Net    100.0.13.0     1.1.1.1          16    28    80000001    1
      Sum-Net    100.0.24.0     1.1.1.1          16    28    80000001    2
      Sum-Net    100.0.12.0     1.1.1.1          16    28    80000001    1
      Sum-Net    1.1.1.1        1.1.1.1          16    28    80000001    0
      Sum-Asbr   6.6.6.6        1.1.1.1          16    28    80000001    1564


                  AS External Database
      Type       LinkState ID   AdvRouter        Age   Len   Sequence    Metric
      External   0.0.0.0        6.6.6.6          326   36    80000001    1
```

图 6-13　AREA 1 未被设置成 Stub 区域时路由器 R5 的 LSDB

```
            OSPF Process 1 with Router ID 5.5.5.5
                  Link State Database

                       Area: 0.0.0.1
      Type       LinkState ID   AdvRouter        Age   Len   Sequence    Metric
      Router     1.1.1.1        1.1.1.1          11    48    80000003    1562
      Router     5.5.5.5        5.5.5.5          11    60    80000003    1562
      Sum-Net    0.0.0.0        1.1.1.1          12    28    80000001    1
      Sum-Net    6.6.6.6        1.1.1.1          12    28    80000001    1564
      Sum-Net    100.0.46.0     1.1.1.1          12    28    80000001    1564
      Sum-Net    3.3.3.3        1.1.1.1          12    28    80000001    1
      Sum-Net    4.4.4.4        1.1.1.1          12    28    80000001    2
      Sum-Net    2.2.2.2        1.1.1.1          12    28    80000001    1
      Sum-Net    100.0.34.0     1.1.1.1          12    28    80000001    2
      Sum-Net    100.0.13.0     1.1.1.1          12    28    80000001    1
      Sum-Net    100.0.24.0     1.1.1.1          12    28    80000001    2
      Sum-Net    100.0.12.0     1.1.1.1          12    28    80000001    1
      Sum-Net    1.1.1.1        1.1.1.1          12    28    80000001    0
```

图 6-14　AREA 1 被设置成 Stub 区域时路由器 R5 的 LSDB

```
            OSPF Process 1 with Router ID 5.5.5.5
                  Link State Database

                       Area: 0.0.0.1
      Type       LinkState ID   AdvRouter        Age   Len   Sequence    Metric
      Router     1.1.1.1        1.1.1.1          8     48    80000003    1562
      Router     5.5.5.5        5.5.5.5          8     60    80000003    1562
      Sum-Net    0.0.0.0        1.1.1.1          18    28    80000001    1
```

图 6-15　AREA 1 被设置成 Totally Stub 区域时路由器 R5 的 LSDB

　　（Totally）Stub 区域是一种可选的配置属性，但并不是每个区域都符合配置的条件。通常来说，（Totally）Stub 区域位于自治系统的边界。

　　为保证到本自治系统的其他区域或者自治系统外的路由依旧可达，该区域的 ABR 将生成一条缺省路由，并发布给本区域中的其他非 ABR 路由器。

配置（Totally）Stub 区域时需要注意下列四点：

1）骨干区域不能配置成（Totally）Stub 区域。

2）如果要将一个区域配置成（Totally）Stub 区域，则该区域中的所有路由器必须都要配置。

3）（Totally）Stub 区域内不能存在 ASBR，即自治系统外部的路由不能在本区域内传播。

4）虚连接不能穿过（Totally）Stub 区域。

（4）NSSA 区域。NSSA（Not-So-Stubby Area）区域是 Stub 区域的变形，与 Stub 区域有许多相似的地方。NSSA 区域也不允许 Type5 LSA 注入，但可以允许 Type7 LSA 注入。Type7 LSA 由 NSSA 区域的 ASBR 产生，在 NSSA 区域内传播。当 Type7 LSA 到达 NSSA 的 ABR 时，由 ABR 将 Type7 LSA 转换成 Type5 LSA，传播到其他区域。在图 6-7 所示的网络中，AREA 2 被设置成 NSSA 区域时，会将类型为 Exteral  LSA（Type5 LSA）去除掉，同时自动增加一条默认路由，如图 6-16 和图 6-17 所示。同样的，为了进一步减少路由信息，可以将 AREA 2 设置为 Totally NSSA，路由器的 LSDB 将如图 6-18 所示。

```
        OSPF Process 1 with Router ID 6.6.6.6
             Link State Database

                    Area: 0.0.0.2
Type      LinkState ID   AdvRouter      Age    Len   Sequence    Metric
Router    4.4.4.4        4.4.4.4        1477   48    80000002    1562
Router    6.6.6.6        6.6.6.6        1476   60    80000002    1562
Sum-Net   5.5.5.5        4.4.4.4         489   28    80000001    1564
Sum-Net   3.3.3.3        4.4.4.4        1444   28    80000002    1
Sum-Net   100.0.15.0     4.4.4.4         499   28    80000004    1564
Sum-Net   4.4.4.4        4.4.4.4        1486   28    80000001    0
Sum-Net   2.2.2.2        4.4.4.4        1449   28    80000001    1
Sum-Net   100.0.34.0     4.4.4.4        1486   28    80000001    1
Sum-Net   100.0.13.0     4.4.4.4        1444   28    80000002    2
Sum-Net   100.0.24.0     4.4.4.4        1486   28    80000001    1
Sum-Net   100.0.12.0     4.4.4.4        1449   28    80000001    2
Sum-Net   1.1.1.1        4.4.4.4        1449   28    80000001    2

                  AS External Database
Type      LinkState ID   AdvRouter      Age    Len   Sequence    Metric
External  0.0.0.0        6.6.6.6        1484   36    80000001    1
```

图 6-16  AREA 2 未被设置成 NSSA 区域时路由器 R6 的 LSDB

```
        OSPF Process 1 with Router ID 6.6.6.6
             Link State Database

                    Area: 0.0.0.2
Type      LinkState ID   AdvRouter      Age   Len   Sequence    Metric
Router    4.4.4.4        4.4.4.4         6    48    80000003    1562
Router    6.6.6.6        6.6.6.6         5    60    80000003    1562
Sum-Net   5.5.5.5        4.4.4.4        17    28    80000001    1564
Sum-Net   3.3.3.3        4.4.4.4        17    28    80000001    1
Sum-Net   100.0.15.0     4.4.4.4        17    28    80000001    1564
Sum-Net   4.4.4.4        4.4.4.4        17    28    80000001    0
Sum-Net   2.2.2.2        4.4.4.4        17    28    80000001    1
Sum-Net   100.0.34.0     4.4.4.4        17    28    80000001    1
Sum-Net   100.0.13.0     4.4.4.4        17    28    80000001    2
Sum-Net   100.0.24.0     4.4.4.4        17    28    80000001    1
Sum-Net   100.0.12.0     4.4.4.4        17    28    80000001    2
Sum-Net   1.1.1.1        4.4.4.4        17    28    80000001    2
NSSA      0.0.0.0        4.4.4.4        17    36    80000001    1
```

图 6-17  AREA 2 被设置成 NSSA 区域时路由器 R6 的 LSDB

```
                OSPF Process 1 with Router ID 6.6.6.6
                        Link State Database

                        Area: 0.0.0.2
        Type       LinkState ID      AdvRouter      Age   Len   Sequence    Metric
        Router     4.4.4.4           4.4.4.4         7    48    8000000B    1562
        Router     6.6.6.6           6.6.6.6         6    60    80000003    1562
        Sum-Net    0.0.0.0           4.4.4.4        35    28    80000001    1
        NSSA       0.0.0.0           4.4.4.4        35    36    80000001    1
```

图 6-18    AREA 2 被设置成 Totally NSSA 区域时路由器 R6 的 LSDB

Totally Nssa 区域：和 Nssa 区域不同在于该区域不允许区域间路由。

**4. DR/BDR 的选举**

（1）OSPF 的四种网络类型。OSPF 根据链路层协议类型将网络分为下列四种类型：

1）广播（Broadcast）类型：当链路层协议是 Ethernet、FDDI 时，OSPF 缺省认为网络类型是 Broadcast。在该类型的网络中，通常以组播形式（224.0.0.5：含义是 OSPF 路由器的预留 IP 组播地址；224.0.0.6：含义是 OSPF DR 的预留 IP 组播地址）发送 Hello 报文、LSU 报文和 LSAck 报文；以单播形式发送 DD 报文和 LSR 报文。

2）非广播多点可达网络（Non-Broadcast Multi-Access，NBMA）类型：当链路层协议是帧中继、ATM 或 X.25 时，OSPF 缺省认为网络类型是 NBMA。在该类型的网络中，以单播形式发送协议报文。

3）点到多点（Point-to-MultiPoint，P2MP）类型：没有一种链路层协议会被缺省的认为是 P2MP 类型。点到多点必须是由其他的网络类型强制更改的。常用做法是将 NBMA 改为点到多点的网络。在该类型的网络中，缺省情况下，以组播形式（224.0.0.5）发送协议报文。可以根据用户需要，以单播形式发送协议报文。

4）点到点（Point-to-Point，P2P）类型：当链路层协议是 PPP、HDLC 时，OSPF 缺省认为网络类型是 P2P。在该类型的网络中，以组播形式（224.0.0.5）发送协议报文。

（2）DR/BDR 的选举。在广播网络中，任意两台路由器之间都要交换路由信息。如图 6-18 所示，网络中有 5 台路由器，如果没有 DR 和 BDR 则需要建立 $5\times(5-1)/2$ 个（10 个）邻接关系。这使得任何一台路由器的路由变化都会导致多次传递，浪费了带宽资源。为解决这一问题，OSPF 协议定义了指定路由器 DR（Designated Router），在图 6-19 所示的案例中，路由器的角色分别是 R5 为 DR，R4 为 BDR，其他路由器则为 DRother。

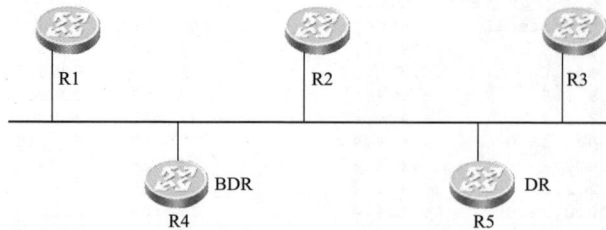

图 6-19    OSPF 广播网络示意图

网络中所有路由器都只将信息发送给 DR 和 BDR，DR 与本网段中所有路由器形成邻接关系，如图 6-20 所示。同时，网络中还将选举一台路由器作为备份指定路由器（Backup

Designated Router，BDR）。当 DR 因某种原因失效时，BDR 将自动成为 DR，这种设计避免了重新选举 DR 时所产生的延时。

```
OSPF Process 1 with Router ID 100.0.123.5
         Peer Statistic Information
-------------------------------------------------------------------
Area Id          Interface                  Neighbor id     State
0.0.0.0          GigabitEthernet0/0/0       100.0.123.1     Full
0.0.0.0          GigabitEthernet0/0/0       100.0.123.2     Full
0.0.0.0          GigabitEthernet0/0/0       100.0.123.3     Full
0.0.0.0          GigabitEthernet0/0/0       100.0.123.4     Full
-------------------------------------------------------------------
```

图 6-20　DR 与其他路由器形成邻接关系

BDR 作为 DR 的备份，也和本网段内的所有路由器建立邻接关系并交换路由信息，如图 6-21 所示。当 DR 失效后，BDR 会立即成为 DR。由于不需要重新选举，并且邻接关系事先已建立，所以这个过程是非常短暂的。这时只需要再重新选举出一个新的 BDR，虽然一样需要较长的时间，但并不会影响路由的计算。

```
OSPF Process 1 with Router ID 100.0.123.4
         Peer Statistic Information
-------------------------------------------------------------------
Area Id          Interface                  Neighbor id     State
0.0.0.0          GigabitEthernet0/0/0       100.0.123.1     Full
0.0.0.0          GigabitEthernet0/0/0       100.0.123.2     Full
0.0.0.0          GigabitEthernet0/0/0       100.0.123.3     Full
0.0.0.0          GigabitEthernet0/0/0       100.0.123.5     Full
-------------------------------------------------------------------
```

图 6-21　BDR 与其他路由器形成邻接关系

运行 OSPF 进程的网络中，既不是 DR 也不是 BDR，而是 DR Other。DR Other 仅与 DR 和 BDR 之间建立邻接关系，形成 Full 状态；DR Other 之间建立邻居关系，形成 2-way 的状态，不交换任何路由信息，如图 6-22 所示。这样就减少了广播网络上各路由器之间邻接关系的数量，同时减少网络流量，节约了带宽资源。

```
OSPF Process 1 with Router ID 100.0.123.3
         Peer Statistic Information
-------------------------------------------------------------------
Area Id          Interface                  Neighbor id     State
0.0.0.0          GigabitEthernet0/0/0       100.0.123.1     2-Way
0.0.0.0          GigabitEthernet0/0/0       100.0.123.2     2-Way
0.0.0.0          GigabitEthernet0/0/0       100.0.123.4     Full
0.0.0.0          GigabitEthernet0/0/0       100.0.123.5     Full
-------------------------------------------------------------------
```

图 6-22　DR other 与其他路由器形成邻居关系和邻接关系

DR 和 BDR 是由同一网段中所有的路由器根据路由器优先级、Router ID 通过 Hello 报文选举出来的，只有优先级大于 0 的路由器才具有选举资格。

在运行 OSPF 协议的网络中，每台路由器将自己选出的 DR 写入 Hello 报文中发布到网络上。当处于同一网段的两台路由器同时宣布自己是 DR 时，路由器优先级高者胜出。如果优先级相等，则 Router ID 大者胜出。如果一台路由器的优先级为 0，则它不会被选举为 DR

或 BDR。

需要注意的是：

1）只有在广播或 NBMA 类型接口才会选举 DR，在点到点或点到多点类型的接口上不需要选举 DR。

2）DR 是某个网段中的概念，是针对路由器的接口而言的。某台路由器在一个接口上可能是 DR，在另一个接口上有可能是 BDR，或者是 DR Other。

3）路由器的优先级可以影响 DR/BDR 的选举过程，但是当 DR/BDR 已经选举完毕，就算一台具有更高优先级的路由器变为有效，也不会替换该网段中已经存在的 DR/BDR 成为新的 DR/BDR。

4）DR 并不一定就是路由器优先级最高的路由器接口；同理，BDR 也并不一定就是路由器优先级次高的路由器接口。

## 6.1.3 IS-IS 路由协议

中间系统到中间系统（Intermediate System-to-Intermediate System，IS-IS）与 OSPF 协议相似，是一种链路状态路由选择协议，也具有防路由环路的能力。最初 IS-IS 是基于 OSI 参考协议的，相对的 OSPF 是基于 TCP/IP 协议的。由于 TCP/IP 协议的广泛应用，IS-IS 也对此做出相应的改进。IETF 在 RFC1195 中定义"用 OSI IS-IS 实现 TCP/IP 和 OSI 双重环境下的路由选择"，集成的 IS-IS 支持纯 IP 环境、纯 OSI 环境和多协议环境。IS-IS 主要作为运营商网络的底层路由协议，企业网大多使用 OSPF。

**1.** 基本概念

（1）地址编码方式。运行 IS-IS 协议的路由器能够支持 IP 协议，或者 ISO 的无连接网络协议（Connection Less Network Protocol，CLNP）。在纯 IP 环境中，每一台 IS-IS 路由器用网络服务访问点（Network Service Access Points，NSAP）来标识。NSAP 是由区域标识符（Area ID）前缀、系统标识符（Sys ID）和 N 选择符组成，如图 6-23 所示。

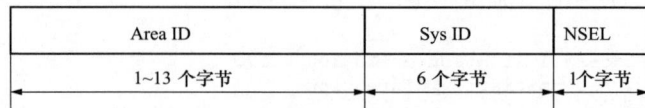

| Area ID | Sys ID | NSEL |
|---|---|---|
| 1~13 个字节 | 6 个字节 | 1个字节 |

图 6-23　简化的 NSAP 格式

NET（Network Entity Title）是一种特殊的 NSAP，N 选择符一定为 0×00。其作用相当于 TCP/IP 中的 IP 地址。如果不设置 NET，IS-IS 不能运行起来。NET 分成三部分：

1）区域标识符（Area ID）前缀：长度可变，1~13 个字节，用于标明路由器所属的区域。

2）系统标识符（Sys ID）：长度为 6 个字节，在一个自治系统中值是唯一的。

3）N 选择符：长度为 1 个字节，在 IP 网络中被设定为 0×00。

一般来说，一台 IS-IS 路由器只需要一个 NET，同一区域的路由器，区域标识符要一样。当区域需要重新划分时，为了实现网络平滑迁移，IS-IS 路由器实际最多可以有 3 个 NET，所有 NET 必须有相同的 Sys ID。在此过程中，为了不出现重复的 NET，不同区域中路由器的 Sys ID 最好配置成不同的数值。

系统标识符可以利用 IP 地址的转换来得到，具体步骤如图 6-24 所示：

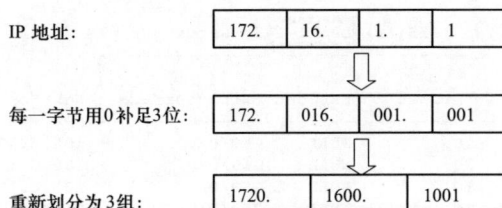

IP 地址：

| 172. | 16. | 1. | 1 |

每一字节用0补足3位：

| 172. | 016. | 001. | 001 |

重新划分为3组：

| 1720. | 1600. | 1001 |

图 6-24　系统标识符的生成

（2）路由选择。在 IS-IS 路由层次的设计中，路由选择通常分为两层，即 Level1 和 Level2。Level 1 路由器为区域内的路由器，仅知晓本地拓扑，包括整个区域内的所有节点以及到达这些节点的下一跳。Level 1 路由器要将数据报发送到其他区域必须借助于 Level 1-2 路由器。不同区域之间必须通过 Level 2 路由器相连，Level 2 路由器必须是物理连续的，IS-IS 中不支持虚连接。各个区域的 Level 2 路由器组成骨干网，Level 2 路由器负责将一个区域的数据报转发到另一个区域。

如图 6-25 所示，该 IS-IS 网络有两个区域，区域 10 通过 Level 1-2 路由器 R2 与区域 20 相连，R2 与 R1 建立 Level 1 的关系，与 R3 建立 Level 2 的关系，如图 6-26 所示。在 IS-IS 中，邻居状态 Up 表示邻居之间已可以相互交换链路状态，相当于 OSPF 的 Operational。

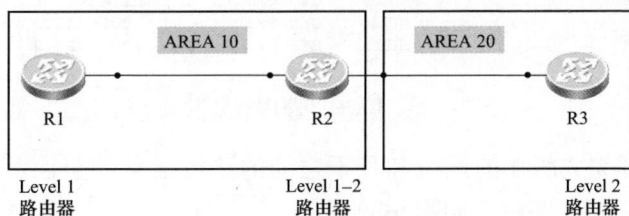

图 6-25　IS-IS 网络示意图

```
                Peer information for ISIS(10)

    System Id        Interface          Circuit Id          State HoldTime Type   PRI
    ------------------------------------------------------------------------------------
    0000.0000.0001   GE0/0/0            0000.0000.0001.01   Up    8s       L1     64
    R3               GE0/0/1            R3.01               Up    8s       L2     64

    Total Peer(s): 2
```

图 6-26　R2 的邻居关系

Level 1 接收来自其他路由器的报文，如果报文的目的地址在本区域内，就直接将报文转发到目的系统；如果报文的目的地址在本区域外，则将报文转交给离自己最近的一个 Level 1-2 路由器。该数据报再通过 Level 1-2 路由器到达目的区域，然后再通过目的区域的 Level 1 路由器到达目标地址。Level 1 路由器只需要维护 Level 1 转发表，如图 6-27 所示。

```
                    Route information for ISIS(10)
                    ------------------------------

                ISIS(10) Level-1 Forwarding Table
                    ------------------------------

IPV4 Destination      IntCost    ExtCost ExitInterface  NextHop       Flags
---------------------------------------------------------------------------
0.0.0.0/0             10         NULL    GE0/0/0        100.0.12.2    A/-/-/-
100.0.23.0/24         20         NULL    GE0/0/0        100.0.12.2    A/-/-/-
2.2.2.2/32            10         NULL    GE0/0/0        100.0.12.2    A/-/-/-
100.0.12.0/24         10         NULL    GE0/0/0        Direct        D/-/L/-
1.1.1.1/32            0          NULL    Loop0          Direct        D/-/L/-
```

图 6-27　Level 1 路由器转发表

Level 2 路由器接收来自其他区域的 Level 2 路由器的报文，并按照目的地址将报文转交给其他区域的 Level 2 路由器。Level 2 路由器只需要维护 Level 2 转发表，如图 6-28 所示。

```
                    Route information for ISIS(10)
                    ------------------------------

                ISIS(10) Level-2 Forwarding Table
                    ------------------------------

IPV4 Destination      IntCost    ExtCost ExitInterface  NextHop       Flags
---------------------------------------------------------------------------
3.3.3.3/32            0          NULL    Loop0          Direct        D/-/L/-
100.0.23.0/24         10         NULL    GE0/0/1        Direct        D/-/L/-
2.2.2.2/32            10         NULL    GE0/0/1        100.0.23.2    A/-/-/-
100.0.12.0/24         20         NULL    GE0/0/1        100.0.23.2    A/-/-/-
```

图 6-28　Level 2 路由器转发表

lLevel 1-2 路由器完成所在的区域和骨干之间的路由信息的交换，即可以执行 Level 1 路由，也可以执行 Level 2 路由，如图 6-29 所示。

```
                    Route information for ISIS(10)
                    ------------------------------

                ISIS(10) Level-1 Forwarding Table
                    ------------------------------

IPV4 Destination      IntCost    ExtCost ExitInterface  NextHop       Flags
---------------------------------------------------------------------------
100.0.23.0/24         10         NULL    GE0/0/1        Direct        D/-/L/-
2.2.2.2/32            0          NULL    Loop0          Direct        D/-/L/-
100.0.12.0/24         10         NULL    GE0/0/0        Direct        D/-/L/-
      Flags: D-Direct, A-Added to URT, L-Advertised in LSPs, S-IGP Shortcut,
             U-Up/Down Bit Set

                ISIS(10) Level-2 Forwarding Table
                    ------------------------------

IPV4 Destination      IntCost    ExtCost ExitInterface  NextHop       Flags
---------------------------------------------------------------------------
3.3.3.3/32            10         NULL    GE0/0/1        100.0.23.3    A/-/-/-
100.0.23.0/24         10         NULL    GE0/0/1        Direct        D/-/L/-
2.2.2.2/32            0          NULL    Loop0          Direct        D/-/L/-
100.0.12.0/24         10         NULL    GE0/0/0        Direct        D/-/L/-
```

图 6-29　Level 1-2 路由器转发表

在某些情况下，Level 1 路由器需要获得 Level 2 的路由，则必须在 Level 1-2 路由器上配置路由渗透功能，发送路由信息至 Level 1 路由器。

(3) 报文类型。IS-IS 数据报都是由报文头和可变长度选项组成的，可变长度选项包含路由相关信息。

1) Hello 报文。Hello 报文又称 IIH PDU，用于建立和维护邻居关系。Hello 包发送到组播地址，以确定其他路由器是否在运行 IS-IS。在 IS-IS 里有三种 Hello 包：点对点网络的 P2P IIH，广播网络中 Level 1 路由器使用的 Level-1 LAN IIH，以及广播网络中 Level 2 路由器使用的 Level-2 LAN IIH。不同类型的 Hello 包有不同的组播地址。所以，Level 1 路由器即使连接到与 Level 2 路由器，也不会收到 Level 2 的 Hello 包，反过来也是一样的。

当路由器链路初始化时，发送 Hello 包进行初始化邻接关系。当本地路由器从相邻路由器接收到 Hello 包时，本地路由器回送 Hello 包给相邻路由器，表明本地路由器看到了 Hello 包。这时，若双方参数匹配就建立了双向联系，即邻接的在线状态（up state）。

2) LSP（Link State PDU）报文。LSP 报文是用来传送链路状态信息的。链路状态协议都是基于邻居关系的，每台路由器公开其链路的开销和状态。区域里每台路由器都将自己知道的链路状态信息传递给邻居，使得同一区域内的路由器能知道区域内所有激活链路的状态，并保持相同的链路状态数据库。每台路由器用唯一的 NET 地址来标识自己。

在路由器接收到有关所有其他路由器及其链路的信息之后，每个单独的路由器运行 SPF 算法，该算法基于 Dijkstra 算法，以计算到每个已知目标的最佳路径（Dijkstra 算法为分布式算法，由每个路由器在处理完信息之后执行）。

运行 SPF 算法生成整个区域的拓扑结构，同一层次中的所有路由器有相同的 LSDB，LSDB 中储存着同一层次中所有路由器产生的 LSP，LSP 通过可靠泛洪机制，由产生它的路由器扩散到整个可达区域。

3) 全时序协议数据单元（Complete Sequence Numbers Protocol Data Unit，CSNP）。CSNP 用于通告链路状态数据库中所有摘要信息，分为 Level 1 CSNP 和 Level 2 CSNP 两种，用于广播链路上的 LSPDB 同步。DIS 在广播接口上每 10s 发送一次 CSNP。CSNP 包含了本地数据库里所有 LSP 的完整列表。在串行线路上，只在第一次邻接时发送 CSNP。

4) 部分时序协议数据单元（Partial sequence Number Protocol Data Unit，PSNP）。PSNP 用于请求和确认链路状态信息，分为 Level 1 PSNP 和 Level 2 PSNP 两种，用于非广播链路时，类似于 p2p 链路上的 ACK，响应 LSP 报文。在广播链路上，PSNP 用于数据库同步。当路由器从近邻接收到 CSNP 时，注意到 CSNP 丢失了部分数据库，路由器发送 PSNP 请求新的 LSP。

在 IS-IS 网络中，点对点网络和广播网络之间完全不能建立邻居关系，因为，不同的网络类型的报文具有不同格式。

(4) DIS 与伪节点。在广播网络中，当 IS-IS 路由器建立邻居关系后，彼此间需要发送链路状态信息。为了减少重复发送，则在所有路由器中根据优先级和 MAC 地址，选举一台路由器作为 DIS（Designated IS），相当于 OSPF 中的 DR。Level 1 和 Level 2 的 DIS 是分别选举的。网络中优先级最大的路由器被选举为 DIS，若有数台优先级相同的，则由 MAC 地址最大的路由器担任 DIS。优先级为 0 的路由器也参加选举，并且 DIS 选举支持抢占。所有路由器都将与 DIS 交换链路状态信息，DIS 能使广播网络更高效地实现数据库同步。

为了保证两路状态信息的准确性和更新的及时性，IS-IS 路由器之间需要频繁发送 LSP 报文，这将会占用较多的带宽资源。因此，在广播网络中 IS-IS 协议会将共享的链路模拟成伪节点，如图 6-30 所示。DIS 会产生一个伪节点，并生成伪节点的链路状态协议数据单元 LSP 描述网络中的设备。伪节点和本网络中的所有路由器建立联系，并且不允许其他路由器之间直接联系，简化了网络结构，减小了资源消耗。伪节点不是一个真实的路由器，但它需要占用一个额外的 LSP。

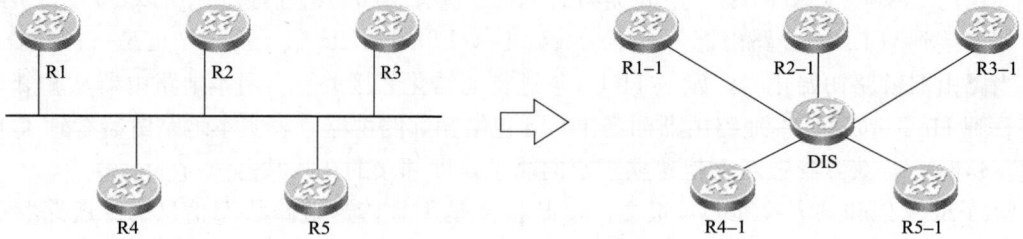

图 6-30　广播网络中的伪节点

**2.** IS-IS 邻接关系的建立及 LSP 交换

（1）建立邻接关系。IS-IS 路由器要建立邻接关系必须遵循处于同一层次，同一区域，同一网段，并有相同的网络类型的原则。

1）对于 Level 1 路由器，它会严格检查区域 ID，只有具有相同的区域 ID，它才会和 Level 1 或 Level 1-2 路由器建立 Level 1 邻接关系。

2）对于 Level 2 路由器，它可以和 Level 2 或 Level 1-2 路由器建立 Level 2 邻接关系。

3）对于 Level 1-2 路由器，区域 ID 不同的 Level 1-2 路由器之间只能建立 Level 2 的邻接关系。区域 ID 相同的 Level 1-2 路由器之间可以建立 Level 1 和 Level 2 的邻接关系。

IS-IS 有广播网络和点对点网络两种网络类型。在点对点种网络中，Level 2 路由器建立邻接关系时会经历两次握手的过程，如图 6-31 所示。只要路由器收到来自对方路由器的 Hello 报文，就会将邻居关系置为 up 状态。

广播网络中 Level 2 路由器建立邻接关系时经历了三次握手的过程，如图 6-32 所示。

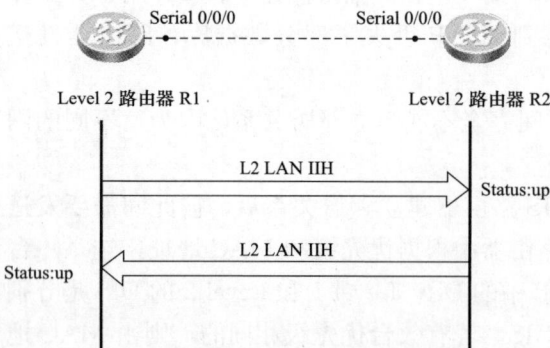

图 6-31　点对点网络 Level 2 路由器邻接关系建立过程

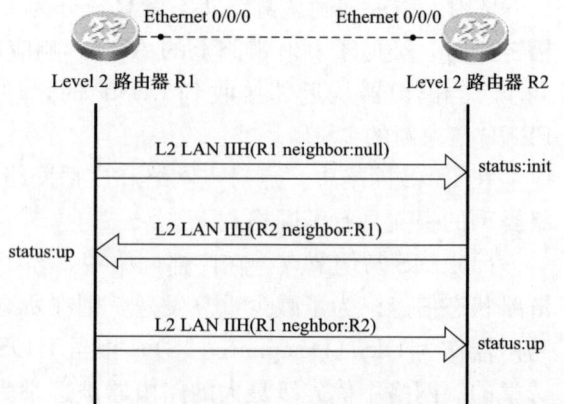

图 6-32　广播网络 Level 2 路由器邻接关系建立过程

1）R1 的一个以太网接口连接到广播网络中，并运行了 IS-IS 协议，接口使用组播地址发送协议 Hello 报文，此时 R1 在该网络上未发现任何邻居，故 Hello 报文中的邻居字段为空。

R2 收到 R1 发送的 Hello 报文后，为 R1 创建一个邻居的数据结构，并且将该邻居的状态设为 Init。同时，R2 发送一个 Hello 报文给 R1，并表明 R2 已经收到 R1 的 Hello 报文。

2）R1 收到 R2 的 Hello 报文后，同样为 R2 创建一个邻居的数据结构，并且将该邻居的状态设为 up。

R1 再发送一个 Hello 报文给 R2，并表明 R1 已经收到 R2 的 Hello 报文。

3）R2 再次收到 R1 发送的 Hello 报文后，检查到本地已经有 R1 的邻居数据结构了，同时检测到所收到的 Hello 报文的邻居字段中有本地路由器的 MAC 地址，便将邻居状态设为 up。

邻接关系建立后，路由器会等待两个 Hello 报文的间隔时间，再进行 DIS 选举。

（2）LSP 交换。在图 6-30 所示的网络中，R4 为 DIS，R5 为新加入的路由器，双方在建立邻接关系后将进行 LSDB 的同步，其过程如图 6-33 所示。

1）R5 将自己的 LSP 通过二层组播地址发送到网络中。网络中所有邻居都会收到 R5 的 LSP。

2）R4 会把 R5 发送过来的 LSP 加入自己的 LSDB，并发送 CSNP 报文，促使全网 LSDB 同步。

3）R5 收到 R4 发送来的 CSNP 报文，就相当于知道了 DIS 的 LSDB 摘要（即全网的 LSDB 摘要），将它与自己的 LSDB 进行对比，即可发现自己缺少哪些内容。R5 将缺少的内容放入 PSNP 报文，以请求 DIS 将那些内容发送过来。

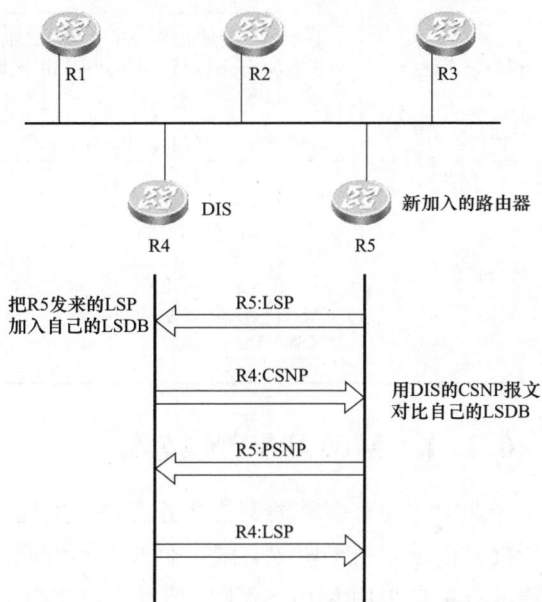

图 6-33　LSDB 同步过程

4）R4 收到 PSNP 报文后，将对应的 LSP 发送给 R5，进行 LSDB 同步。

经过一定时间后，整个网络的链路状态数据库完全同步，网络处于稳定状态。路由器此后将定时发送 Hello 报文维持邻居关系，发送 LSP 维持数据库同步。

IS-IS 路由器根据链路状态数据库用 SPF 算法来生成路由表。路由表根据路由器的类型分为 Level 1 路由表和 Level 2 路由表。对于 IS-IS 协议来说，Level 1 的路由优于 Level 2 的路由。

Level 1 路由表中有一条默认路由，是 Level 1-2 路由器下发的。Level 2 路由器可以自动学习到 Level 1 路由器的路由。Level 1 路由器则不能自动学习到 Level 2 路由器的路由，需要启用路由渗透来获得 Level 2 路由。

**3. IS-IS 与 OSPF 的比较**

IS-IS 和 OSPF 是链路状态路由协议的两个最典型的代表，都采用 SPF 算法来计算路由；由于具有快速收敛、无环路等特点，IS-IS 和 OSPF 都能很好地支持大型网络，但从全球的部署来看，采用 OSPF 占多数，而 IS-IS 在近几年开始得到比较多的应用。

OSPF 和 IS-IS 存在一些基本共同点，见表 6-1，也存在一些不同点，见表 6-2。

**表 6-1** IS-IS 与 OSPF 基本共同点

| 项目 | IS-IS 与 OSPF 的共同点 |
|------|------------------------|
| 骨干区域 | OSPF 骨干区域为 AREA0，IS-IS 骨干区域由 Level 2 路由器组成 |
| 邻居关系的维护 | 通过定期发送 Hello 包维持邻居关系 |
| 路由表 | 产生链路状态数据库，用 SPF 算法生成路由表 |
| 区域间路由 | 区域间直接转发路由。OSPF 由 ABR 完成，IS-IS 由 Level 1-2 路由器完成 |
| 指定路由器 | 在广播网络中，OSPF 由 DR/BDR 实现全网 LSDB 同步，IS-IS 由 DIS/伪节点实现此功能 |

**表 6-2** IS-IS 与 OSPF 的主要不同点

| 项目 | OSPF | IS-IS |
|------|------|-------|
| 区域/层次划分 | 分为骨干区域和非骨干区域。非骨干区域又可设置为 Stub 区域、Totally Stub 区域和 NSSA 区域，以减少路由 | Level-1 层次，管理区域内路由；Level-2 层次，管理区域间路由；通过设置 level-1 only 减少路由 |
| 网络类型 | 广播网络、NBMA、P2MP、P2P | 广播网络、P2P |
| 链路状态信息 | Router LSA（Type1）；Network LSA（Type2）；Network Summary LSA（Type3）；ASBR Summary LSA（Type4）；AS External LSA（Type5）；NSSA External LSA（Type7） | Level-1 LSP；Level-2 LSP |

## 6.1.4 MPLS VPN 技术

企业中往往有多种类型的业务需要分别拥有各自的专有通道，以便各业务互相隔离，互不干扰。但是，由于资源有限，企业中不可能同时提供如此多的专线来传输业务。解决这个矛盾的方法是采用 MPLS VPN 技术，在逻辑上隔离各种业务。

与传统的 IP 转发不同，MPLS VPN 能够根据路由信息表事先针对目的地址分配标签，形成标签信息表。当路由器要进行数据转发时，通过查找标签转发信息表来寻找下一跳出口。路由器的控制平面和转发平面如图 6-34 所示。

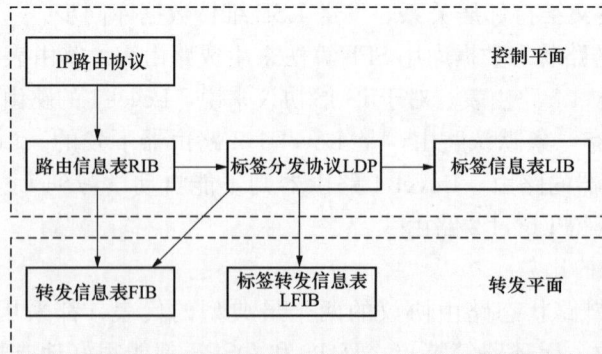

图 6-34 MPLS VPN 路由器的控制平面和转发平面

**1. MPLS VPN 概述**

MPLS VPN 是一种三层的 VPN 解决方案,需要使用 MP-BGP 协议在企业网的公共链路上传递 VPN 路由,使得企业用户的某种业务能够在各个分支机构之间互相传递,同时与其他业务逻辑隔离。

MPLSVPN 组网方式灵活、可扩展性好,得到越来越多的应用。基本 MPLS VPN 模型由 CE 设备、PE 设备和 P 设备三部分组成,如图 6-35 所示。

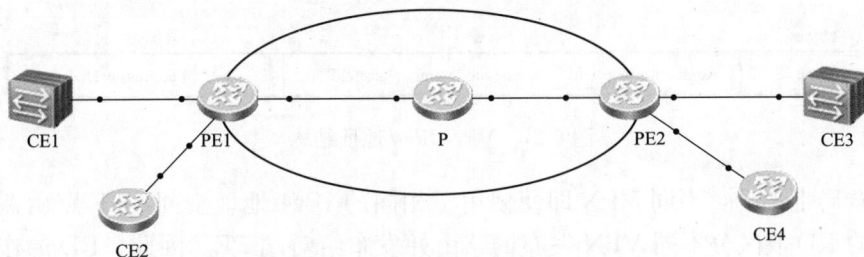

图 6-35　MPLS VPN 结构示意图

(1) CE 设备是指用户网络边缘设备,有接口直接与公用网络边缘设备相连。CE 设备一般为路由器或交换机,它不需要必须支持 MPLSVPN,也不知道 VPN 的存在。

(2) PE 设备是指公用网络边缘路由器,与用户的 CE 设备直接相连。一般来说,在 MPLS VPN 网络中,对 VPN 的所有处理都发生在 PE 设备上。

(3) P 设备是指公用网络中的骨干路由器器,不与 CE 设备直接相连。P 设备只需要具备基本 MPLS 转发能力。

**2. MPLS VPN 基本概念**

(1) VPN 实例。在 MPLS VPN 中,不同 VPN 之间的路由隔离通过 VPN 实例(VPN-instance)实现。PE 为每个直接相连的 CE 建立并维护专门的 VPN 实例。每个 VPN 实例中包含独立的路由协议(IP 路由表)、与 VPN 实例绑定的接口、RD(Route Distinguisher,路由标识符)和路由规则。

(2) RD 和 VPN-IPv4 地址。VPN 是一种私有网络,不同的 VPN 独立管理自己使用的地址范围,也称为地址空间(AddressSpace)。不同 VPN 的地址空间可能会在一定范围内重合,比如,在同一地点有两个 VPN,它们都使用了相同网段的私网地址,这就发生了地址空间重叠(Overlapping Address Spaces),如图 6-36 所示。

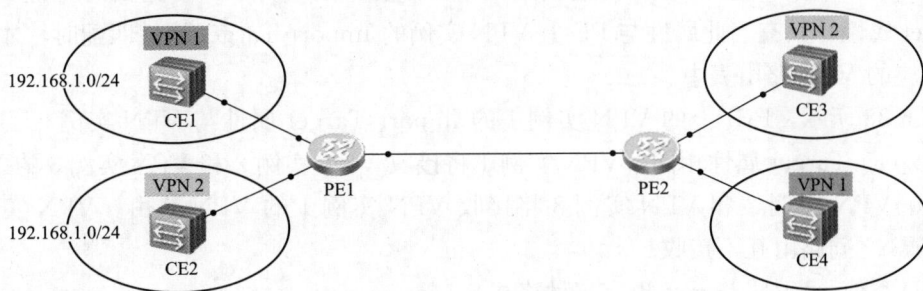

图 6-36　地址空间重叠

传统 BGP 无法正确处理地址空间重叠问题，不能正确转发此类 VPN 路由。假设 VPN1 和 VPN2 都使用了 192.168.1.0/24 网段的地址，并各自发布了一条去往此网段的路由，BGP 将只会选择其中一条路由，从而导致去往另一个 VPN 的路由丢失。PE 路由器采用 MP-BGP 协议，通过 VPN-IPv4 地址族来解决上述问题。VPN-IPv4 地址共有 12 个字节，包括 8 字节的 RD 和 4 字节的 IPv4 地址前缀，如图 6-37 所示。

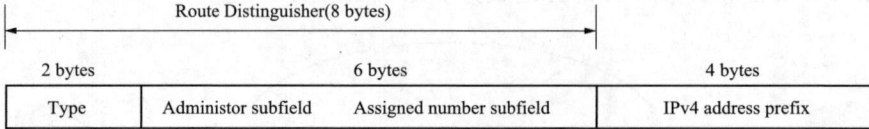

图 6-37　VPN-IPv4 地址结构

RD 是全局唯一的，不同 VPN 即使使用了相同的 IPv4 地址空间，PE 路由器也可以通过各 VPN 的 RD 值区分不同 VPN 发布的路由并发布给对端 PE。因此，RD 的作用是添加到一个特定的 IPv4 前缀，使之成为全局唯一的 VPN IPv4 前缀。

RD 可以是一个与自治系统号（ASN）相关的数值，在这种情况下，RD 由一个自治系统号和一个任意的数组成；也可以是与 IP 地址相关的，在这种情况下，RD 由一个 IP 地址和一个任意的数组成。

RD 有三种格式，通过 2 字节的 Type 字段区分：

1）Type 为 0 时，Administrator 子字段占 2 字节，Assigned number 子字段占 4 字节，格式为：16bits 自治系统号：32bits 用户自定义数字。例如：100：1。

2）Type 为 1 时，Administrator 子字段占 4 字节，Assigned number 子字段占 2 字节，格式为：32bitsIPv4 地址：16bits 用户自定义数字。例如：172.1.1.1：1。

3）Type 为 2 时，Administrator 子字段占 4 字节，Assigned number 子字段占 2 字节，格式为：32bits 自治系统号：16bits 用户自定义数字，其中的自治系统号最小值为 65536。

（3）VPN Target 属性。MPLS VPN 使用 BGP 扩展团体属性 VPN Target（也称为 Route Target）来控制 VPN 路由信息的发布。PE 路由器上的 VPN 实例有两类 VPN Target 属性：

1）Export Target 属性：在本地 PE 将学到的 VPN-IPv4 路由发布给其他 PE 时，为这些路由设置 Export Target 属性。

2）Import Target 属性：PE 在接收到其他 PE 发布的 VPN-IPv4 路由时，检查其 ExportTarget 属性，只有当此属性与 PE 上 VPN 实例的 Import Target 属性匹配时，才把路由加入到相应的 VPN 路由表中。

如图 6-38 所示，PE1 上的 VPN 实例 1 的 Import Target 属性与 VPN 实例 2、VPN 实例 3 的 Export Target 属性相同，VPN 实例 1 将接收 VPN 实例 2 和 VPN 实例 3 的 VPN 路由。同理，VPN 实例 2 和 VPN 实例 3 将接收 VPN 实例 1 的 VPN 路由。VPN 实例 2 和 VPN 实例 3 之间路由互不接收。

与 RD 类似，VPN Target 也有三种格式：

1）16bits 自治系统号：32bits 用户自定义数字，例如：100：1。

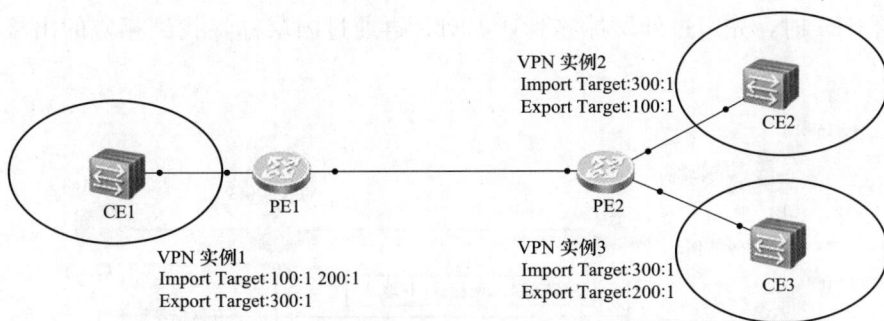

图 6-38　VPN Tatget 属性

2) 32bits IPv4 地址：16bits 用户自定义数字，例如：192.168.1.1：1。

3) 32bits 自治系统号：16bits 用户自定义数字，其中的自治系统号最小值为 65545。例如：65545：1。

在通过入口、出口扩展团体来控制 VPN 路由发布的基础上，如果需要更精确地控制 VPN 路由的引入和发布，可以使用入方向或出方向路由策略。

入方向路由策略根据路由的 VPN Target 属性进一步过滤可引入到 VPN 实例的路由，它可以拒绝接收引入列表中的团体选定的路由，而出方向路由策略则可以拒绝发布输出列表中的团体选定的路由。

（4）MP-BGP。BGP 协议被用来传递 VPN 路由，为了适应 VPN 技术，BGP 协议进行了一些扩展，增加了一些新的属性，扩展后的协议被称为 MP-BGP（Multiprotocol extensions for BGP-4）。MP-BGP 具有良好的兼容性，既可以支持传统的 IPv4 地址族，又可以支持 VPN-IPV4 地址族。

MP-BGP 共新增两个属性 MP_REACH_NLRI 和 MP_UNREACH_NLRI，以及一个扩展团体属性。

1) MP_REACH_NLRI 属性：作用是新增一条路由，主要包括 VPN-IPV4 地址、下一跳地址和私网 MPLS 标签。

2) MP_UNREACH_NLRI 属性：作用是删除一条路由，主要包括 VPN-IPV4 地址。

3) RT 属性：作用是控制 VPN 路由，主要是指 RT 属性，包括入口属性和出口属性。

（5）外层标签和内层标签。MPLS VPN 的报文转发在基本 MPLS VPN 应用中，VPN 报文转发采用两层标签方式，外层标签和内层标签。

1) 第一层标签：外层标签。用于在骨干网内部路由交换，指示从本地 PE 到对端 PE 的一条 LSP。VPN 报文利用这层标签，可以到达对端 PE。

2) 第二层标签：内层标签。本地 PE 设备将本地私网路由发送到对端时，为该路由分配一个内层标签，放在 MP-BGP 的 MP_REACH_NLRI 属性中。PE 根据内层标签可以确定数据报应转发到哪台 CE。

如图 6-39 所示，PE1 向 PE2 发布 VPN1 路由时，先在 IP 地址前压入内层标签，然后再私网标签前再压入外层标签。PE2 收到此路由时会连同内层标签一起保存下来。当 PE2 要发数据报给 CE1 时，先通过外层标签到达 PE1，再通过内层标签找到相应的出接口，到达 CE1。

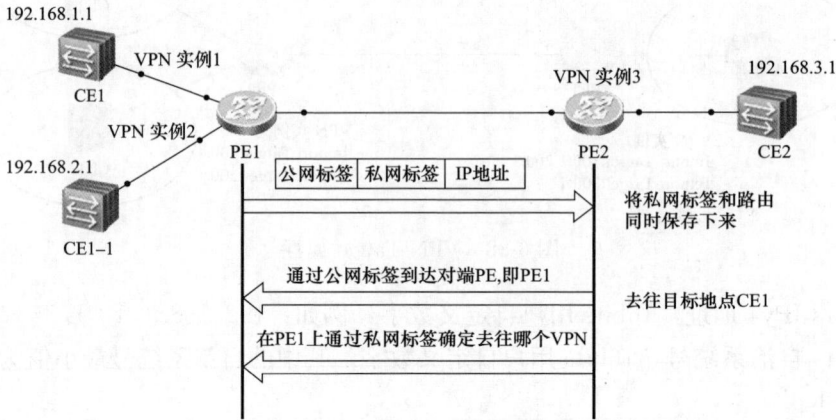

图 6-39　VPN 路由的两层标签

（6）路由转发。在 MPLS VPN 网络中，CE 与 PE 之间可以使用静态路由、OSPF、eB-GP、IS-IS 和 RIP 中的任意一种路由协议建立连接，交换路由信息。当 CE 与 PE 建立邻接关系后，CE 把本地 VPN 路由发布给 PE，同时从 PE 学到远端 VPN 路由。

PE 从 CE 学到本地 VPN 路由后，通过 MP-BGP 与其他 PE 交换 VPN 路由信息。PE 路由器只维护与它直接相连的 VPN 的路由信息，如图 6-39 中的 PE 1 只维护 VPN 实例 1 和 VPN 实例 2。P 路由器只维护到 PE 的路由，不需要了解任何 VPN 路由信息。以图 6-39 的网络为例：

1）CE1 侧的用户发出一个目的地址为 192.168.3.1 的 IP 报文，由 CE 1 报文发送至 PE 1。

2）PE1 根据报文到达的接口及目的地址查找 VPN 实例表项，匹配后将报文转发出去，同时打上内层和外层两个标签。

3）MPLS 网络利用报文的外层标签，将报文传送到 PE 2（报文在到达 PE 2 时已经被剥离外层标签，仅含内层标签）。

4）PE 2 根据内层标签和目的地址查找 VPN 实例表项，确定报文的出接口，将报文转发至 CE 2。

5）CE 2 根据正常的 IP 转发过程将报文传送到目的地。

# 6.2　数据网组网

## 6.2.1　基本 MP-BGP MPLS VPN

在 MP-BGP MPLS VPN 网络中，PE 通过设置不同的 VPN 实例来区分不同的用户业务；通过 RD 属性来解决私网地址空间重叠的问题；通过 RT 属性来控制 VPN 路由信息在各站点之间的发布和接收。

**1.** 基本组网方案

如图 6-40 所示，网络中存在两个 VPN，需要彼此隔离。同一个 VPN 的 CE 能够互通，不同 VPN 的 CE 不能互通。为此需要为每个 VPN 分配一个 RT 属性（包括入 Export Target 和 ImportTarget）。具体实施步骤如下：

（1）在 P、PE1 和 PE2 上运行 IGP（主要指 OSPF 或 IS-IS），使得 PE1 到 PE2 之间路由可达。

（2）在 P、PE1 和 PE2 上运行 MPLS 和 LDP，使得 PE1 能够通过查找标签信息转发表转发路由信息至 PE2。

（3）在 PE 上为每个 VPN 创建一个 VPN 实例，并运行路由协议与 CE 实现互通。

（4）在 PE 上配置 MP-BGP，使得 BGP 能为 VPN 路由添加内层标签，并支持 VPN-IPV4 地址。

（5）PE 将私网路由重分布至 BGP，通过 BGP 将本地私网路由传递至远端。

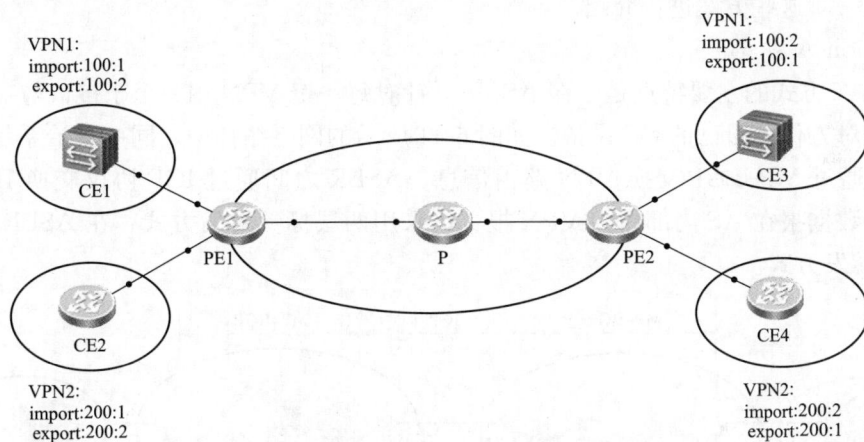

图 6-40　基本组网方案

**2.** 路由信息发布

在基本 MPLS VPN 组网中，VPN 路由信息的发布只与 CE 和 PE 有关，P 只维护骨干网的路由，不需要了解任何 VPN 路由信息。PE 路由器也只维护与它直接相连的 VPN 的路由信息。

VPN 路由信息从本地到远端的发布过程包括三部分：本地 CE 到入口 PE、入口 PE 到出口 PE、出口 PE 到远端 CE。完成这三部分后，本地 CE 与远端 CE 之间将建立可达路由，VPN 私网路由信息能够在骨干网上发布。

下面分别对这三部分进行介绍。

（1）本地 CE 到入口 PE 的路由信息交换。CE 与直接相连的 PE 建立邻接关系后，把本地 VPN 路由发布给 PE。此时，CE 发布到 PE 的路由是标准的 IPv4 路由。

（2）入口 PE 到出口 PE 的路由信息交换。PE 从 CE 得到 VPN 路由信息后，为这些标准 IPv4 路由增加 RD 和 RT 属性，形成 VPN-IPv4 路由，存放到为 CE 创建的 VPN 实例中。入口 PE 通过 MP-BGP 把 VPN-IPv4 路由发布给出口 PE。出口 PE 根据 VPN-IPv4 路由的 ExportTarget 属性与自己维护的 VPN 实例的 Import Target 属性，决定是否将该路由加入到 VPN 实例的路由表。

（3）出口 PE 到远端 CE 的路由信息交换。与本地 CE 到入口 PE 的路由信息交换相同，远端 CE 收到的路由也是标准的 IPv4 路由。

## 6.2.2　跨域 MPLS VPN

在实际应用中，用户一个 VPN 可能会跨越多个自治系统（AS），这种应用方式被称为跨域 VPN（Multi-AS VPN）。RFC 2547bis 中提出了三种跨域 VPN 解决方案，分别是：

（1）Inter-Provider Option A：VRF-to-VRF，ASBR 间使用子接口管理 VPN 路由。

（2）Inter-Provider Option B：EBGP Redistribution of labeled VPN-IPv4 routes，ASBR 间通过 MP-EBGP 发布标签 VPN-IPv4 路由。

（3）Inter-Provider Option C：Multihop EBGP redistribution of labeled VPN-IPv4 routes，PE 间通过 MP-EBGP 发布标签 VPN-IPv4 路由。

下面逐一对这些方案进行介绍。

**1.** Option A 方式

Option A 方式的主要特点是，在 ASBR 上针对每一个 VPN 用一个子接口与对端 ASBR 相连，并把对方作为自己的 CE 设备。如图 6-41 所示的网络拓扑中，同一自治系统的 PE 与 ASBR 之间通过 MP-iBGP 交换 VPN 路由信息，ASBR 之间通过 IGP 协议交换 IPv4 路由。也就是说，数据报在 AS 内部作为 VPN 报文，采用两层标签转发方式；在 ASBR 之间则采用普通 IP 转发方式。

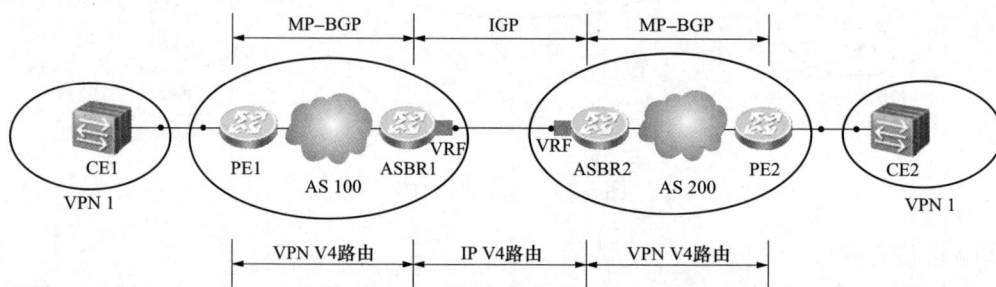

图 6-41　Option A 方式组网示意图

Option A 方式的优点是配置简单，ASBR 之间不需要为跨域进行特殊配置。缺点是扩展性较差。ASBR 要为每个 VPN 创建一个 VPN 实例。当 VPN 数量较多时，维护工作量比较大。

以图 6-42 的网络拓扑为例，Option A 的基本配置过程如下：

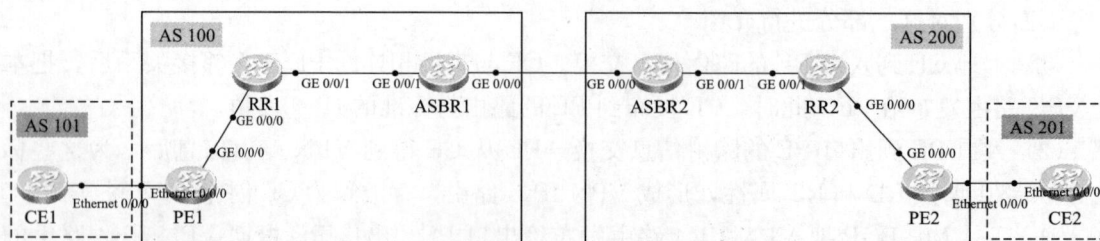

图 6-42　跨域 MPLS VPN 实例示意图

（1）自治系统内运行 IGP。在同一个自治系统内的 PE、RR 和 ASBR 通过 OSPF 或 IS-IS 建立邻居关系，并发布互连接口地址以及 Loopback0 接口地址。

（2）在同一个自治系统内的 PE、RR 和 ASBR 之间运行 MPLS 和 LDP。路由器要在全局界面和互联接口启用 MPLS 和 LDP。例如，在 PE1 全局界面上配置 MPLS 和 LDP，并在与 RR 互联的接口 GE0/0/0 上运行 MPLS 和 LDP，其他接口不必进行此项配置。

（3）在 PE 上创建 VPN 实例，并与 CE 实现互通。过程分三步：

1）创建 VPN 实例并配置 RD 和 RT；

2）与 CE 互连的接口绑定到 VPN 实例；

3）通过路由协议使 VPN 实例和 CE 互通，路由协议可以使用 eBGP、OSPF 和 IS-IS 等。

（4）创建 LSP 隧道。过程分为两步：

1）在两侧的 ASBR 上创建 VPN 实例，与子接口绑定，并将对端 ASBR 作为 CE，可以采用 IGP（例如 OSPF 协议），也可以采用 BGP。

2）两侧的 PE 与 ASBR 通过 Loopback0 接口建立 MP-iBGP 关系。

配置完成后，同一 VPN 中的设备 CE1 与 CE2 若要实现 VPN 路由信息的交换，则要经过以下步骤：

（1）PE1 与 CE1 已经实现互通后，PE1 将 CE1 的 IP v4 路由重分布到 VPN 实例中，通过 VPN 实例将路由信息接收下来。

（2）PE1 通过 MP-iBGP 将 VPNv4 路由信息传递给 ASBR1。

（3）ASBR 之间如果是通过 IGP 互连的，则 ASBR1 通过路由重分布将 VPNv4 路由引入 ASBR1 的 VPN 实例中。

（4）ASBR1 通过 IGP 将 IP v4 路由发送给 ASBR2。

（5）ASBR2 通过 MP-iBGP 将 VPN 路由转发给 PE2。

（6）PE2 将 VPN 路由重分布到 VPN 实例，并将去除标签后的 IPv4 路由转发给 CE2。

OPTIONA 方式中，每个自治系统各自构建从 PE 到 ASBR 的 LSP 隧道，内层标签代表 VPN 信息，外层标签代表到达 VPN 路由下一条 PE 的公网标签。不同自治系统的 ASBR 之间通过纯 IP 转发，没有 LSP 隧道。根据以上过程的抓包结果，如图 6-43、图 6-44 所示。

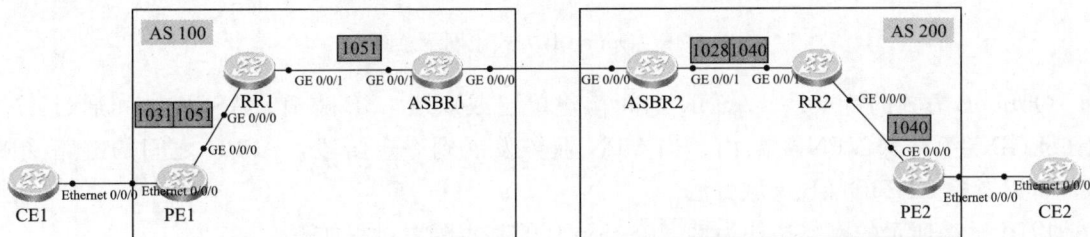

图 6-43　Option A 的 LSP 隧道标签

**2.** Option B 方式

OptionB 方式同样简单易用，其核心思想是 ASBR 直接交换 VPNv4 路由。ASBR 与本地自治系统的 PE 建立 MP-iBGP 关系，通过具有双层标签的 LSP 隧道接收 VPNv4 路由；

```
    ⊞ Frame 30: 106 bytes on wire (848 bits), 106 bytes captured (848 bits)
位  ⊞ Ethernet II, Src: HuaweiTe_4a:83:42 (54:89:98:4a:83:42), Dst: HuaweiTe_c0:83:42 (54:89:98:c0:83:42)
置  ⊞ MultiProtocol Label Switching Header, Label: 1031 Exp: 0, S: 0, TTL: 255
    ⊞ MultiProtocol Label Switching Header, Label: 1051 Exp: 0, S: 1, TTL: 255
1   ⊞ Internet Protocol, Src: 10.7.7.7 (10.7.7.7), Dst: 10.8.8.8 (10.8.8.8)
    ⊞ Internet Control Message Protocol

    ⊞ Frame 8: 102 bytes on wire (816 bits), 102 bytes captured (816 bits)
位  ⊞ Ethernet II, Src: HuaweiTe_c0:84:42 (54:89:98:c0:84:42), Dst: HuaweiTe_59:84:42 (54:89:98:59:84:42)
置  ⊞ MultiProtocol Label Switching Header, Label: 1051 Exp: 0, S: 1, TTL: 254
2   ⊞ Internet Protocol, Src: 10.7.7.7 (10.7.7.7), Dst: 10.8.8.8 (10.8.8.8)
    ⊞ Internet Control Message Protocol

    ⊞ Frame 1: 98 bytes on wire (784 bits), 98 bytes captured (784 bits)
位  ⊞ Ethernet II, Src: HuaweiTe_59:83:42 (54:89:98:59:83:42), Dst: HuaweiTe_5c:83:42 (54:89:98:5c:83:42)
置  ⊞ Internet Protocol, Src: 10.7.7.7 (10.7.7.7), Dst: 10.8.8.8 (10.8.8.8)
3   ⊞ Internet Control Message Protocol

    ⊞ Frame 10: 106 bytes on wire (848 bits), 106 bytes captured (848 bits)
位  ⊞ Ethernet II, Src: HuaweiTe_5c:84:42 (54:89:98:5c:84:42), Dst: HuaweiTe_44:84:42 (54:89:98:44:84:42)
置  ⊞ MultiProtocol Label Switching Header, Label: 1028 Exp: 0, S: 0, TTL: 255
    ⊞ MultiProtocol Label Switching Header, Label: 1040 Exp: 0, S: 1, TTL: 255
4   ⊞ Internet Protocol, Src: 10.7.7.7 (10.7.7.7), Dst: 10.8.8.8 (10.8.8.8)
    ⊞ Internet Control Message Protocol

    ⊞ Frame 8: 102 bytes on wire (816 bits), 102 bytes captured (816 bits)
位  ⊞ Ethernet II, Src: HuaweiTe_44:83:42 (54:89:98:44:83:42), Dst: HuaweiTe_e3:83:42 (54:89:98:e3:83:42)
置  ⊞ MultiProtocol Label Switching Header, Label: 1040 Exp: 0, S: 1, TTL: 254
5   ⊞ Internet Protocol, Src: 10.7.7.7 (10.7.7.7), Dst: 10.8.8.8 (10.8.8.8)
    ⊞ Internet Control Message Protocol
```

图 6-44　Option A 方式的抓包结果

两个自治系统的 ASBR 之间建立 MP-eBGP 关系，通过含单层标签的 LSP 隧道交换 VPNv4 路由，如图 6-45 所示。

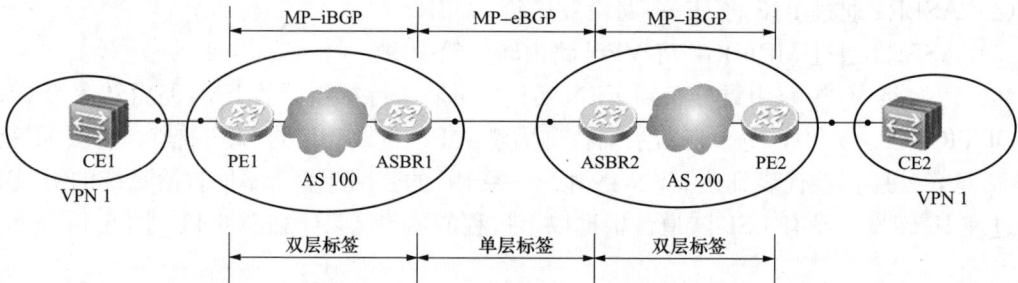

图 6-45　Option B 方式组网示意图

OptionB 方式的特点是，ASBR 之间构建单层或双层 LSP 隧道。ASBR 之间通过建立 MP-eBGP 关系传递 VPNv4 路由。当 VPN 业务发展到一定阶段，ASBR 之间的链路受限时，可以考虑 OPTION B 跨域方法。

以图 6-42 所示的网络拓扑为例，Option B 的基本配置过程如下：

（1）自治系统内运行 IGP。在同一个自治系统内的 PE、RR 和 ASBR 通过 OSPF 或 IS-IS 建立邻居关系，并发布互连接口地址以及 Loopback0 接口地址。

（2）在同一个自治系统内的 PE、RR 和 ASBR 之间运行 MPLS 和 LDP。路由器要在全局界面和互连接口启用 MPLS 和 LDP。例如，在 PE1 全局界面上配置 MPLS 和 LDP，并在与 RR 互连的接口 GE0/0/0 上运行 MPLS 和 LDP，其他接口不必进行此项配置。

（3）在 PE 上创建 VPN 实例，并与 CE 实现互通。过程分三步：

1）创建 VPN 实例并配置 RD 和 RT；

2）与 CE 互连的接口绑定到 VPN 实例；

3）通过路由协议使 VPN 实例和 CE 互通，路由协议可以使用 eBGP、OSPF 和 IS-IS 等。

（4）创建 LSP 隧道。过程分为两步。

1）两侧的 PE 与 ASBR 通过 Loopback0 接口建立 MP-iBGP 关系。

2）不同自治系统的 ASBR 可以通过直连接口或 Loopback0 接口建立 MP-eBGP 关系。默认情况下 ASBR 要通过匹配 RT 值决定是否接收 VPNv4 路由。但是，在 Option B 方式下，ASBR 没有配置 VPN 实例，因此要将此功能关闭，使得 ASBR 在任何情况下都能接收 VPNv4 路由。同时，ASBR 间互连的接口需要启用 MPLS，但是不需要配置 LDP。

CE1 向 CE2 发布路由时整条 LSP 隧要保持标签连续，从而构建出一条传递 VPNv4 路由的通道，具体可分为以下步骤：

（1）CE1 将路由信息传到 PE1 的 VPN 实例中。

（2）PE1 通过 MP-iBGP 把 VPNv4 路由发布给 ASBR1。

（3）ASBR1 通过 MP-eBGP 方式把 VPNv4 路由发布给 ASBR2。

（4）ASBR2 再通过 MP-iBGP 方式把 VPNv4 路由发布给 PE2。

（5）PE2 将 VPN 实例中的路由信息传给 CE2。

OPTION B 方式中，自治系统内部采用两层标签，自治系统之间采用一层标签，共同构建一条从 PE1 到 PE2 的 LSP 隧道。根据以上过程的抓包结果，如图 6-46、图 6-47 所示。

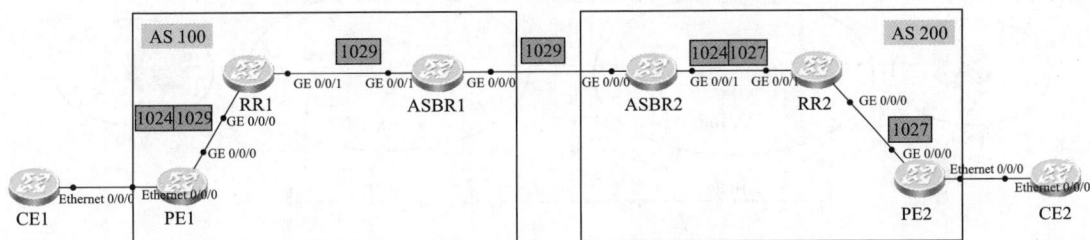

图 6-46 Option B 的 LSP 隧道标签

**3.** Option C 方式：PE 间通过 MP-EBGP 发布标签 VPNv4 路由

与前两种方式不同，采用 Option C 方式的跨域 MPLS VPN 不需要 ASBR 参与 VPNv4 路由的维护和发布。不同自治系统的 PE 之间或 RR 之间通过建立 MP-eBGP 关系来发布 VPNv4 路由。这种方式减轻了 ASBR 的负担，ASBR 之间只需要传递普通 IPv4 路由就可以了。ASBR 上即不保存 VPNv4 路由，也不通告 VPNv4 路由。

如图 6-48 所示，PE1 与 PE2 建立了 MP-eBGP 关系，彼此间通告 VPN-IPv4 路由。PE 与 ASBR 之间建立 iBGP 关系，ASBR 之间建立 eBGP 关系，彼此间通告 IPv4 路由。值得注意的是，ASBR 要为 IPv4 路由添加标签。此时 ASBR 要在互联接口启用 MPLS 协议，并且利用 BGP 协议进行标签的分发。LDP 协议在此场景下不适用。

如果在 PE 和 ASBR 之间存在路由反射器 RR，则在区域内使 PE 和 RR 建立 MP-eBGP 关系，区域间两台 RR 建立 MP-eBGP 关系并交换 VPN-IPv4 路由。ASBR 之间仍然建立 eBGP 关系，通告 IPv4 路由。

```
位  ⊞ Frame 46: 106 bytes on wire (848 bits), 106 bytes captured (848 bits)
置  ⊞ Ethernet II, Src: HuaweiTe_cc:83:42 (54:89:98:cc:83:42), Dst: HuaweiTe_de:83:42 (54:89:98:de:83:42)
   ⊞ MultiProtocol Label Switching Header, Label: 1024  Exp: 0, S: 0, TTL: 255
1  ⊞ MultiProtocol Label Switching Header, Label: 1029  Exp: 0, S: 1, TTL: 255
   ⊞ Internet Protocol, Src: 10.7.7.7 (10.7.7.7), Dst: 10.8.8.8 (10.8.8.8)
   ⊞ Internet Control Message Protocol

位  ⊞ Frame 20: 102 bytes on wire (816 bits), 102 bytes captured (816 bits)
置  ⊞ Ethernet II, Src: HuaweiTe_de:84:42 (54:89:98:de:84:42), Dst: HuaweiTe_ab:84:42 (54:89:98:ab:84:42)
   ⊞ MultiProtocol Label Switching Header, Label: 1029  Exp: 0, S: 1, TTL: 254
2  ⊞ Internet Protocol, Src: 10.7.7.7 (10.7.7.7), Dst: 10.8.8.8 (10.8.8.8)
   ⊞ Internet Control Message Protocol

位  ⊞ Frame 1: 102 bytes on wire (816 bits), 102 bytes captured (816 bits)
置  ⊞ Ethernet II, Src: HuaweiTe_ab:83:42 (54:89:98:ab:83:42), Dst: HuaweiTe_9c:83:42 (54:89:98:9c:83:42)
   ⊞ MultiProtocol Label Switching Header, Label: 1029  Exp: 0, S: 1, TTL: 253
3  ⊞ Internet Protocol, Src: 10.7.7.7 (10.7.7.7), Dst: 10.8.8.8 (10.8.8.8)
   ⊞ Internet Control Message Protocol

位  ⊞ Frame 11: 106 bytes on wire (848 bits), 106 bytes captured (848 bits)
置  ⊞ Ethernet II, Src: HuaweiTe_9c:84:42 (54:89:98:9c:84:42), Dst: HuaweiTe_df:84:42 (54:89:98:df:84:42)
   ⊞ MultiProtocol Label Switching Header, Label: 1024  Exp: 0, S: 0, TTL: 252
4  ⊞ MultiProtocol Label Switching Header, Label: 1027  Exp: 0, S: 1, TTL: 252
   ⊞ Internet Protocol, Src: 10.7.7.7 (10.7.7.7), Dst: 10.8.8.8 (10.8.8.8)
   ⊞ Internet Control Message Protocol

位  ⊞ Frame 8: 102 bytes on wire (816 bits), 102 bytes captured (816 bits)
置  ⊞ Ethernet II, Src: HuaweiTe_df:83:42 (54:89:98:df:83:42), Dst: HuaweiTe_a0:83:42 (54:89:98:a0:83:42)
   ⊞ MultiProtocol Label Switching Header, Label: 1027  Exp: 0, S: 1, TTL: 251
5  ⊞ Internet Protocol, Src: 10.7.7.7 (10.7.7.7), Dst: 10.8.8.8 (10.8.8.8)
   ⊞ Internet Control Message Protocol
```

图 6-47　Option C 方式的抓包结果

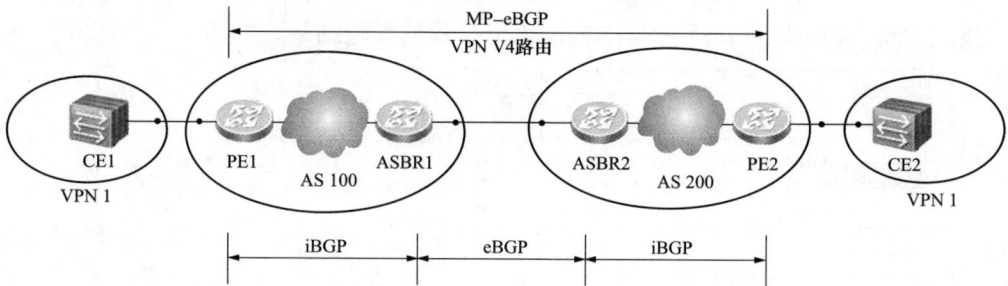

图 6-48　Option C 方式组网示意图

Option C 方式实现跨域的关键在于构建 LSP 公网隧道，传递 VPNv4 路由。如前所述，Option C 方式主要有两种形式：一种是 PE 之间建立 MP-eBGP 关系；另一种是 RR 之间建立 MP-eBGP 关系。

下面以图 6-49 所示的网络拓扑结构为例，说明在 PE 之间建立 MP-eBGP 关系的过程。

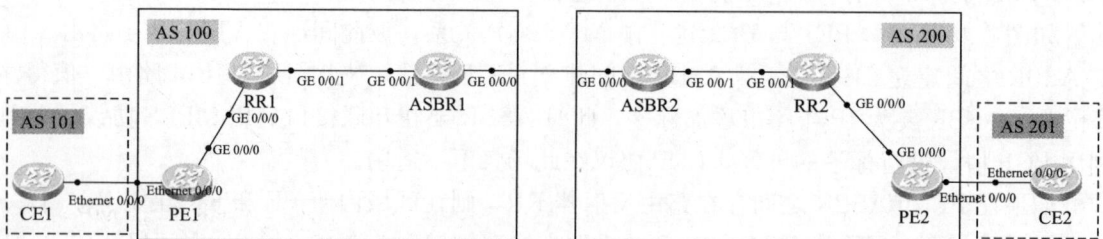

图 6-49　Option C 方式实例

(1) 自治系统内运行 IGP。在同一个自治系统内的 PE、RR 和 ASBR 通过 OSPF 或 IS-IS 建立邻居关系，并发布互联接口地址以及 Loopback0 接口地址。如图 6-50 所示，在 RR 上显示出已经与 PE、ASBR 建立 OSPF 邻接关系。

```
        OSPF Process 1 with Router ID 10.2.2.2
              Peer Statistic Information
-------------------------------------------------------------------
Area Id          Interface                   Neighbor id   State
0.0.0.0          GigabitEthernet0/0/0        10.1.1.1      Full
0.0.0.0          GigabitEthernet0/0/1        10.3.3.3      Full
-------------------------------------------------------------------
```

图 6-50　OSPF 邻居状态

(2) 在同一个自治系统内的 PE、RR 和 ASBR 之间运行 MPLS 和 LDP。例如，在 PE1 上全局界面上配置 MPLS 和 LDP，并在与 RR 互连的接口 GE0/0/0 上运行 MPLS 和 LDP，其他接口不必进行此项配置。PE1、RR1 和 ASBR1 全部配置成功后，在 RR1 上应有图 6-51 所示显示的状态。

```
-------------------------------------------------------------------
PeerID          Status        LAM  SsnRole   SsnAge      KASent/Rcv

10.1.1.1:0      Operational   DU   Active    0000:00:11  48/48
10.3.3.3:0      Operational   DU   Passive   0000:00:11  48/48
-------------------------------------------------------------------
```

图 6-51　MPLS LDP Session

(3) 在 PE 上创建 VPN 实例，并与 CE 实现互通。过程分三步：

1) 创建 VPN 实例并配置 RD 和 RT；

2) 与 CE 互连的接口绑定到 VPN 实例；

3) 通过路由协议使 VPN 实例和 CE 互通，路由协议可以使用 eBGP、OSPF 和 IS-IS 等。

(4) 建立 BGP 邻居关系。过程分为三步：

1) PE1 与 ASBR1（以及 PE2 与 ASBR2）通过 Loopback0 接口建立 iBGP 关系。ASBR 要针对 PE 输入下一条自我的命令。

2) ASBR1 和 ASBR2 之间用直连口建立 eBGP 关系。

3) PE1 和 PE2 的 Loopback0 接口建立多跳的 MP-eBGP 关系。此时，由于 PE 的 Loopback0 不可达，第三步还不能成功实现。

```
bgp 200
#
ipv4-family unicast
 undo synchronization
 import-route ospf 1 route-policy 2
 peer 10.6.6.6 enable
 peer 10.6.6.6 next-hop-local
 peer 100.0.34.3 enable
 peer 100.0.34.3 route-policy 1 export
 peer 100.0.34.3 label-route-capability
#

route-policy 1 permit node 10
 apply mpls-label
```

图 6-52　ASBR 间保持标签连续的配置举例

(5) PE1 与 PE2 的 Loopback0 接口互为可达。过程分为两步：

1) 由于自治系统内已经运行 IGP，PE 的 Loopback0 存在于 ASBR 的 IGP 路由表中。在 ASBR 上，将 IGP 引入 BGP 中。

2) 在 ASBR 互连接口上启用 MPLS，并在 BGP 下进行配置以保持标签连续，如图 6-52 所示（在此例中 100.0.34.3 是对端 ASBR 的互联接口地址）。

通过以上五个步骤，就能在 PE 之间建立一条 LSP 隧道，内层标签由 PE 直接分配给 VPN 路由，外层标签将分段进行分配。PE1 和 ASBR1 之间通过 IGP 协议实现互通，然后通过 MPLS 协议和 LDP 协议实现外层标签的分发和交换。ASBR1 和 ASBR2 之间通过 BGP 协议分发标签。

在 CE1 上运行命令 ping-a 10.7.7.7 10.8.8.8（10.7.7.7 为 CE1 的 Loopback0 地址，10.8.8.8 为 CE2 的 Loopback0 地址），在分别在 1～5 号位置进行抓包，结果如图 6-53 和图 6-54 所示。CE1 将数据报转发给 PE1 时是不带标签的，PE1 将数据报打上内层标签和外层标签转发给 RR1。此后，数据报在传输的过程中内层标签始终是不变的，外层标签每经过一跳就会进行标签交换，并在转发给 PE2 时弹出外层标签，PE2 再将内层标签剥离，将数据报转发给 CE2。

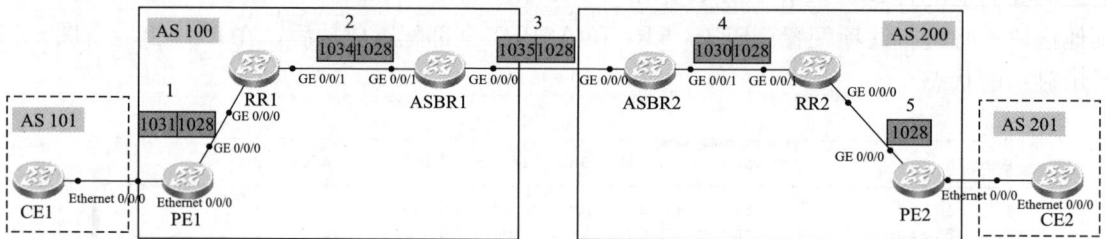

图 6-53　Option C 的 LSP 隧道标签

图 6-54　Option C 方式的抓包结果

同样以图 6-42 所示的网络拓扑结构为例，说明在 RR 之间建立 MP-eBGP 关系的过程。

（1）自治系统内运行 IGP。在同一个自治系统内的 PE、RR 和 ASBR 通过 OSPF 或 IS-

IS 建立邻居关系，并发布互连接口地址以及 Loopback0 接口地址。在 RR 上显示出已经与 PE、ASBR 建立 OSPF 邻接关系。

（2）在同一个自治系统内的 PE、RR 和 ASBR 之间运行 MPLS 和 LDP。例如，在 PE1 上全局界面上配置 MPLS 和 LDP，并在与 RR 互连的接口 GE0/0/0 上运行 MPLS 和 LDP，其他接口不必进行此项配置。PE1、RR1 和 ASBR1 全部配置成功后，在 RR1 上应有显示的状态。

（3）在 PE 上创建 VPN 实例，并与 CE 实现互通。过程分三步：

1）创建 VPN 实例并配置 RD 和 RT；

2）与 CE 互连的接口绑定到 VPN 实例；

3）通过路由协议使 VPN 实例和 CE 互通，路由协议可以使用 eBGP、OSPF 和 IS-IS 等。

（4）建立 BGP 邻居关系。过程分为三步：

1）PE1 与 RR1（以及 PE2 与 RR2）通过 Loopback0 接口建立 MP-iBGP 关系。ASBR 要针对 RR 输入下一跳自我的命令。

2）ASBR1 和 ASBR2 之间用直连口建立 eBGP 关系。

3）RR1 与 RR2 通过 Loopback0 接口建立多跳的 MP-eBGP 关系。同样的，要完成第三步必须使 RR 的 Loopback0 可达。RR1 和 RR2 上没有配置 VPN 实例，所以必须将 RT 策略去除掉。

（5）PE1 与 PE2 的 Loopback0 接口互为可达。过程分为两步：

1）由于自治系统内已经运行 IGP，PE 的 Loopback0 存在于 ASBR 的 IGP 路由表中。在 ASBR 上，将 IGP 引入 BGP 中。

2）在 ASBR 互连接口上启用 MPLS，并在 BGP 下进行配置以保持标签连续（在此例中 100.0.34.3 是对端 ASBR 的互联接口地址）。

在 CE1 上运行命令 ping-a 10.7.7.7 10.8.8.8（10.7.7.7 为 CE1 的 Loopback0 地址，10.8.8.8 为 CE2 的 Loopback0 地址），在分别在 1~5 号位置进行抓包，结果如图 6-55 所示。

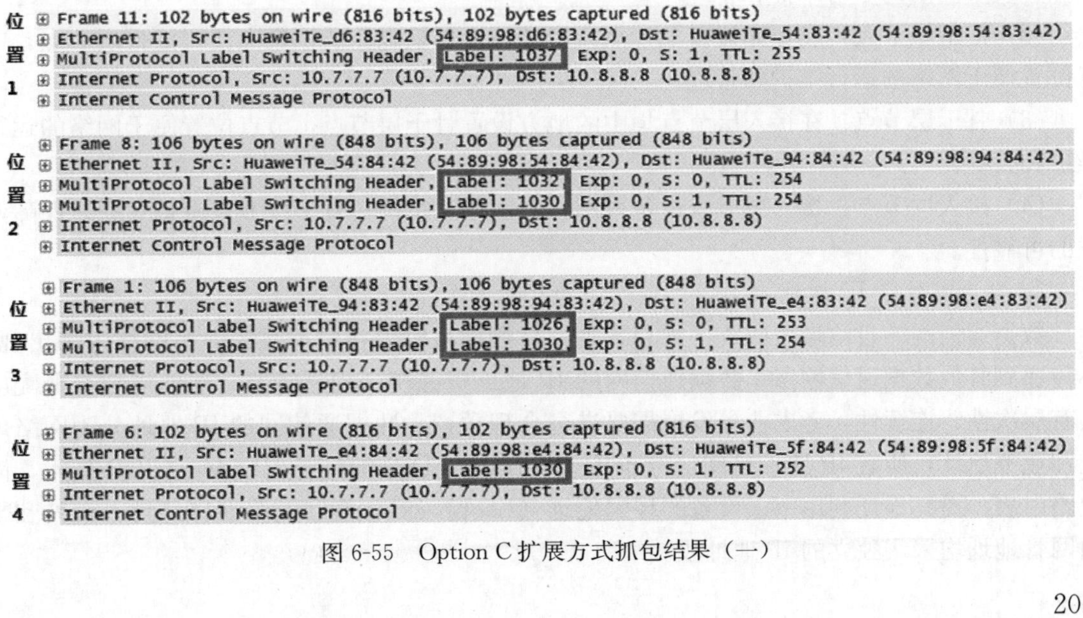

图 6-55　Option C 扩展方式抓包结果（一）

```
位    ⊞ Frame 5: 102 bytes on wire (816 bits), 102 bytes captured (816 bits)
置    ⊞ Ethernet II, Src: HuaweiTe_5f:83:42 (54:89:98:5f:83:42), Dst: HuaweiTe_bf:83:42 (54:89:98:bf:83:42)
      ⊞ MultiProtocol Label Switching Header, Label: 1029 Exp: 0, S: 1, TTL: 251
      ⊞ Internet Protocol, Src: 10.7.7.7 (10.7.7.7), Dst: 10.8.8.8 (10.8.8.8)
5     ⊞ Internet Control Message Protocol
```

图 6-55　Option C 扩展方式抓包结果（二）

**4.** 三种方式的比较

跨域 MPLS VPN 三种方式比较见表 6-3。

表 6-3　　　　　　　　　　　　　**跨域 MPLS VPN 三种方式比较**

| 项目 | OPTION A | OPTION B | OPTION C |
|---|---|---|---|
| 难易程度 | 简单 | 较难 | 较难 |
| 标签 | AS 内部双层标签，域间传递数据报时无标签 | AS 内部双层标签，域间单层标签 | 不同 AS 的 PE（或 RR）之间是双层标签 |
| ASBR | 需为每个 VPN 实例配置 VRF，并处理 VPN 信息 | ASBR 之间建立 MP-eBGP 关系，并传递 VPN 信息 | 不需要处理 VPN 信息 |

# 6.3　数据网典型应用

## 6.3.1　数据网建设标准

**1.** 网络架构

数据通信网架构分为核心层、汇聚层、骨干层、接入层。核心层节点、汇聚层节点、骨干层节点的网络结构应分层清晰，结构扁平；节点设备配置双机热备冗余方式。核心层节点的数量根据通信传输网的架构、数据通信网络拓扑、网络整体可靠性等因素统筹考虑决定。

（1）核心层节点：在业务流量集中点或者地理上传输电路的集结点设置核心层节点，节点位置便于网络的运行维护和管理。

（2）汇聚层节点：在业务流量汇聚点或者地理上传输电路的汇聚点设置汇聚层节点，节点位置便于网络的运行维护和管理。

（3）骨干层节点：在接入层节点集中的地方设置骨干层节点，节点位置便于网络的运行维护和管理。

（4）接入层节点：接入层节点设备采用"口字形"结构与骨干层节点设备互联，保障业务的可靠性。

**2.** 自治域号与 IP 地址

数据通信网的自治域号码统一规划管理；自治域号码仅在单个数据通信网络内部出现，不传递到其他数据通信网络；数据通信网的 IP 地址资源统一规划管路，地址规划与分配应具有层次性、连续性，考虑业务发展需要进行合理预留；数据通信网的 IP 地址分为网络地址和业务地址，所有 IP 地址空间应互不重叠；IPv4 地址分配结合 VLSM、CIDR 技术，简化路由表，提高地址利用率；设备的环回地址（Loopback）、互联链路端口地址、带外和带内网管地址均采用独立的 IP 地址段。

**3.** 路 由

（1）路由协议。数据通信网内所有的 P/PE 设备组成一个独立的自治域和路由域，域内采用 IS-IS 协议作为 IGP 协议，符合 IETF RFC 1142 的相关规定。IS-IS 协议采用统一的 IS-IS Level-2 only 模式，骨干层可划分 IS-IS 逻辑区域，除每个逻辑区域出口的骨干设备之外，逻辑区域内的设备应配置为 IS-IS Level only 模式。数据通信网 PE 路由器与 CE 路由器之间采用 e-BGP 协议实现 VPN 路由协议分发。

对于 IPv4 网络，域内路由协议采用 IS-IS 协议，域间路由协议应采用 MP-eBGP 协议，应符合 IETF RFC 4271 的相关规定。

对于 IPv6 网络，域内路由协议采用 IS-ISv6 协议，域间路由协议应采用 BGP4＋协议。

（2）路由策略。

1）基本要求。路由策略应选用主流的路由技术和合理的策略，实现网络路由的优化。路由策略的部署要求为：

a. 通过路由策略实现预期的路由选择，满足流量疏通和对流量流向的控制要求；

b. 路由设计应保证路由的稳定性和冗余性，实现对业流量的可靠承载与转发；

c. 应尽量对路由进行汇总，减少路由表条目和提高路由稳定性；

d. 采用先进的路由控制技术，如路由反射、BFD、IS-IS padding 等功能提高路由性能和可靠性；

e. 应保证路由策略的可扩展性，可以根据需求的变化快速地进行调整；

f. 应满足路由安全的要求，提高对非法路由及路由攻击的防御能力。

2）网络内部 IGP 路由策略。网络内部 IGP 路由策略实现的基本要求为：

a. 数据通信网根据需要选择合理的路由汇总、路由过滤策略，以便最大限度减少介入机构上传路由条目数量、消除本地路由变化引发的更新信息穿越整个网络进行传播；

b. 网络 IGP 域应具有明确的边界，以保障内部网络的安全；

c. 应统一进行 IS-IS 路由区域（Area）、System-ID 划分；

d. 应根据网络流量分担、业务核心分布情况、路由冗余备份的实际需求，统一规划路由 Metric 值，实现预期的数据转发路径引导和管理控制策略目标；

e. IGP 主要负责承载数据通信网内部互联端口路由、设备环回地址路由等，除此之外的其他路由、业务路由信息不应超过 IGP 协议传播。

3）网络内部 BGP 路由策略。网络内部 BGP 路由策略应合理规划，其实施的基本要求为：

a. 除 IGP 路由协议承载的域内路由外，域间路由应通过 MP-eBGP 协议负责承载；包括 VPN 内的缺省路由、VPN 明细路由；

b. 与接入层互联应采用 E-BGP 路由协议，E-BGP 路由应部署接收及过滤策略。在网络 PE 入侧配置内网网段上行访问。同时，CE 接入设备应采用动态路由，做好路由过滤和路由汇总，实现路由动态切换；

c. 应在 PE 设备上针对 VPN 业务路由部署震荡抑制功能，以保持数据通信网络中 BGP 内路由信息的稳定性；

d. BGP 自治域内所有 PE 路由器均应运行域内 MP-IBGP，以解决 BGP 同步问题；

e. 数据通信网应采用路由反射器技术提高 IBGP 会话的扩展性，路由反射器（RR）应冗余设置，建议设置专用 RR 设备，可结合网络拓扑规模合理考虑部署分级 RR，以及 RR 分区域管理下辖设备；

f. 路由策略应充分利用 BGP 属性实现控制和过滤，应对 BGP 路由设置 Community 属性，以区分不同的路由来源、路由范围、QoS 等级等；并根据实际情况设置 MED 值、本地优先级等属性实现路由选择。

4）网络外部上行路由策略。上行路由策略的基本要求为：

a. CE 设备应按照全网统一标准进行区域及 System-ID 的划分；

b. 应根据网络流量分担、分布与路由备份需要，统一规划路由 Metric 值，实现与 PE 设备间路径负载分担及备份的路由策略；

c. IGP 主要负责承载 CE 设备互联端口路由、设备环回地址路由等，CE 和 PE 设备采用 e-BGP 路由互联方式，其实施的基本要求为：①除 IGP 承载的域内路由外，域间均有 BGP 负责承载，包含缺省路由、VPN 路由等。②与 PE 互联应采用 e-BGP 路由协议，CE 应配置 e-BGP 路由发送及过滤策略。在 CE 出侧配置安全防护策略，只允许合法内网网段上行访问。同时，CE 接入设备应采用动态路由，做好路由过滤和路由汇总，实现路由动态切换。③路由策略应充分利用 BGP 属性实现控制与过滤，应对 BGP 路由设置 Community 属性，以区分不同的路由来源、路由范围、QoS 等级等；并根据 MED 值、本地优先级等属性实现路由选择。

**4. 服务质量保证**

（1）QoS 基本要求。根据数据业务、语音、视频融合承载的需要，数据通信网应提供具有 QoS 保障的差分服务，QoS 部署要求如下：

1）考虑路由器端口都应保留一定比例带宽作为链路控制、严格优先级队列等用途，全网 5min 内的各条链路带宽利用率不应超过总带宽的 30％；

2）采用 DiffServ 作为网络突发拥塞时 QoS 保障的主要方式，确保高等级业务优先转发。骨干网可结合适度轻载、快速路由收敛及快速重路由等方式提高网络服务质量；

3）各种 QoS 策略按照 DiffServ 模型和业务开展的需要在网络的不同位置实施，在网络边界实施分类标记和流量控制，在全网实现拥塞控制；

4）根据业务需求情况和设备支持能力，应用基于 BGP 属性的 QoS 标识等技术，对有 QoS 需求的业务通过 QoS 等级技术进行保证；

5）MPLS QoS 采用 E-LSP（EXP-inferred-PSC LSPs）模式，实现基于 DiffServ 的 QoS 保障；

6）组播的 QoS 同单播的 QoS 一致，实现基于 DiffServ 的 QoS 保障；

7）IPv6 使用与 IPv4 一致的方式，实现基于 DiffServ 的 QoS 保障。

（2）QoS 配置模型。QoS 服务保障策略应以带宽预留保证为主，结合 DiffServ、路由快速收敛、快速重路由等技术，实现网内的 QoS 保障。要求如下：

1）使用 MPLS EXP 作为标记手段。在网络边界设备上进行分类和标识，原则上根据端口（物理端口或逻辑端口）或标记字段实现业务分类和标记。在保证安全的前提下，可以考虑用 IP 地址或应用层端口号来分类，以提高业务开展的灵活性；

2）限速和整形在网络边界设备上进行；

3）网络设备提供一个绝对优先队列和四个以上轮插队列，整合 WRED 丢弃机制，实现基于 QoS 等级的 IP 包转发。在条件具备后，可以考虑提供两个队列，用于保障网络控制流量的安全隔离和优先转发；

4）要求 MPLS 结合 DiffServ 提供不同等级的服务质量。采用基于 IP Precedence（IPP）和 MPLS EXP 标记位最大支持 8 个业务等级分类。其中 IP Precedence（IPP）和 MPLS EXP 相对应，分别是 0～7。针对数据通信网，级别 6 作为最高优先级、级别 4 作为高等优先级、级别 2 作为中等优先级、级别 1 作为低等优先级、级别 0 作为默认级。级别 3 和级别 5 预留，作为以后网络扩展使用。业务等级分类见表 6-4。

表 6-4　　　　　　　　　　　　　　　　业务等级分类表

| 业务等级 | 标记值 | 所承载的典型业务 |
|---|---|---|
| 关键 | 6 | 网络设备管理控制流量；IP 电话信令和语音流量 |
| 高 | 4 | 交互式、单向式视频会议业务；<br>大数据快流量；<br>交易系统、关键性业务数据 |
| 中 | 2 | 备份数据；<br>低带宽、长连接数据流量 |
| 低 | 1 | 时延不敏感业务流量；<br>低带宽、低试用率业务流量 |
| 确认 | 0 | 无需 QoS 保障业务 |

## 6.3.2　通信数据网典型应用

**1. 网络拓扑图**

某企业数据网采用网络分层结构，总体上由核心层和边缘层组成。核心层由企业总部及各省分公司组成，向下连接本省的各地市。边缘层由各个地市组成，每个地市采用本地核心层、本地汇聚层和本地接入层的三层组网结构。

如图 6-56 所示，各省分公司核心层网络由 2 台核心路由器和 2 台反射路由器组成，各地市边缘层网络通过 2 台边缘路由器与核心层相连。各地市通过两台边缘路由器向上与核心层相连，向下与本地核心层相连，形成双口字型网络拓扑。

如图 6-56 所示，每个地区的网络结构均分为三层，本地核心层由 2 台核心路由器组成，作为 P 设备。下属各个县各作为本地汇聚层，每个县由 2 台本地汇聚路由器组成，作为 PE 设备，以口字型向上连接至地市核心路由器上。各个直属单位作为本地接入层，每个单位由 1 台交换机组成，向上分别连接本地汇聚层的 2 台 PE 设备。

**2. PE 设备典型配置**

以图 6-57 所示网络拓扑图为例，本地汇聚路由器作为 PE 设备，向上与本地核心路由器（P 设备）相连，向下与本地接入路由器（CE 设备）相连。PE 设备与 P 设备建立 IPv4 和 VPNV4 邻居关系（VPNV4 采用 loopback1 为源地址建立），使用 IS-IS 与各 CE 设备互通。图 6-57 中 PE 设备和 P 设备部分 IP 地址见表 6-5。

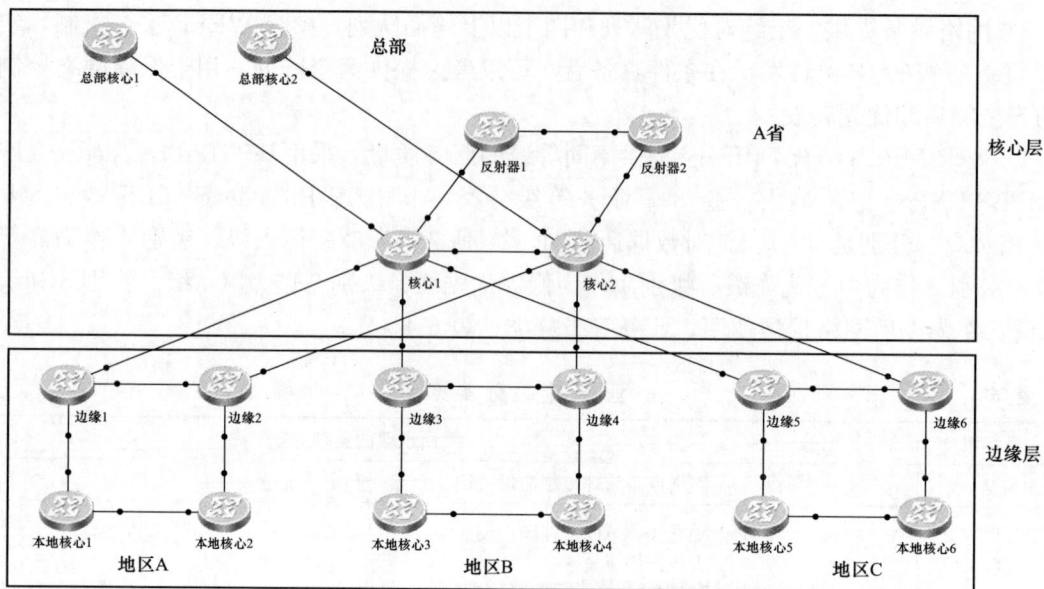

图 6-56　某企业数据网总体拓扑图

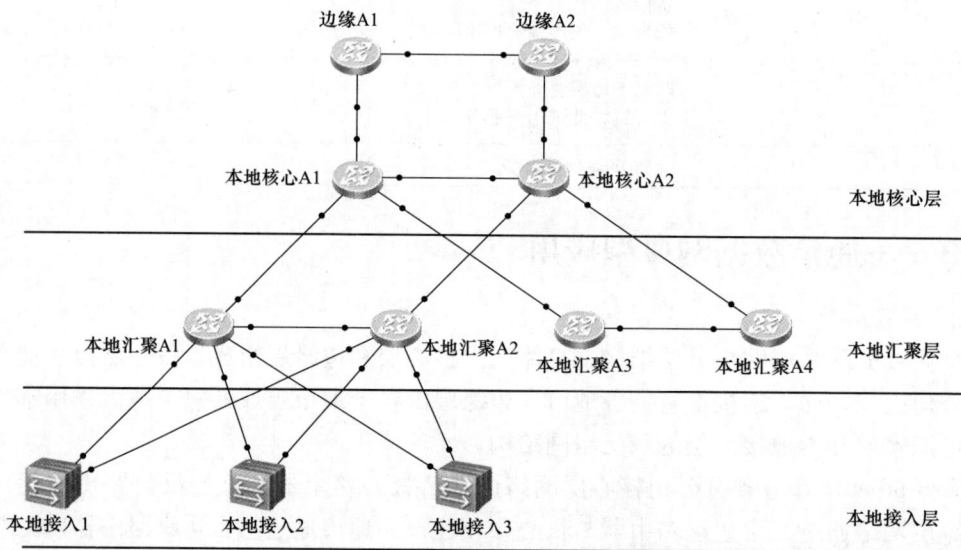

图 6-57　各地市数据网络拓扑图

表 6-5　　　　　　　　　　　　　　PE 设备和 P 设备部分 IP 地址表

| 本地设备 | 地址 | 接口 | 对端设备 |
|---|---|---|---|
| PE 设备<br>（AS 200） | 172.16.1.1/30 | g3/0/0 | VPNA-CE |
| | 172.16.2.1/30 | g3/0/1 | VPNB-CE |
| | 11.48.0.58/30 | g3/2/0 | P 设备 |
| | 11.49.125.1/32 | loopback0 | |
| | 11.49.123.1/32 | loopback1 | |
| P 设备<br>（AS 100） | 11.48.0.57/30 | g4/3/2 | PE 设备 |
| | 11.49.255.254/32 | loopback0 | |
| | 11.49.254.254/32 | loopback1 | |

PE 设备上的主要配置内容如下。

（1）与 P 设备建立 IPv4 和 VPNV4 邻居关系：

```
bgp 200
  router-id 11. 49. 125. 1
  peer 11. 48. 0. 57 as-number 100
  peer 11. 49. 254. 254 as-number 100
  peer 11. 49. 254. 254 connect-interface LoopBack1
  peer 11. 49. 254. 254 ebgp-max-hop 20

address-family ipv4 unicast
  import-route isis 1
  network 11. 49. 123. 1 255. 255. 255. 255
  peer 11. 48. 0. 57 enable
  peer 11. 48. 0. 57 route-policy IN import
  peer 11. 48. 0. 57 route-policy OUT export
  peer 11. 48. 0. 57 label-route-capability

address-family vpnv4
    peer 11. 49. 254. 254 enable

  ip vpn-instance vpna
    address-family ipv4 unicast
      import-route isis 1

  ip vpn-instance vpnb
    address-family ipv4 unicast
      import-route isis 2

  #

route-policy IN permit node 10
  if-match mpls-label
  apply mpls-label

route-policy OUT permit node 10
  if-match ip address prefix-list 1
  apply mpls-label
```

```
   ip prefix-list 1 index 10 permit 11. 49. 123. 1 32
```

（2）与 CE 设备建立连接。建立两个 VPN 实例：

```
ip vpn-instance vpna
  route-distinguisher 100:10
  vpn-target 100:10 import-extcommunity
  vpn-target 100:10 export-extcommunity


 ip vpn-instance vpnb
  route-distinguisher 100:11
  vpn-target 100:11 import-extcommunity
  vpn-target 100:11 export-extcommunity
interface GigabitEthernet3/0/0
```

接口绑定 VPN 实例：

```
interface GigabitEthernet3/0/0
  port link-mode route
  description TO-VPNA-CE
  ip binding vpn-instance vpna
  ip address 172. 16. 1. 1 255. 255. 255. 252
  isis enable 1
  isis circuit-level level-2
  isis circuit-type p2p


interface GigabitEthernet3/0/1
  port link-mode route
  description TO-VPNB-CE
  ip binding vpn-instance vpnb
  ip address 172. 16. 2. 1 255. 255. 255. 252
  isis enable 2
  isis circuit-level level-2
  isis circuit-type p2p
```

启用 IS-IS 与 CE 设备互通：

```
  isis 1 vpn-instance vpna
is-level level-2
cost-style wide
network-entity 49. 0001. 0110. 4912. 1001. 00
```

（引入 BGP 路由）

```
address-family ipv4 unicast
    import-route bgp
```

```
isis 2 vpn-instance vpnb
 is-level level-2
 cost-style wide
 network-entity 49. 0001. 0110. 4912. 2001. 00

address-family ipv4 unicast
    import-route bgp
```

第7章

# 终端通信接入网

本章主要介绍终端通信接入网 EPON 技术、LTE230 电力无线专网和中压载波技术原理、组网和典型案例应用。

# 7.1 EPON 技 术

## 7.1.1 EPON 技术简介

**1.** EPON 技术原理

EPON 是一个组建在无源光配置网络基础上的完善的宽带链接技术，是把以太网与快速传送技术联系在一起，完成信息等事务的整体链接，具有非常强的网络管理作用。依照电力体系对网络构架、安全级别、能够维护以及接口种类的独特需求，EPON 给予了一类高安全、维护费用不高以及可以连接多个拓扑构架，以及接口类别的通信处理措施。EPON 运用点至多点的拓扑构架。通常下行运用广播的形式、上行运用时分多址（TDMA）形式进行两向信息的传送。EPON 的基准为 IEEE802.3ah。

EPON 是由光线路终端（OLT）、光分配器（ODU）及光网络单元（ONU）构成的树形拓扑构架。运用上行 1310nm 与下行 1490nm 波长传输信息。OLT 处在核心端位置，配置以及管控信道之间的链接，同时有实施监控、管控和维护的作用。ONU 处在使用者的位置上，OLT 和 ONU 之间利用无源的光配置网络依照 1∶16/1∶32/1∶64 形式接入。

一个具有代表性的 EPON 体系主要由 OLT、ONU、ODU 三部分构成，如图 7-1 所示。

（1）OLT：OLT 将信息以可变长度的数据包广播给所有在 PON 上的 ONU，每个包都含有一个有传送目的 ONU 标志的信头，表示数据包是传送至全部或部分 ONU。OLT 通常位于核心机房，为 EPON 的关键性部件，除为 ONU 用广播形式传送以太网信息；同时管控测量间距；管控 ONU 功率；给 ONU 配置相应的通道；完成网络管控的目的。

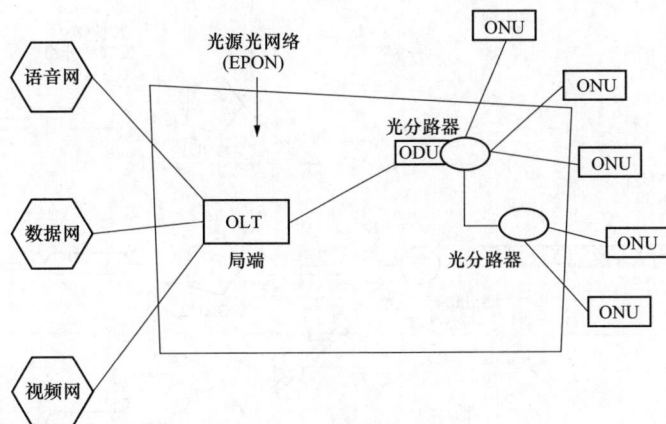

图 7-1　EPON 系统典型结构图

（2）ONU：择取接纳 OLT 传输的广播信息；运作 OLT 发起的检测间距和功率的管控指令，同时开展对应的变动；给予多事务的对接，为使用者的以太网信息开展缓存，同时在 OLT 配置的相应窗口里往上进行传输。

（3）ODU 为无源器件。进行光功率分配。通常分光器的分光比例有 1：2、1：8、1：16、1：32 或 1：64，同时能够开展级联。

**2. 动态带宽分配（DBA）**

在 EPON 体系的上行方面，运用 TDMA 方式完成多个 ONU 对上行带宽的多地址对接，相应的带宽分为静态带宽配置和动态带宽配置。静态带宽配置形式为 OLT 时段性的为所有 ONU 配置相应的间隔做上行传输的窗口，操作简便，但在这种方式下的带宽运用成效不高、带宽配置方案单一，对突发类事件的应对能力也不强。动态带宽配置全部 ONU 的上行数据在进行传输时，都需要向 OLT 发送请求，获得相应的宽带，OLT 依照 ONU 的申请依照相应的公式配置宽带的使用权限。ONU 之间动态地变动带宽来提升 PON 的上行宽带运作成效。

**3. 上行信道复用技术**

上行主要采用时分复用（TDMA）方式，分为固定时分复用、统计时分复用、随机时分复用三种。由于统计时分复用可以解决带宽空闲及突发事件应对的能力，使用更广泛，如图 7-2 所示。

**4. OLT 的测距、延时补偿技术和 ONU 即插即用技术**

由于 EPON 的上行通道运用 TDMA 的形式，多点对接造成不同 ONU 之间的信息帧延迟存在差异，所以需运用检测间距以及相应的补偿技术来预防信息互碰，正确检测所有 ONU 至 OLT 的间距，同时相应地变动 ONU 的传输延迟，能够降低 ONU 传输窗口之间的时间，以提升上行通道的运用比例，也能够降低延迟时间。此外，ONU 应支持热插拔。

**5. MPCP 多点控制协议**

MPCP 增添了以太网管控帧，使 OLT 能够管控点至多点。EPON 拓扑构架为树状构架，由底部的 OLT 至顶端的多个 ONU 构成。OLT 能够与所有的 ONU 进行传输数据，但

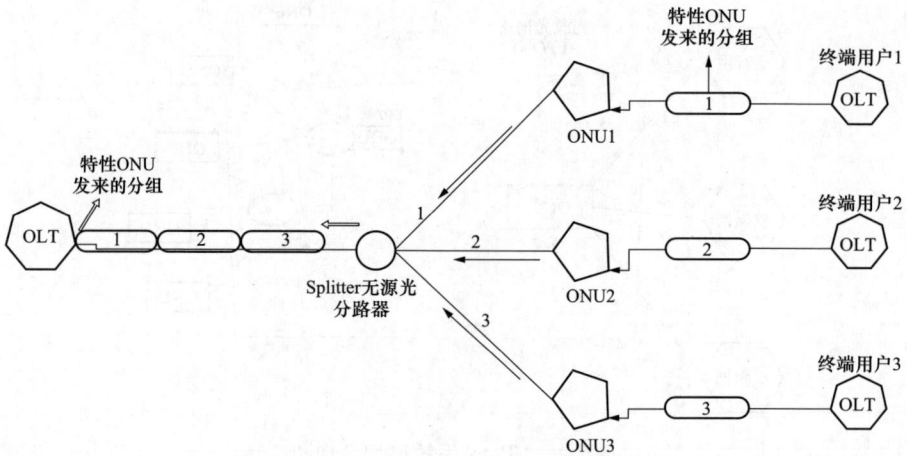

图 7-2　EPON 上行传输原理

ONU 之间不可以传输数据。所以，在相异的 ONU 往 OLT 传输信息时可能出现互碰情况，需让 OLT 开展整体性管控，配置好所有 ONU 的传输权限，为使 OLT 与 ONU 进行高效的信息传输，需用一种高效的管控机制来管控 OLT 与 ONU，即多点管控协定：ONU 自主掌握及检测、通道堵塞状况；在已有以太网 CSMA/CD 基础上添加管控数据；OLT 运用 GATE 与 REPORT 数据来完成时时配置以及权限配置。

## 7.1.2　EPON 技术体系

2000 年，IEEE 成立 802.3EFM 研究组开展 EPON 标准化工作。2004 年，发布 IEEE802.3ah 标准，2005 年，IEEE802.3ah 并入 IEEE802.3-2005 标准。EPON 在物理层采用 PON 技术，在数据链路层使用以太网协议，利用 PON 的拓扑结构实现以太网接入，为用户提供高带宽互联网接入业务。

**1. 性能指标**

EPON 技术指标主要参照 Q/GDW 553—2010《基于以太网方式的无源光网络（EPON）系统　第 1 部分：技术条件》，主要如下：

（1）传输距离：EPON 最大传输距离支持 20km。

（2）带宽：EPON 提供上下行对称的 1.25Gbps 传输速率，由于编码问题及协议开销，实际速率小于 1Gbps。

（3）时延：EPON 系统的上行传输时延小于 1.5ms，下行传输时延小于 1ms。

（4）可靠性：EPON 系统的可靠性从线路、设备和组网三方面进行分析。

对于线路可靠性而言，光纤不受电磁干扰和雷电影响，可以在自然条件恶劣的地区和电磁环境复杂的场合使用。

在设备可靠性方面，配电网通信设备大多运行在户外，需保障能在恶劣天气下正常工作，并能抵抗噪声、雷电等干扰，保持稳定运行；OLT 主控板 1+1 冗余保护、上联口双归属保护、电源冗余保护等手段可提高 EPON 系统的可靠性；分光器为无源器件，设备的使用寿命长，工程施工、运行维护方便；规范规定当 OLT 和 ONU 间的光纤处于－25～55℃时，业务性能不应恶化或中断。

对于网络可靠性而言，EPON 系统中各个 ONU 与 OLT 设备之间通过无源分光器，采用并联方式组网，任何一个 ONU 或多个 ONU 故障或掉电，不会影响 OLT 和其他 ONU 的稳定运行，可抗多点失效；电力系统通常采用 ONU 双 PON 口设计，组网采用"手拉手"保护组网模式，光纤保护倒换时间不大于 100ms，如果光纤发生了如图 7-3 所示的两处断裂，每个 ONU 仍可以和某个 OLT 实现通信，保证了网络的可靠性。

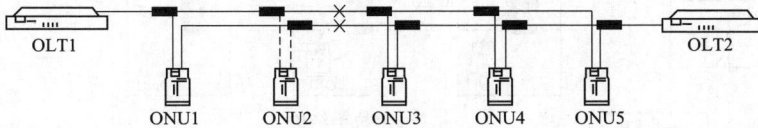

图 7-3　手拉手保护方式下两处光纤断裂

**2.** 信息安全

光纤中传输的是光信号，光信号在传输的过程中辐射非常小，并且还未有技术能够通过光辐射解析信号，因此数据通过光纤传输安全性非常高。

EPON 技术可承载配电自动化、用电信息采集、分布式电源、电动汽车充电站（桩）等业务。对于生产和管理大区业务，主要通过部署两套独立的通信设备组网实现横向物理隔离；对于同一大区不同业务，主要通过 VPN 技术实现横向逻辑隔离。配电自动化、用电信息采集等业务纵向认证和加密方式所采取的信息安全措施基本满足上述相关要求，存在未按发改委〔2014〕14 号令要求整改的情况。

光纤在标准化、实时性、可靠性、安全性、带宽、技术成熟度及产业链等方面有优势，但由于铺设成本高，组网成本偏高，运维成本高，故适用于可铺设光缆、对安全、可靠性有严格要求的业务，对于已预埋光缆、与主网架同步建设光缆的情况也建议采用 EPON 技术进行业务承载。

## 7.1.3　EPON 组网

EPON 是基于以太网的一种点到多点的光纤接入技术，它由局侧的 OLT、用户侧的 ONU 以及 ODN 组成。EPON 网络的上下行数据传输过程不同：在下行方向，OLT 采用广播的方式将发送的信号通过 ODN 到达各个 ONU，ONU 通过识别分组头/信元头的匹配地址来接收处理相应的数据；在上行方向采用 TDMA 多址接入方式，ONU 发送的信号只会到达 OLT，而不会到达其他 ONU。

EPON 追求高分光比为用户提供高带宽互联网接入服务，并不是电力通信专用技术，但 EPON 设备组网灵活，可与配电网线路结构很好吻合。典型的 EPON 组网拓扑结构如图 7-4 所示，OLT 放在变电站机房，ONU 放在开关站、环网柜和分支箱，可组成星型、总线型和手拉手结构，手拉手保护也可以连接到同一个变电站 OLT 不同的PON 口上。

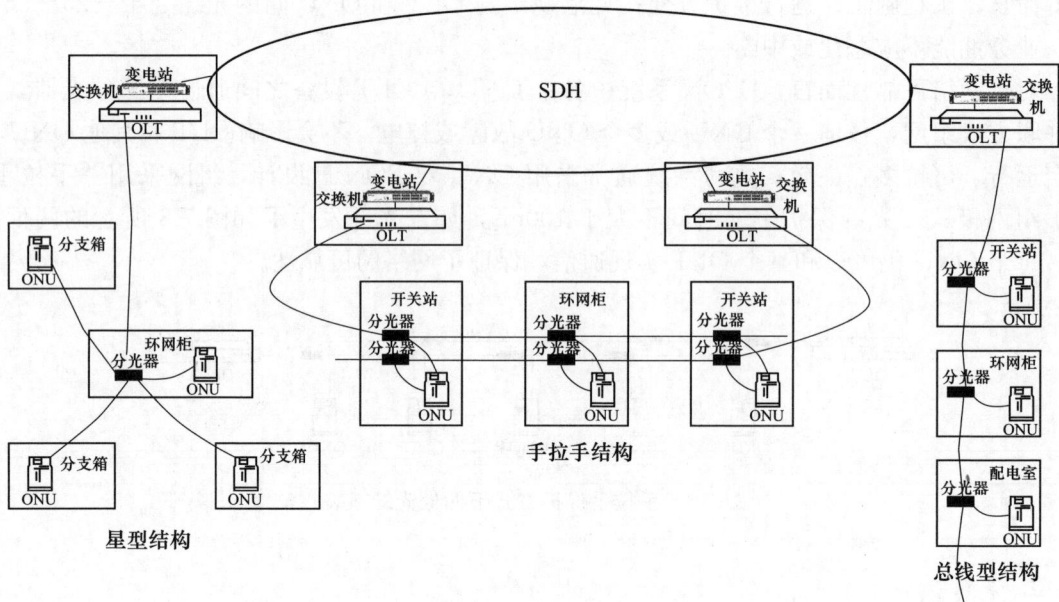

图 7-4   典型的 EPON 组网拓扑结构

对于 10kV 线路而言，一般可靠性要求较高，可选择手拉手结构进行组网。EPON 全链路保护组网时，其结构契合双电源手拉手网络，在两个变电站分别布放 OLT，通过两个方向利用 POS 进行级联延伸，每个 ONU 的上行链路都通过双 PON 口进行链路 1＋1 冗余保护，网络架构满足业务可靠性要求。

当变电站覆盖范围内的终端地理位置呈近似线性分布时，可采用总线型结构组网。针对分布地域较广、通信节点比较分散的情况，可选择采用星型结构组网，各分支箱 ONU 经环网柜汇聚至变电站，通过 SDH 传输至主站。目前，ONU 一般作为外置设备。

## 7.1.4  典型 EPON 组网方案示例

典型 EPON 组网配电通信系统网络架构分为骨干层和接入层。配电主站与不部署于有 10kV 出线的 110kV 或 220kV 变电站的核心节点之间的通信通道为骨干层通信网络，核心节点至配电终端的通信通道为接入层通信网络，总体网络架构如图 7-5 所示，详细介绍如下。

**1.** 骨干层建设

在充分考虑智能电网建设急速增长的 IP 化业务基础上，依托传输网络的高可靠性，建立各变电站至主站的配电自动化通信专用通道。在配电主站侧部署了 2 台核心路由器（NE40E-X8），网络拓扑结构如图 7-6 所示。

各变电站的传输设备通过 GE 接口下行连接至接入层的通信网络，通过传输网络将各变电站的数据上行传输至配调主站的核心路由器。核心路由器启用 VRRP 与服务器交换机互连，通过服务器交换机接入网管服务器。

**2.** 接入层建设

PON 是配电通信接入层的主要实现方式，配电该区域共计敷设 12 芯光缆 280km，安装

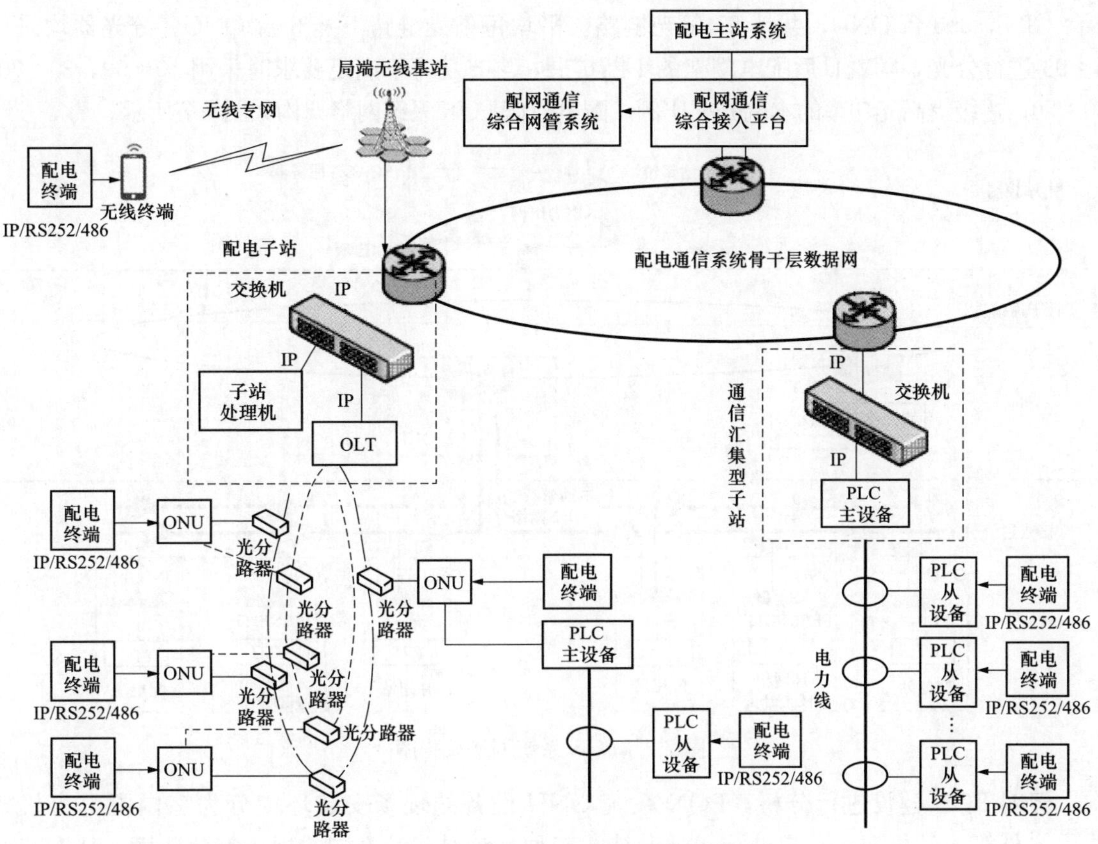

图 7-5 配电通信系统总体网络架构图

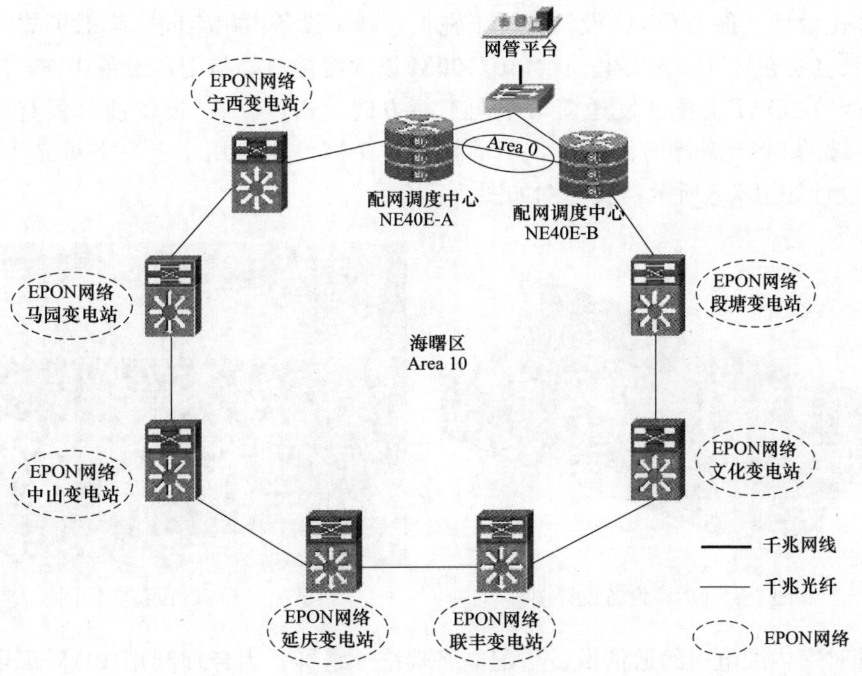

图 7-6 骨干层拓扑图

7台 OLT，393台 ONU，共计67条光链路。平均每条光链路下挂6台 ONU。分光器均采用5：95进行分光，随着日后配电网架的不断扩展，当光功率不满足要求时采用10：90，30：70，50：50，逐级提高光功率的本端分配比例。配电通信 PON 系统网络架构如图7-7所示。

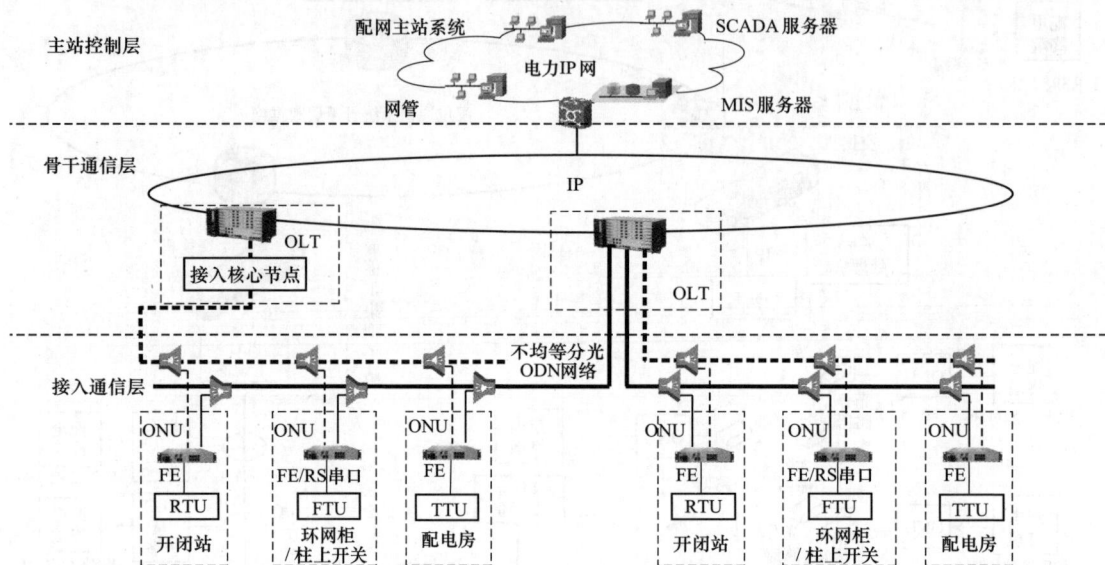

图 7-7　PON 系统网络架构图

经对 PON 建设进行分析，PON 系统 ONU 设备的现场安装环境分为室内配电房机架式、户外箱式站机架式、户外箱式站壁挂式三种。针对三种不同的现场安装环境，从安装便捷、外观整齐、维护简单、提高可靠性等四个方面，该案例中，创新地把 ONU 和分光器进行功能一体化设计，称为 ONU 设备，便于施工，减少设备占用空间，降低了故障率。

ONU 设备提供4个 RS 232、4个10/100M 以太网接口，与用户设备相连，对用户的数据进行缓存，在 OLT 分配的发送窗口中向上行方向发送，ONU 设备前面板有两个尾纤出口，用于本端的5％光功率分配尾纤，后面板有4个尾纤出口用于上、下级站点尾纤布放。ONU 设备设计如图7-8所示，实物图如图7-9所示。

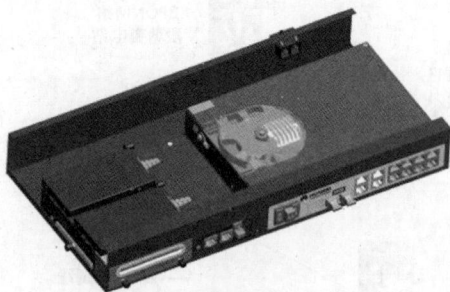

图 7-8　ONU 设备设计图　　图 7-9　ONU 设备实物图

（1）针对室内配电房的通信设备与配电终端统一组屏。为合理利用10kV 配电室现场空间，提升通信自动化设备的防护能力，便于配电自动化系统场站端设备的运维，将 DTU、

光纤配线架、通信终端设备整合在同一个屏柜内。屏柜分上下四层、前后两进，从下至上分别为电缆层、蓄电池层、自动化设备层、通信设备层，后侧为端子排，组屏布置图和组屏实物图分别如图 7-10、图 7-11 所示。

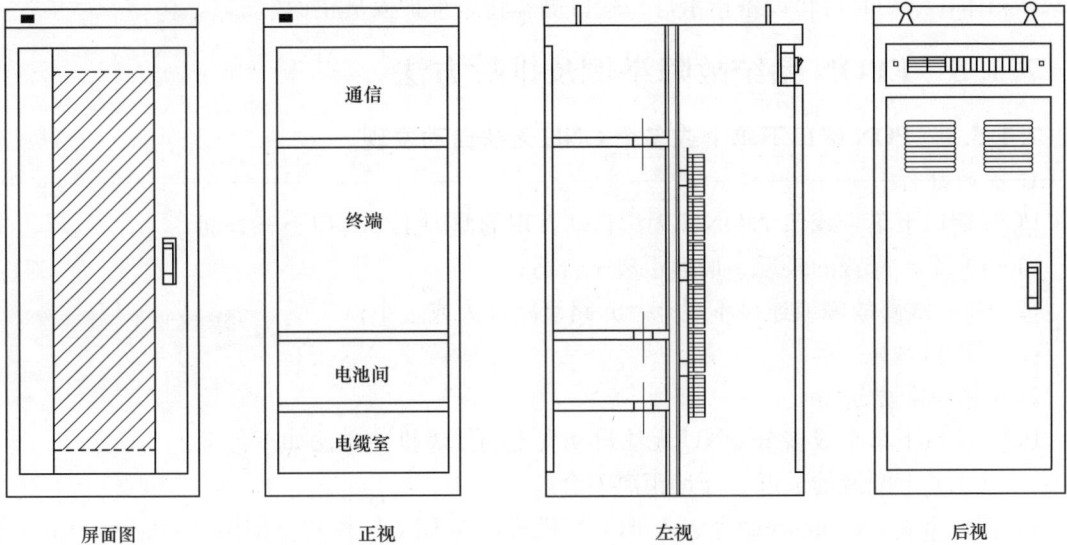

| 屏面图 | 正视 | 左视 | 后视 |

图 7-10　配电终端组屏布置图

（2）针对户外箱式站的通信设备与配电终端统一组屏。对于箱式开关站若具备条件，应尽量与市政部门沟通，在箱式开关站附近单独架设箱体安装配电终端屏。为缩减设备占用空间，DTU 采用壁挂式，ONU 设备采用一体化设备，并采用 ODF 作为光缆的终端。户外箱式开关站的通信设备与配电终端统一组屏实物图如图 7-12 所示。

图 7-11　配电终端组屏实物图　　　　图 7-12　配电终端组屏实物图

（3）针对户外箱式站的壁挂式通信设备终端箱。为解决箱式开关站空间狭小无法安装标准的机架式 ONU 的问题，独特设计了 ONU 与分光器、ODF 统一安装在壁挂箱内。为了方便对 ONU 设备及 ODF 的正常维护，ONU 与 ODF 均设计为可 90°旋转，正常运行时设备底部紧贴箱体，维护时可将设备指示灯、端口侧旋转至维护人员正面。

## 7.1.5 EPON 系统故障举例及排故方法

### 7.1.5.1 PON 端口下单个或多个 ONU 无法自动发现

**1.** 原因分析

PON 端口下单个或多个 ONU 无法自动发现的原因主要有以下三方面：

（1）OLT 上配置的最近、最远距离不合适；

（2）光纤线路故障或连接不规范，光路衰减过大或过小；

（3）ONU 故障。

**2.** 故障排除方法

PON 端口下单个或多个 ONU 无法自动发现的故障排除方法如下：

（1）OLT 上配置的最近、最远距离不合适。

1）使用 interface epon 命令进入 EPON 模式，在 EPON 模式下使用 display port info 命令查看 EPON 端口设置的最近、最远距离。缺省值最近距离为 0km，最远距离为 20km。

2）实际查看无法注册的 ONU 与 OLT 之间的距离。如果距离大于 20km，在 OLT 上使用 port range 命令修改最远距离，使其大于 ONU 与 OLT 的实际距离。如果距离在 20km 之内，重启 ONU。

（2）光纤线路故障或连接不规范，光路衰减过大或过小。

1）检查光纤线路，可以使用光时域反射仪（OTDR）测量线路状况，确认线路正常。线路检查主要包括光纤是否插好、光纤是否严重弯曲、光纤是否有断纤等三方面。

2）检查分光器的连接，目前版本 EPON 最多支持 1∶32 分光，即 1 个端口下最多可以接 32 个 ONU。

3）使用光功率计测量 ONU 收发光功率。光功率检查主要包括平均发送光功率是否正常、接受光功率是否正常、理论设计值与实际测量值不能相差太大三方面。

华为 EPON 产品光模块满足 CLASS B+的标准，表 7-1 给出参考值。

表 7-1　　　　　　　　　　OLT 与 ONU 设备光收发光功率参考值

| 设备 | 最小平均发送光功率 | 最大平均发送光功率 | 最小接受光功率 | 最小过载光功率 |
| --- | --- | --- | --- | --- |
| OLT | +1.5dB | +5dB | −28dB | −8dB |
| ONU | +0.5dB | +5dB | −27dB | −8dB |

### 7.1.5.2 PON 端口下所有 ONU 都无法自动发现

**1.** 原因分析

PON 端口下所有 ONU 都无法自动发现的原因主要有以下三点：

（1）OLT 端口光模块故障；

（2）OLT 上自动发现开关未打开；

（3）主干光纤故障。

**2.** 故障排除方法

PON 端口下所有 ONU 都无法自动发现的故障排除方法如下：

（1）端口光模块故障：

1）在 EPON 模式下，使用 display port info 命令查看 EPON 端口光模块状态，如果"Laser switch"为"Off"，使用 port laser-switch 命令打开光模块的激光器。如果多次使用命令仍然无法打开光模块，可以确认光模块故障，需要更换光模块。

2）测量光模块发光功率，确认发光功率在规定范围内，如果不在范围，更换光模块。

（2）OLT 上自动发现开关未打开：使用 interface epon 命令进入 EPON 模式，在 EPON 模式下使用 display port info 命令查看 EPON 端口自动发现开关状态，如果"Autofind"为"Disable"，使用 port ONU-auto-find 命令使能自动发现功能，即修改"Autofind"为"Enable"。

（3）主干光纤故障：检查光纤线路，可以使用光功率计或光时域反射仪（OTDR）测量线路状况，确认线路正常。检查主要包括：光纤是否插好、光纤是否严重弯曲、光纤是否有断纤、平均发送光功率是否正常、接受光灵敏度是否正常、测试到的光功率值与光功率预算值接近。

### 7.1.5.3 端口下单个或多个 ONU 无法注册

**1.** 原因分析

端口下单个或多个 ONU 无法注册主要原因有以下七方面：

（1）ONU 未添加；

（2）ONU 状态不正常；

（3）注册 MAC 地址和实际 MAC 地址不一致；

（4）PON 端口下存在 ONU MAC 地址冲突；

（5）PON 端口下存在流氓 ONU 或长发光设备；

（6）光路有问题（光衰减过大或过小、分光比错误等）；

（7）最大最小距离设置不合理。

**2.** 故障排除方法

端口下单个或多个 ONU 无法注册的故障排除方法如下：

（1）ONU 未添加。检查 ONU 是否已经添加，如果没有，添加 ONU。

（2）ONU 状态不正常。使用 display ONU info 命令查看 ONU 的当前状态，主要检查 CONUrol Flag、Run State、MAC、Config State、Match State 等：

```
MA5680T(config-if-epon-0/8)#display ONU info 0 all   //查看 PON 端口下 ONU 的状态

F/S/P  ONU-ID   MAC  CONUrol  Run    Config   Match    Loopback
                     Flag     State  State    State    State

0/ 8/0   0 0000-0000-3000 active  up     normal   match    disable

In port 0,the total of ONUs are:1
```

上述状态中关键参数的故障状态说明见表 7-2。

表 7-2　　　　　　　　　　　　ONU 关键参数的故障状态说明

| 如果… | 则… |
| --- | --- |
| "CONUrol Flag" 为激活态，且 "Run state" 为 up | 说明 ONU 正常、用户上线且认证通过 |
| "CONUrol Flag" 为去激活态，ONU 在注册时将被禁止 | 需要在 EPON 模式下使用 ONU activate 命令激活控制开关 |
| "CONUrol Flag" 为激活态，而 "Run State" 为 down | 说明用户未上线 |
| "Config State" 为 "Normal" 状态 | 说明 ONU 配置恢复状态正常 |
| "Config State" 为 "Failed" 状态 | 说明 ONU 配置恢复失败。有可能是 ONU 绑定了错误的 ONU 模板，并对 ONU 进行了不支持的配置。可使用 display ONU capability 命令查询 ONU 的实际能力，并重新绑定相匹配的模板 |
| "Match State" 为 "Match" 状态 | 说明 ONU 配置的能力集模板匹配 |
| "Match State" 为 "initial" 状态 | 说明 ONU 实际能力与能力集模板的配置一致时，进入配置恢复阶段的 "初始态" |
| "Match State" 为 "mismatch" 状态 | 说明 ONU 配置的能力集模板匹配失败 |

（3）PON 端口下存在 MAC 地址冲突。使用 display ONU info 命令查看 OLT 上已经注册的所有 ONU 的 MAC 地址，与无法注册的 ONU 的 MAC 地址进行比对，更换存在冲突的 ONU 后重新注册。

（4）端口下存在流氓 ONU 或长发光设备。检查端口下是否存在流氓 ONU 或者长发光设备。

（5）OLT 上配置的最近最远距离不合适。

1）使用 interface epon 命令进入 EPON 模式，在 EPON 模式下使用 display port info 命令查看 EPON 端口设置的最近最远距离。缺省值最近距离为 0km，最远距离为 20km。

2）实际查看无法注册的 ONU 与 OLT 之间的距离。距离大于 20km，在 OLT 上使用 port range 命令修改最远距离，使其大于 ONU 与 OLT 的实际距离。距离在 20km 内，重启 ONU。如果故障不排除，请先检查光路。

（6）光路问题。

1）检查光纤线路，可以使用光时域反射仪（OTDR）测量线路状况，确认线路正常；

2）检查分光器的连接是否正常，EPON 最多支持 1∶32 的分光比，即一个端口下最多可以接 32 个 ONU；

3）使用光功率计测量 ONU 收发光功率，详见表 7-3。

表 7-3　　　　　　　　　　　OLT 与 ONU 设备光收发光功率参考值

| 设备 | 最小平均发送光功率 | 最大平均发送光功率 | 最小接受光功率 | 最小过载光功率 |
| --- | --- | --- | --- | --- |
| OLT | +1.5dB | +5dB | −28dB | −8dB |
| ONU | +0.5dB | +5dB | −27dB | −8dB |

### 7.1.5.4　端口下所有 ONU 都无法注册

1. 原因分析

端口下所有 ONU 都无法注册的主要原因有：

（1）OLT 端口光模块故障；

（2）PON 端口下存在流氓 ONU 或者长发光设备；

（3）主干光纤故障。

**2.** 故障排除方法

端口下所有 ONU 都无法注册的故障排除方法如下：

（1）OLT 端口光模块故障。

1）在 EPON 模式下，使用 display port info 命令查看 EPON 端口光模块状态，如果"Laser switch"为"Off"，使用 port laser-switch 命令打开光模块的激光器。

2）测量光模块发光功率，确认发光功率在规定范围内，见表 7-4，如果不在范围，更换光模块。

表 7-4 　　　　　　　　　　　　　　　　EPON 接口光功率范围

| 参数 | 指标 |
| --- | --- |
| 发送光功率 | 2～7dBm |
| 接收灵敏度最大值 | −28dBm |
| 过载光功率 | −8dBm |

（2）端口下存在流氓 ONU 或长发光设备。检查端口下是否存在流氓 ONU 或者长发光设备。

（3）主干光纤故障。检查光纤线路，可以使用光功率计或光时域反射仪（OTDR）测量线路状况，确认线路正常。检查主要包括：光纤是否插好、光纤是否严重弯曲、光纤是否有断纤、平均发送光功率是否正常、接受光灵敏度是否正常。

### 7.1.5.5 单板下所有 ONU 都无法注册

**1.** 原因分析

单板下所有 ONU 都无法注册的原因如下：

（1）主干光纤故障；

（2）单板故障。

**2.** 故障排除方法

单板下所有 ONU 都无法注册的故障排除方法如下：

（1）主干光纤故障。检查光纤线路，可以使用光功率计或光时域反射仪（OTDR）测量线路状况，确认线路正常。检查主要包括：光纤是否插好、光纤是否严重弯曲、光纤是否有断纤、平均发送光功率是否正常、接受光灵敏度是否正常。

（2）单板故障。使用 display board 0 命令检查单板状态，如果单板状态为"Failed"，重新插拔单板，使用 board confirm 命令确认单板。

### 7.1.5.6 PON 端口下单个 ONU 频繁掉线

**1.** 原因分析

PON 端口下单个 ONU 频繁掉线的原因如下：

（1）ONU 电源不稳定；

（2）光纤线路故障或连接不规范；

（3）光路衰减过大或过小；

（4）ONU 故障；

（5）ONU 的 IP 地址冲突。

**2.** 故障排除方法

PON 端口下单个 ONU 频繁掉线的故障排除方法如下：

（1）ONU 电压不稳定。在 OLT 上使用 display alarm history 命令查看 ONU 是否上报了 ONU 掉电（dying gasp）告警。上报了告警，在现场使用万用表测量测试电压，确保供电稳定且正常。未上报告警，重启 ONU。如果还是不能注册，可能有其他的原因。

（2）光纤线路故障或连接不规范。检查光纤线路，可以使用光时域反射仪（OTDR）测量线路状况，确认线路正常。线路检查主要包括：光纤是否插好、光纤是否严重弯曲、光纤是否有断纤、光纤头是否被污染。

（3）光路衰减过大或过小。使用光功率计测量 ONU 收发光功率。光功率检查主要包括：平均发送光功率是否正常、接受光光功率是否正常。OLT 与 ONU 设备光收发光功率参考值见表 7-5。

表 7-5　　　　　　　　　　OLT 与 ONU 设备光收发光功率参考值

| 设备 | 最小平均发送光功率 | 最大平均发送光功率 | 最小光功率 | 最小过载光功率 |
| --- | --- | --- | --- | --- |
| OLT | +1.5dB | +5dB | −28dB | −8dB |
| ONU | +0.5dB | +5dB | −27dB | −8dB |

### 7.1.5.7　PON 端口下所有 ONU 都频繁掉线

**1.** 原因分析

PON 端口下所有 ONU 都频繁掉线的原因如下：

（1）OLT 端口光模块故障；

（2）主干光纤故障；

（3）PON 端口下存在流氓 ONU 或长发光设备。

**2.** 故障排除方法

（1）OLT 端口光模块故障。使用光功率计测量 EPON 端口光模块发送光功率，详见表 7-5。光功率处于最大最小值的临界点时，PON 端口下的 ONU 不稳定，容易频繁发生掉线。

（2）主干光纤故障。检查光纤线路，可以使用光功率计或光时域反射仪（OTDR）测量线路状况，确认线路正常。光纤是否插好；光纤是否严重弯曲；光纤是否有断纤；光纤头是否被污染。

（3）端口下存在流氓 ONU 或长发光设备。检查端口下是否存在流氓 ONU 或者长发光设备。

# 7.2　LTE230 电力无线专网

## 7.2.1　LTE230 技术简介

LTE230 电力无线通信系统采用了多种先进的无线通信技术，主要包括用于解决宽带传输的载波聚合技术，用于解决高吞吐量和高可靠性传输的 OFDM（Orthogonal Frequency Division Multiplexing）技术，用于解决多系统共存问题的频谱感知技术和干扰协调技术，用于海量用户接入设计的自适应调制及编码技术，用于保证传输可靠性的自适应重传（Hybrid Automatic Repeat reQuest，HARQ）技术和动态调度，用于保证网络安全的三层加密体系，以及绿色节能设计、可扩展性设计、可靠性设计、网络管理等。本节重点介绍载波聚合技术、OFDM 多址技术、动态调度、干扰协调技术及三层加密体系。

**1. 载波聚合技术**

随着无线技术的大量应用，连续的大带宽频谱越来越难以得到，这为大带宽的无线传输带来了困难，在此背景下 3GPP 提出了载波聚合技术，有效解决了大带宽频谱日益紧张的问题。

所谓的载波聚合技术就是通过基站的调度，为每一个 UE 设备分配和提供多个离散的载波，用于其数据的传输。通过使用载波聚合技术，可以根据不同的用户需求及网络规划，对现有的 LTE 的多个不同的分量载波（Component Carrier，CC）进行整合使用，能够灵活地将频谱带宽扩展到 LTE-Advanced 所要求的带宽。

国无管〔1991〕5 号《关于印发民用超短波遥测、遥控、数据传输业务频段规划的通知》，对 230MHz 频段的使用按照 25kHz 作为一个频点进行了分配。如图 7-13 所示，给电力、气象、水利等 8 个部委分配了共计 100 多个频点，这些频点是可在全国范围内使用的。另外，还有近百频点，由地方无委进行分配使用。其中分配给电力使用的专用授权频点有 40 个，共计 1MHz 带宽。

图 7-13　230MHz 频点分布图

由图 7-13 可以看出，230MHz 频段系统资源呈梳状、无规则结构，频点分布比较离散。在电力系统普遍应用的 230MHz 数传电台系统仅能采用一个频点进行数据传输，传输带宽受到限制，已经无法满足电力业务迅猛发展所带来的带宽需求。在 230MHz 频谱规划中，无线信道分配的带宽通常比较窄，而且相邻信道之间还要保留一定的间隔。与大带宽连续频谱分配相比，这种离散的窄带频谱很难进行高速率的数据传输。为了解决频带资源受限的问题，LTE230电力无线专网系统将有限的频带资源，通过载波聚合技术进行整合，使得移动宽带系统传输带宽得到很大提升。

LTE230电力无线专网系统把每一个离散的信道都作为一个成员载波，将不连续分配的成员载波进行有效聚合，进而根据用户需求统一分配给一个用户使用，使得传输带宽较传统的230MHz数传电台得到了数倍的提升，从而达到宽带传输的效果。此外，LTE230电力无线通信系统通过结合高阶调制等其他通信技术，实现了在40个25kHz频点共计1MHz的带宽上，使得单个UE的最大上行速率可达1.76Mbps，相对于单频点25kHz下的传输速率得到了质的提升。

LTE230电力无线专网系统还可通过载波聚合技术根据不同的用户需求和网络规划，灵活地进行频谱带宽分配，用户可根据业务需求自有增减上/下行数据传输速率，使得用户体验效果得到增强。

LTE230电力无线专网系统载波聚合示意图如图7-14所示。

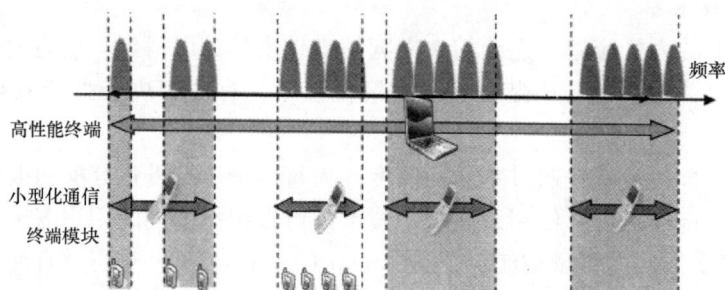

图 7-14　LTE230电力无线专网系统载波聚合示意图

利用载波聚合技术，还可使LTE230电力无线通信系统满足电力终端多样性的业务需求。如对于目前用量比较广泛的用电采集集中器，用LTE230电力无线通信系统小型化通信模块替代其原有通信模块，由于其对带宽的需求比较低，只用一个频点就可以满足传输要求，使得无线终端成本大大降低；对于视频传输等大数据的业务终端，LTE230电力无线通信系统采用多子带的无线终端与其相匹配，将多个频点进行有效聚合，从而实现大带宽业务的无线传输。

**2. OFDMA多址技术**

LTE230电力无线专网系统引入了FDMA方式中OFDMA（Orthogonal Frequency Division Multiple Access）的调制方式，与普通的FDMA、CDMA、TDMA相比具有明显优势，其具有较强的带宽扩展性强、增强了抗频率选择性衰落的能力，可以实现低复杂度的接收机。

接收机结构为发射机的逆过程，OFDMA的发射机结构如图7-15所示。LTE 230电力无线专网系统采用OFDM方式将高速率数据符号经过串并转换调制成M路并行子载波。增大每一路子载波的符号持续时间，并使得每一路子载波的符号持续时间大于信道的延时扩展。除了利用OFDM调制本身的特性消除ISI（Inter-symbol Interference，码间干扰）之外，为了能够完全消除ISI，选择的CP（Cyclic Prefix，循环前缀消除码间干扰）长度要远大于所支持的信道冲击响应的最大延时。OFDM系统具有上述优点，但是OFDM系统也有一些缺点需要克服。OFDM 信号具有较高的 PAPR（Peak to Average Power Ratio，峰均比），载波频偏和多普勒频移均会影响系统的性能。因此，LTE 230 电力无线通信系统设计中，设计了相应的方案解决 PAPR 和频偏问题。

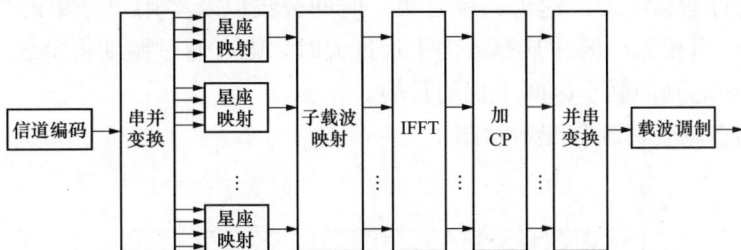

图 7-15　OPDM 发射机结构图

**3. 动态调度**

（1）调度原理。为了能够满足电为业务对于 QoS 的要求，并且为了增加系统的吞吐量，提高资源使用效率，LTE230 电力无线专网系统采用了动态调度的技术。利用动态调度技术可以保证调度器对各信道的传输情况、无线的信道变化进行及时监测，并根据这些变化做出物理资源的分配调整。LTE230 电力无线专网系统采用的动态调度技术主要有以下关键点：

1）信道质量监测。可以针对系统中的时频二维资源（每频点/每无线侦），检测和收集信道干扰程度、传输状况、信号强度、信号与干扰噪声比（Signal to Interference plus Noise Ratio，SINR）等信息。

2）资源分配。为了能够使用户取得最佳的传输频谱效率，调度器发送调度授权指令，为相应的用户分配合适的频段，使其进行业务传输。

3）用户-信道质量匹配。匹配用户目前所在位置和系统当前可以传输的空闲频点信道质量，进行有效匹配，在合适的时间，选择合适的用户分配传输频点。

4）调度流程。上行调度通过终端发送上行调度请求（Scheduling Request，SR），向基站请求上行物理资源的分配，下行调度通过是否有缓存信息来进行下行资源分配。

在资源分配的过程中，调度器通过对目前存在的业务等级的不同以及根据用户的实时性要求的不同对用户的传输优先级进行设定，以保证优先级更高的用户可以得到更低的延时。调度器根据用户的优先级以及信道质量的变化对用户进行合理的资源分配。

上行数据传输可以通过终端上报缓存状态报告（Buffer Status Report，BSR）的方法实现，数据传输开始后终端侧的 MAC 层可以上报 BSR 缓存状态给基站。

为了防止调度授权传输的错误，增加了确认的机制，即基站发出调度授权下行控制信息（Downlink Control Information，DCI）指令后，终端进行确认。基站除了对业务进行调度外还需要对终端工作的频点进行调度，当终端工作的频点干扰比较大的时候，基站可以将终端调整到其他频点工作。调整频点由 DCI 进行指示。

（2）调度资源。230MHz 频段系统的频谱离散分布在民用短波频段上，呈无规则、梳状结构，分布区间为 8.15MHz，每个离散的频点带宽为 25kHz，采用正交频分多址（OFD-MA）技术，总共 40 个频点（电力授权频点）。频域资源的丰富便于为用户选择信道质量较好的频点进行传输，有利于系统性能的提升。另外，时域上划分为多个无线帧，也便于在时间上对用户进行合理调度。

这样构成的时频二维无线资源有利于根据用户的信道状况，用户的数据量大小，延时要求等 QoS 因素进行动态调度，达到频率分集、时间分集以及多用户分集的多重效果，获得最佳的系统性能。当相邻小区在某频域内干扰过大时，则可通过调度将负载调整到其他负载较轻的频域，从而达到抑制小区间干扰的目的。

图 7-16 为动态调度资源分配示意图。

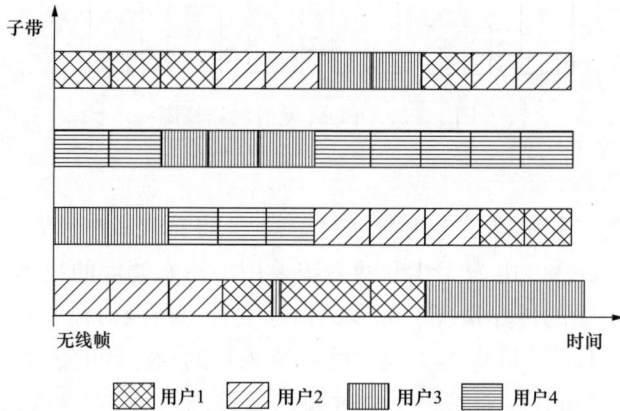

图 7-16　动态调度资源分配示意图

（3）信道质量估计。信道质量是影响调度性能的关键参数，利用信道质量合理地进行调度用户的选择和调度资源的分配，能够带来系统性能的提高，这就要求调度器首先评估用户在各频段内的信道质量，进而决定资源调度情况。

**4. 干扰协调技术**

（1）技术背景。LTE230 电力无线专网系统中每个小区内分配的系统资源是正交的子载波资源。这种正交的子载波资源分配方式对用户的区分可以保证同一小区内的用户间干扰达到很小，甚至忽略，因此小区内用户所受的干扰主要来自相邻小区。所以，在 OFDM 系统中的相邻小区间的同频干扰是个不容忽视的问题。

在实际多基站组网进行大片区域的连续覆盖时，可以采用异频组网或者同频组网，异频组网的优势是相邻小区间使用频带不同，拉开了同频小区间的距离，这样可以降低同频干扰的程度，但另一方面却大大降低了频带利用率。以最简单的三异频组网为例，三个相邻小区间的频点异频，频带利用率降低为单小区的 1/3，即每个小区只能使用整个系统可用频带的 1/3。而同频组网则刚好相反，具有很高的频带利用率，每个小区都可以完全使用整个系统频带，不存在频带浪费，但带来的问题是相邻小区之间会存在较强的相互干扰，这就需要采用小区间干扰协调技术来解决。

（2）技术原理。软频率复用技术的基本思路是在小区中心频率复用因子为 1，同时在小区边缘使频率复用因子大于 1。LTE230 电力无线专网系统采用该技术的主要目的是为了提高边缘用户吞吐量及频谱效率，保证专网系统的吞吐量及频谱效率。全向和扇区化天线组网软频复用技术原理分别如图 7-17、图 7-18 所示。

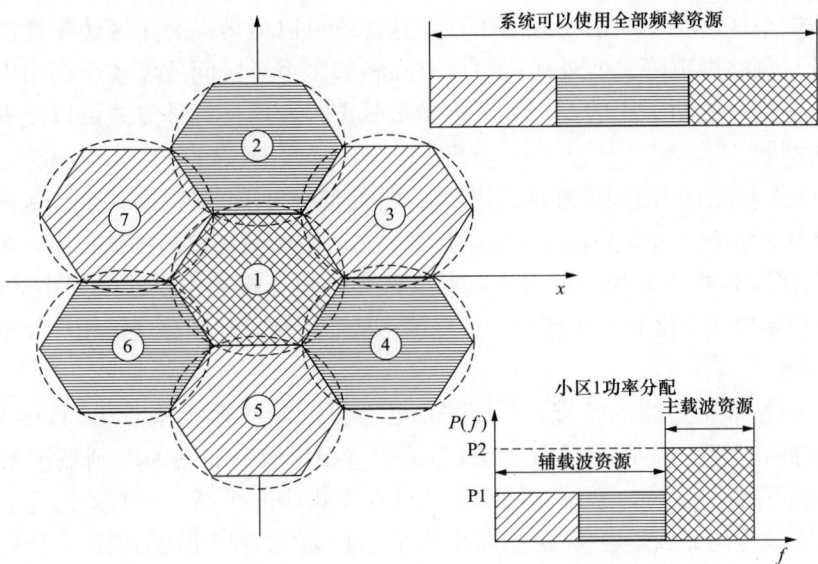

图 7-17　全向天线组网软频率复用技术原理

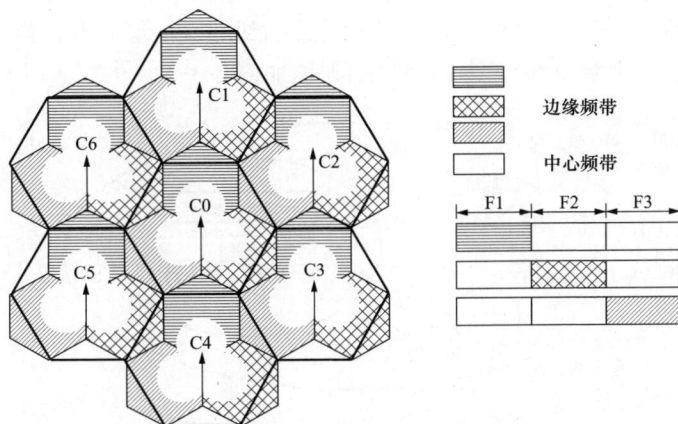

图 7-18　扇区化天线组网软频率复用技术原理

可以将每个小区的所有子载波分为边缘频带、中心频带两组，其中边缘频带用于覆盖小区边缘部分，中心频率用于小区的中心部分，每个相邻小区的边缘频带都是相互正交的。通过设置边缘频带与中心频带的最大发射功率比值减少下行干扰。

同时，将每个小区的所有终端也分为小区边缘用户、小区中心用户两类，其中边缘用户只能使用边缘频带，而中心用户则可以使用包含中心频带和边缘频带的整个频带资源。

资源分配及参数的改变主要通过以下途径：

1）边缘频带的自适应频率划分。可以将边缘频带部分静态配置，比如设置 1/3 的频带资源用于边缘频带，小区边缘的频率复用因子为 3。同时将边缘频带部分设置为半静态或者动态，即边缘频带的配置可以通过相邻小区协调后进行调整，用来满足在特定小区对于突发吞吐量或者业务量需求。

2）调整发射功率比。通过减少小区中心用户发射功率，略微提高小区边缘用发射功率的方式，来抑制小区边缘用户的小区间干扰，这样既可以显著提高小区边缘性能，同时也能使小区吞吐量只是略微下降。此外还可以调整在相邻多个小区间或者整个网络中的小区中心用户与小区边缘用户的功率比值，当小区边缘负载重时，通过此种方式可以使来自小区内用户的干扰得到抑制。

3）调整小区边缘用户的判决准则。用户分类的判决准则可以根据某个小区内业务分布进行自适应的调整。当小区边缘负载比小区中负载要重时，则适当提高判决口限，减少小区边缘用户的数目。LTE230电力无线专网系统基站会收集用户上报的本小区及邻小区的测量信息，以此来判断用户距离本小区和邻小区的远近程度，从而用判决和区分边缘用户及中心用户。

**5. 安全加密**

根据电力业务高安全性的特点，LTE230电力无线专网系统基于LTE标准加密机制，采用三层安全加密体系，实现了鉴权、空口加密、NAS信令加密和端到端加密，从而满足系统安全传输的需要。同时，系统支持双向认证与密钥协商机制，可有效避免非法用户接入LTE230电力无线专网系统。三层安全加密体系示意如图7-19所示：第一安全层为接入层（AS），主要用于保护终端与接入网间的用户数据和空口信令的安全；第二安全层为非接入层（NAS），用于保护终端与网络侧间的AKA过程和非空口信令的安全，实现双向鉴权和非空口信令的完整性保护和加解密；第三安全层为端到端安全层，利用网络透明信道传输实现用户业务数据的全程加密，实现终端间的端到端加密。

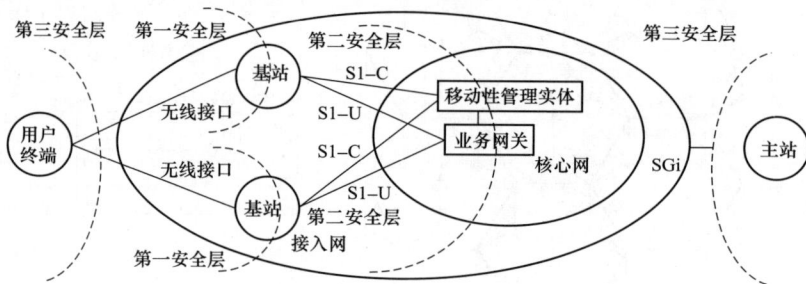

图7-19 三层安全加密体系示意图
S1-C—S1控制面接口；S1-U—S1用户面接口

第一安全层和第二安全层的密钥独立生成、互不相同，是目前移动通信系统中最严格的安全标准，目的是将LTE230电力无线专网系统中的接入网与核心网之间的安全影响最小化，即便是基站放置在易受攻击的位置也不存在高风险，从而使得整个系统的安全性得到提升。第一安全层和第二安全层均采用完整性保护和加密双重技术，充分保障了信令的完整性和机密性。

第三安全层采用多种安全技术和措施，保障端到端安全，具体包括：支持端到端密码设备，包括商密级SD加密卡、密钥分发中心、中心站密码机等，以实现端到端安全；采用专利密码同步技术，提供每一帧数据的网络同步计数码；终端加密状态可视化，提供图标指示加密状态；支持用户型第三方端到端密码设备等。

## 7.2.2 LTE230技术体系

LTE230电力无线专网是由电力公司投资建设的专属无线通信网络，其组网灵活，节省有线通信线缆敷设成本，不受一次网架结构制约，适宜进行大面积覆盖，但基站选址、天线架高有一定难度。

**1. 性能指标**

LTE 230MHz 覆盖范围为市区内 3～5km，农村地区 15～20km。LTE230MHz 频段有 40 个离散频点共计 1M 带宽，频谱资源不足，不能承载宽带业务；LTE230MHz 系统基站支持全向/定向天线。针对电力业务上、下行非对称的典型特性，LTE230MHz 无线宽带通信系统按照 TDD 方式进行设计，根据电网实际需要进行上、下行带宽配比，满足高上行比例要求，上行峰值速率可达 1.76Mbps，下行峰值速率为 0.5Mbps，传输时延（无线终端至核心网）为 100～300ms，实际速率为 500Kbps～1Mbps。

LTE 230MHz 系统对子载波间隔、帧长度、部分业务信令等进行调整，国内尚未制定 LTE 230MHz 系统行业标准和国家标准，且知识产权没对外开放，导致厂家参与积极性不高，以致设备厂商单一，存在系统设备成本较高且近期内难以下降的问题。LTE 230MHz 通信系统处于试点应用阶段，2016～2017 年，仅在浙江、江苏等地进行试点应用。

**2. 信息安全**

LTE 230M 无线专网承载配调度自动化、配电自动化、用电信息采集等多种业务。在业务隔离方面，无线专网通过空口不同物理资源（频率隔离）、双基站传输板/端口、双核心网/板卡和 SDH 通道或综合数据网为不同业务提供通道，通过 APN（Access Point Name，接入点名）/VPN（Virtual Private Network，虚拟专用网）实现管理信息大区内业务之间的逻辑隔离。

## 7.2.3 国网公司无线专网指导意见

**1. 方案概述**

核心网建设方面：无线专网建设初期，核心网部署采用地市部署模式接入业务，投资门槛低、建设风险小，通过地市公司间对接互联实现跨区域漫游业务。专网推广建设阶段，核心网部署逐渐向省级部署演进，根据业务流向配置核心网接入类别，统筹开展区域无线专网管理。电力无线专网架构设计满足精控、配电自动化"三遥"等各类业务接入需求。

实际部署时，核心网应采用双机互备方式进行容灾，应具备双电源、双板卡热备份要求。

基站及无线网络覆盖方面：根据各区域业务需求，结合当地频率使用政策，可选用 LTE1800M 或 LTE230M 两种组网方式。对于广覆盖和局部区域大颗粒度业务的接入，可采用双频混合组网。

无线基站可采用一体化或 BBU（Building Base band Unit，室内基带处理单元）＋RRU（Remote Radio Unit，远端射频单元）分布式建站。分布式建站时，无线基站 BBU 等核心板件需采用双板卡热备份。对于地表盲区、地下室、室内等业务接入，可采用拉远、室分等延伸覆盖方式。

回传网建设方面：依托骨干通信网灵活运用 SDH/MSTP 网络进行数据回传。

终端建设方面：通信终端类型丰富，接口多样，分为嵌入式模块、外置 CPE（Customer Premise Equipment，用户签约设备）和移动终端，固定式业务接入将重点采用自主研制的小型化、标准化、组件化的通用型专网通信终端，解决制约无线专网终端大规模推广应用的关键问题，进一步提升专网建设经济效益。通信终端应当具备 IP65 及以上防护等级。终端设备环境适应性应满足 GB/T 15153.2—2000《远动设备及系统　第 2 部分：工作条件　第 2 篇：环境条件（气候、机械和其他非电影响因素）》要求：通信设备在规定的最极端气候条件下应能正常工作。其中室外设备应支持工作在露天环境类型最恶劣的 D2 条件下，自然遮蔽环境（如环网柜内）中的设备应支持工作在本环境类型最恶劣的 C3 条件下，室内机房环境中的设备应支持工作在本环境类型最恶劣的 B3 条件下。

网络管理系统方面：核心网、基站、终端网管系统建设应符合公司接入网管理系统（AMS）技术标准的北向接口，并接入 AMS 系统。

**2. 网络覆盖仿真**

根据选择的不同技术体制，参考负荷区特征开展仿真测试，实际天线挂高以自有物业为主，挂高确定为 45m。

无线网络可按如下标准进行规划仿真：覆盖区域地表范围，LTE1800M 小区应满足终端 $RSRP$❶>−115dBm 且 $RS\text{-}CINR$❷≥−3dB 的概率大于 90%，单用户上、下行速率不小于 128Kbps 的概率大于 90%（5MHz 频率带宽）；LTE 230M 小区应满足终端 $RSRP$>−110dBm 且 $RS\text{-}CINR$≥−3dB 的概率大于 90%，单用户上、下行速率不小于 20Kbps 的概率大于 90%（1MHz 频率带宽），确定业务覆盖及补盲需求。

**3. 补盲及延伸覆盖**

在工程建设过程中，可能遇到超高建筑阴影、室内环境、地下室环境等特殊场景。采用光纤射频拉远、馈线拉远、泄露电缆、电力线载波和短距离无线技术，根据业务需要和工程实际情况，选择最佳部署方案进行覆盖。特殊场景覆盖解决方案如图 7-20 所示。

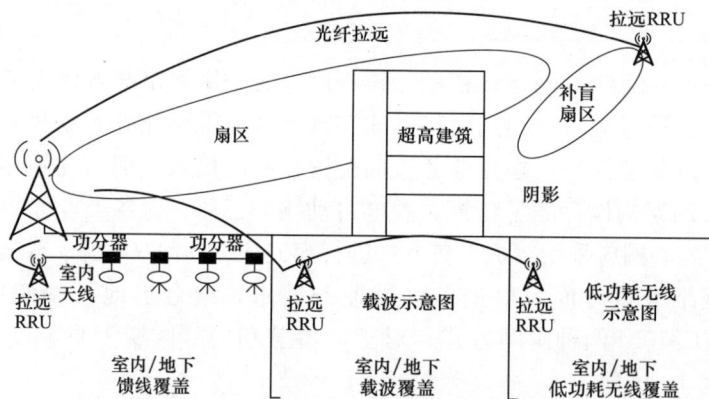

图 7-20　特殊场景覆盖解决方案

生产业务的终端和管理业务终端采用不同工作频率，接入不同的射频单元，传回基站不同的物理板卡，并通过相互隔离的回传网络送达相互独立的核心网，之后分别送往相互隔离的不同安全大区的各自安全接入区，根据业务层设备的位置就近接入。根据国能安全

---

❶　RSRP：参考信号接收功率，Reference Signal Receiving Power 的缩写。

❷　RS-CINR-载波干扰噪声比，Reference Signal Carrier to Interference Plus Noise Ratio 的缩写。

〔2015〕36 号《电力监控系统安全防护总体方案》要求，Ⅰ、Ⅱ区安全接入区包括安全接入网关、前置机和正反向隔离装置，Ⅲ、Ⅳ区业务系统采用安全接入平台接入无线终端。

LTE 接入层设备部署在地市公司，包括核心网、核心路由器、LTE 回传光网络以及基站设备，其独立组网架构如图 7-21 所示。核心网及核心路由器部署在地市公司机房，在核心网之后部署核心路由器，对不同的业务 VPN 进行分离，将不同的业务送往不同的电力无线应用内网安全入口。LTE 回传网络采用 SDH 独立通道实现，基站部署在变电站、生产基地或供电所。

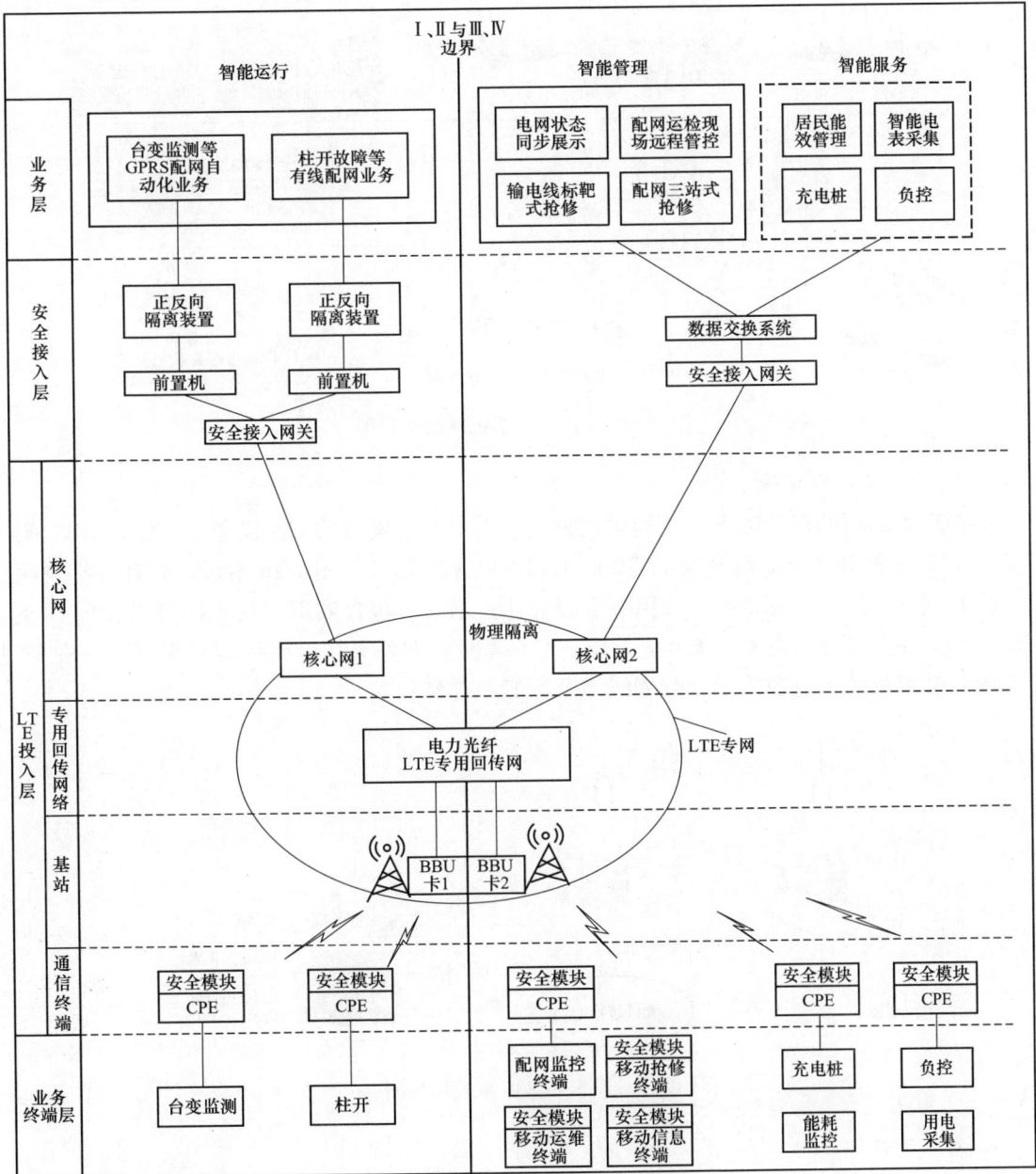

图 7-21　独立组网架构图

## 7.2.4　国网某供电公司组网方案示例

**1.** 电力无线专网系统架构

国网某供电公司采用 LTE230 电力无线专网系统架构，架构图如图 7-22 所示。

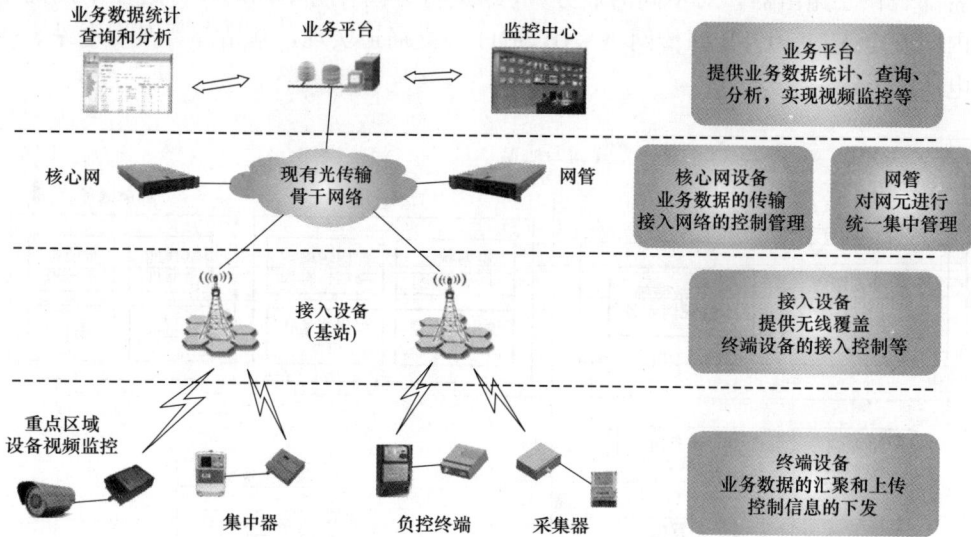

图 7-22　LTE230 系统网络架构图

**2.** 电力无线专网建设方案

根据重大专项的建设需求，规划建设方案为 1 套核心网（EPC）设备，1 套 eOMC 网管设备，10 套基站和 800 个配套通信终端。LTE230 系统拓扑如图 7-23 所示，拓扑详细说明：

核心网（EPC）及 eOMC：各用一套服务器；基站（包含 eBBU 与 eRRU 功能）：9 套，GPS 天线，室外天线；终端：170 套终端，170 套配套室外天线，天线类型根据实际业务进行选配；辅料配置：电源线缆、数据线缆及配套线缆辅料。

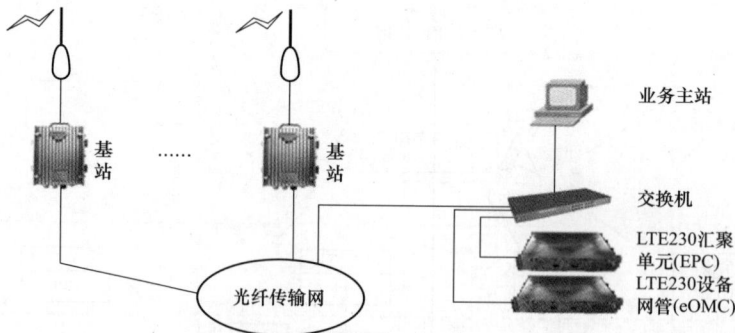

图 7-23　LTE230 系统拓扑图

**3.** 基站选择

各基站名称及其环境特点见表 7-6。

**表 7-6** 基站名称及其环境特点

| 序号 | 基站名称 | 环境特点 |
|---|---|---|
| 1 | 前周变电站 | 东侧有高层住宅，其他方向空旷 |
| 2 | 姜山生产基地 | 9 层办公楼，北部有 4 层学校 |
| 3 | 天一变电站 | 空旷 |
| 4 | 姜山变电站 | 空旷 |
| 5 | 姜山供电局 | 城镇居民区 |
| 6 | 茶亭变电站 | 空旷 |
| 7 | 石碶变电站 | 四周遮挡较多 |
| 8 | 鄞城变电站 | 密集城区，周围高楼较多 |
| 9 | 长丰变电站 | 立交桥下 |
| 10 | 中河变电站 | 密集城区，周围高楼较多 |
| 11 | 潘桥变电站 | 密集城区，周围高楼较多 |
| 12 | 土桥变电站 | 密集城区，周围高楼较多 |
| 13 | 鄞州电业局 | 密集城区，周围高楼较多 |
| 14 | 鲍家变电站 | |
| 15 | 铜盆变电站 | |
| 16 | 鄞州中心供电所 | |

（1）A 区域：从现场实际站点勘测来看，目前站间距最大为 8.5km 左右，按选用设备在乡间条件下可以达到 4～5km 的覆盖情况来看，可以选择 1～2 个站址来进行布站。从地图上的站点分布上看，南部姜山镇区域有两个供电所和两个供电局办公楼，其中镇中心部分的姜山供电局楼上存在运营商的天线，而姜山生产基地的建筑物更高，故考虑远距离覆盖可以使用姜山生产基地站址，如只考虑姜山镇覆盖则使用姜山供电局。

（2）B 区域：在中部和其他外围站址中，供电所与附近建筑基本等高，为 4 层楼左右高度，个别方向存在写字楼。从覆盖范围来说，可以达到一般城区的覆盖距离，但写字楼后的建筑或小区中连续住宅后的终端性能需要重新考虑，可能存在弱覆盖，即这些站址向乡间或一般住宅区域覆盖良好，向中心商业区和密集住宅区方向可能会出现覆盖距离短、弱等情况。从站址位置来说，外围供电所间距均在 3～4km 左右。考虑到这部分基站也需要向密集城区方向进行覆盖，因此建议选择保留长丰变电站、前周变电站和鄞州中心变电站，考虑到向外覆盖，建议保留石碶变电站。该区域内其他站址根据实际测试结果和终端分布需要再进行筛选。

（3）C 区域：鄞州中心区存在商业街和写字楼，且供电所高度远比周围建筑矮，因此覆盖效果不理想，由于这部分区域需要重点覆盖，因此目前已有的站址建议全部保留。由于站址周围环境较差，可以考虑其他方式如 AP 中继、有线光纤等进行数据回传。

根据鄞州区各个变电站的数据记录，分析时默认天线高度为变电站建筑加抱杆，即 30～40m。从实际勘测来看，所有已勘测站点的南部区域（姜山镇及往北），由于建筑物不高，可以实现较好的覆盖；北部和西部属于已勘测站点的边界区域，该区域向中心商务区和密集住宅区的覆盖会由于高层建筑等原因而受到影响；在中心商务区和密集住宅区，由于站址在高层建筑之中，无线覆盖效果不理想。

综合上述情况，最终确定建设基站 9 套，规划设计各站情况见表 7-7。

**表 7-7**                          规 划 设 计 站 点 情 况

| 序号 | 站址名称 | 挂高（m） |
|------|----------|-----------|
| 1 | 区局大楼 | 60 |
| 2 | 某变电站 | 18 |
| 3 | 区中心供电所 | 22 |
| 4 | 区姜山供电所 | 22 |
| 5 | 小区微基站 1 | |
| 6 | 小区微基站 2 | |
| 7 | 小区微基站 3 | |
| 8 | 小区微基站 4 | |
| 9 | 小区微基站 5 | |

**注** 由于此天线挂高为相对地面挂高，非海拔高度。

**4.** 基站频率规划

通过勘察扫频结果来看，现场频谱资源较干净，底噪环境较好，非常有利于项目的频率规划，具体频谱资源还需协调当地无线电委员会。南部商务区扫频图如图 7-24 所示。

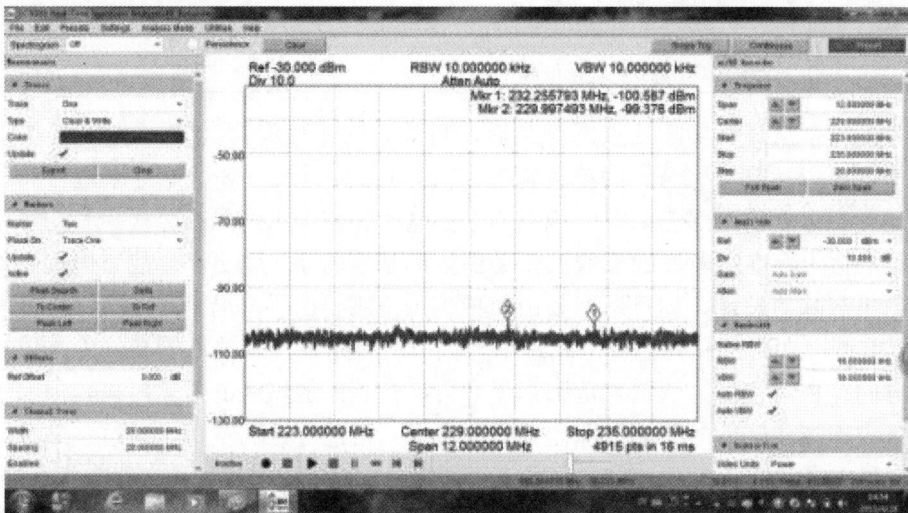

图 7-24  南部商务区扫频图

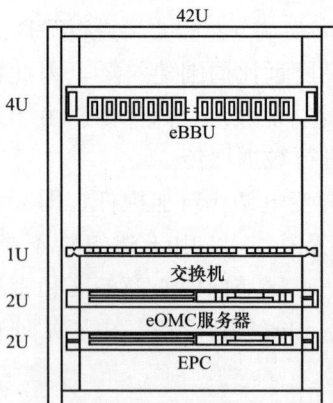

图 7-25  EPC 安装示意图

**5.** LTE 汇聚单元 EPC 设置

（1）设置原则。在区分公司机房建设 1 套 EPC，需要深 1000mm 的 19 英寸标准机柜及交流电源。需预留机房到省局主站的交换路由，以及添加机房到 LTE230 系统交换机的路由，用于核心网与市局主站对接。

（2）EPC 安装。EPC 安装示意如图 7-25 所示。

**6.** LTE 设备网管 eOMC 设置

（1）设置原则。在区分公司机房建设 1 套 eOMC，通过交换机与 EPC 相连，需要深 1000mm 的 19 英寸标准机柜及交流电源，1 套 eOMC 包括服务器和客户端各 1 台。

（2）eOMC 布置安装。eOMC 与 EPC 共机柜，交流电源由同机房的交流配电柜引入。

# 7.3 中 压 载 波

## 7.3.1 中压载波实用技术

电力线载波通信是指利用电力线作为媒介，进行语音或数据传输的一种通信方式。根据电力线缆的电压等级不同分为高压、中压和低压电力线载波通信，根据使用频率范围和带宽的不同分为宽带载波技术和窄带载波技术。应用于 10kV 接入网的载波技术为中压电力线载波通信技术。

中压电力线载波通信是指综合运用多种调制解调技术、信道编码技术以及电磁耦合技术，以 10kV 配电网电力线为传输介质的通信方式。中压电力线载波通信技术通常用于承载配电自动化及用户用电信息采集业务，由主载波机、从载波机、耦合器及电力线通道组成。中压电力线通信设备通过耦合器将载波信号耦合到中压配电线路上实现载波数据传输。对于架空线路，载波信号耦合采用电容耦合方式，包括相—地耦合和相—相耦合两种。对于电力电缆线路，利用电力电缆的屏蔽层传输数据信息，耦合方式包括注入式电感耦合和卡接式电感耦合两种。

## 7.3.2 中压载波技术体系

**1.** 性能指标

经过近 20 年的发展，中压窄带电力线载波相关设备和标准均已完备，产业链相对完整。电力行业已发布 DL/T 790—2001《采用配电线载波的配电自动化》等标准，这些标准对中压载波技术的性能指标作了如下要求：

（1）传输距离：在架空电力线和地埋电力电缆条件下中压窄带电力线载波通信点对点单跳传输距离分别小于 10km 和 2km；中压宽带电力线载波通信点对点单跳传输距离小于 2km，通过中继组网可以实现整个变电区域覆盖。

（2）带宽：中压窄带载波通信传输速率 10～100Kbps；中压宽带载波通信传输速率可达 1Mbps。

（3）时延：中压窄带载波通信单跳传输时延为小于 100ms，中压宽带载波通信单跳传输时延为小于 10ms。

（4）可靠性：中压载波通信技术的可靠性主要从设备和通信媒质两个方面进行分析。对于设备可靠性而言，中压电力线载波设备采用工业化标准设计，可满足高温、高湿度、野外等相对恶劣的工作环境；在通信媒质可靠性方面，中压电力线载波以电力线（缆）或屏蔽层为通信介质，受电网网架结构影响较大，难以适应中压电力线结构频繁变化。同时，虽然中压配电线路阻抗较稳定，但电线分支、架空地埋混合、电力负荷等都会对通信稳定性产生一些影响，需要采取自适应控制技术提高系统可靠性。

**2.** 信息安全

中压电力线载波仅提供奇偶校验等功能，安全防护措施有待加强。

其施工简单，受配电线运行情况影响，系统运维频度较高，需要断电作业，不宜大规模组网，适合实时性、并发性要求不敏感的使用场合，可作为光纤网络的末端补充和延伸。

### 7.3.3　国网某供电公司组网方案示例

某供电公司组网，因不具备敷设光缆条件，且是无线专网试点覆盖范围以外的配网站点，故考虑采用中压载波方案解决，中压载波系统部署载波链路 7 条，其中主载波机 7 台，从载波机 24 台，平均每条载波链路挂接从载波机 3 台。采用中压载波技术的环网单元或配电室安装载波从设备，提供 RS 232/RJ 45 口，载波主设备安装在离载波站较近的变电站或采用光纤 EPON 的环网单元或配电室。载波站的信息可以分别通过 10kV 载波通道接入变电站或光纤站，利用光纤上传到局配电自动化主站。主载波机设在变电站的载波通信网络拓扑图如图 7-26 所示。

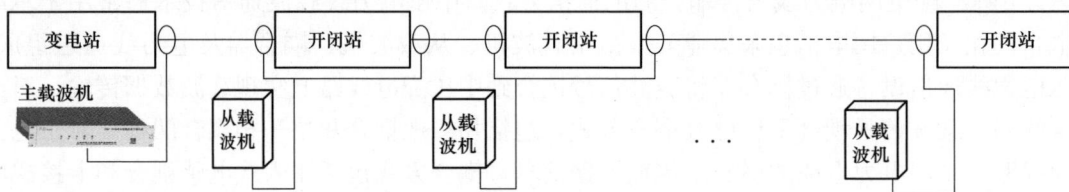

图 7-26　主载波机设在变电站的载波通信网络拓扑图

# 第8章

# 电网业务接入通信网技术

本章主要介绍继电保护业务、调度自动化业务接入通信通道的方式、要求、规程规定。

## 8.1　继 电 保 护 业 务 接 入

本节介绍继电保护通道的形式、保护通道的设计要求、保护通道的运行要求、典型的保护通道故障案例分析。

### 8.1.1　保护通道介绍

线路保护的通道有光纤通道、高频通道、短引线通道等，目前主要使用的是光纤通道，在发达地区部分高频通道也改建为光纤通道。光纤通道具有天然的抗电磁干扰能力，传输质量优良，同时，由于光缆价格的大幅度下降以及工艺水平的不断提高，光纤通道的使用越来越广泛，特别是经济发达地区的 220kV 变电站和 500kV 变电站之间已经分别形成 OPGW 环网，也为线路保护提供了充足的光纤通道资源。

光纤通道分为专用光纤通道和复用光纤通道，高频通道分为专用高频通道和复用高频通道。从保护装置实际使用来看，纵联差动保护使用的是光纤通道；纵联方向、纵联距离等可使用高频通道，也可使用光纤通道，若使用高频通道，一般投闭锁式逻辑，使用光纤通道，一般投允许式逻辑。

**1.** 光纤通道

（1）点对点通道。专用光纤通道又称为点对点通道，其原理示意如图 8-1 所示。通道提供给继电保护的是专用纤芯，本质上相当于两变电站之间的保护设备由两根专用的光纤连接在一起，一根发送，一根接收，数据流全是继电保护报文。由于保护设备普遍采用半导体光源，其发光功率一般只有－5dBm，通信不能实现长距离通信，若要长距离通信，需加装光放大器或转接到通信大功率光端机。

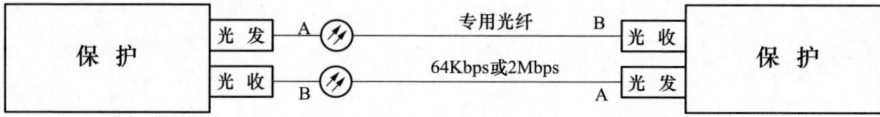

图 8-1  点对点通道原理示意图

目前电力常用光缆为 OPGW（复合光缆架空地线）和 ADSS（全介质自承式光缆）。继电保护光纤一般采用单模光纤，光纤结构不论是采用非金属加强芯或金属加强芯，进入变电站或电厂的控制楼前必须采用非金属加强芯光纤。以 OPGW 光缆为例，OPGW 光缆进入变电站或电厂的控制楼后，在避雷针的转接盒经过光纤分配接线盒分开后分别进入继电保护小室和通信机房，其中给保护专用的纤芯经过铠装光缆后直接进入继电保护小室，而其余光纤经过铠装光缆进入通信机房到光纤配线架 ODF。若无光纤分配接线盒，则 OPGW 光缆进入通信机房后，再接入光纤分线盒（或光纤配线架 ODF），从光纤分线盒（或 ODF）到继电保护装置间应采用光纤尾纤连接。尾纤的终端必须标明纤芯的编号，并与对端编号相对应。光纤的接续必须符合有关技术要求，一般接续损耗应在 0.2dB 以下，光纤的活接头一般在 1dB 以下。点对点通道连接如图 8-2 所示。

点对点通道实际连接时将保护光板的 2 个尾纤通过尾纤接线盒与铠装光缆连接，铠装光缆穿越继电保护室到开关场，通过接线盒再与 OPGW 连接。1 条线路保护要求使用 6 根纤芯，2 个工作通道，1 个备份通道，要求 2 个工作通道应使用不同的 OPGW，若变电站只有 1 根 OPGW，那么要求使用 OPGW 中不同的光单元。

图 8-2  点对点通道连接图

（2）复用通道。点对点通道使用的是保护装置自带光发送和光接收板，适用于输电线路距离不长的情况。如南瑞的 RCS-931 的光发送功率可达 $-5$dBm，接收灵敏度为 $-45$dBm，传输距离小于 100km。而当输电线路距离太长，仅仅利用保护设备本身的光功率不能保证对端设备的接收灵敏度，必须另外加装光放大器或利用电力通信专用设备的光端机来保证光功率。目前普遍采用的是复用电力通信中的 SDH 光端机来保证保护信号的通信距离。复用通道原理示意如图 8-3 所示。

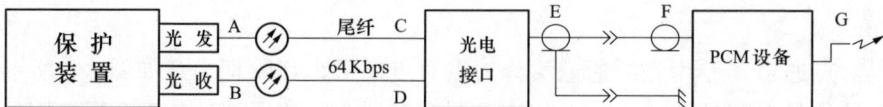

(a)

图 8-3  复用通道原理示意（一）

（a）复用 PCM 通道

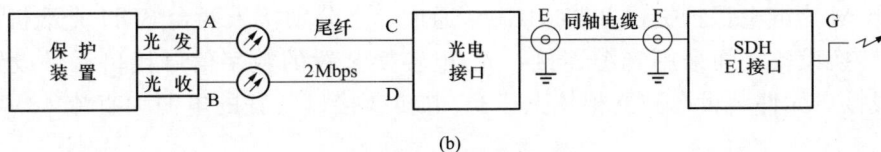

(b)

图 8-3　复用通道原理示意（二）

（b）复用 SDH 通道

保护装置信号接入 SDH 必须解决规约、速率的匹配问题。国内大部分微机保护装置采用的是自有规约。目前，光纤分相差动保护设备出口几乎都是光口，速率有 64、256Kbps 及 2Mbps 等，而纵联距离/方向保护的出口为电口，速率大部分为 64Kbps、2Mbps。

脉冲编码调制器（pulse code modem，PCM）数字接口符合 G.703 标准，其最早是为语音信号数字化传输而研发的，其有 PCM 30/32 和 PCM 24 两种体系，我国使用前者。PCM 30/32 传输码型为含有定时关系的 HDB3 码，一帧为 125$\mu$s，分为 32 个时隙，每个时隙传输 8bit 数据，每个时隙速率为 64Kbps，一帧速率为 2.048Mbps，简称 2M 口，通过 75$\Omega$ 同轴电缆或 120$\Omega$ 双绞线进行非对称或对称传输。继电保护码流通过同向数据接口接入 PCM 的某个时隙。

同步数字系列（Synchronous DigitalHierarchy，SDH）是通信传输网的一种帧格式，采用同步传输模块 STM 放置信息，可以用光设备传输，也可用微波设备传输。SDH 若用光设备传输则为 SDH 光端机，目前典型的速率有 155、622Mbps 和 2.5、10Gbps 4 种。数字接口符合 ITU-T、G.703、G.732、G.707 标准。SDH 依靠 OPGW 构成的光纤自愈环网是目前电力通信传输网的主干网。

1）复用 PCM 方式。复用 PCM 方式原理示意如图 8-4 所示。由于电力通信的光端机 SDH 设备支持的报文格式为 G.703、G.707，而微机保护报文的格式为自有协议，且 SDH 的最低接入速率为 1.5Mbps，若保护出口速率为 64Kbps，则位于继电保护小室的光差保护装置输出的光信号经过尾纤接入尾纤接线盒后，再转接入铠装小光缆，铠装小光缆从继电保护小室铺到通信机房，通过尾纤接线盒转接成尾纤，尾纤进入放在通信机房的尾纤接线盒，接入保护装置专用的光电接口，该接口将保护装置传输的光信号转换成电信号，将保护装置自有规约转换成 G.703 的 64Kbps 规约，速率为 64Kbps，经 64Kbps 电缆、VDF（音频配线架）跳线，接入 PCM 的同向数据接口，与 PCM 中其他数码流一起合路形成 G.703 的 2Mbps 出口速率，经 2M 电缆，PCM 的 2M 速率的报文通过分插复用器（Add-Drop-Multiplexer，ADM）或终端复用器（Terminal Multiplexer，TM）接入 SDH。

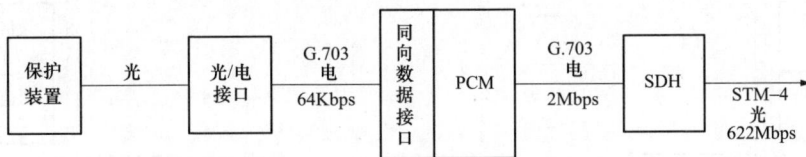

图 8-4　复用 PCM 方式原理示意图

保护通道复用 PCM 终端时，每一套保护分别接入不同 PCM 的同向接口。即如果线路出线 2 回，每回线配置 2 套完全独立的主保护，采用光纤通道，分别安排在 2 台 PCM

上，每台 PCM 为继电保护提供 2 路 64Kbps 通道，且分别接入两台 SDH 光端机。保护装置与光/电转换设备之间采用光缆连接，光/电转换装置的数字信号接口元件设置在通信室，每条线接口元件装设在独立柜体上。光/电转换接口装置的电源为直流 48V，为通信直流电源。

2）复用 SDH 方式。复用 SDH 方式原理示意如图 8-5 所示。由于 PCM 设备的接入，降低了保护动作的可靠性，很多厂家把纵联差动保护装置的接口直接做成 2Mbps 光口，这样，保护设备可通过光/电转换设备转换成 2Mbps 的 G.703 信号，与 SDH 设备直接连接，节省 PCM 设备的投资。

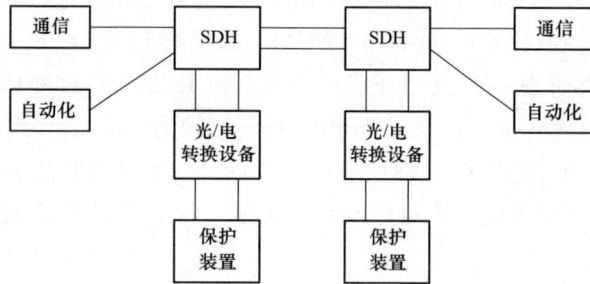

图 8-5　复用 SDH 方式原理示意图

带 2M 出口的保护设备在继电保护小室内通过专用光纤接入位于通信机房的光电接口完成 2M 光信号到 2M 电信号格式的转换，然后通过 2M 电接口接入 SDH 设备，与自动化、通信、调度等信号合路成高速率的信号，通过复用光纤传输到对端，对端接收到信号后再进行分路，提取保护数据流。

在保护信号复用 PCM 方式和复用 SDH 方式中，最终保护信号将与其他通信信息流一起在通信干线的两根光纤上传输，所以称为复用通道。

3）双口保护。某些重要的 500kV 输电线路配置的是双口继电保护装置，其具备 A、B 两个通信接口。500kV 输电线路双口继电保护通道传输系统示意如图 8-6 所示，传输继电保护信号的通道有 A、B 两个。

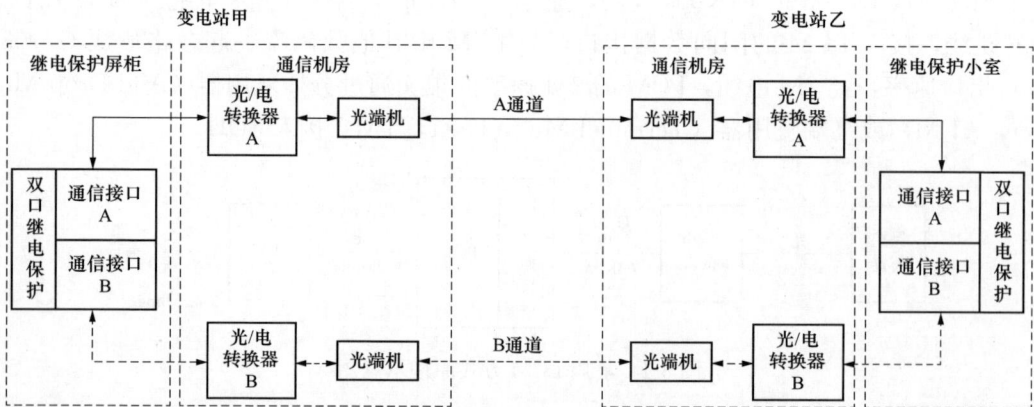

图 8-6　500kV 线路双口继电保护通道传输系统示意图

**2.** 高频通道

高频通道的原理是利用输送强电工频的输电线路传送高频的弱电信号。目前，220kV线路高频保护一般使用专用的高频收发信机和相地耦合的高频通道，500kV线路高频保护一般使用载波机复用高频保护，使用相相耦合的高频保护。

（1）专用高频通道。专用高频保护普遍使用 A—地为第一套保护，B—地为第二套保护，使用专用收发信机，保护投闭锁式，其原理示意如图 8-7 所示。

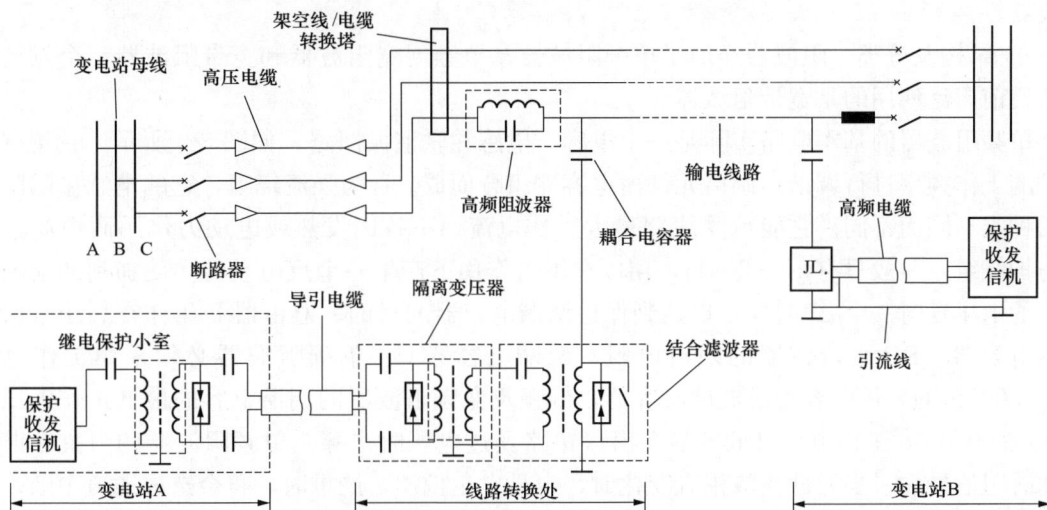

图 8-7　专用高频通道原理示意

（2）复用高频通道。复用高频保护一般使用相—相通道，普遍使用 A、B 相耦合，与载波机配合，保护投允许式，其原理示意如图 8-8 所示。

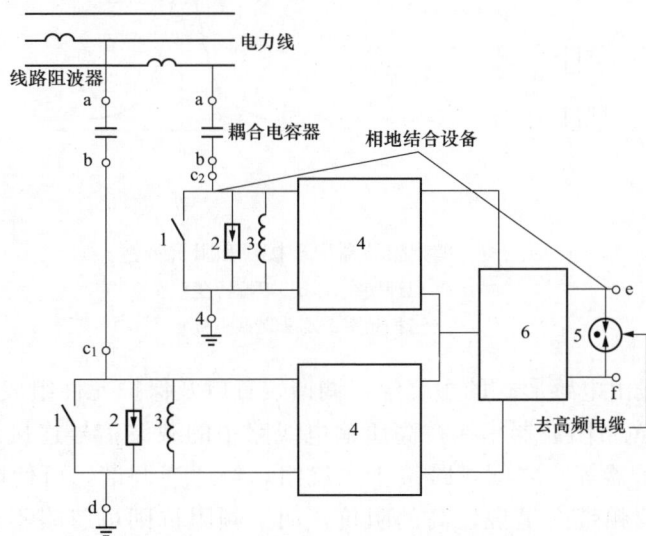

图 8-8　复用高频通道原理示意图

1—接地开关；2—主避雷器；3—排流绕组；4—调谐元件（包括匹配变量器）；5—副避雷器；6—平衡变量器；

a—耦合电容器高压端子；b—耦合电容器低压端子；c1、c2—结合设备一次端子；

d—结合设备接地端子；e、f—结合设备二次端子

（3）输电线路。高频信号在高频通道中呈现波粒二象性，高频信号通过电磁耦合形式，以输电线路为媒介，将高频信号从线路一端传送至另一端。电力架空线的特性阻抗为 $400\Omega$ 或 $300\Omega$（双分裂导线）。目前使用的高频通道耦合方式有相—地耦合与相—相耦合。

（4）阻波器。又称为加工设备，对一次设备进行加工，使输电线路可以传输高频信号，并阻止高频信号向母线分流，使高频保护信号沿线路向对侧传输，传输线路各相都需要装设阻波器。

1）结构及分类。阻波器经历了单频阻波器、单频展宽阻波器和宽带阻波器三个发展阶段，目前广泛使用的是宽带阻波器。

单频阻波器的基本电路实际是一个电容、电感并联谐振回路，如图 8-9 所示，它按继电保护的工作频率进行调谐。调谐元件由电容器组合而成。L 为强流绕组，它的电感量随阻波器的种类不同而不同。它能承受线路最大工作电流，不致因发热或电动力作用而损坏。$L\delta$ 是防护绕组，一般只有 $10\sim20\mu H$，用以在雷击作用下产生一个反电动势，使加到调谐电容器上的电压延时一个 $\Delta t$ 时间，以达到保护调谐电容器的目的。避雷器 F 用作在高压下保护调谐电容器。RP 是避雷器的限流电阻。调谐电容器 C、单频阻波器必须采用工作电压 $U_{0P}\geqslant 5000V$ 的云母电容器或玻璃电容器，带频及宽频阻波器的调谐电容的最低工作电压要求 $U_{0P}\geqslant 2000V$，工作电压过低容易在出口短路及过电压时击穿。单频阻波器的阻抗在谐振频率时阻值最大，当元件参数稍有变化时，容易发生偏调，严重时，将会造成通道中断，引起保护误动作。若单一频率而又有一个较窄的频带发信装置（4kHz），就需要将阻滞展宽，展宽的方法是在电容器回路中串入一个几欧电阻，以降低品质因数值。

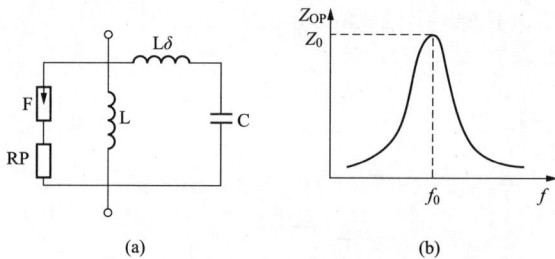

图 8-9 单频阻波器原理接线和阻抗特性

(a) 原理接线；(b) 阻抗特性

$f_0$—谐振频率；$Z_0$—谐振阻抗

宽带阻波器一般由电感形式的主绕组、调谐装置以及保护元件组成，其原理接线和特性如图 8-10 所示。宽带阻波器串接在高压输电线路中的载波信号连接点与相邻电力系统元件（如母线、变压器等）之间，跨接于主绕组，经适当调谐，可使阻波器在一个或多个载波频率点的载波频带内呈现较高的阻抗，而工频阻抗则可忽略不计。宽带阻波器广泛使用的原因主要是工作频率更换时可不加调整；假如每条线路均接入阻波器，则线路之间的信号跨越衰减可以按两只计算，即隔两条线路后，第三个站点就可以使用宽带阻波器。

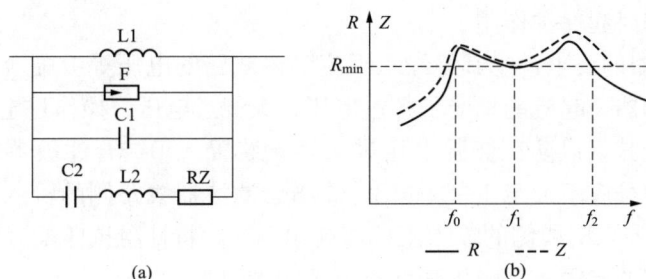

图 8-10　宽带阻波器原理接线和特性图

(a) 原理接线；(b) 特性图

继电保护高频通道对阻波器接入后的分流衰减，在阻塞频带内一般要求不大于 2dB。为避免高频阻波阻抗与变电站电容形成串联谐振，要求阻波器在工作点的电阻 $R_{0P} \geqslant 800\Omega$，此分流衰减为 1.945dB。对阻波器的要求如下：①必须保证工频电流流向变电站，所以要求阻波器对工频呈现的阻抗必须很小。②阻波器必须能够长期承受这条输电线的最大工作电流引起的热效应和机械效应。③阻波器必须具有足够的承受过电压的能力，为此阻波器内要装设避雷器和防护绕组。④能短时承受这条输电线的最大短路电流引起的热效应和机械效应。

2）阻波器常见故障。高频通道的运行水平和气候、环境相关，但它们引起的衰减一般不超过 3dB。当通道裕度突然降低 3dB 以上时，很可能是阻波器故障所引起。此时，尽管通道裕度可能仍大于 10dB，但若母线发生故障衰减就会剧增，导致保护误动作，所以必须及时查出故障阻波器并进行处理。

运行中常见的故障是电容器击穿，引起故障的原因如下：①电容器的工作电压太低。②阻波器中避雷器放电电压高于电容器两端的工作电压，当系统出现故障时，电容器处于无保护状态，因而首先击穿。③电容器直接和强流线圈并联，宽带阻波器强流线圈的电感量大，当线路出口短路时，电容器两端电压为强流线圈通过最大短路电流时产生的压降。当系统电压一定时，电容两端电压的大小取决于变电站母线短路容量。近年来系统容量增加很快，分析可知，对于 220kV 线路，当阻波器的电感为 1mH，且变电站母线短路容量为 10000MVA 时，阻波器中电容器的工作电压至少要用 20000V。考虑到与避雷器配合，制造厂目前选 40kV 与 80kV 电压作带频及宽频阻波器调谐元件的工作电压是合理的。

3）阻波器运行中的检查方法：①拉线路开关方法。对于允许短时停电的线路，可用此法。当被拉侧对侧接收电压有明显提高时，被拉侧的阻波器就损坏了。②测量输入阻抗法。在通道的两侧轮流测量输入阻抗，并与原始值比较，此时输入阻抗变化大的一侧可能是损坏侧。③跨越衰减测量法。测试分别在两侧的本线和相邻线的同一相高频装置上进行。阻波器损坏侧的跨越衰减要比完全侧的跨越衰减小许多。

（5）耦合电容器。与结合滤波器共同组成带通或高通滤波器，只允许此通带频率之内的高频信号通过。对高频信号呈很小的阻抗，对工频电流呈很大的阻抗，防止其侵入高频收发信机。

（6）结合滤波器。与耦合电容器组成带通或高通滤波器。结合滤波的变量器起阻抗匹配作用，减小高频信号的衰减，同时使电力载波机或高频收发信机与高压线路隔离。结合滤波器的接地开关在检修时起保护作用。

1）对结合滤波器的要求：①其绝缘水平应和该线路的电压等级配合。②结合滤波器线路侧电感与耦合电容器一起应能承受工频过电压、大气过电压、操作过电压。③结合滤波器对工频呈现极大的衰减，以防工频强电压进入高频装置。④结合滤波器对通带内的各个频率，工作衰减不同型号应不大于 $1\sim1.3$dB。⑤结合滤波器线路侧的输入阻抗与电力线的特性阻抗相匹配（400Ω），电缆侧的输入阻抗与高频电缆的特性阻抗匹配（75Ω）。⑥二次绕组及其对外壳应有良好的绝缘，其耐压强度不小于 5kV/1min。

2）反事故措施（以下简称反措）要求：①根据反措要求，断开结合滤波器的一、二次绕组电气连接，一次和二次必须分别接地以避免一次接地引线上的高频电压直接引入高频电线。结合滤波器二次侧最佳接地点为距耦合电容器接地点 $3\sim5$m 处，结合滤波器的二次接地线的截面积应大于 $10\text{mm}^2$。②结合滤波器线路侧绕组上的接地开关闭合时，严禁收发信机发信，最好将收发信机出口的高频电缆改接到负载电阻上。

（7）高频电缆。高频电缆为同轴电缆，用来减少损耗和干扰。虽然不长，但因发信机工作频率很高，高频信号在阻抗不匹配时的反射损耗比较严重，早期的收发信机的输出阻抗为100Ω，因而高频电缆的特性阻抗为 100Ω，结合滤波器的二次阻抗为 100Ω。近期的收发信机的输出阻抗为 75Ω，结合滤波器和高频电缆的特性阻抗为 75Ω。

选择高频电缆长度时，应考虑现场高频电缆展放时避开电缆长度接近 1/4 波长或 1/4 波长的整数倍，否则高频信号将被短路或开路，无法传送到对侧。

高频保护用的高频同轴电缆外皮应在两端分别接地，并紧靠高频同轴电缆，敷设截面积不小于 $100\text{mm}^2$ 两端接地的铜导线。

（8）专用高频保护收发信机与保护的接口。高频保护收发信机与继电保护设备的连接主要有三种逻辑：保护启动收发信机发信、停信、收发信机收到高频信号闭锁保护跳闸出口。若采用单触点方式，即 3 对触点：启信触点、停信触点、收信输出触点，启信触点、停信触点由保护送出无源触点给收发信机，收信输出触点由收发信机送出无源触点给保护。若采用双触点方式，启信和停信共用 1 对触点，启信触点返回为停信。高频保护与收发信机接线示意如图 8-11 所示。

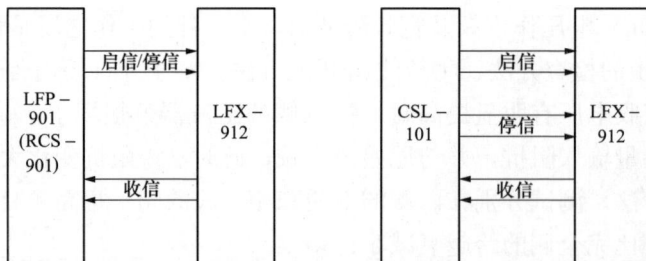

图 8-11　高频保护与收发信机接线示意图

（9）复用高频保护载波机与保护的接口。复用高频保护一般采用相—相通道，一条线路的两套主保护若都采用高频保护，则两套保护的信号通过分频滤波器 CF 来进行分频，不同频带的两套保护信号再采用 FDM 技术或数字插入技术复用到载波上，分别利用 A、B 相不同的频带。差分网络使载波机的发信回路与收信回路分开，防止自发自收。

1）保护使用的音频接口。保护信号是通过音频接口板插入载波机，经过载波机调制后，通过高频通道传输到对侧的。目前载波机大部分是数字载波机，保护与载波机的音频接口也由传统的模拟式转换成数字式。以 ABB 公司的 ETL500 载波机为例，其保护与载波机的音频接口为 NSD550，在单回线路的双重化配置中，将使用两个载波机和两块配套的音频接口板。

单回线双重化配置示意如图 8-12 所示，第 1、2 套主保护接两套主保护的允许命令触点，后备保护输入断路器失灵保护、过电压保护、补偿电抗器保护远跳命令触点或远方切机，4 个触点命令接入音频接口，经过编码处理后，形成 1 路音频信号（音频信号带宽为4kHz），经载波机调制到 30k～400kHz 的某个波段传输到对侧。

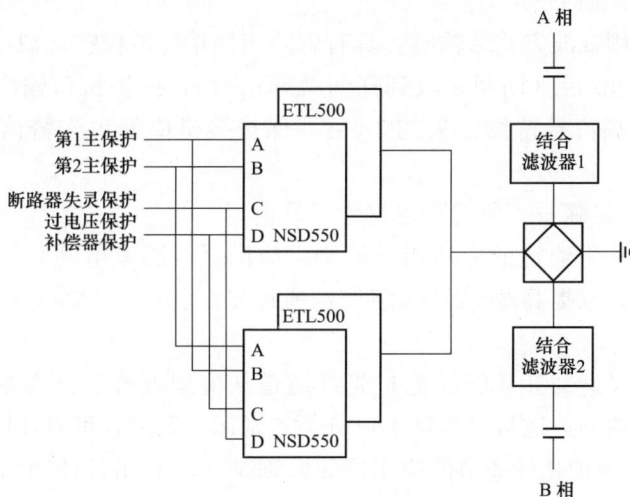

图 8-12　单回线双重化配置示意图

2）快速通道与慢速通道。在 500kV 的复用高频保护通道中，使用频带划分技术，不同信号使用不同带宽，带宽较宽的通道能量大，可传输的比特率高，称为快速通道，反之，带宽窄且波特率低的为慢速通道。如 120Hz 带宽其比特率仅为 50bd，而带宽为 2600Hz 信息率可达 1200bd。

500kV 线路高频保护通道中的快速通道用于传输允许信号，慢速通道传输直接跳闸信号。

3）载波机的自动电平调节功能。线路正常运行时，载波机向通道发送导频信号，同时监视导频信号质量，当导频信号变弱，说明载波通道质量变差，载波机的导频自动调节系统可适当提高发送功率。当线路内部发生故障，导频信号消失且跳频信号出现，即构成允许命令，各侧保护收到对侧的允许命令且本侧保护启动，开放跳闸出口。载波机在导频转发跳频命令时，功率提升 6dB。

## 8.1.2　线路保护光纤通道建设、配置和应用原则

**1. 电网线路保护光纤通道建设、配置和应用原则**

继电保护的业务主要有光纤差动保护的通道配置，涉及的电压等级为 220kV 及以上。

一般要求如下：

（1）光通道或载波通道，原则上均采用透明方式传输保护信息，即任何一侧通信设备收到有关保护设备信息后，通过另一侧通信设备将信息还原给与之对应的保护设备。

（2）鉴于光纤电流差动保护要求通道收发双向传输时延相等，因此保护用 2M 通道路由配置应保证在任何情况下（正常运行或切换状态）收发双向路径一致。

（3）对于传输保护 64Kbps（同向）信号的每一对保护专用 PCM 之间，时钟同步应设置为主从同步方式。即一端 PCM 设置为主时钟，另一端 PCM 设置为从时钟。

（4）线路保护采用载波方式传输时，保护命令传输应采用编码方式，允许跳闸的保护命令传输时间应不大于 15ms，远方跳闸（或切机）的保护命令传输时间应不大于 30ms，远方跳闸信号输出加 20ms 延时。

（5）线路保护采用载波方式传输时，具有解除闭锁功能的保护接口应满足以下要求：在导频信号持续消失 50ms 后（期间未收到任何跳频信号），保护接口输出一个宽度为 150ms 的解除闭锁信号。导频信号持续消失约 1s 后，保护接口应发出告警信号并闭锁跳闸命令输出。

**2.** 电网 220kV 线路保护光纤通道应用指导原则

220kV 线路保护光纤通道的应用指导原则，应满足《国家电网公司十八项电网重大反事故措施》相关要求，以提高 220kV 线路保护通道光纤化率。220kV 线路保护光纤通道应遵循以下指导原则。

（1）三种通道定义。220kV 线路保护光纤通道从应用方式上分为专用纤芯保护通道和复用光纤保护通道，两类通道从可靠性上可分为正常运行通道、可靠迂回通道和应急备用通道。电网 220kV 线路保护光纤通道的应用指导原则是充分利用各种通信资源，使 220kV 线路保护光纤通道逐步满足"双路由、双设备、双电源"完全独立的三双要求。

1）正常运行通道是指满足传输时延、误码率、光纤损耗、收发同一路由等各项技术指标，点对点直达、可靠性高，能长期作为运行电路的通道。专用纤芯保护正常运行通道指由本线（邻线）OPGW 光缆或与本线（邻线）电缆同管道敷设的管道光缆构建的通道。复用光纤保护正常运行通道指光缆使用本线（邻线）OPGW 光缆或与本线（邻线）电缆同管道敷设的管道光缆，通信设备使用能统一进行网络管理的本站设备构建的通道。

2）可靠迂回通道是指满足传输时延、误码率、光纤损耗、收发同一路由等各项技术指标，非点对点直达、可靠性较高，能在一定时期内作为过渡运行电路的通道。专用纤芯保护可靠迂回通道指由长度不大于 60km 的 110kV 及以上电压等级的 OPGW 光缆或与 110kV 及以上电缆同管道敷设的管道光缆构建的通道。复用光纤保护可靠迂回通道指光缆使用 110kV 及以上电压等级的 OPGW 光缆或与 110kV 及以上电缆同管道敷设的管道光缆，通信设备仅使用能统一进行网络管理的 220kV 及以上电压等级厂站设备构建的通道。

3）应急备用通道是指满足传输时延、误码率、光纤损耗、收发同一路由等各项技术指标，但可靠性较低，仅能在紧急情况下投入使用的通道。专用纤芯保护应急备用通道指由长度不大于 60km 的各类光缆（含各电压等级的 OPGW、ADSS、普通架空光缆、管道光缆等）构建的通道。复用光纤保护应急备用通道指由各类通信设备（含各电压等级站点的 SDH、MSTP 设备等）、通信光缆（含各电压等级的 OPGW、ADSS、普通架空光缆、管道光缆等）构建的通道。

（2）新、改（扩）建 220kV 线路保护光纤通道应用指导原则。新建、改（扩）建 220kV 线路保护光纤通道不采用单独配置保护专用小型光端机方式，可靠迂回通道经过的通信站点原则上不超过 4 个（包含两侧端站）。

正常运行方式下，单台光纤通道设备（如 SDH 光端机）承载的线路保护数量按照《国家电网公司输变电工程典型设计 220kV 变电站二次系统部分（2007 年版)》等相关要求，原则上不超过 8 套。

正常运行方式下，单根通信光缆承载的线路保护数量原则上不超过 5 套。

新、改（扩）建 220kV 线路保护光纤通道应用基本原则。

1）本线（邻线）有 OPGW 或管道光缆：①第 1 套线路保护采用复用光纤保护正常运行通道，并在电路投产时组织好可靠迂回通道，如暂时无法组织的，须组织好应急备用通道。第 2 套线路保护采用专用纤芯保护正常运行通道，并宜在电路投产时编制好应急备用通道预案。②若电力通信网具备互相独立的双平面结构，则 2 套线路保护可分别复用在不同的光传输设备上，采用复用光纤保护正常运行通道，并在电路投产时组织好可靠迂回通道；如暂时无法组织可靠迂回通道的，须组织好应急备用通道。本线与相邻平行线路均无 OPGW 或管道光缆：应采取技术改造等措施在本线或相邻平行线路架设 OPGW 或管道光缆，使线路保护具备正常运行光纤通道。若目前具备可靠迂回光纤通道的，线路保护可采用专用纤芯保护或复用光纤保护可靠迂回通道作为过渡方式。若目前不具备可靠迂回光纤通道的，应采用高频载波通道。

2）现有 220kV 线路保护光纤通道改造原则：对于现有采用 1 套专用纤芯、1 套光纤复用的 220kV 线路保护，应制定相应的改造计划，使复用光纤保护具备可靠迂回通道。对于现有双套均采用专用纤芯的 220kV 线路保护光纤通道，可根据继电保护专业改造计划，将其中一套线路保护由专用纤芯调整为光纤复用方式，复用光纤保护正常运行通道投产时应组织好可靠迂回通道；如暂时无法组织可靠迂回通道的，须组织好应急备用通道。

（3）电网继电保护光纤通道运行管理办法。

1）光纤复合架空地线（OPGW）的管理。

OPGW 是一种特殊的电力线路架空地线和特殊的架空光缆，其物理界面范围在线路的两个终端之间，其功能包含电力线路架空避雷地线和通信光缆。OPGW 的专业管理以运检部为主，调度通信为辅。运检部负责全面管理，调度通信负责光纤的技术管理。OPGW 的运行维护以线路运行维护部门为主，调度通信为辅。按照电压等级和区域划分为由线路工区、送电管理所等线路管理单位负责全面的运行维护，调度通信负责光纤的检测、维护。

OPGW 引入到变电站控制楼内的接入光缆的管理和运行、检修维护责任划分：从 OPGW 末端到变电站站内的接入光缆及终端接续所用的交接（接头）设备属变电站内电气设备，即变电设备由调度通信负责专业技术管理和检修，变电运行部门负责日常的运行巡视和维护。

继电保护与通信合用 OPGW，保护专用光纤芯时，其管理和检修维护责任的划分：OPGW 及其接入光缆全线的各项管理工作同前述规定不变，继电保护需使用专用光纤线路时，由继电保护专业技术人员提出纤芯使用数量及技术性能要求，由通信专业负责解决。继电保护使用光纤复用通道时，分界面在通信机房的继电保护设备光电转换器（O/E）与通信 PCM（64K）或 SDH（2M）的连接线上；连接电缆由通信专业管理。继电保护使用专用光纤通道时，分界面在通信机房的继电保护接入光缆与通信的光纤配线架上连接尾纤的连接点上；在继电保护小室装有通信专用光纤配线架时，分界面在继电保护接入光缆与通信光纤配线架屏上连接尾纤的连接点上；考虑到专业管理的合理性，接入光缆与连接尾纤的熔接由通信专业承担。

2）继电保护光纤通道运行管理原则。专用（复用）继电保护光纤通道通信设备、光纤配线架（含通信机房和继电保护小室的光纤配线架）的日常运行由变电运行单位负责，涉及光纤测试、熔接等专业性的检修工作由通信专业负责。专用（复用）继电保护光纤通道通信设备的运行管理和专业检修由通信专业负责。影响继电保护通道的通信设备检修，应严格执行电网设备检修管理规定，通信专业实行工作负责人和工作许可制度。

继电保护光纤通道通信设备的计划检修与临时检修：通信设备的计划检修应提前 1 个月申报调度运行部门；通信设备的临时检修应提前 3 个工作日申报调度运行部门。通信设备的计划检修与临时检修，设备运行主管单位的通信部门应向检修部门提出书面工作申请单，说明工作内容和所影响的继电保护通道范围及检修要求；由检修部门根据电网设备检修管理规定程序，负责将检修申请报相关调度运行部门审批，如需要继电保护配合进行工作时，申请中应注明配合工作内容，批准后保护装置的投、退工作由变电站运行人员按调度操作令完成。在保护装置退出运行后，由变电运行值长向通信工作负责人发出工作许可；必要时由变电运行值长向继电保护工作负责人发出工作许可，再由继电保护工作负责人向通信工作负责人发出工作许可；通信部门按通信设备停、复役流程进行检修。通信设备检修工作结束后，由通信工作负责人向工作许可人递交完工报告，并由变电站运行人员对保护通道进行检查验收，经核对无误后向调度值班员汇报，根据调度命令，方可投入继电保护装置。通信设备检修工作应严格执行《电业安全工作规程》；通信设备检修工作应严格执行工作票、工作许可、工作终结验收核对等制度，并有完整的工作记录。通信设备检修工作应使用《第二种工作票》或《继电保护专用工作票》，并做好相应的安全措施；通信部门及通信设备检修工作负责人应对其申请检修工作内容、工作范围、检修要求及检修工作承担安全责任；继电保护检修部门应对通信书面工作请单中提出的检修要求所涉及的继电保护安全措施要求，以及根据通信书面工作申请单填报的检修申请单的正确性承担安全责任。

**3. 电网 500kV 输电线路双口继电保护通道管理办法**

为满足电网 500kV 输电线路双口继电保护通道"三双"要求，明确双口继电保护通道传输系统的运行管理，特制定本办法。电网 500kV 输电线路双口继电保护通道传输系统管理实行"统一管理、分级负责、资源互补、确保安全"的原则。

500kV 输电线路双口继电保护装置：具备 A、B 两个通信接口的继电保护装置。500kV 输电线路双口继电保护通道：连接至双口继电保护装置（保护光/电转换器）的通信接口，传输继电保护信号的 A、B 两个通道。

500kV 输电线路双口继电保护通道组织应满足以下要求：

（1）在两站通信设备及站间 OPGW 光缆提供的通道资源中，应选取可靠性最佳的通道作为两站间双口继电保护 A 通道；应选取与双口继电保护 A 通道不同物理路由且可靠性较佳的通道作为双口继电保护的 B 通道。

（2）A、B 通道组织应优先采用网、省主干光通信网通道资源，确保通道可靠性。

（3）每套双口继电保护装置 A、B 通道组织应满足"三双"要求，严禁安排在同一通信传输设备上运行。

（4）A（B）通道应连接至对应的双口继电保护装置的 A（B）通信接口，并安排在同一厂家的通信传输系统上运行，由同一通信网管系统进行监视和管理。

（5）A（B）通道路由配置在任何情况下应确保收发双向路径一致，不得运行在可能导致收发路径不同的光纤、通道自愈及智能光网络倒换等模式下。

（6）一个站点的多套双口继电保护装置 A 通道（或 B 通道）宜安排在同一通信传输设备上运行。电网 500kV 输电线路双口继电保护通道在正式投运前，须与继电保护专业配合联调测试，确保双口继电保护 A（B）通道与双口继电保护装置 A（B）通信接口之间对应连接正确，并达到继电保护专业标准和技术要求后方可投入运行。

涉及双口继电保护通道的通信检修工作申请原则上按照《电网通信系统检修管理办法》执行。通信运行单位或部门应将影响双口继电保护通道运行的通信检修工作通过《电力通信检修工作票》上报至公司通信中心，公司通信中心负责汇总、审批影响双口继电保护通道的通信检修工作申请，并通过电网设备检修管理信息系统填报《电网设备检修申请单》，注明影响双口继电保护 A、B 通道的情况，并提出通信检修工作对相关一次设备或保护的状态要求。

对于只影响双口继电保护一条通道运行，但不影响双口继电保护系统正常运行的计划检修工作，可不需要申请停用相关双口继电保护装置，但在通信检修工作期间公司通信中心应确保双口继电保护正常运行的另外一条通道不得中断。

对于同时影响双口继电保护 A、B 通道的计划检修工作，公司通信中心应申请停用相关双口继电保护装置。对于会造成双口继电保护 A 或 B 通道中断时间超过 24h 的计划检修工作，公司通信中心可根据《电网 500kV 输电线路单口保护光复用迂回通道管理办法（试行）》组织继电保护临时通道。

故障抢修管理原则：各运行单位对涉及电网 500kV 输电线路双口继电保护通道的通信设备及相关设施（含 OPGW 光缆）的故障抢修，必须严格按照《电网通信调度运行管理条例》和《电网通信系统检修管理办法》执行。公司通信中心通信调度负责统一指挥和协调双口继电保护通道故障抢修工作。各级通信运行单位在日常运行维护中要准确掌握通道的运行状态，通过光传输设备网管实时监视通道的运行情况，发现通道、相关传输设备、OPGW 光缆异常或故障应立即逐级汇报，严格执行上级通信调度指令，不得擅自处理。公司通信中心通信调度人员在组织指挥双口继电保护通道故障抢修工作前，应向电网调度人员确认双口继电保护系统运行工作状态，提出通信故障处理时的一次设备或保护状态要求，并在得到电网调度人员同意后，方可组织相关通信故障处理工作。通信故障处理完成后，通信中心通信调度人员应立即向电网调度人员汇报处理情况和结果。

当双口继电保护通道一条通道出现故障，但不影响双口继电保护正常运行时，公司通信中心可在不需要申请停用相关双口继电保护装置的情况下进行通信故障处理工作，在通信故障处理期间应确保双口继电保护正常运行的另外一条通道不得中断。

当双口继电保护 A、B 通道均出现故障时，公司通信中心应在相关双口继电保护装置停役后，方可进行通信故障处理工作。

# 8.2 继电保护通道故障案例

## 8.2.1 500kV 某变电站 JK 5905 线第 1 套线路保护通道告警消缺分析

**1. 情况简介**

2017 年 6 月 29～30 日，变电站检修中心二次检修班进行"某变电站 JK 5905 线第 1 套线路保护通道 A 告警"消缺工作。根据前期的收资情况，该缺陷已多次出现并经处理，均未得到根治。现场踏勘发现除了通道 A 有频繁告警外，通道 B 也偶有告警。通道 A 最后一次告警时间为 6 月 11 日，通道 B 为 6 月 19 日。

**2. 设备信息**

JK 5905 线第 1 套线路保护型号为 PCS-931GSMM，版本号 1.20，校验码 CA309AE1，保护采用复用 2M 双通道，通道 1、2 接口装置型号均为 MUX-2MC。设备出厂日期为 2011 年 5 月，投运日期为 2011 年 6 月。

**3. 通道历史告警记录**

从 2014 年 12 月 24 日开始（2 次，时间分别为 15：32：21：273、16：10：44：325），AB 5905 线第 1 套线路保护频繁报保护通道 A 故障，10s 左右自动复归。2017 年 3 月 23 日，通道 B 在 15：45：09：468 也出现了故障，1～3s 内自动复归。

根据告警出现的频率分析，告警并非每天出现，且出现时间并无规律，但一旦出现告警后，该日内往往会动作和复归多次。通道 A、B 均有告警出现，且通道 A 的频率远大于通道 B。通道 A 告警后一般在几秒后复归，但也有 1min 甚至 1h 后复归的情况；通道 B 告警后一般在 1～3s 内复归，但也有 1min 后复归的情况。

最后一次通道 A 告警出现于 2017 年 6 月 11 日 09：54：42：164，于 09：54：46：941 复归；最后一次通道 B 告警出现于 2017 年 6 月 19 日 13：54：06：0804，于 13：54：07：569 复归。检索该时段附近 J 变电站内无其他异常告警信号。

**4. 现场检查及处理情况**

在两侧保护改信号后，根据检查方案，进行下列检查：

（1）通道光路检查。使用光功率计分别对 JK 5905 线第 1 套线路保护装置及复用接口装置通道 A、B 的收发光纤进行测试，结果见表 8-1。

表 8-1　　　　　　　　　保护与复用接口装置通道功率表

| 通道 | 保护发（dBm） | 复用接口装置收（dBm） | 衰耗（dBm） | 复用接口装置发（dBm） | 保护收（dBm） | 衰耗（dBm） |
|---|---|---|---|---|---|---|
| A | −12.8 | −12.3 | −0.5 | −16.2 | −16.2 | 0 |
| B | −12.2 | −11.9 | −0.3 | −16.5 | −19.8 | 3.3 |

通过表 8-1，比较复用接口装置 B 通道的发送功率与保护装置 B 通道的接收功率，损耗有 3.3dBm，相对较大，但在保护正常接收范围内（—40dBm）。更换此光纤备用芯后，分别测量保护装置及复用接口装置 A、B 通道的发送、接收功率，保护装置 B 通道的接收功率由—19.8dBm 变为—16.6dBm，并与复用接口装置 B 通道的发送功率进行比较，两者差距—0.1dBm，更换后的光纤芯损耗正常。

经与对侧联系，对侧武南变电站反馈各芯光损耗均正常。

（2）通道电路检查。电路检查过程中发现，通道 B 复用接口装置与 SDH 之间的 2M 线由于长度不够（通道 A 长度足够，不存在该问题）存在法兰连接，如图 8-13 所示，其中一个接头制作工艺不良，在检查过程中出现通道中断，经信通人员重做接头后，通道恢复正常。

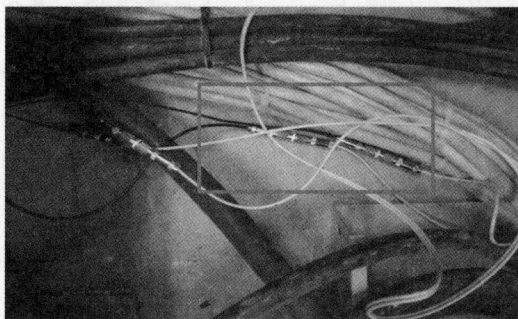

图 8-13　2M 接头异常

（3）J 变电站小环、K 变电站大环通道自环检查。将变电站 JK 5905 线第 1 套线路保护定值区中对侧识别码改为与本侧识别码相同，对侧 K 变电站做同样操作。在复用接口装置 2M 接口处自环，J 变电站侧形成小环，同时利用法兰将 2M 线环给对侧武南变电站，形成大环，如图 8-14 所示。

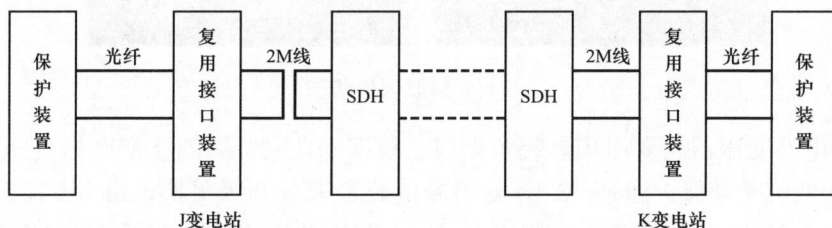

图 8-14　J 变电站小环、K 变电站大环通道自环检查

图 8-13 中，J 变电站小环，K 变电站大环通道自环检查。将两侧保护装置纵联通道状态清零，观察 2h 后，两侧保护装置均未出现误码、丢帧现象。J 变电站侧纵联通道状态如图 8-15 所示。

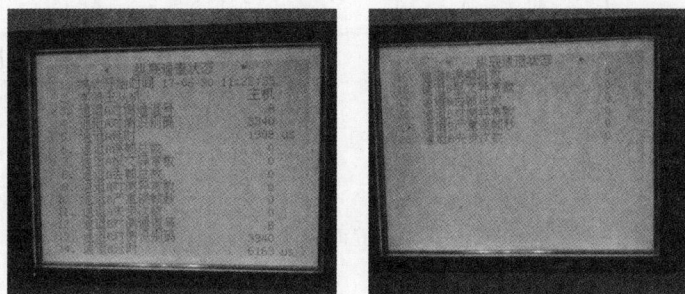

图 8-15　纵联通道状态

（4）J变电站大环、K变电站小环通道自环检查。同理，J变电站侧形成大环，J变电站侧形成小环，进行通道测试如图8-16所示。

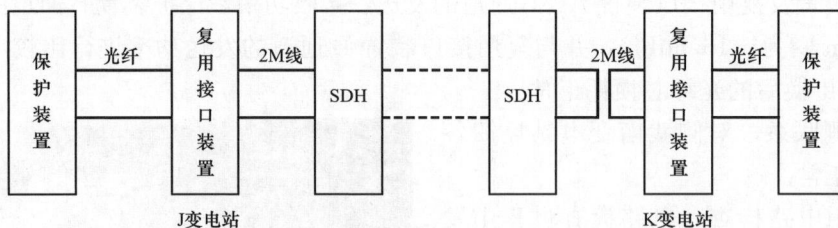

图8-16　J变电站大环，K变电站小环通道自环检查

再次将两侧保护装置纵联通道状态清零，观察2h后，两侧保护装置均未出现误码、丢帧现象。J变电站侧纵联通道状态如图8-17所示。

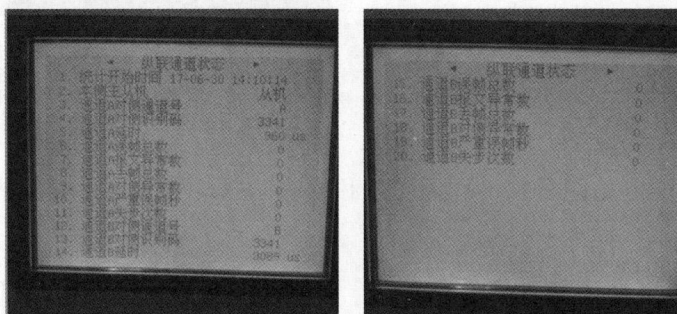

图8-17　纵联通道状态

（5）J变电站变压器侧复用接口装置更换。根据专业意见，对J变电站变压器JK 5905线第1套分相电流差动保护通道A、B复用接口装置进行升级更换，由MUX-2MC型号装置更换为MUX-2MD型号装置，对侧未更换。MUX-2MD型号为MUX-2MC型号的升级版，装置稳定性有较高提升，同时MUX-2MD型号全面兼容MUX-2MC型号，可以直接替换使用。目前新设备均已采用MUX-2MD型号。

（6）恢复两侧通道观察。更换复用接口装置后，将两侧通道均恢复为正常运行状态，如图8-18所示，观察2h后，两侧保护装置均未出现误码、丢帧现象。

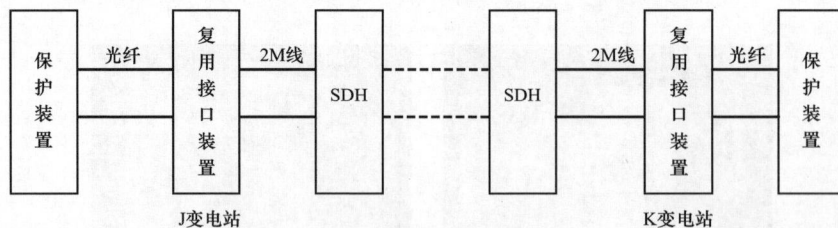

图8-18　通道正常运行状态

**5.** 总结和建议

（1）从现场情况看，B通道2M线接头制作不良是本次检查的唯一可疑点，B通道的几

次异常可能与此相关，后续还需要运维人员继续跟踪监视。

（2）由于保护通道告警涉及环节、设备较多，需要多方共同参与检查处理。从本次消缺处理看，对侧及信通配合度不高，没有积极挖掘、分析自身原因，导致消缺效率不高。如专业上已提前通知省检准备相关备品，必要时同时更换处理，实际对侧现场并未准备；在现场检修人员要求信通对保护通道进行重设检查时，信通调度以当前通道无异常为由拒绝配合，导致本次消缺后还存在多处可能环节未真正检查、处理到位。

（3）在近十余天的检查过程中，保护通道均未出现异常，目前消缺采用替换法逐步更换可能元器件策略。复用接口装置为老旧型号，存在不稳定的可能性，因此本次进行更换。如继续出现异常，则进行光口板（CPU板）更换。

（4）JK线通道情况较复杂，两侧保护归属两省检修公司，A通道归属某网信通，B通道归属国网信通，因此问题消缺涉及多部门，且从历史记录看，通道异常保持时间均不长，恢复后无异常特征，给故障定位带来一定困难。因此后续如果告警情况依旧出现，建议将JK 5905线第1套线路保护装置将保护改为长期改发信，两侧自环确定故障点所在。

## 8.2.2 某500kV线路第2套纵联差动保护通道丢包缺陷处理

**1. 故障现象**

J变电站至K变电站的JK 5491线第2套分相电流差动保护监控后台频发如下报文：

J变电站侧：5492线第2套线路纵联差动保护 Signal Fail ch1 TX off；

5492线第2套线路纵联差动保护 Signal Fail ch1 TX on。

K变电站侧：5492线第2套线路纵联差动保护 Signal Fail ch1 RX off；5492线第2套线路纵联差动保护 Signal Fail ch1 RX on。

其余一切正常，装置无异常告警和通道告警。

保护装置生产厂家：阿尔斯通。

保护装置型号：P546。

J变电站至K变电站5492线第2套纵联差动保护通道示意如图8-19所示。

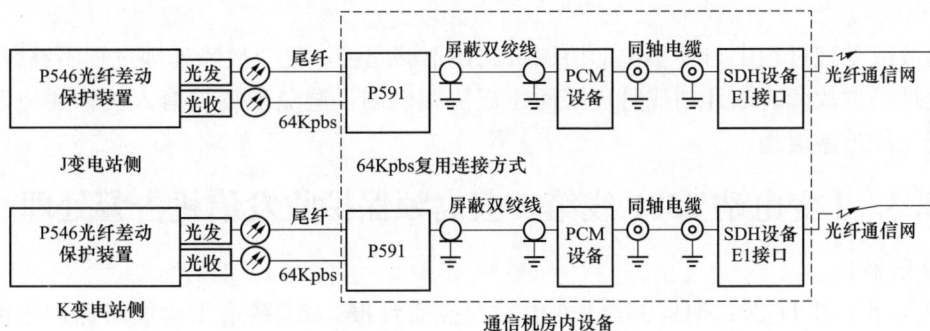

图8-19 J变电站至K变电站5492线第2套纵联保护通道示意图

**2. 现场处理情况汇报**

变电站检修中心带领设备厂家技术人员现场读取装置历史报文进行返厂分析，厂家根据装置报文分析问题在 J 变电站侧发，K 变电站侧收通道上。9 月 4 日，检修人员分为 2 组，准备 P546 光口板和复用接口装置 P591 等备品、备件分别赶赴 J 变电站和 K 变电站，针对该缺陷进行专项排查处理。

在向调度汇报将 JK 5491 线第 2 套保护改信号后，检修人员做了如下检查：

（1）对 J 变电站和 K 变电站两侧各自的单侧光纤通道链路进行了全面彻底的光功率测试，测试数据均合格。

（2）对 J 变电站和 K 变电站两侧 P546 保护装置进行内部自环和外部自环试验，通道状态指示均正常且无错误报文数增长。通过试验的进一步验证，排除 P546 装置故障。

（3）J 变电站侧将 P591 收、发光口用尾纤连接，使 K 变电站侧通过复用通道包含两侧光端机 SDH、PCM 和 P591 等实现远方自环，发现虽然通道无中断告警信号，但装置上错误报文数随时间推移不断增长。

（4）将 K 变电站侧 P591 收、发光口用尾纤连接，使 J 变电站侧通过复用通道实现远方自环，现象与 K 变电站侧相同。由此可以肯定问题出在本侧 P591 至对侧 P591 区间上。

（5）联系省信通公司，要求对方网管将通道在两侧分别独立打环，即 J 变电站和 K 变电站两侧各自在光端机 SDH 实现自环，经检查发现通道状态指示均正常且无错误报文数增长，从而排除了两侧 P591 装置有问题的可能性，进一步缩小了故障范围，基本判定本次故障属信通通道问题，即本侧 SDH 至对侧 SDH 的复用通道链路存在误码率。

随后，检修人员继续要求信通网管配合做了如下试验：

（1）网管在通道上从 J 侧打环至 K 侧，发现 K 侧保护装置上错误报文数随时间推移不断增长。

（2）网管在通道上从 K 侧打环至 J 侧，发现 J 侧保护装置上错误报文数也随时间推移不断增长。

基于以上试验步骤，检修人员充分肯定，问题出在复用通道链路上，将试验过程和测试结果告知省信通公司，网管随即对该通道链路进行重设。随后，两侧均恢复正常。对通道状态再次进行观察，通道状态良好，装置无任何错误报文数增长，后台无刷屏报文，缺陷消除。

**3.** 总结

通道故障处理过程中与外单位的协调机制还不够完善，整个故障处理过程不够顺畅，建议今后处理类似故障时从计划或管理层面建立协调机制，避免现场检修人员沟通协调困难，造成现场工作进展缓慢。

### 8.2.3　J 变电站 2381 线第 1 套高频保护收发信机告警处理

**1.** 缺陷描述

2014 年 8 月 1 日 20：54：06，J 变电站监控后台报 2381 线第 1 套线路保护通道告警，现场检查为 2381 线第 1 套线路保护收发信机通道告警灯亮，该收发信机型号为 PSF631。

**2.** 处理情况

变电站检修中心人员第一时间赶赴现场，运维站检修班人员跟随学习，对现场装置进行检查，发现通道告警红灯亮；收信灯亮，发信灯亮。检修人员立即建议运行人员向调度申请将保护改信号进行检查处理，第 1 套线路保护改信号后，测量背板同轴电缆收信电平为 8dBV，装置实际显示收信电平为 12dBm，正常情况装置应显示为 17dBm，初步判断线滤板有问题，要求厂家尽快对线滤板进行更换。

8 月 5 日，厂家将两侧功放板及线滤板进行了更换，K 变电站侧先完成了插件的更换，进行通道试验，通道告警不再显示，同轴电缆测量值为 4.8dBV，装置显示收信电平为 13.7dBm，收信电平偏低，发信电平背板测量为 30.9dBV，装置显示为 40dBm，发信电平正常；J 变电站侧完成插件更换后，收发信电平未明显变化，K 变电站侧将发信频率调高后，J 变电站侧收信电平同轴电缆测量值为 10.7dBV，装置显示收信电平为 19.1dBm，两侧装置收发信恢复正常。

8 月 13 日，运维人员在进行日常巡视通道试验时，K 变电站 2381 线第 1 套线路保护收发信机发生死机，检修人员立即对收发信机重启，信号复归后，收发信电平正常。随后又进行 3 次通道试验，收发信机装置再次发生死机。检修人员怀疑为监控板出现故障，联系厂家对插件进行更换。

8 月 14 日，厂家赶到现场对监控板进行更换后，通道测试导致装置死机的现象再未发生，但装置报通道告警，装置同轴电缆测量收信电平为 6.6dBV，发信电平为 30.9dBV，装置收信电平无显示，发信电平为 40.2dBm。检修人员测量结合滤波器下端头收信电平为 5.5dBV，发信电平为 28.5dBV，上端头收信电平为 12.8dBV，发信电平为 35.8dBV。K 变电站侧结合滤波器下端头测量值与装置同轴电缆测量值相差明显，判断为同轴电缆断开。

8 月 18 日，K 变电站侧进行了同轴电缆更换，两侧进行通道试验时，通道未告警，J 变电站侧收信电平为 25dBm，发信电平为 40.2dBm，K 变电站侧发信电平为 45dBm，收信电平为 25dBm，调节 K 变电站侧发信电平后，J 变电站侧收信电平为 22dBm，发信电平为 40.2dBm，K 变电站侧仍然为 45dBm，收信电平为 25dBm，判断为收信板参数配置有问题。

8 月 21 日，K 变电站侧对收信板参数进行配置，发信电平为 39.7dBm，收信电平为 22.1dBm，J 变电站侧未变，数据正常。

# 8.3　自 动 化 业 务 接 入

调度自动化数据传送通道有专线通道和数据网网络通道两种方式，专线通道分为模拟通道和数字通道，专线通道由于带宽窄被逐步淘汰，数据网通道大带宽、双重化配置是调度数据传输的发展方向，国家已经出台电网调度数据网第二平面项目规划，各省也出台了相应的设计应用。一般而言，专线通道使用 CDT 规约、IEC 60870-5-101 规约，数据网通道使用 IEC 60870-5-104 规约。

**1. 模拟通道**

模拟通道借助调度电话的语音通道传输自动化数据，其接口连接示意如图 8-20 所示。

自动化数据通过远动主机以 RS 232 接口接入 MODEM，MODEM 目前普遍采用的是 2FSK 方式，中心频率为 1700Hz，频率偏移为 ±400Hz（500Hz），其作用是把远动主机的"1"和"0"分别转为 1700＋400Hz（500Hz）和 1700－400Hz（500Hz）的模拟音频信号，

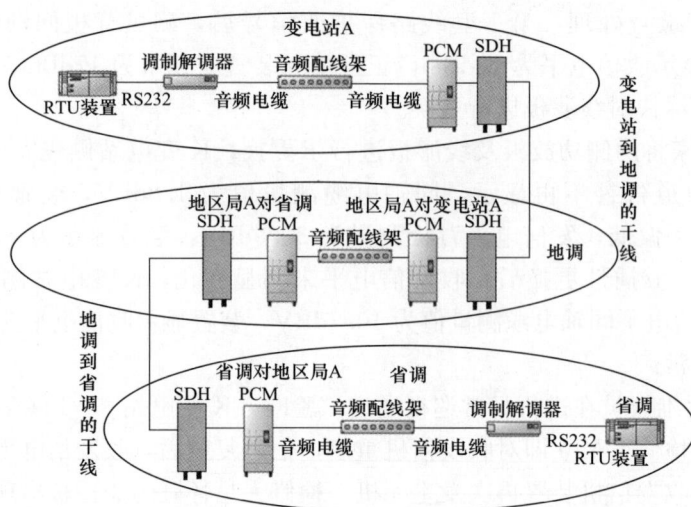

图 8-20　调度自动化数据传送的模拟通道接口连接示意图

再通过 4 线音频电缆接入音频配线架 VDF，VDF 输出端与 PCM 的某个通道固定连接，其进入 PCM 的接口为 4 线 E&M 接口，速率一般为 1200bps，PCM 将自动化数据域其他数据流合路成 G.703 的 2Mbps，接入 SDH 光端机，通过光缆传输到对侧。在实际应用中，模拟通道的 MODEM 板集成了线路加密装置，满足了 I、II 区业务与本区业务之间纵向加密的电力二次安全防护的要求。

模拟通道是固定电路连接，通道结构复杂，存在多次 A/D 转换，到省调业务需要通过地区的 PCM 转接，进入 PCM 需经过 VDF，故障点比较多，速率不高，使用高速 MODEM，信号不稳定，容易丢包。因此，模拟通道已被逐渐淘汰。

**2.** 数字通道

数字通道使用的是数字数据网（Digit Data Network，DDN），其通道连接示意如图 8-21 所示。远动主机通过 RJ 45 接口以网络传输方式接入数字传输设备，各子站端 RTU 终端服务器 RS 232 出口连接至当地子站端数据透传时隙复用设备，转换成 2Mbps 信号中的对应时隙，该 2Mbps 信号通过地区传输网传送至地调机房，接入当地 DDN 设备，经过 DDN 网络 64Kbps 交叉，连接到省调 DDN 3645 设备某 E1 端口中的某一时隙，通过省调端数据透传时隙复用设备统一传输至省调 RTU 装置的 RS 232 接口。数字透传设备用于将 RS 232 等低速信号映射到 E1 信号的 64Kbps 时隙中，从而完成数据透明传递。数字通道在本区业务之间加装纵向加密装置，符合二次安全防护要求。

数字通道的承载网 DDN 网络可以提供点对点、点对多点业务，电路可以是永久型虚电路 PVC 或交换型虚电路 SPVC，该网络具有自愈功能。因此，数字通道可减少模拟通道多次 A/D 转换及 PCM 转接而引起的通道异常，电路全程数字化、时隙化，无 A/D 转换过程，可提供稳定、可靠、实时、高 QOS 的电信级服务。数字通道使用 PVC 通道，仍然属于专用通道，只有当通道故障，依靠 DDN 网络的自愈特性可以进行路由重新分配，一旦占领路由，有无数据通道都不释放。数字通道将作为数据网通道的主要备份通道。

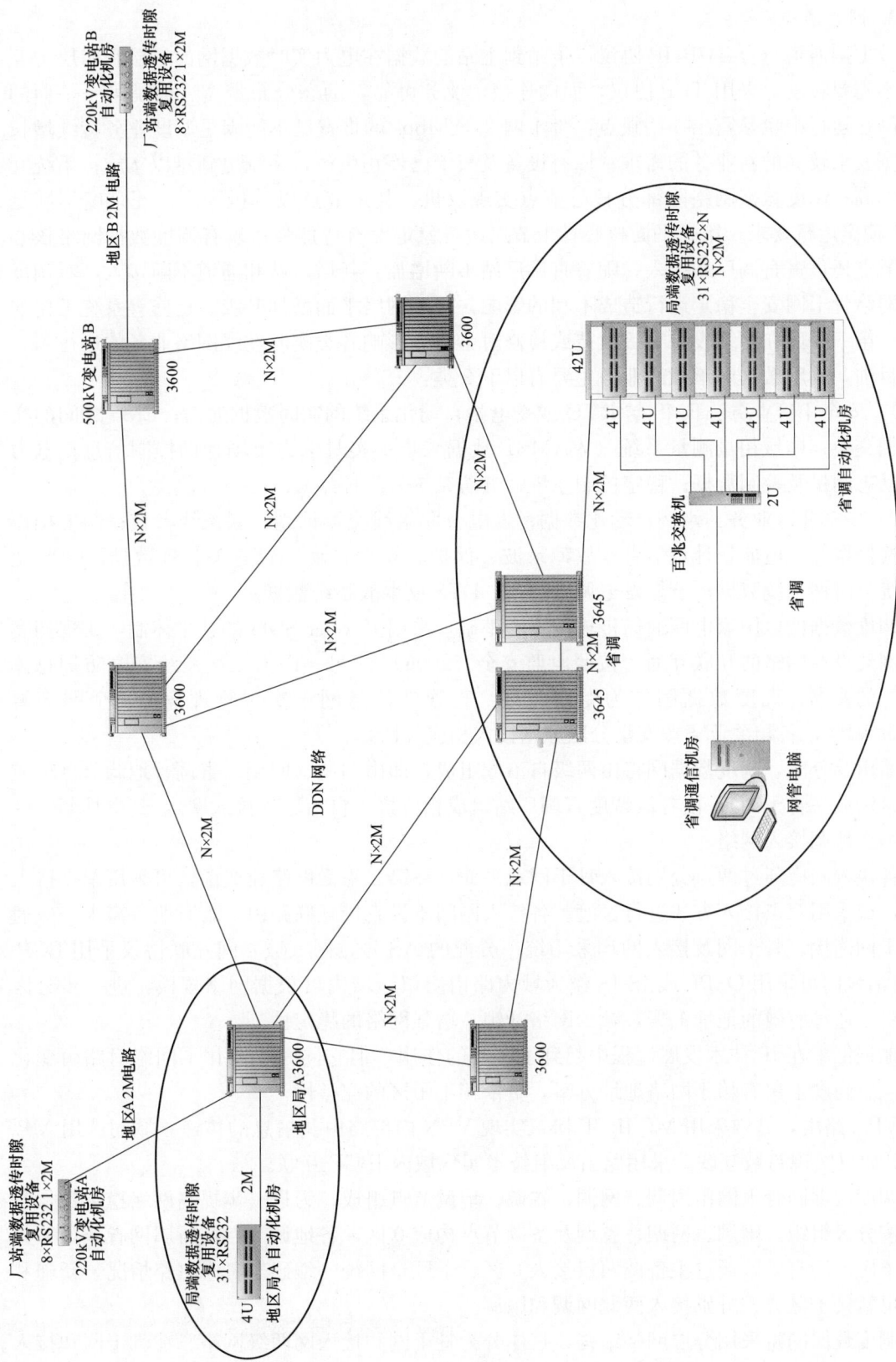

图8—21　调度自动化数据传送的数字通道连接示意图

**3. 网络通道**

数据网通道符合 TCP/IP 协议，子站到主站的数据在电力实时数据网的三层和四层上互联，不需要转发，采用 TCP 协议，面向连接，业务可靠，动态分布带宽。但是第一平面的数据网在运行中也暴露出一些缺点：骨干网 2×2Mbps 的带宽已不能满足调度业务持续增长和带宽要求较高的新业务的需求；原有设备及板卡已停止生产，系统更新难以实施；系统冗余度不高；调度数据网络除部分核心节点实现双机，其余节点以单机为主，冗余度不满足 N−1 稳定运行要求；第一平面核心骨干节点运行稳定性有待加强；现有调度数据网络核心骨干节点还负责直调厂站接入，随着直调厂站不断增加，新增厂站和通道不断接入，对调度数据网络骨干网安全稳定运行造成不利的影响；单一网络平面增加升级、检修等系统工作的难度；第一平面在网络设备升级改造或检修时，将会影响各类实时在线网络业务的运行。

目前，调度数据网承载的业务主要有以下 2 类：

1）安全 I 区业务：EMS 与 RTU 或变电站自动化系统的实时数据通信；EMS 之间的实时数据交换；广域相量测量系统（WAMS）数据采集；实时电力市场辅助控制信息；电力系统动态测量及控制数据；稳定控制系统；五防系统（集控站）。

2）安全 II 区业务：水调自动化数据；发电及联络线交换计划、联络线考核；调度操作票、检修票等；电能量计量信息；故障录波、保护和安全自动装置有关管理数据；GPS 变电站统一时钟系统数据；节能发电调度数据；DTS 反事故系统数据。

调度数据网以国家电网通信传输网络为基础，采用 IP over SDH 的技术体制，实现调度数据网建设及网络的互联互通。按照电监安全〔2006〕34 号《电力二次系统安全防护总体方案》的要求，调度数据网作为专用网络，与管理信息网络实现物理隔离，全网部署 MPLS/VPN，各相关业务按安全分区原则接入相应 VPN。

路由及分区，调度数据网将由两级自治域组成，即由国调、网调、省调、地调节点组成骨干自治域（骨干网），由各级调度直调厂站组成相应接入自治域（接入网），其中县调（区调）纳入地调接入网络。

各接入网应通过两点分别接入骨干网双平面，在第二平面网络建成前，可采用单点接入方式，或采用双点接入方式进行过渡。各接入网间不设直接互联路由，若有业务需求，应通过骨干网连接。骨干网及接入网均采用统一分配的 AS 号，网（域）间互联协议采用 BGP-4。自治域内可采用 OSPF 或 IS-IS 作为域内路由协议，域内可根据网络规模，进一步分区（分层），通过有效的地址汇聚，减少网络开销，增强网络的稳定性。

地址汇聚在 IP 技术发展过程中起到了重要的作用，但它同时也弱化了网络对路由变化的反应。高度汇聚有赖于网络地址方案，更依赖于子区的完整性。

VPN 路由，域内采用 MP-IBGP 协议实现 VPN 内部路由及信息的传递。域间选用 MP-EBGP 协议实现跨域互联。采用路由反射技术实现域内 IBGP 互联。

调度数据网骨干网由国调、网调、省调、地调节点组成。为进一步提高网络稳定性，骨干网按分区组织。国调、网调、省调及备调节点构成 0 区，各地调节点按所属网省调为单位构成子区，所有子区通过主备调两点接入 0 区，子区全网统一编码。考虑电路情况，新疆和西藏可暂按子区方式分别接入西北网调和国调。

调度数据网将采用分层网络结构，具体分为骨干网和接入网两级网络。在骨干网和接入网内部，网络可根据网络规模分为核心层、汇聚层和接入层三层。核心层为网络业务的交汇中心，通常情况下核心层只完成数据交换功能；汇聚层位于核心层和接入层之间，主要完成业务的汇聚和分发；接入层主要将用户业务接入网络，实现质量保证和访问控制。

调度数据网通信电路组织的基本原则是：省级以上各骨干节点（0区，含省调备调）之间原则上采用155Mbps SDH 光电路互联，不具备条件的可采用 N×2Mbps 电路互联；省内各骨干节点（子区）之间原则上采用 N×2Mbps 电路互联，有条件的可采用 155Mbps 电路互联；调度数据网原则上采用电力专用通信网，优先选用光通信电路；形成物理路由不重合的迂回电路；新疆、西藏目前暂不具备条件，可租用 N×2Mbps 电路互联；接入网内部通道原则上按 N×2Mbps 带宽组织电路。

调度自动化数据网第二平面的网络采用骨干网、接入网两层的扁平化结构，骨干网核心层为国调、网调，骨干层为省调、省调备调节点，省调及省调备调节点为本省到骨干网核心层的出口，接入层为地调。厂站由各级调度机构的接入网接入，接入网再与骨干网互联。每个接入网与骨干网中对应节点采用单归方式背对背互联。为了提高厂站接入的可靠性，每个厂站同时接入两个不同调度级别的接入网，按照地调—省调—网调—国调的顺序将厂站的第二台设备接入其他级别调度接入网，两台设备分别属于不同自治域。国调、网调、省调、地调及各级备调节点全部配置单机。骨干网与接入网仍然采用 MPLS VPN 跨域的方式进行互访，根据业务建设实时 VPN、非实时 VPN、新增加应急 VPN，跨域技术采用 MP-EBGP 方式。

# 8.4  调度自动化通道故障案例

**1.** 现场描述

在通信数据网 MPLS-VPN 承载网中，新增了 CE1、CE2 2 个站点，它们在同一个 VP-NA 里；PE1、PE2 分别与 RR 建立 BGP 关系，拓扑关系如下：

VPNA——CE1——ospf——PE1——P——RR——P——PE2——ospf——VPNA——CE2

**2.** 故障现象

PE1、PE2 的 VRF（路由实例），各自收到本端 CE1、CE2 的路由并且 ping 通，CE1 与 CE2 之间业务无法互通。

**3.** 故障原因

导致故障的可能原因有：

（1）2 台 PE 没有把各自 CE 的路由注入 BGP；

（2）2 台 PE 没有与 RR 建立的邻居，没有相应地址族；

（3）2 台 PE 面向骨干的接口没有启用 mpls；

（4）2 台 PE 面向骨干的 LSP 没有建立成功。

**4.** 处理过程

故障处理过程如下：

（1）检查 PE 的路由到操作，VRF 内 ospf import-route bgp，bgp ip vpn-instance import ospf process id。

（2）检查 PE 与 RR 的邻居，是否包含 vpn-v4 的地址，dis bgp peer vpnv4，来辅助检查。RR 侧是否配置 cluster-id。

（3）2 台 PE 面同骨干接口，逐一排查接口，是否包含 mpls。

（4）2 台 PE 面同骨干设备（PE——P——RR）是否已建立好 LDP 邻居。

**5.** 数据网 MPLS-VPN 生产网中处理关键点

骨干网和接入网之间电路检查：

（1）接口 IP 地址和接口描述符合相应规范。

（2）两端接口类型、实际使用或协商的物理带宽（速率）、封装的链路层协议、最大传输单元（MTU）应该保持一致。

（3）若使用 SDH 电路，两端的封装、编码格式应该一致。CLOCK 时钟设置应该符合传输要求。

（4）通过显示接口的收发数据信息，接口上的 CRC 等错误统计不应明显增长。

（5）电路应具有一定无关性，ASBR 之间的多条链路不应复用同一个传输设备或通道。

（6）ASBR 在出接口应部署 QoS，保障不同 VPN 业务的需求，同时不同业务系统的优先级及传输策略应与骨干网保持一致。

# 第9章

# 项 目 管 理

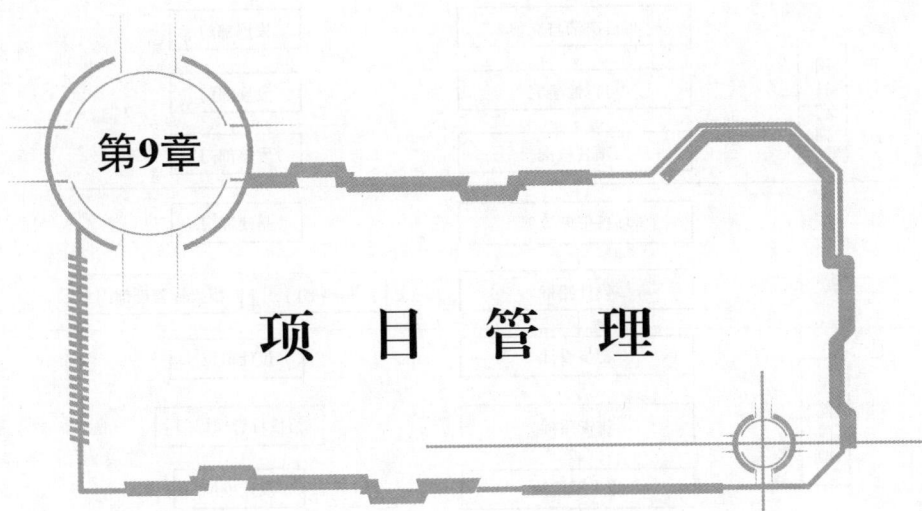

项目管理是运用系统的理论和方法，对建设工程项目进行计划、组织、指挥、协调和控制等的专业化活动，其以项目建设全过程为对象，包括工程立项、工程设计、工程实施、工程验收、工程后评估管理等，涉及影响建设项目实施的资源、目标、组织与环境四个基本要素。

项目管理总的目标是协调建设项目任务和设计、采购、施工、监理等各方面的关系，监督和控制项目实施过程，高效地利用有限的资源，在限定的时间内完成建设任务，达到预期目标。

## 9.1 项 目 分 类 及 流 程

### 9.1.1 电力工程项目分类

电力通信工程一般包括随输变电工程配套建设的通信基建项目、基建独立二次项目，营销配套通信项目，以及通信技改、大修、科技、信息化专项项目等。

### 9.1.2 基建配套项目流程

基建配套通信建设没有独立的项目，建设内容与基建同步，通信部门主要承担项目建设协调的任务，通信专业参与的主要管理流程如图 9-1 所示。

### 9.1.3 通信技改与独立二次项目流程

通信技改与独立二次项目的管理流程基本相同，通信专业负责整个项目的管理和建设，主要流程如图 9-2 所示。

| 流程阶段 | 流程 | 负责部门 |
|---|---|---|
| 项目前期 | 项目决策与立项 | 发展部门 |
| | 可行性研究 | 发展部门 |
| | 项目核准 | 发展部门 |
| 工程前期 | 项目管理策划 | 基建部门 |
| | 设计招标 | 基建部门 / 招投标管理部门 |
| | 初步设计 | 设计单位 |
| | 物资招标 | 招投标管理部门 |
| | 施工图设计 | 设计单位 |
| | 施工招标 | 基建部门 / 招投标管理部门 |
| | 办理施工许可相关手续 | 基建部门 |
| | 四通一平 | 基建部门 |
| 工程建设 | 工程开工 | 基建部门 |
| | 土建(基础) | 基建部门 |
| | 安装(组塔及架线) | 基建部门 |
| | 调试及阶段性验收 | 基建部门 |
| | 启动验收及投运 | 基建部门 / 运检部门 / 调度部门 |
| | 工程移交 | 基建部门 |
| 总结评价 | 工程结算 | 基建部门 |
| | 档案移交 | 基建部门 |
| | 竣工决算 | 基建部门 |
| | 财算决算、工程审计 | 财务部门 / 审计部门 |
| | 达标投产 | 基建部门 |
| | 优质工程评定 | 基建部门 |
| | 项目后评价 | 发展部门 |

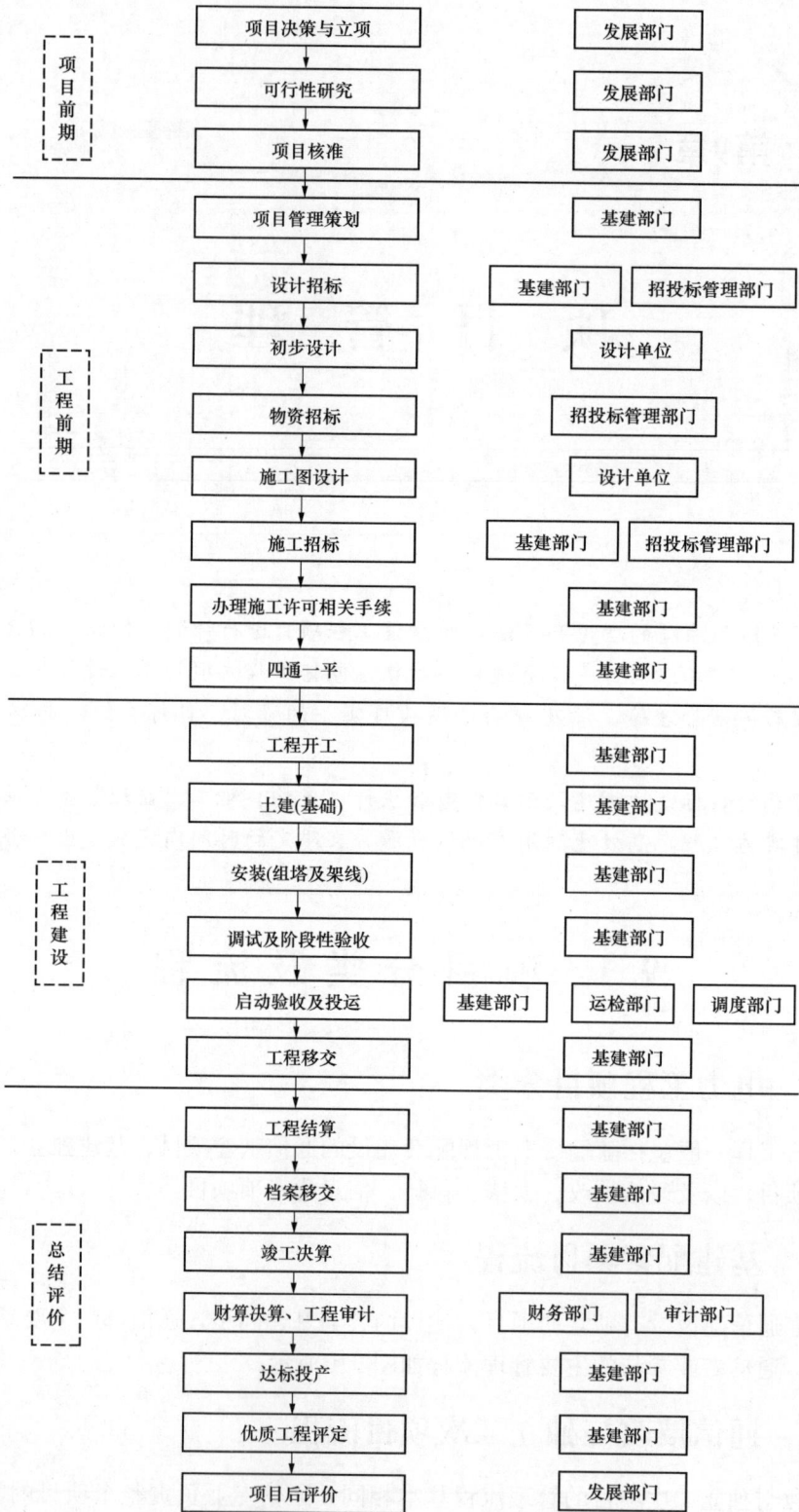

图 9-1　基建配套项目管理流程图

| 项目规划 | | 项目单位 | 发展部 | 运检部 |
|---|---|---|---|---|

项目储备 — 发展部 运检部

可研编制与评审 — 项目单位 发展部 运检部

年度计划、预算编制 — 发展部 运检部 项目单位

**项目前期**

预算审核 — 发展部 运检部

预算下达 → 预算调整 — 发展部 运检部 项目单位

项目设计 — 运检部 项目单位

采购招标 — 项目单位

**项目实施阶段**

项目实施管控
- 施工进度、安全、质量管理
- 合同管理 — 运检部 项目单位
- 组织施工
- 项目监理

竣工验收 — 运检部 项目单位 直属单位

**项目结决算阶段**

合同结算 — 项目单位

项目决算 — 项目单位

项目资料归档 — 项目单位

**项目后评价阶段**

项目后评价 — 运检部 项目单位

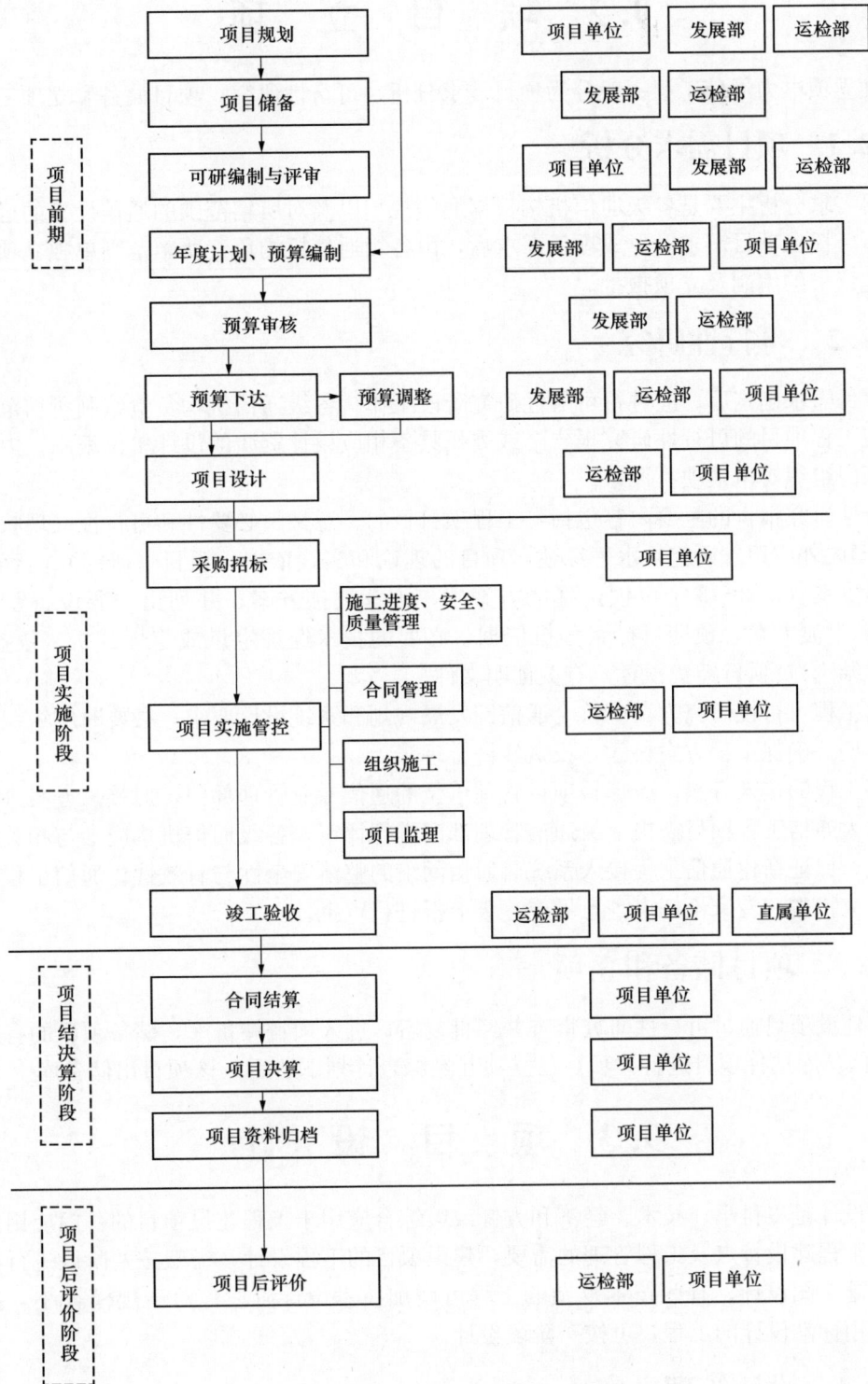

图 9-2 通信技改与独立二次项目的管理流程图

# 9.2 项 目 立 项

单独立项电力通信工程一般分为项目需求分析、可行性研究、项目储备和立项三部分。

## 9.2.1 项目需求分析

项目需求分析主要是各级通信机构根据通信规划以及对所辖范围的通信设备的运行状态进行分析，提出项目需求。形成项目需求后，由各级通信机构负责所辖范围单独立项通信工程项目建议书的编制及立项报批。

## 9.2.2 可行性研究

在项目需求确定后，应进行可行性研究阶段工作。各级通信机构负责编制所辖范围单独立项通信工程项目的可行性研究报告，或委托具备相应设计资质的设计单位编制，由工程项目主管部门组织对申请项目评审。

可行性研究报告的主要内容包括：工程项目目的、意义、必要性和可行性（现状及存在问题），国内外应用（研究）水平综述，项目的理论和实践依据，项目（研究）内容和拟采取的技术方案（从 2～3 个可供选择的方案中，推荐最佳方案，并列出主要设备及材料清单），通信过渡方案，预期目标（分析依据、必要的技术经济定量或定性分析、效益指标、综合评价结论），项目经费预算，有关证明文件。

通信工程可行性研究方案应符合通信网发展规划和系统设计要求，必要时应组织进行现场实地踏勘，确保工程方案科学，投资经济合理。

通信工程的接入方案，应提报项目管理单位的通信专业管理部门，对接入方案进行技术评审，重大通信工程项目需报上级通信管理部门进行评审，各级通信机构应参与相关接入方案的审核，保证新建通信工程接入系统后通信网络的整体安全性与有效性。通信工程项目的可行性研究报告和专家论证审查意见应逐级上报进行审批。

## 9.2.3 项目储备和立项

通信建设项目通过可行性研究审查并经批复后，进入项目储备库，储备项目的有效期为2年。从储备库选择项目进行立项，已立项并经综合计划下达后，该项目出储备库。

# 9.3 项 目 设 计

工程设计是将科学、技术、经济和方针政策综合应用于工程建设项目的一门应用技术科学。根据工程建设特点及工程管理的需要，建设项目的工程设计，一般按两阶段进行，即初步设计及施工图设计。有些技术复杂的工程可增加技术设计阶段；对于规模较小，技术成熟，或套用标准设计的工程，可按一阶段设计。

## 9.3.1 设计管理内容

项目综合计划下达后，主管部门或建设单位就可以进行设计招标，编制工程设计委托书，委托相关机构编制工程设计文件。

通信建设项目中设计管理的内容主要为初步设计管理（初设进度管理、现场踏勘管理、收资管理、设计深度管理）、设计评审与批复管理、施工图设计管理（施工图设计进度管理、设计联络会、施工图交底）、设计变更管理、设计合同履约管理（发票入账、结算、资金支付等）、竣工图管理等。

## 9.3.2 初步设计

通信工程初步设计应在审定的可行性研究报告基础上进行深化，初步设计方案不得否定可行性研究报告确定的系统方案，设计深度应达到初步设计规范的要求，初步设计概算投资不应突破可行性研究估算。初步设计主要内容包括：工程设计概况、建设规模、设计依据、设计范围、工程建设方式、线路路径、地形地质、气象条件、交通运输、防雷接地、设备选型、设备参数、主要技术经济指标、主要材料及消耗指标、公用和辅助设施、新技术采用情况、工程量、工程投资、工程计划占用的机房、土地、管道、光纤等资源利用情况或所属方的书面许可。

通信工程初步设计方案涉及中断电网运行、生产、营销、管理等重要业务时，应编制通信系统临时过渡方案，过渡方案由项目建设单位组织设计单位进行编制，过渡方案应提报项目管理单位的通信专业管理部门进行审批。编制的临时过渡方案应将中断或影响的线路全部列出，对不同等级的线路采取不同的解决方案。

初步设计应通过设计会审，会审由建设单位主管部门组织召开。通信专业管理部门对临时过渡方案的审查重点包括：方案的合理性；对现有通信网络的影响；组织措施；技术措施；方案的经济性。

## 9.3.3 施工图设计

施工图设计主要根据批准的初步设计和技术设计，绘制准确、完整和详尽的建筑、安装施工图纸。施工图设计应与初步设计方案一致，设计深度应达到施工图设计规范的要求，并符合施工现场的实际情况。项目建设单位在设计单位提交施工图后，应组织相关单位进行施工图评审，并组织设计单位对施工单位进行施工图的技术交底。项目建设单位应配合相关单位做好竣工图编制工作，项目建设单位负责解决施工过程中出现的不可预见问题，并督促设计单位及时做好设计变更工作。

新建、改建电力通信工程项目在规划（计划）立项后应进行现场勘察。勘察内容包括勘察地理环境、施工条件、线路情况、土建、供电等情况，应取得原始资料，作为设计的依据，并根据设计方案，取得本工程计划占用机房、土地、管道、光纤等资源所属方的书面许可。

# 9.4 项 目 实 施

## 9.4.1 招投标管理

电力通信工程建设中所需设备、材料采购和工程施工，应通过招投标工作来确定设备供应厂商和施工单位。电力通信工程招标投标管理按照国家电网公司招标采购活动管理办法有关规定执行。

物资类采购中，项目建设单位应提出设备采购需求，经专业管理部门审核后报物资部门组织采购。非物资类采购涵盖设计、监理、施工、服务等，应按照公司相关招标采购管理制度实施。主要设备按照公司确定的设备集中采购范围、种类和要求进行采购，未纳入公司集中采购的，按照公司有关物资采购管理规定执行。设备采购应遵循公司统一的技术标准。

项目建设单位应按公司招标采购管理规定编制采购计划，采购计划应报通信专业管理部门审核。纳入公司集中采购的通信设备，项目建设单位应按年度编制采购计划，经逐级汇总审核后，上报公司物资归口管理部门。采购需求计划应依据正式下达的投资计划进行编制。项目建设单位依据招标计划，根据项目实际进展情况，在公司招标工作规定节点内，按要求填报招标采购申请。

专业管理部门对通信采购申请进行专业审查的要点包括采购内容的合理性、采用技术标准的情况、物料编码的匹配性、设备参数的科学性、配置数量的准确性等。对于重大或重点项目、采用新技术的项目等，专业管理部门可组织有关专家、项目建设单位、相关单位召开专题会议，对需求计划的要点进行讨论和审查，对重要技术参数等进行核准。

## 9.4.2 合同管理

在中标通知书下达后，需要签订相应的采购合同和施工合同。

电力通信设备/材料采购合同文件的组成：合同协议书；通用合同条款，包括合同标的、合同价格与付款、交货、包装与标记、技术服务和联络、监造与检验、安装、调试（试运行）和验收、质量保证、转让和分包、违约责任、变更、合同暂停与终止、不可抗力、履约保证金、税费、通知、争议解决、合同生效、份数、有关技术文件等；专用合同条款，含设备/材料采购清单。

电力通信工程施工合同文件的组成：合同协议书；通用合同条款，包括一般约定、发包人义务、承包人、材料和工程设备、施工设备和临时设施、施工场地与交通运输、测量放线、安全文明施工、保卫和环境保护、进度计划、开工和竣工、暂停施工、工程质量、试验和检验、变更、合同价格及其调整、计量与支付、竣工验收、缺陷责任与保修责任、保险、不可抗力、违约、索赔、争议的解决、通知、税收、保密、出版与广告、合同生效、份数、有关施工文件等；专用合同条款；安全协议。

## 9.4.3 项目进度管理

项目建设单位应根据工程里程碑计划及时编制工程进度计划。进度计划一经下达，各相关单位应针对计划进行风险点分析，做好应急措施，严格按照计划统筹协调各项工作，确保工作按计划开展。

施工单位依据工程承包合同确定的工期及通信工程进度计划编制具体施工进度计划，经监理单位报项目建设单位核准后执行。相关单位应做好质量和进度的平衡，不应盲目压缩、赶超工期，避免出现工程质量问题。建设单位、施工单位、运行单位应做好相关人员、施工车辆、施工图纸、设备到货、工程材料、运行方式制定、检修申请、通道开通、进站配合等内外部的统筹，加强相关单位的沟通联系，做好工序的衔接。施工中应采用先进的仪器仪表和工器具，提高工作效率，做好人员、材料、工器具的储备，必要时可增加相应的投入，确保工程进度按计划实现。

项目进度管理目标应按项目实施过程、专业、阶段或实施周期进行分解，应按下列程序进行进度管理：编制工程实施进度计划，施工过程中应对施工进度进行控制和调整；进行计划交底，落实责任；实施进度计划，跟踪检查，对存在的问题分析原因并纠正偏差，必要时对进度计划进行调整；编制进度报告，报送组织管理部门。

项目进度计划编制包括：依据合同文件、项目管理规划文件、资源条件与内外部约束条件编制项目进度计划；提出项目控制性进度计划，可包括下列种类：整个项目的总进度计划，分阶段进度计划，子项目进度计划和单体进度计划，年（季）度计划；编制项目作业性进度计划，可包括下列内容：分部分项工程进度计划，月（旬）作业计划；各类进度计划应包括下列内容：编制说明，进度计划表，资源需要量及供应平衡表；编制进度计划的步骤应按下列程序：确定进度计划的目标、性质和任务，进行工作分解，收集编制依据，确定工作的起止时间及里程碑，处理各工作之间的逻辑关系，编制进度表，编制进度说明书，编制资源需要量及供应平衡表，报有关部门批准；编制进度计划可使用文字说明、里程碑表、工作量表、横道计划、网络计划等方法。

项目进度计划实施包括：经批准的进度计划，应向执行者进行交底并落实责任；进度计划执行者应制订实施计划措施；在实施进度计划的过程中应进行跟踪检查，收集实际进度数据；将实际数据与进度计划进行对比；分析计划执行的情况；对产生的进度变化，采取措施予以纠正或调整计划；检查措施的落实情况；进度计划的变更应与有关单位和部门及时沟通；项目进度计划的检查与调整对进度计划进行的检查与调整应依据其实施结果；进度计划检查应按统计周期的规定进行定期检查，并应根据需要进行不定期检查。

进度计划的检查应包括下列内容：工作量的完成情况，工作时间的执行情况，资源使用及与进度的匹配情况，上次检查提出问题的处理情况；进度计划检查后应按下列内容编制进度报告：进度执行情况的综合描述，实际进度与计划进度的对比资料，进度计划的实施问题及原因分析，进度执行情况对质量、安全和成本等的影响情况，采取的措施和对未来计划进度的预测；进度计划的调整应包括下列内容：工作量，起止时间，工作关系，资源供应，必要的目标调整；进度计划调整后应编制新的进度计划，并及时与相关单位和部门沟通。

## 9.4.4　项目质量管理

质量管理应坚持预防为主的原则，按照策划、实施、检查、处置的循环方式进行系统运作。通过对人员、机具、设备、材料、方法、环境等要素的过程管理，实现过程、产品和服务的质量目标。

建设单位根据工程设计要求，应明确施工质量要求，落实施工质量责任，狠抓过程控制，尤其是现场建设安全管理中重要环节管控，严格施工质量监督管理，确保质量目标的实现。

施工单位应按照工程设计图纸和通信施工技术标准施工，施工技术方案、质量和工艺要符合设计要求，与设计文件、施工合同保持一致，确保工程施工符合现行工程标准规范要求，坚持施工质量检查制度，发生质量事故及时向监理和建设单位汇报并提交事故分析报告。

通信工程质量监督机构应根据质量监督工作方案检查、抽查、监督通信工程建设各方主体的质量行为。核查施工现场工程建设各方主体及有关人员的资质或资格，应招标的项目是否按规定进行了招标。检查勘察设计、施工、系统集成、用户管线建设、监理等单位质量保证体系和质量责任制落实情况。检查建设工程从立项、勘察设计、设备采购、施工、验收全过程的质量行为和有关质量文件、技术资料是否齐全并符合规定。

## 9.4.5　工程成本管理

工程成本管理应包括成本计划、成本控制、成本核算、成本分析和成本考核。项目成本计划应根据下列文件编制：合同文件、项目管理实施计划，可研报告和相关设计文件，市场价格信息，相关定额，类似项目的成本资料。项目成本控制应根据下列资料编制：合同文件，成本计划，进度报告，工程变更与索赔资料。

项目成本核算应坚持形象进度、产值统计、成本归集三同步的原则。项目成本分析应根据会计核算、统计核算和业务核算的资料进行，对项目成本和效益进行全面审核、审计、评价、考核与奖惩。以项目成本降低和项目成本降低率作为成本考核主要指标。发现偏离目标时，应及时采取改进措施。

## 9.4.6　工程档案管理

工程档案是工程从前期到验收过程中形成的应当归档保存的文件，包括工程的前期、设计、采购、施工、调试、试运行、验收等工作活动中形成的文字、图纸、图表、音像等材料。工程档案管理工作应符合国家电网公司关于电网建设项目档案管理相关规定及要求。

项目建设单位负责收集、整理工程前期文件和验收文件，包括工程可行性研究及立项审批、初步设计批复、工程合同、工程协议、招投标资料、工厂验收、工程竣工报告、验收报告、竣工决算等。负责对接收的工程文件进行汇总、归档，并按规定向有关部门移交。

设计单位负责编制、收集整理和移交设计阶段形成的文件材料，包括工程概算书、初步设计、施工图设计、竣工图设计以及设计变更联系单等。施工单位负责编制、收集整理和移交施工（调试）过程产生的全部文件。包括工程开（竣）工报告、施工组织设计、技术（安全）交底、图纸会审、变更文件、施工记录、隐蔽工程记录、质量检查及评定、设备开箱文件、设备质量证明文件及合格证等。

监理单位负责编制、收集整理和移交监理过程中形成的监理文件，包括监理大纲、监理规划、监理实施细则、监理日/周/月报、监理旁站、监理总结报告等；负责项目建设中文件的收集、积累和文件完整性及准确性的监督检查，审核、签署相关工程文件。运维单位负责编制、收集整理和移交在试运行中形成的文件，包括试运行报告。

工程档案管理工作应坚持"统一领导、分级管理；统一标准、分工负责；统一验收、分段移交"的原则，保证工程档案的完整性、准确性、系统性，使其得到安全保管和有效利用。工程档案的积累、整理、归档工作应与工程建设同步进行，并与工程验收同步完成文件验收、移交工作。

### 9.4.7　生产准备

工程投运前三个月，应确定相应的运维单位，由运维单位确定相应运维人员。专业管理部门在投运前一周内，应组织对项目运维单位的生产运行准备情况进行检查。

运行单位负责通信调度、方式管理，确定设备和通道命名，参加系统调试、业务开通、试运行和移交。运维单位负责制定现场运行规程和有关生产管理制度。工程正式投运前，由项目建设单位负责通信系统、设备、电路等的故障处理。投运后，由运维单位负责运维管理。运行单位应根据初步设计批复及通信网电路组织方案编制电路运行方式单。运行单位配合项目建设单位协调相关业务接入单位，依据业务接入分工界面，按照电路运行方式单接入相应业务。新建通信设备的业务接入，由项目建设单位负责，运行单位配合。已运行通信设备的业务接入，由运行单位负责，项目建设单位配合。

工程投入运行前两个月，项目建设单位应组织开展相关运维人员的技术交底及技术培训工作。运维单位应组织相关运维人员参加技术培训。运维人员应提前介入工程建设，以便熟悉设备特性，参与编写或修订现场作业指导书。通过参加调试、试运行和竣工验收检查，运维人员应进一步熟悉操作，掌握设备特性，检查现场作业指导。

# 9.5　项目验收管理

通信工程投运前，应进行工程验收，验收工作分为工厂验收、随工验收、阶段性（预）验收、竣工验收四部分。

### 9.5.1　验收要求

单独立项通信工程的工厂验收由项目建设单位组织相关单位在生产厂家进行，随工验收由监理单位组织相关单位在施工现场进行。阶段性（预）验收由项目建设单位或监理单位组织实施。竣工验收由建设、运行、监理和施工单位组成的工程验收委员会负责组织实施。配套通信工程的验收工作根据项目主体工程启动验收委员会的统一要求进行。竣工验收随项目主体工程的整体竣工验收一并进行，并随项目主体工程转入正式运行。通信工程质量和设备技术指标达不到设计要求时，不得予以验收和交付运行。

工程建设单位应派代表随工验收隐蔽工程、线路工程施工。隐蔽工程应进行拍照和专项记录。随工验收的内容，竣工时一般不再进行复验。通信建设工程在竣工验收前应经过试运行。运行单位提交试运行报告。试运行期应由建设及运行管理部门协商确定，并在建设文件中体现。试运行期间，如发生质量问题，应由工程建设单位负责组织处理，试运行期应重新计算。

### 9.5.2　验收条件

工厂验收条件：通信设备出厂前应根据合同安排工厂验收，包括单机、光缆技术指标抽查、系统功能及指标抽查等。工厂验收按抽样检验规则进行，验收不合格的产品不准许出厂。

随工验收条件：应按工程实施顺序对设备和材料、工程施工进度、施工质量、施工文件进行检查和验收。

随工验收包括：设备开箱检验、设备安装质量检查、单机技术指标测试。验收应逐站、逐台、逐项进行。隐蔽工程和特殊工程项目随工验收时，应留有影像资料。

阶段性（预）验收条件：通信线路和设备安装、调试、测试基本完成，测试结果满足要求；配套设施可正常投入使用；工程文件基本整理完毕。

竣工验收条件：试运行结束、遗留问题已有协商一致的处理意见、工程文件整理齐全、技术培训完成后可进行竣工验收。

### 9.5.3 验收内容

验收内容包括检查工程实施情况检查工程质量、检查工程文件及归档工作做出工程验收结论并对工程遗留问题提出处理意见等。

工厂验收内容包括抽样检验技术指标、搭建工程模拟系统检查系统功能及技术指标等。验收不合格的产品不准许出厂。

随工验收内容包括：对隐蔽工程、设备材料、施工进度、施工（安装、调试、测试）质量、施工文件等进行检查和验收。施工单位进行隐蔽工程和特殊工程施工时，应向施工监理或项目建设单位申请随工验收，并应留有影像资料。

预验收内容包括：系统功能检查、系统技术指标测试、工程文件的完整性和准确性检查等。预验收合格后，线路投入试运行。

竣工验收内容包括：抽查复核系统性能技术指标、进行工程建设总结、向生产运维单位办理正式移交手续、签署竣工验收证书等。

### 9.5.4 验收标准

通信工程验收应依据国家、行业及公司有关现行法规、标准、规程，按照工程设计文件、相关合同、主管部门有关文件及设备技术资料进行。

每阶段验收单位应在验收后提供验收报告。验收报告中应有缺陷列表、统计及分析、缺陷整改意见、缺陷处理时间、结果和责任单位等。缺陷应闭环处理。系统试运行可由项目建设单位委托运维单位组织进行。试运行应按照试运行方案和系统调试大纲进行，在预验收完成后连续带电试运行时间不应少于三个月。试运行完成后，应对各项设备进行全面检查，及时处理缺陷和异常情况。对暂时不具备处理条件而又不影响安全运行的项目，由验收委员会决定负责处理的单位和完成的时间。若设备制造存在质量缺陷，不能达到规定要求，由项目建设单位通知制造厂商负责消除设备缺陷，施工单位应积极配合处理，并进行记录。试运行过程中，应对设备的运行情况和各项运行数据进行详细记录，并编制试运行报告。

配套通信项目的通信工程移交工作应随项目主体工程的统一安排进行。单独立项的通信工程应根据验收结果给出移交意见和结论，明确项目建设单位和运维单位的责任。工程在竣工验收通过后正式移交运行，项目建设单位、运维单位代表应在工程移交生产交接书上签字。影响工程投运的所有缺陷处理工作应在投运前完成。如有特殊原因致使工程投产时存在遗留问题，该问题不影响系统运行，同时在设备投运后，不需线路停电或设备停运，即可在规定的时间内安全地完成整改。

# 9.6 项 目 后 期

通信工程项目经过试运行、达标投产并移交试生产以后，项目并未结束，还应按时完成项目结算、竣工决算、项目审计和固定资产转增等工作。

## 9.6.1 竣工决算和审计

项目竣工验收合格后，项目建设单位应根据相关合同，组织各参建单位完成设计、施工、监理、咨询、技术服务、设备材料供应等相应分项结算。结算过程中应严格遵守工程结算管理规定。项目结算应包含项目支出的全部费用。项目建设单位应在规定时间内将项目科研批复文件、初步设计批准概算、相关合同（项目设计、施工、监理、咨询、技术服务、设备材料采购、工程管理等合同）、分项结算等项目结算资料移交财务部门、办理项目竣工决算手续。项目建设单位应根据相关要求委托有资质的审计单位进行项目审计。

## 9.6.2 项目总结

项目总结是项目终结阶段的重要工作，项目经理应组织有关人员认真总结工作实绩，包括成功的经验、存在的问题和今后应注意的事项，以为本单位积累经验，改善管理，提高效益，内容主要包括以下五点：
（1）工程概况及执行效果；
（2）项目管理组织、内外关系协调情况；
（3）项目进度、质量、费用、安全控制情况；
（4）工程设计、采购、施工、试运及合同管理情况；
（5）有关文件、资料及统计数字和信息管理。

项目经理还应组织有关人员做好项目全部重要文件及资料的整理归档工作，以供需要时查阅，并为以后的工作提供有实际参考价值的数据和资料。项目总结与文件、资料整理归档工作应在项目结束后3个月内完成。

## 9.6.3 项目后评估

在通信项目建成投产或投入使用后的一定阶段，对项目运行系统客观的评价，并以此确定目标是否达到，检验项目是否合理和有效的工作。工程后评估应对通信工程立项决策的科学性和组织管理的有效性、项目的技术创新和先进适用性、项目的综合效益和影响、项目的推广应用和产业化前景，以及后续的改进等进行客观分析研究并做出综合评价，为先进、适用、成熟技术的推广应用和通信网的建设、运行和管理水平的提高奠定技术基础。工程投运后，通信专业管理部门应按照评估范围适时组织开展项目后评估工作，形成工程建设评估报告，为以后的工程建设提供借鉴和参考。评估报告应包括项目建设单位和供应商基本信息、工程概况、工程质量评价、工程建设经验、存在的主要问题、对服务和设备供应商的评价等方面内容。

# 第10章

# 通 信 支 撑 网

本章主要介绍同步网的基本概念及方式，包括频率同步、时间同步、传输网管系统、通信管理系统 TMS 等相关知识。

# 10.1 频 率 同 步

频率同步也称时钟同步。时钟同步网对于通信设备的正常运行起着支撑的作用，当时钟同步网不稳定时，会造成数字交换设备的时钟速率差值，当差值超过一定值时将会产生滑码，造成接收数字流的误码或失步，从而导致通信网上传输的电力业务信息不能准确传送，可能会造成严重的经济损失。本节主要介绍同步网基础知识及同步网在电力系统的应用场景。

## 10.1.1 同步和同步网基础知识

**1. 基本概念**

同步是指两个或两个以上随时间变化的量在变化过程中保持一定的相对关系，同步的目的是使通信网内所有的数字设备以相同的频率工作。

数字同步网（简称同步网）是一个提供定时参考信号的网络，是由节点时钟设备和定时链路组成的实体网，同步网负责为各种业务网提供定时，以实现各种业务网的同步。

网同步是指将定时信号分配到所有网元的方法，包括节点定时设备是如何同步的。在业务网中，定时是如何提取，如何分配的。

同步单元指为所连接的网络单元提供定时服务的时钟，包括 G.811、G.812、G.813 时钟。

定时供给单元（sychorous supply unit，SSU）也称同步供给单元，是一个逻辑功能单元，能够对参考信号进行选择、处理和分配，并符合 ITU-T G.812 建议规定的性能。其可分为独立型 SSU 和混合型 SSU：独立型定时供给单元又称通信楼定时供给系统 BITS，是能够对参考信号进行选择、处理和分配，并具备管理功能的独立设备；混合型定时供给单元能够对参考信号进行选择、处理和分配功能，但这些功能与其他功能结合在一套设备中，如 DXC 设备时钟。SDH 设备时钟 SEC 一般由晶体钟构成，符合 ITU-T G.813 I 类钟建议。

同步链路指连接 2 个同步网节点的物理链路，用来承载定时信号和同步信息。

同步链指由同步节点和同步链路组成的物理路由，用来承载定时信号和同步信息。

同步状态信息 SSM 用于在同步定时链中传递定时信号的质量等级，使得同步网中的节点时钟通过 SSM 字节取得上游时钟信息，对本节点的时钟进行相应的操作（如跟踪、倒换或保持），并将该节点的同步信息传递给下游。

时钟质量等级 SEC 或 SASE 的质量等级是指该时钟最终跟踪的时钟等级，它可以是符合 G.811 的 PRC，也可以是符合 G.812 的时钟或 G.813 时钟。

异步状态指网络中所有的时钟都工作在自由运行状态，网络内各时钟可以存在较大的频率偏差。在时钟准确度劣于 $\pm 20$ppm 时，要求设备发送 AIS 告警。

准同步状态指网络中所有的时钟工作在几乎相同的频率上，任何变化都不能超过规定的范围。一般国际网采用准同步，需要准确度和稳定度很高的节点时钟。

伪同步状态是网络中所有的时钟在正常工作状态下与一个符合 G.811 建议的基准时钟的长期频率准确度相同，但不是所有的时钟都跟踪到同一基准时钟。网络中的时钟可能跟踪不同的基准时钟，但时钟运行时的准确度很高，时钟间的频率偏差很小。

同步状态网络中所有的时钟都跟踪到同一个或同一组基准时钟，正常情况下，网络内的时钟间没有频率偏差。

**2. 网同步技术**

（1）准同步。准同步方式中各交换节点的时钟是彼此独立的，但它们的频率精度要求保持在极窄的频率容差中，网络接近于同步工作状态。在国际网中采用准同步方式。

1）优点：网络结构简单，各节点时钟彼此独立工作，节点之间不需要由控制信号来校准时钟的精度；网络的增设和改动都很灵活。

2）缺点：节点时钟是互相独立的，不管时钟的精度有多高，节点之间的数字链路在节点入口处总是要产生周期性的滑动，对通信业务的质量有严重影响，为了减小影响，时钟必须有很高的精度，通常要求采用原子钟，需要较大的投资，可靠性也差。

（2）主从同步。所有时钟都跟踪于某一基准时钟，通过将定时基准从一个时钟传给下一个时钟来取得同步的方式，如图 10-1 所示。

1）优点：避免了准同步网中固有的周期性滑动；锁相环的压控振荡器只要求较低的精度，降低了费用；控制简单。

2）缺点：任何传输链路中的扰动都将导致定时基准的扰动，这种扰动将沿着传输链路逐段累积。一旦主节点基准时钟和传输链路发生故障，就会造成从节点定时基准的丢失，导致全系统或局部系统丧失同步能力。

（3）相互同步。数字网中没有特定的主节点和时钟基准，每一个节点的本地时钟通过锁相环路受所有

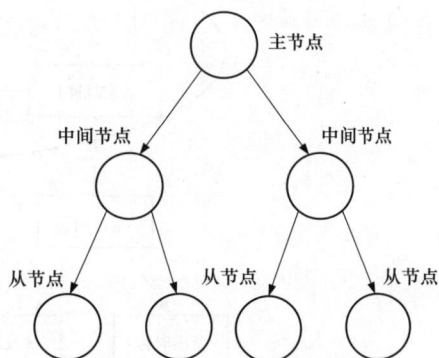

图 10-1　主从同步示意图

接收到的外来数字链路定时信号的共同加权控制。在各节点时钟的相互作用下，如果网络参数选择的合适，网中所有节点时钟最后将达到一个稳定的系统频率，从而实现了全网的同步工作。

1）优点：当某些传输链路或节点时钟发生故障时，网络仍然处于同步工作状态，不需要重组网络；可以降低节点时钟频率稳定度的要求，设备较便宜；较好地适用于分布式网络。

2）缺点：容易受到扰动；很难与其他同步系统兼容；系统参数的变化容易引起系统性能变坏，甚至引起系统不稳定。

**3.** 同步网构成及分类

（1）同步网构成。数字同步网由时钟节点设备和同步时钟链路组成，时钟节点设备包括基准时钟（PRC）、区域基准时钟（LPR）、同步供给单元（SSU）。PRC 提供全数字同步网的同步基准频率，LPR 提供同步区的同步基准频率，SSU 是数字同步网的节点从钟，具有频率基准选择、处理和定时分配的功能。SSU 可以是独立型同步设备（SASE），也可以是依附于其他相关设备的一种功能单元。

（2）同步网分类。同步网分全同步网、全准同步网、混合同步网 3 类，在一个同步网内节点时钟之间可以采用主从同步和互同步两种方式。

1）全同步网。在全同步网内只有一个或几个基准时钟，其他所有的时钟都同步到该基准时钟上。有单基准主从同步网和多基准全同步网 2 种类型，分别如图 10-2、图 10-3 所示。在这种类型的同步网中，最高一级时钟为符合 G.811 规定性能的时钟，即基准时钟，也称为一级时钟。它作为主钟为网络提供基准定时信号，该信号通过定时链路传递到全网。二级时钟是它的从钟，从与之相连的定时链路提取定时，并滤除由于传输带来的损伤，然后将基准定时信号向下级传递。三级时钟从二级时钟中提取定时，形成主从全同步网结构。

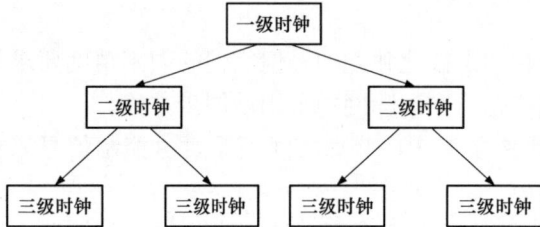

图 10-2 单基准主从同步网

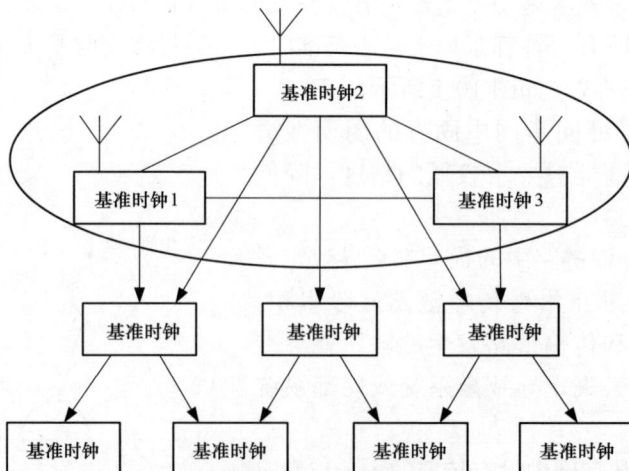

图 10-3 多基准全同步网

全同步网比较：多基准全同步网比较复杂，首先要通过地面链路将基准时钟组成网络；其次要对基准时钟进行长期的性能监测；然后通过一套复杂的算法对网络进行加权计算；最后对各个基准时钟进行控制调整。其优点是可靠性高，自主性强，不依赖于 GPS 等外界手段。单基准主从同步网结构简单，由于 GPS 的广泛应用，主从同步网方法被大量采用，其实现方法简单，只需配备 GPS 接收机，成本较低。

2）全准同步网。在全准同步方式下，网内的所有时钟都独立运行，不接受其他时钟的控制。网络采用分布式结构，如图 10-4 所示。网络内时钟没有高级和低级之分，同步网以各个时钟为中心，划分为多个独立的同步区，各时钟负责本区内设备的同步。在各个时钟之间不需要定时链路的连接，没有局间定时分配。

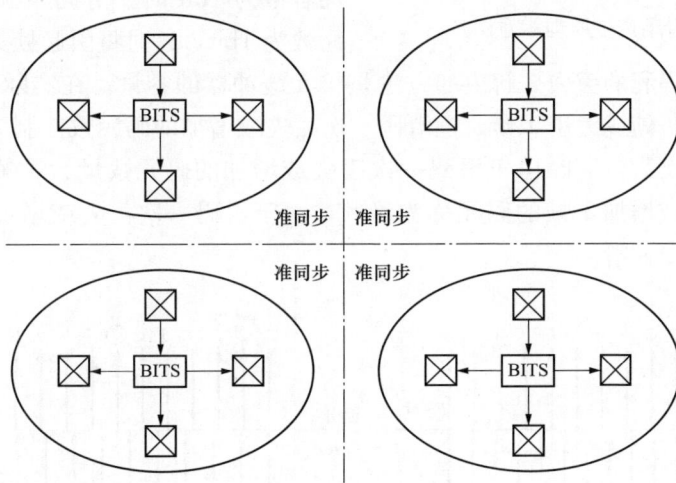

图 10-4　全准同步网

3）混合同步网。在混合同步下，将同步网划分为若干个同步区，每个同步区为一个子网，在子网内采用全同步方式，在子网间采用准同步方式，如图 10-5 所示。在每个子网中，采用主从同步方式。一般设置一个基准时钟（有时为了提高网络的可靠性，在一个子网内也会设置多个基准时钟）为网络提供定时。各级时钟提取定时，并逐级向下传递。优点是定时链路组织方便，缺点是网间互联节点存在周期滑动。

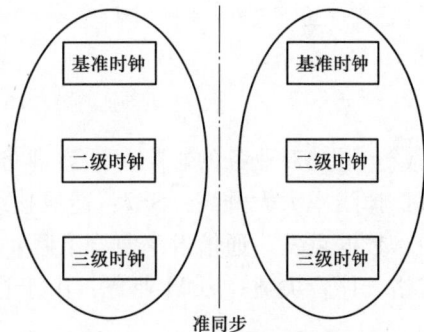

图 10-5　混合同步网

## 10.1.2　同步网技术指标和要求

**1. 滑动**

（1）滑动的概念。设备输入信号的速率由对端决定，其进入数字交换网络前需要转换为本地交换设备的时钟速率，称为再定时，通过缓冲存储器来实现。从输入信号中提取时钟作为缓冲存储器的写时钟，以此时钟速率将数字信号写入缓冲存储器中，然后用接收设备的时钟（本地时钟）作为读时钟从缓冲器中将数据读出，这样就将输入信号的速率转换为本地的时钟速率。当写时钟和读时钟的频率不一致时，会导致缓冲存储器的溢出，造成重读或漏读1帧数据，这种现象就称为滑动。

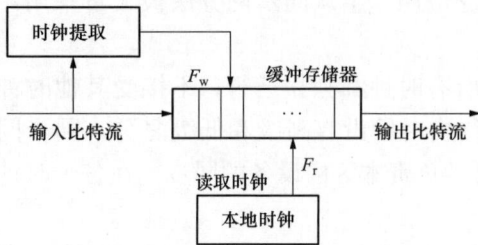

图 10-6　滑动产生原理示意图

滑动产生原理示意如图 10-6 所示，缓冲器用在交换机入口，缓冲器的大小是标称值＋/－1帧，如 $F_w > F_r$，则出现上溢，造成漏读；如 $F_r > F_w$，则出现下溢，造成重读。

码元的丢失或增加称为滑码，是一种数字网的同步损伤。如图 10-7 所示，当缓冲器的容量为 1bit 时，滑码一次丢失或增加的码元数为 1bit，这时将引起帧失步，从而造成在失步期间全部信息码元的丢失。解决的方法是扩大缓冲器的容量。在实际的数字交换机中，缓冲器的容量可为 1 帧或大于 1 帧，把滑码一次丢失或增加的码元数控制为 1 帧。这样做的优点是减少了滑码次数，同时由于滑码一次丢失或增加的码元数量为 1 帧，从而防止帧失步。滑码一次丢失或增加 1 帧的码元称为滑帧，由于滑码一次丢失或增加的码元数是确定的，因此也常称为受控滑码。

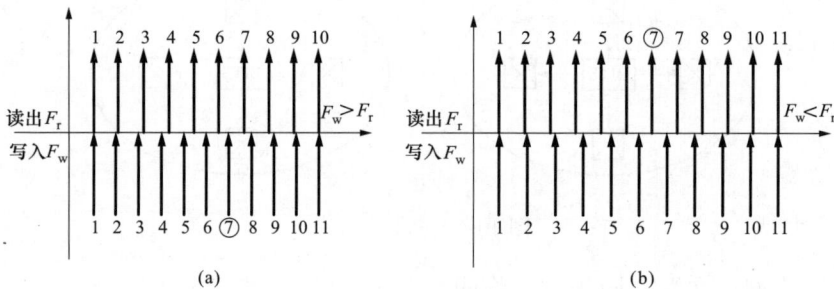

图 10-7　滑码的产生
(a) 写入频率大于读出频率；(b) 写入频率小于读出频率

（2）滑动对业务的影响。话音业务：偶有喀喀声；传真：丢失半行以上文字；Internet接入：掉线率大大升高；SS7：造成接续延迟、呼损和链路瞬断；保密通信：序列中要重发密钥，数据重发，通信效率急剧下降；数据业务：延迟信息传送时间；图像业务：图像失真或定格，伴音尖啸；SDH 业务：由于存在频繁的指针调整，给传送的业务带来严重的漂移影响。

**2. 抖动和漂移**

同步网定时性能的重要指标为抖动和漂移。数字信号的抖动定义为数字信号的有效瞬间在时间上偏离其理想位置的短期变化；数字信号的漂移定义为数字信号的有效瞬间在时间上偏离其理想位置的长期变化。因此，抖动和漂移具有同样性质，即从频率角度衡量定时信号的变化，通常把往复变化频率超过 10Hz 的称为抖动，将小于 10Hz 的相位变化称为漂移。

表征偏离有幅度和频率两个参数，幅度表示实际位置偏离理想位置的大小，频率表示相位的速率，偏离的幅度常用单位时间间隙 UI 或 ns、ms 表示。在 20484Kbps 的 E1 系统中

UI 为 488ns，STM-1 中 UI 为 6.43ns，STM-4 中 UI 为 1.61ns，STM-16 中 UI 为 0.4ns。

在实际系统中，数字信号的抖动和漂移受外界环境和传输的影响，也受时钟自身老化和噪声的影响，一般节点设备中对抖动具有良好的过滤功能，但是漂移难以滤除。漂移产生源主要包括时钟、传输媒介及再生器等，随着传递距离的增加，漂移将不断累积。

ITU-T 建议 G.823 规定了基于 2048Kbps 系列的数字网中抖动和漂移的控制，这对数字网抖动和漂移指标的制定和分配，数字网设备设计参数的确定，特别是网同步中帧调整器设计参数的确定有重要参考价值。

漂移和抖动是时钟的技术指标，而滑码是帧同步的技术指标。

**3.** 时间间隔误差

时间间隔误差（TIE）是在特定的时间周期内，给定的定时信号与理想定时信号的相对时延变化，通常用 ns、$\mu$s 或单位时间间隔 UI 来表示。

最大时间间隔误差（MTIE）定义为，在一个观测时间内，一个给定时钟信号相对于一个理想时钟信号的最大峰到峰延时变化，其中该长度的所有观测时间均在测量周期之内。

MTIE 是针对时间的缓变或漂移而定义的。当需要分析时钟的长期特性时，就需要对MTIE 进行测量。MTIE 值是对一个时钟信号的长期稳定性的一种衡量。

**4.** 时间方差

时间方差 TVAR 是衡量时钟信号漂移的指标，考察的是在某一频谱范围内的时钟信号相位变化的均方值。

振荡器的频率稳定度的时域表征目前均采用 Allan 方差值。根据稳定度时间的长短，分为频率短期稳定度，如 1ms，10ms，100ms，ls 稳定度等，中长期稳定度，如 1s，10s，10000s 稳定度等。频率短期稳定度和中长期稳定度虽然定义相同，但反映的却是信号稳定度方面不同的特性。短期稳定度表征了信号的抖动水平，中长期稳定度表征了信号频率随时间的漂移程度。时域短期频率稳定度在时测量非常困难，甚至是不可能的，但此时进行频域测量则比较容易，因此可以将测量的频率短期稳定度即相位噪声转换为时域的 Allan 方差实现对时域短稳的间接测量。

**5.** 准确度、稳定度、漂移率

频率准确度：是衡量时钟信号相对于理想值的长期偏离的一个技术指标，它可以用式准确度 $=\dfrac{f-f_d}{f_d}$ 表达，$f$ 表示时钟的实际数值，$f_d$ 表示时钟的理想值。时钟的准确度也就是时钟的相对误差，是衡量时钟准确度的一个常用指标，对于时钟的要求常用时钟的准确度来表征，如对于基准时钟的要求为相对误差小于 $1 \times 10^{-11}$。

频率稳定度：是衡量时钟随时间变化的另一技术指标，当考察时钟稳定度时，可用频率准确度公式估算，但公式中的 $f_d$ 表示时钟的期望值。频率稳定度用 Allan 方差的平方根值来表征。

频率漂移率：频率准确度在单位时间内的变化量称为频率漂移率，有时也称为老化率，包括日漂移率、月漂移率、年漂移率。

**6.** 同步网性能指标

（1）滑动指标。根据 ITU-T 建议 G.822 对于受控滑动指标分配要求见表 10-1。

**表 10-1** 　　　　　　　　　　　　　　**对于受控滑动指标分配要求**

| 时钟节点等级 | 滑动指标 | |
|---|---|---|
| 1级节点时钟 | 70天1次 | |
| 2级节点时钟 | 1天内的滑动 | 1周内的滑动 |
| | 小于1次 | 1次 |
| 3级节点时钟 | 1天内的滑动 | 1周内的滑动 |
| | 1次 | 小于13次 |

（2）漂动指标。极长定时基准参考链路的绝对漂动应小于 $4\mu s$。其中，基准时钟的绝对漂动应小于 $0.3\mu s$，定时基准传输链路总漂动应小于 $3.7\mu s$。

## 10.1.3　同步网规划及设计

**1.** 网络性能指标

（1）极长定时链路。极长定时链路如图 10-8 所示，SSU 节点数 $k$ 限制为：以 LPR 为基准源时，$k=5$；以 PRC 为基准源时，$k=7$；极长定时链路 SDH 网元数 $N$ 限制为：$N\leqslant20$；极长定时链路从始端到末端全程串入的 SDH 网元数不应超过 60 个。

（2）极长定时链路漂移指标及分配。如图 10-9 所示，在 ITU-T 建议 G.823 中规定了数字网中接收端数字设备在 24h 内的最大相对输入漂移为 $18\mu s$ 的漂移性能要求。由极长定时基准参考链引入的绝对漂动应小于 $5\mu s$，ITU-T G.823 建议给出的通信网络时钟信息传输的漂移网络模型中，由环境引起的日漂移分配的是 $1\mu s/d$。

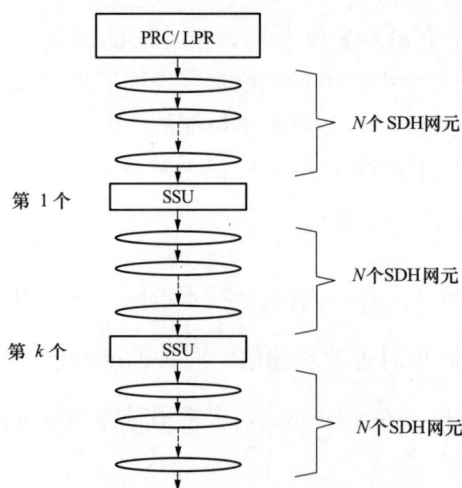

图 10-8　极长定时链路　　　　　　图 10-9　极长定时链路漂移指标及分配

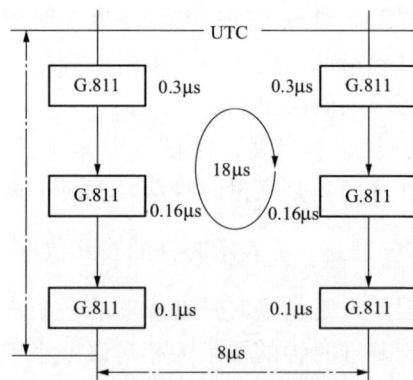

**2.** 同步网结构

同步网的基本功能是准确地将同步信息从基准时钟向同步网的下级或同级节点传递，从而建立并保持同步，其网络结构与通信网有所不同。数字同步网的同步方式一般不采用互同步方式，原因是互同步系统的频率变化频繁，在引入新节点以后，对系统的频率会产生影响。

同步网中采用的同步方式主要是主从同步。在主从同步中节点的时钟要分级，其原因是减少同步网中节点时钟的复杂性和成本，少数高级别的节点采用高精度的时钟，而级别低的时钟节点采用低精度，结构较简单的时钟。

在实际工程建设中，由于采用了 GPS 技术，使原有的二级 A 类时钟升级为区域基准（LPR）。实际同步网结构如图 10-10 所示。

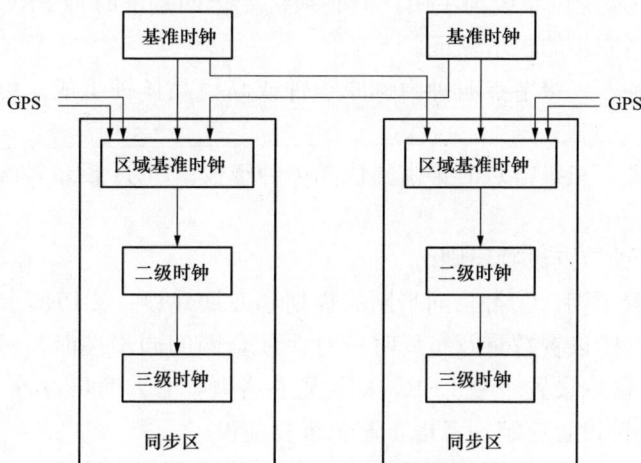

图 10-10　实际同步网结构

（1）电力系统同步区划分。同步区原则上按照区域电网、省网（自治区、直辖市）来划分，在每个区域电网、省网设置 1～2 个一级基准时钟。电力专网数字同步网结构如图 10-11 所示。

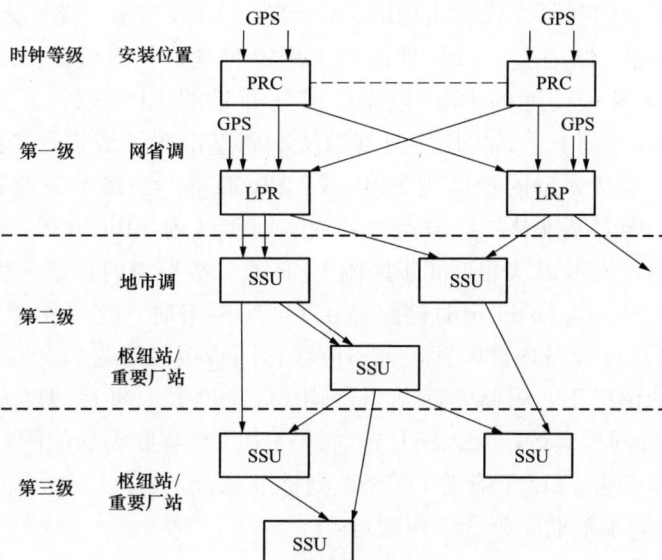

图 10-11　电力专网数字同步网结构

区域基准时钟可以接受与其相邻的另一个同步区内 LPR 的同步。在各同步区内采用主从同步方式，区域基准时钟应向本区内的其他等级的时钟提供定时基准。在一个同步区内的某些时钟可以接受与其相邻的另一个同步区提供的定时基准作为备用。

（2）时钟等级。同步网时钟分为一级基准时钟、二级节点时钟和三级节点时钟 3 级。

1）一级基准时钟：一级基准时钟分为含有铯原子钟的全网基准时钟（PRC）和以卫星定位系统为源头的区域基准时钟（LPR）2 种。全网基准时钟（PRC），由自主运行的铯子钟组或铯原子钟组加卫星定位系统组成。区域基准时钟（LPR），由卫星定位系统和铷原子钟组成。LPR 以卫星定位系统为主用，但必须接受全网基准时钟 PRC 的同步，即全网基准时钟 PRC 作为全网同步的根本保证。

2）二级节点时钟：二级节点时钟由铷原子钟或高稳晶体钟组成，可考虑加装卫星定位系统。

3）三级节点时钟：三级节点时钟由高稳晶体钟组成。SDH 设备等级时钟应设置成三级节点时钟。

（3）电力系统时钟节点设置原则。

1）基准时钟设置原则：①符合同步网的规划和发展建设；②PRC 是全网定时基准的根本保障，在确定 PRC 的设置数量及布局时应对保证全网的同步性能及可靠性方面进行充分论证；③在每个同步区内设置 1 个 LPR，即设置在省调，必要时可设置主、备用 2 个 LPR；④区域电网与省网时钟设置应统一考虑，避免重复建设。

2）同步供给单元的设置原则：①只在二级节点和三级节点设置同步供给单元；②在地市调内应设置同步供给单元，采用二级节点时钟；③在重要的枢纽站/重要厂站，根据需要可设置同步供给单元，采用二级节点时钟或三级节点时钟；④在有多个接入节点或多环互联的情况下，根据需要可设置同步供给单元，采用二级节点时钟或三级节点时钟。

（4）输入基准设置。同步节点时钟应从不同路由获得地面主用和备用定时基准，备用定时基准传输链路应处于随时可以代替主用的工作状态。LPR 应有 4 路输入基准：2 路卫星信号，2 路地面定时基准。原则上，LPR 地面的主用定时基准从最近的 PRC 取得，其地面的备用定时基准可以从另一较近的 PRC 取得，或从邻近的 LPR 取得。二级节点时钟应设置 2～4 路输入基准。原则上，其主用定时基准从本省基准时钟取得，备用定时基准可以从同级节点时钟取得，或从邻近同步区内 PRC 或 LPR 取得。三级节点时钟应有 2 路输入基准。原则上，其主用定时基准从二级节点时钟或本同步区内 LPR 取得，备用定时基准可以从同级节点时钟取得，也可以从邻近同步区内 LPR 或二级节点时钟或三级节点时钟取得。

（5）定时基准传送。当 SDH 定时链路经由 OTN 网络时，宜采用透传方式穿越 OTN。透传方式不应涉及 OTN 设备内部时钟，也不应存在同步接口问题。

在不希望透传的情况下，可将定时信号经由 OTN 网元时钟逐段转发。此时，OTN 网元时钟宜按 SEC 时钟同等对待，计入极长定时链路中。具有此类功能的 OTN 网络设备的接口要求和时钟要求应符合 ITU-T 有关 OTN 系列标准规范。

利用 SDH 传送同步基准应符合下列规定：

1）应采用物理层线路码流传送同步基准信号。

2）用于传送同步基准的传送系统的同步设计，应保证避免在各种故障情况下（包括传输线路中断、同步节点时钟故障、卫星系统失效等）出现定时环路现象，并应设法减少网络基准参考倒换的影响。

3）对于由 MADM 等多线路端口设备构成的复杂 SDH 网，应将网络划分成相对简单的同步子网，然后在同步子网内做同步路径安排。

4）当 SDH 定时传送链路的定时使用需求与定时传送需求相互矛盾时，定时使用需求应服从于定时传送需求。

5）SDH 传送同步信号在各种网络拓扑情况下的规则宜符合有关规定。

（6）定时分配。定时分配就是将基准定时信号逐级传递到同步通信网中的各种设备，包括局内定时分配和局间定时分配 2 种。

1）局内定时分配。局内定时分配是指在同步网节点上直接将定时信号传送给各个通信设备，即在通信楼内直接将同步网设备（BITS）的输出信号连接到通信设备上，如图 10-12 所示。此时，BITS 跟踪上游时钟信号，并滤除由于传输所带来的各种损伤，如抖动和漂移，能重新产生高质量的定时信号，用此信号同步局内通信设备。局内定时分配一般采用星型结构，局内布线如图 10-13 所示。从 BITS 到被同步设备之间的连线采用 2Mbps 或 2MHz 的专线。局内布线衰耗不大于 6dB。

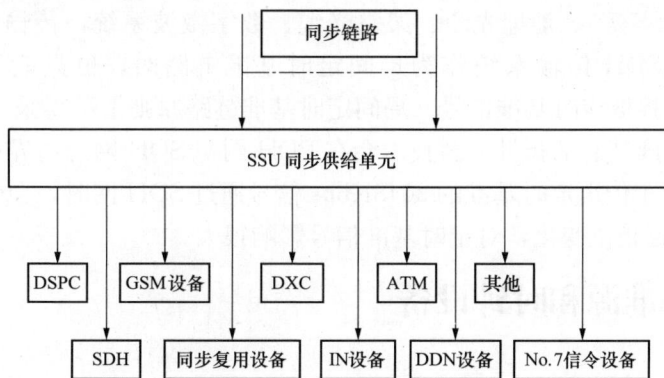

图 10-12　局内定时分配示意图

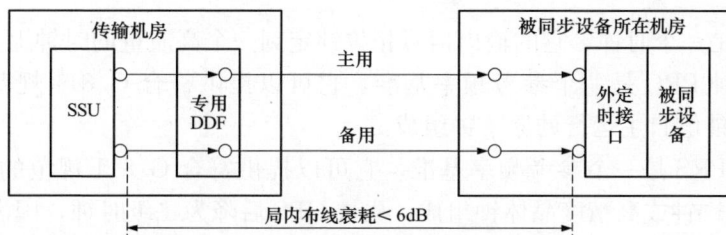

图 10-13　局内布线图

2）局间定时分配。局间定时分配是指在同步网节点间的定时信号的传递。根据同步网结构，局间定时传递采用树状结构，通过在同步网节点间的定时链路，将来自基准时钟的定时信号逐级向下传递。上游时钟通过定时链路将定时信号传递给下游时钟。下游时钟提取定时，滤除传输损伤，重新产生高质量的定时信号提供给局内设备，并再通过定时链路将定时信号传递给它的下游时钟。目前采用的定时链路主要有 PDH 定时链路和 SDH 定时链路两种。

PDH 定时链路：传统的同步网建立在 PDH 环境下，采用 PDH 的 2Mbps 通道传递同步网定时信号，定时链路包括 2Mbps 专线和 2Mbps 业务线。传输系统对 2Mbps 信号进行正码速调整，复接至高次群，通过 PDH 线路系统传递下去。由于在同步网节点间无传输系统时钟介入，当定时链路发生故障时，下游时钟可以迅速发现故障，进入保持工作状态或倒换到备用参考定时信号，即可以快速进行定时恢复。PDH 传递同步网定时具有对同步网定时损伤小，适合长距离传递定时的特点，其传输网多为树形结构，定时链路的规划设计简单，当定时链路发生故障时，便于定时恢复。

SDH 定时链路：SDH 定时链路利用 SDH 传输链路传送同步网定时。SDH 一般采用 STM-N 信号传递定时。在定时链路始端的 SDH 网元通过外时钟信号输入口接收同步网定时，并将定时信号承载到 STM-N 上。在 SDH 系统内，STM-N 信号是同步传输的，SDH 网元时钟接收线路信号定时，并为发送的线路信号提供定时。SDH 网多采用环形结构，当上游定时链路故障时，会出现低级时钟同步高级时钟的现象。当同步网定时链路规划不合理，或定时参考信号的来源及时钟信号等级不明时会在同步网内形成定时环。ITU-T 标准规定，基准定时链路上 SDH 网元时钟个数不能超过 60 个，使定时传递距离受到限制。

电力系统局间定时基准链路的选取原则：定时基准信号传输媒介选择的顺序为，电力线光缆（OPGW，ADSS 等）、地埋光缆、架空光缆、数字微波系统，传输优先采用 PDH 制式，在不得不采用 SDH 传输系统作为局间定时基准链路时，也只能利用 SDH 线路码 STM-N 传送并从中提取定时基准信号。局间定时基准链路原则上不得采用 PDH/SDH 混合链路，这是由于 SDH 特有的指针调整技术会在 PDH 网与 SDH 网的边界产生很大的相位跃变，当 PDH 网内用于传送定时基准的 2048Kbps 信号通过 SDH 网时，会受到 8UI 指针调整的影响，相当于 2ms 相位变化，对定时基准信号影响很大。

## 10.1.4　基准源和时钟设备

**1.** 时钟定义

（1）主时钟是一个信号发生器，它可以产生一个准确的频率信号去控制其他的信号发生器。

（2）从时钟是一个时钟，它的输出信号相位锁定到一个高质量的时钟上。

（3）基准时钟 PRC 是一个参考频率基准，它可以提供符合 G.811 规范的频率参考信号。PRC 一般由能够自主运行的原子钟组成。

（4）基准源 PRS 是一个参考频率基准，它可以提供符合 G.811 规范的频率参考信号，一般由 GPS 配置铷钟或高精度晶体钟组成，失去 GPS 后降为二级时钟，国内又称 PRS 为区域基准时钟 LPR。

（5）LPR 是一个参考频率基准，它可以提供符合 G.811 规范的频率参考信号，一般由 GPS 配置铷钟或高精度晶体钟组成，失去 GPS 后降为二级时钟。

**2.** 时钟工作方式

（1）自由运行状态是指从时钟的运行状态，此时时钟的输出信号取决于内部的振荡源，并且不受外参考信号的直接控制和间接影响。

（2）快捕是指锁相环得到外部参考源后，从自由振荡到进入跟踪的一段暂态过程。

（3）锁定状态也称跟踪状态，是从时钟的正常运行状态，此时时钟的输出信号受外部参考信号控制，这样时钟输出信号的长期平均频率与输入参考信号一致，并且输出信号和输入信号间的定时错误是相关联的。

（4）保持工作状态是从时钟的运行状态，此时时钟丢失外部参考信号，使用锁定状态下存储的数据来控制时钟的输出信号。

**3. 节点时钟设备**

节点时钟设备主要包括独立型定时供给设备和混合型定时供给设备。

（1）独立型节点时钟设备是数字同步网的专用设备，主要包括铯原子钟、铷原子钟、晶体钟、大楼综合定时系统（BITS），以及由全球定位系统（GPS 和 GLONASS）组成的定时系统。

（2）混合型定时供给设备是指通信设备中的时钟单元，它的性能满足同步网设备指标要求，可以承担定时分配任务，如交换机时钟数字交叉连接设备（DXC）等。

**4. 时钟分类及比较**

时钟一般分为晶体时钟、铷时钟、铯时钟三类，具体介绍如下：

（1）晶体时钟。石英晶体振荡器是由品质因素极高的石英晶体振子（即谐振器）和振荡电路组成的。晶体的品质、切割取向、晶体振子的结构及电路形式等，共同决定振荡器的性能。IEC 将石英晶体振荡器分为普通晶体振荡（XO）、电压控制式晶体振荡器（VCXO）、温度补偿式晶体振荡（TCXO）、恒温控制式晶体振荡（OCXO）等 4 类。

（2）铷时钟。铷原子钟主要由单片机电路、伺服电路、微波倍频电路、频率调制、倍频综合电路组成。由铷原子频标短期稳定度（1s）$5 \times 10^{-11} \sim 10^{-12}$，长期稳定度（1d）$1 \times 10^{-11} \sim 10^{-12}$，准确度为 $\pm 5 \times (10^{-11} \sim 10^{-12})$，月漂移率在 $4 \times 10^{-11} \sim 5 \times 10^{-12}$ 范围内。

（3）铯时钟。它利用铯原子内部的电子在两个能级间跳跃时辐射的电磁波作为标准，去控制校准电子振荡器，进而控制时钟走动，其稳定程度较高，准确度为 $1 \times 10^{-12} \sim 1 \times 10^{-14}$。

对上述 3 类常用时钟比较：

（1）铯钟：长期频率稳定度性能比较好，没有老化现象，但耗能高，结构复杂，制造工艺和技术都十分先进，铯束管使用寿命为 5～12 年；

（2）铷钟：和铯钟相比，虽然性能不及铯钟，但它具有体积小、质量较轻、预热时间短、短期频率稳定度高，价格便宜等优点；

（3）晶体钟：体积小、质量轻、耗电少，价格比较便宜，短期稳定新较耗，但长期稳定度和老化率比原子钟差。

综上，长期稳定度：铯钟＞铷种＞晶体振荡器；短期稳定度：铯钟＞晶体振荡器＞铷种；准确度：铯钟＞铷种＞晶体振荡器；老化率：铷种＜晶体振荡器；铯钟无老化，但 10～12 年左右需要更换铯管。

**5. 卫星接收系统**

（1）GPS 系统。GPS（全球定位系统）是美国国防部组织建立并控制的卫星定位系统，它可以提供三维定位（经度、纬度和高度）、时间同步和频率同步，是一套覆盖全球的全方位导航系统。GPS 系统分为 GPS 卫星系统、地面控制系统和用户设备 3 部分。

1）GPS 卫星系统：GPS 卫星系统包括 24 颗卫星，分布在 6 个轨道上，其中 3 颗卫星作为备用。每个轨道上平均有 3～4 颗卫星。每个轨道面相对于赤道的倾角为 55°，轨道平均高度为 20200km，卫星运行周期为 11h58min。这样，全球在任何时间、任何地点至少可以看到 4 颗卫星，最多可以看到 8 颗。每颗卫星上都载有铯钟和铷钟，称为卫星时钟，接受地面主时钟的控制。

2）地面控制系统：地面控制系统包括 1 个主控站（Master Control Station，MCS）、5

个监控站（Monitor Station，MS）和 3 个地面站（Ground Antennas，GA）。

3）用户设备：用户设备指 GPS 接收机，包括天线、馈线和中央处理单元，其中中央处理单元由高稳晶振和锁相环组成，它对接收信号进行处理，经过一套严密的误差校正，使输出的信号达到很高的长期稳定性。定时精度能够达到 300ns 以内。

动态接收机（移动）：军用——时间和位置（P-码，L2 波段为 1227.26MHz）；民用——时间和位置（C/A 码，L1 波段为 1575.42MHz）。

静态接收机（固定）：军用——时间和位置（P-码）；民用——时间和位置（C/A 码）。

GPS 定位定时原理：进行定位需要三维空间参数经度、纬度和高度。这样，要进行定位则至少需要 3 颗卫星；进行定时需要本地时钟与 GPS 主时钟的时刻差，同时还要测定用户的位置，因此至少需要 4 颗卫星。若用户已经确定自己的位置，那么只需要 1 颗卫星也可以定时。

（2）BDS 系统。BDS（北斗卫星导航系统）是我国组织建立并控制的卫星导航系统，它可以提供三维定位（经度、纬度和高度）、时间同步和频率同步，是一套覆盖全球的全方位导航系统。

BDS 系统可以分为空间段、地面段和用户段 3 部分。

BDS 三步走战略：北斗一代系统属于有源定位系统，系统容量有限，定位终端比较复杂。到 2012 年，发射 14 颗卫星，建成覆盖亚太区域的"北斗"卫星导航定位系统（即"北斗二代"区域系统）；到 2020 年，将建成由 5 颗静止轨道和 30 颗地球非静止轨道卫星组网而成的全球卫星导航系统。

1）BDS 空间段：BDSS 卫星系统包括 35 颗卫星，其中 5 颗 GEO，3 颗 IGSO，27 颗 MEO，27 颗 MEO 分布在 3 个轨道上，其中 3 颗卫星作为备用。在每个轨道上平均有 8 颗卫星。每个轨道面相对于赤道的倾角为 55°，轨道平均高度为 21500km。每颗卫星上都载有铷时钟，称为卫星时钟，接受地面主时钟的控制。

2）BDS 地面段：地面控制系统包括主控站上行注入站和监测站。

3）用户段：用户段参数见表 10-2。

表 10-2　　　　　　　　　　用户段参数

| 信号 | 中心频点（MHz） | 码速率（cps） | 带宽（MHz） | 调制方式 | 服务类型 |
|---|---|---|---|---|---|
| B1（I） | 1561.098 | 2.046 | 4.092 | QPSK | 开放 |
| B1（Q） | | 2.046 | | | 授权 |
| B2（I） | 1207.14 | 2.046 | 24 | QPSK | 开放 |
| B2（Q） | | 10.23 | | | 授权 |
| B3 | 1268.52 | 10.23 | 24 | QPSK | 授权 |

开放服务：免费、开放；定位精度：10m；授时精度：50ns；测速精度：0.2m/s；两种区域服务；广域差分服务：定位精度 1m；短报文通信服务。

（3）GLONASS 系统。GLONASS 是俄罗斯全球定位系统，系统使用 24 颗卫星实现全球定位服务，与 GPS 系统不同，GLO NASS 系统使用频分多址（FDMA）方式，每颗 GLO NASS 卫星广播 L1、L2 2 种信号。目前，GLONASS 系统正在恢复中，用户设备发展缓慢，生产厂家少，设备体积大而笨重。

**6.** 通信楼综合定时供给系统 BITS

BITS 设备各功能模块如图 10-14 所示，各功能模块介绍如下：

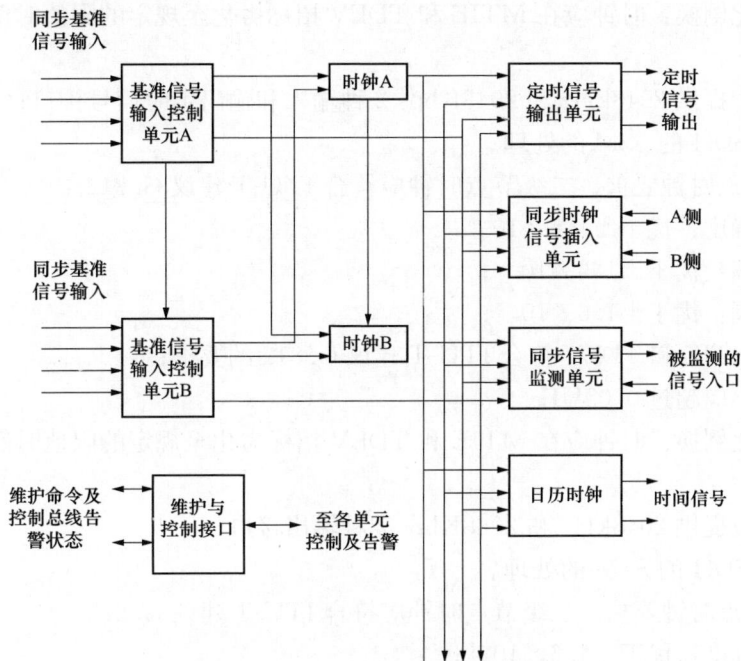

图 10-14　BITS 设备功能模块图

（1）基准信号输入控制单元：基准信号输入控制单元分为一主一备 2 个；基准信号输入口一般为 4 个，可接 2048Kbps 或 2.048MHz 的信号；能对输入的基准信号预置优先顺序；具有监测输入基准信号的功能；用"多数选择"的方法进行基准信号管理；部分或全部基准信号故障时应发出告警信号；通过维护控制接口可进行遥控。

（2）时钟：时钟应该有主用时钟和备用时钟，可按需要设置所需级别的时钟。通过相位控制，在输入基准信号或时钟转换时，其输出的相位变化应不超出规定的要求。

（3）定时信号输出单元：应能提供所需要的输出信号，并有热备用，可以扩展输出信号的数量和其他类型的信号。

（4）同步时钟信号插入单元：对输入的 2048Kbps 信号进行再定时，定时后再传送。

（5）同步信号监测单元：进行信号丢失、帧失步、循环冗余校验、双极性破坏等性能监视；对某些参数进行测量，并送出监测报告。

（6）维护与控制接口：与运行支援系统（或网管系统）相连，对设备的运行状态、告警及监测结果等自动输出或按命令送出报告。

**7.** 时钟设备性能指标及要求

（1）一级节点时钟要求。一级节点时钟应符合 ITU-T 建议 G.811 的要求。

1）频率准确度：$\pm1\times10^{-11}$（1 天平均）；$\pm3\times10^{-12}$（7 天平均）；

2）漂移：MTIE 和 TDEV 符合 ITU-T 建议 G.811 的要求；

3）抖动：当采用拐角频率为 20Hz 和 100kHz 的单极点带通滤波器测量时，60s 时间内在 2048kHz 和 2048Kbps 输出口所测得的固有抖动不应超过 0.05UI；

4）相位不连续性：由于时钟倒换或相位不连续调节等内部操作引起的相位不连续性不应超过 0.125UI；

5）性能劣化倒换：时钟应在 MTIE 和 TDEV 招标劣化至规定的限值时倒换至另一未降质的振荡源；

6）接口：应提供 2048kHz 和 2048Kbps 2 种输入和输出定时信号接口；

7）支持对 SDH 的 SSM 的处理。

（2）二级节点时钟要求。二级节点时钟应符合 ITU-T 建议 G.812。

1）频率准确度：优于 $\pm1.6\times10^{-8}$；

2）同步范围：优于 $\pm1.6\times10^{-8}$；

3）牵引范围：优于 $\pm1.6\times10^{-8}$；

4）漂移：MTIE 和 TDEV 符合 ITU-T 建议 G.812 的要求；

5）抖动：不应超过 0.05UI；

6）性能劣化倒换：时钟应在 MTIE 和 TDEV 招标劣化至规定的限值时倒换至另一未降质的振荡源；

7）接口：应提供 2048kHz 和 2048Kbps 2 种输出接口；

8）支持对 SDH 的 SSM 的处理。

（3）三级节点时钟要求。三级节点时钟应符合 ITU-T 建议 G.813。

1）频率准确度：优于 $\pm4.6\times10^{-6}$；

2）同步范围：优于 $\pm4.6\times10^{-6}$；

3）牵引范围：优于 $\pm4.6\times10^{-6}$；

4）漂移：MTIE 和 TDEV 符合 ITU-T 建议 G.813 的要求；

5）抖动：不应超过 0.05UI；

6）性能劣化倒换：时钟应在 MTIE 和 TDEV 招标劣化至规定的限值时倒换至另一未降质的振荡源；

7）接口：应提供 2048kHz 和 2048Kbps 2 种输出接口；

8）支持对 SDH 的 SSM 的处理。

## 10.1.5　SDH 传送网同步方式

**1.** SDH 传送网与同步网的关系

在 SDH 传送网环境下，同步网的定时基准信号需要由 SDH 传送网来传送，同时 SDH 传送网的同步又需要同步网来支撑。也就是说，SDH 传送网既是同步网的使用者，又是同步网的承载者，即同步网与 SDH 传送网存在着相互依赖的关系。

SDH 设备时钟性能应符合 ITU-T G.813 要求，定时功能应符合 ITU-T G.783 要求，SSM 功能应符合 ITU-T G.781 要求。SDH 与 BITS 间的 SSM 信息通过 SDH 网元的 2048Kbps 外同步口沟通。

**2.** SDH 传送网的同步方式

在 ITU-T 建议 G.803 中规定了 SDH 传送网的 4 种同步方式，其中伪同步方式是国际局间常见的工作方式，准同步和异步方式是网同步发生异常时的工作方式。

（1）同步方式：在同步方式下，所有网络时钟跟踪于网络一级基准时钟（PRC），指针调整只是随机出现。

（2）伪同步方式：当网络中有 2 个以上都遵守 G.811 建议要求的基准时钟（PRC）时，网络中的从时钟可能跟踪于不同的基准时钟（PRC），形成多个不同的同步网。由于各个基准时钟的频率会有一些微小差异，因而在不同同步区边界的网元会出现频率或相位差异，引起指针调整。

（3）准同步方式：所有的同步链路都被禁用，时钟将处于保持或自由运行状态。时钟之间具有相同的标称频率，这时仍能维持负载的传送，但可能出现较多的指针调整。

（4）异步方式：异步方式下存在大的频率偏差，这时不要求 SDH 网元仍能维持负载传送。在劣于 $\pm 20$ppm 的时钟准确度条件下，要求设备发送 AIS。

**3. SDH 设备时钟结构和功能**

SDH 设备时钟（SETS）结构如图 10-15 所示。

（1）SETS 可从以下 3 种信号提取定时：

1）来自 STM-N 的定时信号（T1），即从线路信号中提取定时；

2）来自 PDH 的 2Mbps 业务信号（T2），即未经过 SDH 传输的 PDH 信号；

3）来自外同步基准信号（T3），即来自外部时钟源的信号，包括 2Mbit/s 和 2MHz 信号。

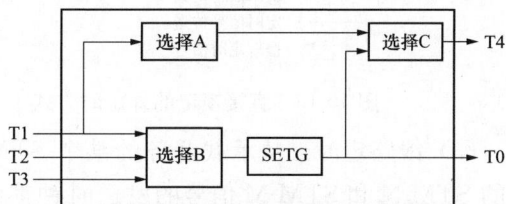

图 10-15　SDH 设备时钟（SETS）结构

（2）定时信号输出。

1）T4：外时钟输出口，为其他设备提供定时，包括 2Mbit/s 和 2MHz。T4 有 2 种工作方式：①直接从线路信号（STM-N）中提取定时，不经过内部时钟，从 T1 口直接提取定时信号，经选择开关 A 和 C 直接送至 T4 口。②选择 B 从 T1、T2、T3 提取定时，去锁定内部时钟源（SETG），产生定时信号，再经选择 C 送至 T4。

2）T0：为本设备各功能模块提供定时，并可以将定时信息承载在 STM-N 信号上，传递给下游。

**4. 定时接口要求**

在 SDH 网中传送定时可通过 STM-N 接口、2048kbit/s 接口、2048kHz 接口。

在 SDH 网元之间采用 STM-N 接口；在 SSU 和 SDH 网元之间采用 2Mbit/s 或 2MHz 接口，首选 2Mbit/s 接口。

STM-N 帧结构和 SSM 要求应符合建议 G.707 的要求。2Mbit/s 帧结构和 SSM 要求应符合建议 G.704 的要求。接口特性符合 ITU-T 建议 G.811、G.812 和 G.813 要求。

**5. SDH 设备时钟工作方式**

根据 SDH 设备在网中的不同应用配置，SETS 可以有下述 6 种不同的定时工作方式，这些工作方式根据需要可以自动或人工地转换。

（1）直接锁定的外定时方式。如图 10-16 所示，SETS 直接接受 SSU 提供的定时，即选择开关 B 直接指向 T3，从外时钟信号中提取定时，向各个方向传送。通常处于定时链路开始的 SDH 网关设备采用这种定时方式。

（2）从 STM-N 导出的外定时方式。首先 SETS 从 STM-N 信号中提取定时，通过外同步输出口 T4 去同步 SSU，SSU 过滤掉抖动和漂移等损伤，再通过外时钟输入口 T3 去驱动 SETG，产生时钟信号，送至内部时钟口 T0，向各个方向发送。在定时链路中间设置的 SSU 采用这种定时方式，如图 10-17 所示。

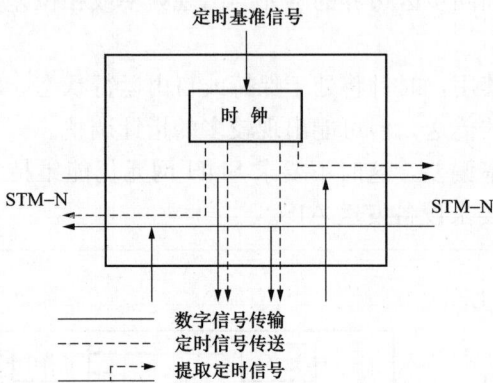

图 10-16　直接锁定的外定时方式　　　　图 10-17　从 STM-N 导出的外定时方式

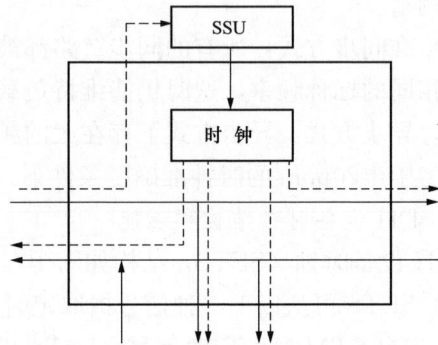

（3）线路定时。从承载业务的某个 STM-N 的线路信号中提取定时，SDH 设备所有输出的 STM-N 和 STM-M 信号的发送时钟都将同步于从该 STM-N 信号中提取的定时信号，如图 10-18 所示。

（4）环路定时。是线路定时的一个特例，如图 10-19 所示。SDH 设备输出的 STM-N 信号的发送时钟从相应的 STM-N 接收信号中提取，本方式只适用于终端复用器（TM）。

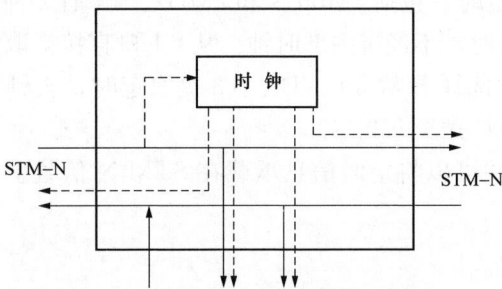

图 10-18　线路定时　　　　　　　　　图 10-19　环路定时

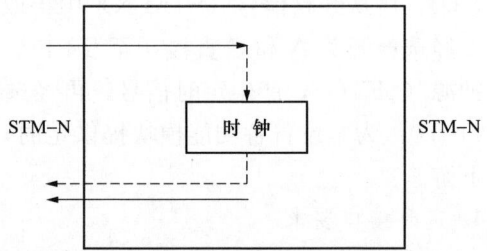

（5）通过定时。SDH 设备输出的 STM-N 信号的发送时钟从同方向终结的 STM-N 输入信号中提取，即每个传递出去的 STM-N 信号从终结的 STM-N 中提取定时，如图 10-20 所示。再生器只能使用这种方式，ADM 可以选用这种方式。一般情况，当 ADM 中无 SSM 时，采用这种方式；当 ADM 中有 SSM 时，不采用这种方式。

（6）内部定时。SDH 设备具有内部定时源，当所有外同步源都丢失时，可使用内部定时方式，如图 10-21 所示。当内部定时源具有保持功能时，首先工作于保持模式，失去保持后，还可以工作于自有振荡模式。当内部定时源无保持功能时（如再生器），则只能工作于自由振荡模式。自由振荡模式下的 SEC 输出频率准确度应优于 $4.6 \times 10^{-6}$。

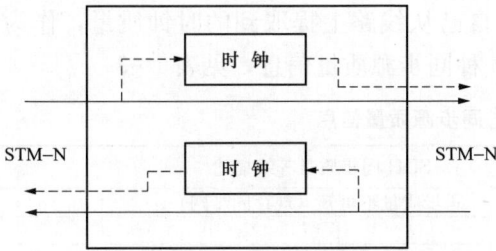

图 10-20 通过定时

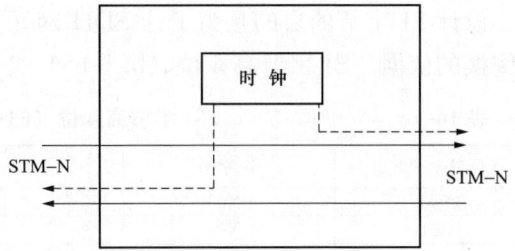

图 10-21 内部定时

## 10.1.6 S1 字节和 SDH 网络时钟保护倒换原理

**1.** S1 字节工作原理

在 SDH 网络中，各个网元通过一定的时钟同步路径一级一级地跟踪到同一个时钟基准源，从而实现整个网络的同步。通常，一个网元获得同步时钟源的路径并非只有一条。也就是说，一个网元可能同时有多个时钟基准源可用。这些时钟基准源可能来自同一个主时钟源，也可能来自不同质量的时钟基准源。在同步网中，保持各个网元的时钟尽量同步是极其重要的。为避免由于一条时钟同步路径的中断，导致整个同步网的失步，有必要考虑同步时钟的自动保护倒换问题。也就是说，当一个网元所跟踪的某路同步时钟基准源发生丢失的时候，要求它能自动地倒换到另一路时钟基准源上。这一路时钟基准源，可能与网元先前跟踪的时钟基准源是同一个时钟源，也可能是一个质量稍差的时钟源。显然，为了完成以上功能，需要知道各个时钟基准源的质量信息。

SDH 网元设备时钟倒换遵循的是同步质量信息（SSM）算法，该算法是通过 ITU-T 定义的 SDH 帧结构中的 S1 字节来实现的，如图 10-22 所示。

图 10-22 SDH 帧结构

设计 S1 字节的目的是为了让 SDH 网元知道自己从线路上提取到的时钟质量，作为时钟倒换的依据。S1 字节高 4 位（b5～b8）表示 16 种同步源质量信息，见表 10-3。

表 10-3　　　　　　　**S1 字节高 4 位（b5～b8）同步源质量信息**

| S1（b5～b8） | S1 字节 | SDH 同步质量等级描述 |
|---|---|---|
| 0000 | 0X00 | 同步质量不可知（现存同步网） |
| 0001 | 0X01 | 保留 |
| 0010 | 0X02 | G.811 时钟信号 |
| 0011 | 0X03 | 保留 |
| 0100 | 0X04 | G.812 转接局时钟信号 |
| 0101 | 0X04 | 保留 |
| 0110 | 0X06 | 保留 |
| 0111 | 0X07 | 保留 |
| 1000 | 0X08 | G.812 本地局时钟信号 |
| 1001 | 0X09 | 保留 |
| 1010 | 0X0A | 保留 |
| 1011 | 0X0B | 同步设备定时源（SETS）信号 |
| 1100 | 0X0C | 保留 |
| 1101 | 0X0D | 保留 |
| 1110 | 0X0E | 保留 |
| 1111 | 0X0F | 不应用作同步 |

ITU-T 定义了表 10-3 的同步状态信息编码，利用这一信息并遵循一定的倒换原则，就可实现同步网中同步时钟的自动保护倒换功能。

SDH 设备网元遵循的时钟倒换原则如下：

（1）从当前可用的时钟源中，选取一个级别最高的时钟源作为本网元的同步源，并将此同步源的质量信息（即 S1 字节）传递给下游网元，如图 10-23 所示。

（2）当前可用的时钟源中，所有时钟源质量相同，则选取优先级最好的时钟源作为同步源，如图 10-24 所示。

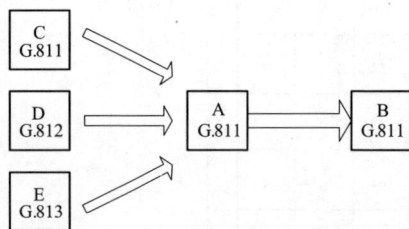

图 10-23　选取级别最高的时钟源　　　　图 10-24　选取优先级最好的时钟源

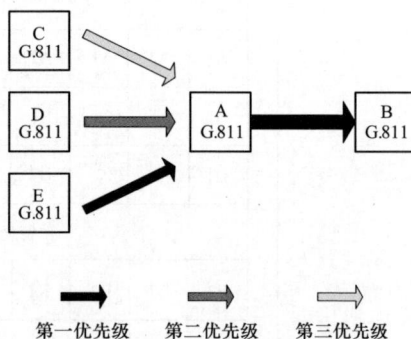

（3）若网元 B 当前跟踪的时钟同步源是网元 A 的时钟，则网元 A 不能将网元 B 的时钟作为自己的同步源，如图 10-25 所示。

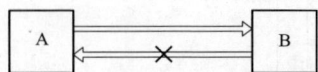

图 10-25　网元 A 不能将网元 B 的时钟作为同步源

**2.** 工作实例

下面通过举例的方法，来说明同步时钟自动保护倒换的实现。

如图 10-26 所示的传输网中，BITS 时钟信号通过网元 1 和网元 4 的外时钟接入口接入，这两个外接 BITS 时钟互为主备，满足 G812 本地时钟基准源质量要求。正常工作的时候，整个传输网的时钟同步于网元 1 的外接 BITS 时钟基准源。

设置同步源时钟质量阈值"不劣于 G812 本地时钟"。各网元的同步源及时钟源级别配置见表 10-4。

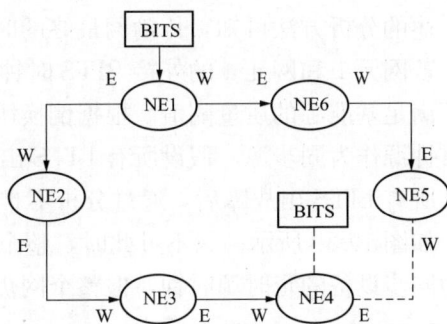

图 10-26　正常状态下的时钟跟踪

表 10-4　　　　　　　　　各网元的同步源及时钟源级别配置

| 网元 | 同步源 | 时钟源级别 |
|---|---|---|
| NE1 | 外部时钟源 | 外部时钟源、西向时钟源、东向时钟源、内置时钟源 |
| NE2 | 西向时钟源 | 西向时钟源、东向时钟源、内置时钟源 |
| NE3 | 西向时钟源 | 西向时钟源、东向时钟源、内置时钟源 |
| NE4 | 西向时钟源 | 西向时钟源、东向时钟源、外部时钟源、内置时钟源 |
| NE5 | 东向时钟源 | 东向时钟源、西向时钟源、内置时钟源 |
| NE6 | 东向时钟源 | 东向时钟源、西向时钟源、内置时钟源 |

正常工作的情况下，当网元 2 和网元 3 间的光纤发生中断，将发生同步时钟的自动保护倒换。遵循上述的倒换协议，由于网元 4 跟踪的是网元 3 的时钟，因此网元 4 发送给网元 3 的时钟质量信息为"时钟源不可用"，即 S1 字节为 0XFF。所以当网元 3 检测到西向同步时钟源丢失时，网元 3 不能使用东向的时钟源作为本站的同步源，而只能使用本板的内置时钟源作为时钟基准源，并通过 S1 字节将这一信息传递给网元 4，即网元 3 传给网元 4 的 S1 字节为 0X0B，表示"同步设备定时源（SETS）时钟信号"。网元 4 接收到这一信息后，发现所跟踪的同步源质量降低了（原来为"G812 本地局时钟"，即 S1 字节为 0X08），不满足所设定的同步源质量阈值的要求，则网元 4 需要重新选取符合质量要求的时钟基准源。网元 4 可用的时钟源有西向时钟源、东向时钟源、内置时钟源和外接 BITS 时钟源 4 个。显然，此时只有东向时钟源和外接 BITS 时钟源满足质量阈值的要求。由于网元 4 中配置东向时钟源的级别比外接 BITS 时钟源的级别高，所以网元 4 最终选取东向时钟源作为本站的同步源。

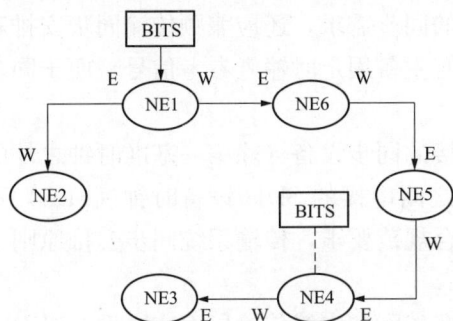

图 10-27　网元 2、3 间光纤损坏下的时钟跟踪

网元 4 跟踪的同步源由西向倒换到东向后，网元 3 东向的时钟源变为可用。显然，此时网元 3 可用的时钟源中，东向时钟源的质量满足质量阈值的要求，且级别也是最高的，因此网元 3 将选取东向时钟源作为本站的同步源。最终，整个传输网的时钟跟踪情况将如图 10-27 所示。

若正常工作的情况下，网元 1 的外接 BITS 时钟出现了故障，则依据倒换协议，按照上述的分析方法可知，传输网最终的时钟跟踪情况将如图 10-28 所示。

若网元 1 和网元 4 的外接 BITS 时钟都出现了故障，则此时每个网元所有可用的时钟源均不满足基准源的质量阈值。根据倒换协议，各网元将从可用的时钟源中选择级别最高的一个时钟源作为同步源。假设所有 BITS 出故障前，网中的各个网元的时钟同步于网元 4 的时钟。所有 BITS 出故障后，通过分析不难看出，网中各个网元的时钟仍将同步于网元 4 的时钟，如图 10-29 所示。只不过此时，整个传输网的同步源时钟质量由原来的 G812 本地时钟降为同步设备的定时源时钟，但整个网仍同步于同一个基准时钟源。

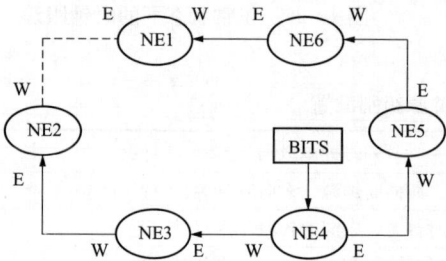

图 10-28　网元 1 外接 BITS 失效下的时钟跟踪　　图 10-29　两个外接 BITS 均失效下的时钟跟踪

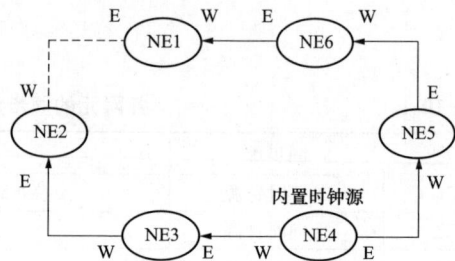

由此可见，采用了时钟的自动保护倒换后，同步网的可靠性和同步性能都大大提高了。

## 10.1.7　国家电网公司通信频率同步网指导意见

**1.** 组网原则

国家电网公司通信频率同步网采用两层架构，即由骨干频率同步网和省内频率同步网两部分构成。骨干频率同步网由全网基准时钟 PRC、区域基准时钟 LPR、2 级 BITS 和省际传输网构成，采用两级等级结构。省内频率同步网由全网基准时钟 PRC、区域基准时钟 LPR、2 级 BITS 和 3 级 BITS 以及省级传输网、地县传输网等共同构成，采用三级等级结构。

公司频率同步网以省为单位划分同步区，每个同步区内至少应设置 2 各基准时钟，即第一基准时钟和第二基准时钟。第一基准时钟和第二基准时钟既是公司骨干频率同步网的组成部分，也是省内频率同步网的基准源头。

**2.** 技术原则

（1）同步节点的设置既要满足各种业务网设备的同步需求，还应兼顾传输同步安排和同步网定时链路组织的需求，保证所有传输系统均具有主备用定时输入参考信号，便于同步网定时基准信号按照其节点分级由上而下逐级传送。

（2）原则上，任何一条端到端同步定时链路串接的同步设备（除第一基准时钟之外的其他同步设备）数量不超过 5 个，任意两个同步设备之间串接的 SDH 设备时钟（SEC）不应超过 8 个。为确保同步网定时链路网络漂移性能符合规范要求，传输系统同步安排原则上应按照 1500km 分段组织。

（3）当传输链路中设备网元数量超过 8 个时，在省际和省级传输层面应增设 2 级 BITS，在地县传输网层面应增设 3 级 BITS。

（4）在超过 1500km 的传输长链系统上，或者在单链传输系统的末端，宜增设辅助基准时钟节点，在辅助基准时钟节点设置辅助基准时钟 LPR，用于控制极长定时链路的漂移累积，或者作为单链传输系统的备用定时源。

（5）第一基准时钟与第二基准时钟的设置距离应在 50km 以上，以保证同步区内主备用基准时钟源头的可靠性。

**3.** 工作原则

（1）骨干频率同步网优化改造工作由国网信通公司统一组织开展，各分部、省（区、市）信通公司配合。省内频率同步网优化改造工作由各省（区、市）信通公司统一组织开展，各地（市）信通公司配合。各级频率同步网优化改造应按照调研分析、方案制定、优化实时、成效评估的步骤开展工作。

（2）调研分析阶段应充分调研本级同步网现有同步设备设置情况、运行状况、使用情况、同步设备间通不定时传送情况，以及各传输系统的主备用定时设置、SSM（同步状态信息）配置、定时流向设置等情况，根据调研情况对比公司频率同步网建设、优化原则，分析存在的问题，形成本单位频率同步网调研报告。

（3）方案制定阶段应根据本单位频率同步网调研报告，提出符合网络实际情况和优化原则的总体优化思路，确定优化目标，从优化必要性、方案可行性、网络安全性、投资经济性等方面进行方案必选，形成有效可行的优化方案。

（4）优化实施阶段应通过工程项目或运行方式调整对优化方案进行落地。实施过程中，应考虑优化工作对现网运行业务的影响程度，按要求编制施工方案、技术措施及安全措施，做好通信检修与相关专业的协调沟通，确保实施过程中网络的安全可靠运行；实施完成后，应对设备安装质量、运行状态、保护倒换功能等进行重点检查测试。

（5）优化评估阶段应对优化目标的实现程度进行评价，以网络优化前、后的效果为基础，组织专业机构对同步溯源合理性、网络漂移指标、网络可靠性水平等方面进行评估测试，并形成评估报告，总结优化实施经验，为今后频率同步网的持续优化提供指导和借鉴。

**4.** 应用原则

（1）频率同步网中的时钟设备及负责传送地面基准定时信号的传输设备应具备 SSM 功能，不具备 SSM 功能的同步时钟设备应逐步淘汰更换。在进行定时链路组织时，应启用并合理配置 SSM 功能，确保传输设备能够根据 SSM 等级和人工设置的优先级进行自动选源，在主用参考源或链路故障时可以实现主备用定时倒换。

（2）通信网中所有需要频率同步的设备都应接入公司自有同步网，通过同步设备直接授时或通过传输通道溯源至上级同步网设备。在进行同步接入时，应设置 2 路定时参考，可采用 2048Kbps 或 2048kHz 接口信号，应注意引接两侧接口类型和阻抗的一致性。

（3）同步网设备及定时链路组织应纳入各级运行单位的方式资源管理及检修管理，同步时钟设置、地面定时链路组织、各传输系统定时设置等情况要纳入各单位年度运行方式并及时更新。

**5.** 同步节点设置原则

（1）每个同步区内第一基准时钟节点应设置 1 级基准时钟 PRC 或 LPR，第二基准时钟节点应设置 1 级基准时钟 LPR，第一基准时钟节点和第二基准时钟节点应作为同步区的主备用定时源头。

（2）第一基准时钟、第二基准时钟节点应设置在省际传输网与省级传输网的交汇点，同时需兼顾站点地理位置，原则上优先选择省会城市或省中心城市的重要站点。

（3）总部、分部、省（自治区、直辖区）电力公司及各省第二通信汇聚点等重要通信站点，可设置局内分配定时基准节点，配置区域基准时钟 LPR 或 2 级 BITS，用于站内各种通信设备同步定时分配。

（4）在省内频率同步网层面，除第一基准、第二基准时钟节点外，各省（自治区、直辖区）电力公司应根据规划目标设置辅助基准时钟、2 级 BITS 或 3 级 BITS。

（5）省内频率同步网辅助基准时钟和 2 级 BITS 可设置在省级传输网与地市传输网交汇点、地市公司调度通信大楼（含第二通信汇聚点）、220kV 及以上变电站等重要站点，3 级 BITS 可设置在县公司调度通信大楼以及其他传输网重要节点等。

（6）任意两个同步设备之间串入的 SDH 传输网元数量超过 8 个时，省级传输网层面应考虑串入 2 级 BITS，地市传输网层面应考虑串入 3 级 BITS。

（7）对于省级传输网中无法获得备用定时源的传输系统，应考虑在该系统末端站点加装配置北斗卫星接收机的 2 级 BITS 作为该系统的备用定时源。对于地市传输网中无法获得备用定时源的传输系统，应考虑在该系统末端站点加装配置北斗卫星接收机的 3 级 BITS 作为该系统的备用定时源。

**6.** 同步链路组织原则

（1）应按照公司省际、省级、地市传输网分层组织定时链路及进行传输网同步安排。传输网同步安排顺序原则上应由省际传输网向省级传输网，再向地市传输网逐层进行。

（2）各同步区第二基准时钟应通过省际传输网同步于本同步区和邻近同步区的至少两个第一基准时钟，以提升同步区内的同步可靠性。第二基准时钟应通过 SDH 设备的定向导出功能获取源自第一基准时钟的定时信号，不允许从其他任何第二基准时钟、辅助基准时钟和节点从时钟获取定时信号。

（3）骨干频率同步网中的辅助基准时钟原则上应同步于第一基准时钟或第二基准时钟，当直接同步存在困难时，允许辅助基准时钟同步于已直接同步于第一基准时钟的其他辅助基准时钟。

（4）骨干频率同步网中所有局内分配定时基准时钟 LPR 都必须至少同步于 2 个第一基准时钟或第二基准时钟，或者同步于已直接同步于第一基准时钟的辅助基准时钟。所有局内分配定时基准时钟 2 级 BITS 必须至少同步于 2 个第一基准时钟或第二基准时钟或辅助基准时钟。

（5）按照第一基准时钟节点、第二基准时钟节点和辅助基准时钟节点的设置来组织省级传输网定时链路，按照 2 级 BITS 节点和 3 级 BITS 节点的设置来组织地市传输网定时链路。

（6）省内频率同步网辅助基准时钟，其定时信号应通过至少 2 条省级传输网不同路由溯源至省内第一基准时钟和第二基准时钟。省内频率同步网 2 级 BITS，其定时信号应通过至少 2 条省级传输网不同路由溯源至省内第一基准时钟、第二基准时钟或辅助基准时钟。省内频率同步网 3 级 BITS，其定时信号应通过 2 条地市传输网不同路由同步于省内 2 级 BITS、第一基准、第二基准或辅助基准时钟。

## 10.1.8　国网某省电力公司时钟建设方案

**1. 省级基准时钟建设方案**

在某省公司大楼内建设省时钟同步网第一基准时钟 PRC，主要由单铯钟、2 个卫星接收机和双铷钟 BITS 组成。正常运行期间，BITS 设备跟踪卫星信号以及铯钟信号，综合这些信号生成本地的同步信号。卫星信号以北斗卫星为主，在北斗卫星信号出现问题时，自动切换到 GPS 卫星信号；如果两个卫星信号都丢失，则 BITS 设备以跟踪本地铯钟信号为主；在铯钟信号也丢失，也就是 1 个地基 2 个天基丢失情况，系统使用内置的铷钟作为时钟基准源。系统配置两块铷钟卡，这两块铷钟卡是冗余设计，互为备用，同时支持热插拔，当其中一块出现问题时，并上报网管系统，另一块自动替换工作，实现无缝切换，极大的提高系统的可靠性。

本期利用国家电网公司时钟同步网的骨干节点设备建设省时钟同步网的第二基准时钟 LPR，BITS 设备及卫星接收设备的建设由国网统筹考虑，本期工程需要增加时钟扩展单元。第一基准时钟和第二基准时钟主备用之间以准同步方式运行，为下级节点及主干定时平台提供同步基准源。

**2. 地市同步节点建设方案**

浙江省电力频率同步网系统示意如图 10-30 所示。依据极长定时链路的设计原则，在省内 11 个地区局建设同步网二级时钟节点（SSU-T），主要配置为内置铷钟 BITS 设备、单台卫星接收机（北斗）。各二级节点的 BITS 设备优先跟踪卫星接收机信号，其次跟踪 PRC 和 LPR 2 个地面源。根据传输信号中的 SSM 值选择信号等级高的信号为信号源，当一个信号丢失，自动选用另一个地面信号源，在 2 个地面信号都丢失的情况下，系统使用内置铷钟作为时钟基准源。

在 10 个地区局所属的变电站建设另一个二级时钟节点。各二级节点的 BITS 设备优先跟踪卫星接收机信号，其次跟踪 PRC 和 LPR 2 个地面源。根据传输信号中的 SSM 值选择信号等级高的信号为信号源，当一个信号丢失，自动选用另一个地面信号源，在 2 个地面信号都丢失的情况下，系统使用内置铷钟作为时钟基准源。

## 10.1.9　典型设备介绍

目前，电力系统在频率同步方面使用上海泰坦通信工程有限公司和某赛思电子科技有限公司两个主流品牌的产品，而基准时钟（铯钟）目前国内没有企业能够生产，采用的是 symmetricom 公司的 TimeCesium 4500 设备。下面将对一些典型设备进行详细介绍。

**1. TimeCesium 4500**

TimeCesium 4500 设备专门用作通信、计量、测试等各行业频率标准，并支持输出 SSM 同步状态信息，它是配合频率同步网的使用，作为基准参考源的理想选择，同时广泛应用于卫星通信和导航系统。铯钟是唯一的不受外界因素影响且无需校正的一级时钟基准参考源。TimeCesium 4500 设备外观如图 10-31 所示。

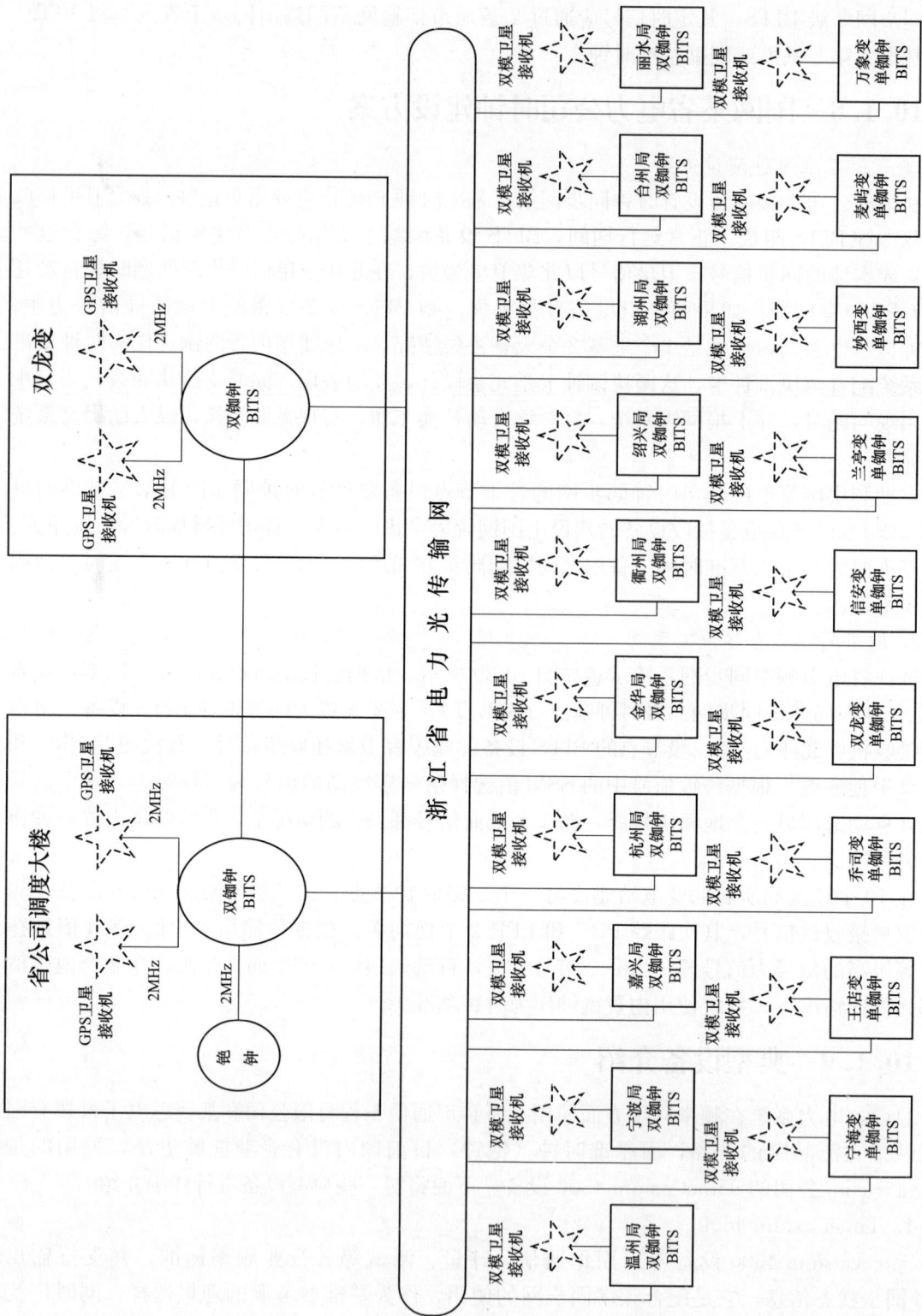

图10-30 浙江省电力频率同步网系统示意图

图 10-31 TimeCesium 4500 外观图

(a) 正面示意图；(b) 背面示意图

TimeCesium 4500 采用模块式铯管结构，其核心部件铯管采用模块化结构，如图 10-32 所示。铯管位于机框的下半部分，便于维护检修和更换。铯管质保 12 年，铯管的使用寿命到期后，铯管的更换可以在现场进行，并不需要将整套设备运回工厂，输出标配 5、10MHz 和 E1（支持 SSM），其频率准确度优于 $1 \times 10^{-12}$。

基于自动微处理器控制的最新数字铯管技术、模块式铯管结构，可以直接更换，便于使用安装，45min 内可以达到正常工作状态、持续监测 24 个系统参数、自动补偿铯管信号电

图 10-32 模块式铯管结构

平、标准铯管 12 年保修、铯管直接输出 10MHz、5MHz、2048kHz、2048Kbps（支持 SSM 同步状态信息）、标准 RS 232 接口提供监测管理报警功能。

机架和电源：机框为 6U（1U＝44.45mm）高的 ETSI 插框（提供了特殊的支架以适应标准的 19″ 安装），带有前向连接器。在正常操作情况下，铯钟模块通过冗余电源单元 POWER1 和 POWER2 供电，电源单元 POWER1 和 POWER2 在 1＋1 保护模式下操作。

报警单元：TimeCesium 4500 铯钟具有自我监视与告警功能，并根据告警的严重程度对这些告警进行分类。具有 LED 告警指示和告警输出开源触点，以便通过其他设备进行站内监视和告警处理。通过 RS 232C 端口可以访问综合设备管理功能；在本地终端或个人计算机上运行专用监控终端软件可以管理 TimeCesium 4500 铯钟。

TimeCesium 4500 技术指标见表 10-5。

表 10-5 　　　　　　　　　　　　　TimeCesium 4500 技术指标

| 短期稳定度 | 高性能（频率稳定度） |
| --- | --- |
| （ADEV）1s | $1.2 \times 10^{-11}$ |
| 10s | $8.5 \times 10^{-12}$ |
| 100s | $2.7 \times 10^{-12}$ |
| 1000s | $8.5 \times 10^{-13}$ |
| 10000s | $2.7 \times 10^{-13}$ |

电信信号输出：2 路带帧格式（或不带帧格式）；带帧格式（AMI）：2048Kbps ITU-T G.703/9（E1）with G.704 帧结构，支持 SSM，HDB3；不带帧格式：2048kHz，符合

G. 703/13。

正弦波输出：1 路；输出频率：5MHz 或 10MHz。

电源：双路直流 48V 电源输入（－36V～－62V）；功耗：正常工作为 40W，预热为 55W；工作温度范围：0～50°；湿度范围：95％，无冷凝。

物理尺寸（高×宽×深）：267×462×257mm（可安装在 19im 或 23im 机架上，1im＝ 2.54cm）、质量：16.6kg。

**2.** BITS 设备

（1）泰坦 55400A 型号 SSU 设备。55400A 同步供给单元（SSU）是基于 2048Kbps 标准比率网络的标准组件式、全冗余的定时分配系统，可以完美适用于 SDH 技术正在建立或准备扩展的地点。系统通过电缆网络节点或机房向网络设备提供精确的定时同步信号。

55400A 系统符合电信纲要标准，支持 ETSI SSU 和 Bellcore BITS 概念，可以跟踪 5 个来自上级、同级或指定网络的信号质量合格的输入参考信号（通过使用 ITH 卡的 OPTION 001 可以最多到 9 个），然后过滤并将精确定时同步信号分配到节点设备。输入参考信号可以来自网络最高级别的标准铯钟、GPS 参考源、非交换 E1 信号或流动交换 E1 信号。

55400A 由主机框（如果需要的输出大于 80 路则还需要扩展机框）和插卡组成的有标准组件的系统。图 10-33 为由 1 块信息管理卡、2 块输入/跟踪保持卡（ITH）和 10 块输出卡组成的满设置主机框，详细介绍如下。

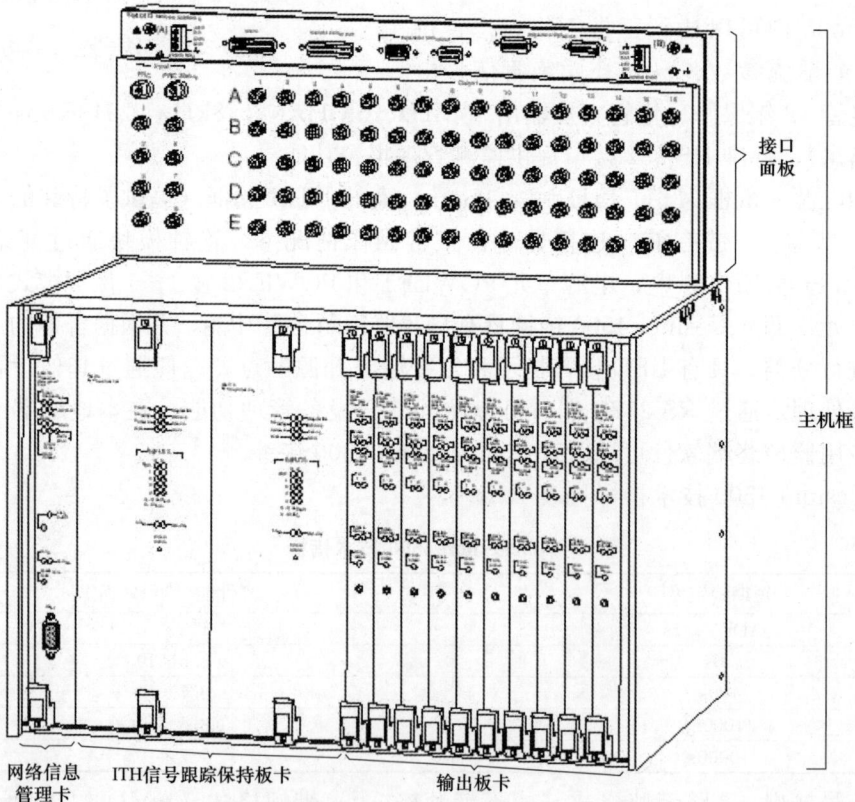

图 10-33  泰坦 55400A 型号 SSU 设备结构

系统电源：客户提供冗余直流 48V 机房输入电源到 55400A 设备。各个插卡有独立的熔丝以及包含各自的 DC 至 DC 转换器。

参考输入信号：55400A 系统使用标准 ITH 卡时可以接受 5 个参考信号。使用 OPTION 001 ITH 卡的系统可以支持最多 9 个输入信号。基准参考信号（PRC）输入可以是 5MHz 或 10MHz。其他 8 个输入信号可以是 2048kbit/s 或 2048kHz 信号的任意组合。

主机框：主机框是一个容纳插卡、接收外部信号和提供工作电源的组件。主机框可以容纳以下插卡：一块告警/通信卡（IMC 或 NIMC）、2 块用于比较状态和确保冗余的钟卡（ITH 卡）、1 到 10 块可以作为冗余配置成对安装的输出卡。

信息管理卡：每个主机框可以包含一块处理来自系统的告警和提供本地或远程通信接口的卡。收集的告警来自于其他的任何一块卡。当收到一个或几个告警信息时，这块卡会判断这个告警或告警的组合是次要告警、主要告警或是紧急告警，并且激活告警继电器和前面板上相应的 LED 指示灯。不同版本的信息管理卡分别支持本地、远端和网络协议。

输入跟踪/保持卡：ITH 卡通常以成对保护的设置使用。每块 ITH 卡在将信号输出到其他输出卡之前都对输入信号进行滤除抖动和漂移并检测信号是否合格可用。ITH 卡具有双重化，在主用卡故障时、备用卡必须代替主用卡。两块 ITH 卡都跟踪选定的参考信号。当所有的参考信号都失效的时候，主用 ITH 卡作为系统的参考。

输出卡：当使用推荐的 1∶1 保护模式时，每对输出卡为网络设备提供 16 路带保护的输出信号。1∶1 保护模式是指采用 1 块主用卡和一块备用卡。当主用卡故障时，备用卡代替主用卡的工作。另外，一块单独的没有保护的输出卡也能提供 16 路输出信号。

扩展机框：系统里一个主机框可以扩展 4 个扩展机框。这可以使主机框的 80 路输出增加 320 路，达到总共 400 路 1∶1 保护的输出。每个扩展机框从主机框接收定时信息。机框之间提供了一个用于传送状态和事件信息的通信通道。与外部的通信全部通过主机框实现。每个扩展机框通过与主机框连接进行通信和传送同步信号。每个扩展机框需要容纳一对扩展钟卡和一块通信卡以及增加的输出卡。

55400A SSU 系统规范见表 10-6。

表 10-6                           **55400A SSU 系统规范**

| 项目 | 描述 |
|---|---|
| 参考输入数量 | 最多 9 个，1∶1 保护 |
| 每个机框的输出数量 | 80 个，1∶1 保护 |
| 扩展能力 | 4 个扩展机框，每个 80 路 1∶1 保护输出 |
| 保持状态频率稳定性（25℃，连续 10d） | |
| 2 级钟—晶振 | $\pm 3.0 \times 10^{-11}$/天，3 天 |
| 加强型 2 级钟—铷 | $\pm 2.0 \times 10^{-11}$/天 |
| 加强型转接节点时钟 | $\pm 1 \times 10^{-10}$/天，3 天 |
| 转接节点时钟 | $\pm 5 \times 10^{-10}$/天 |
| 本地节点时钟 | $\pm 1 \times 10^{-8}$/天 |

续表

| 项目 | 描述 |
|---|---|
| 抖动和漂移容限 | 符合 ITU-T G.823 |
| 输出相位变化 | |
| 参考切换 | <1ns |
| ITH 卡切换 | <15ns |
| 输出卡切换 | <15ns |
| ITH 卡故障 | <15ns |
| 输出卡故障 | <1μs |
| 告警接口 | |
| 继电器接点 | 开和关接点 |
| 级别 | 紧急、主要和次要 |
| 用法 | 有或无告警切除 |
| 管理端口 | |
| 语言 | TL1 |
| 本地 | RS-232-D，DCE |
| 远程 | RS-232-C，DTE |
| 网络 | TCP/IP，X.25，TP4 |
| 系统供电电压（直流，V） | 36～57 |
| 电源要求（满负荷） | |
| 冷启动 | −48V 时 3.0A |
| 预热后 | −48V 时 7.0A（最大） |
| 工作温度 | −5～45℃ |
| 电磁兼容 | 符合 IEC-801 标准 |
| 机框尺寸（H×W×D，mm）(in)： | 533×435×270（21.0×17.1×10.6） |
| 质量 | 18kg（满配置） |
| 安装支架 | ETSI 或 EIA |

（2）symmetricom SSU2000 设备。SSU2000 同步供给单元是一款高性能、适应同步状态信息（SSM）的定时信号发生器或同步供给单元，可以为电信和通信行业提供优质的网络同步信号。

SSU2000 遵从国际、欧洲以及北美规范，被作为基准参考源（PRS）、同步供给单元（SSU）以及定时信号发生器（TSG）使用。SSU2000 允许接入多种同步参考源信号，包括 GPS 和 DS1/E1 地面链路信号，性能标准符合 ANSI 和 Bellcore 的 Stratum2，以及 ITU 和 ETSI 的 TypeII 转接节。

一套完整的 SSU2000 安装组件包括 SSU2000 主机框，包含钟卡、输入、输出、通信模块、输入和输出接口适配器、最多 4 个 SDU2000 扩展机框，包含缓冲和输出模块。SSU2000 主机框包括一个金属底盘和一个可容纳 12 个热拔插模块的母板。用户需要使用的面板没有完全安装在机框上。

SSU2000 设备的整机技术指标、铷钟卡技术指标、晶体钟卡技术指标分别见表 10-7～表 10-9。

表 10-7 整 机 技 术 指 标

| 规范 | 特性 |
|---|---|
| 长期频率误差 | 优于（ANSI）T1.101 和 ITU-T G.811 中规定的一级时钟源等级 |
| 时钟性能 | 满足 Telcordia Technologies（前 Bellcore）GR-1244-CORE 中规定的等级 |
| 事件记录 | 最大储存 500 个事件，包括输入和系统失效、操作员输入和系统激活，每一个事件和报告均有时间标签，最后 10 个事件报告存储于 non-volatile 内存中 |
| 系统接口 | 3 个 RS-232 连接器、1200～19200 波特、8 比特、无奇偶校验、1 个停止位，以及以太网 10 Base-T（任选） |
| 性能测量 | |
| 分辨率 | 1ns |
| 抽样率 | 40Hz |
| MTIE | 优于 ANSI，ITU-T and Telcordia 技术标准，时间间隔为 0.5～100000s |
| TDEV | 优于 ANSI，ITU-T and Telcordia 技术标准，时间间隔为 0.1～100000s |
| PHASE | 提供 1、100、1000、10000s 的相位数据 |
| Frequency | 提供 10～10000s 的频偏数据 |
| 分配能力 | |
| 主机框 | 9 个模块（160 路输出） |
| 扩展机框 | 每个扩展框可插 14 个模块（280 路输出） |
| 最大输出 | 最多可带 4 个扩展机框，包括主机框输出可达 1280 路 |
| 环境 | |
| 工作温度范围 | $-5\sim50$℃ |
| 湿度 | 5%～85%，非凝结 |

表 10-8 铷 钟 卡 技 术 指 标

| 特征 | 描述 |
|---|---|
| 自由运行精度 | 第 1 年优于$\pm5\times10^{-10}$；后 10 年优于$\pm5\times10^{-9}$ |
| 保持精度（LO 为铷钟） | |
| 0-24h，@+10 到+50℃ | $\pm9\times10^{-11}$ |
| 0-24h，@0 到+50℃ | $\pm1\times10^{-10}$ |
| 30d，@+10 到+40℃ | $\pm1.5\times10^{-10}$ |
| 30d，@0 到+50℃ | $\pm1.7\times10^{-10}$ |
| 数控振荡器（NCO）PLL 锁定范围 | $\pm5\times10^{-4}$ |
| 运行稳定度 | $<1\times10^{-13}$ |
| 预热时间（预热模式） | 20min |
| 输出漂移（保持，包括所有 SSU2000 模块） | 遵循 ITU-T G.812、T1.101-1999 以及 Bellcore GR-378-CORE 和 GR-1244-CORE 的钟卡级别要求。符合 T1.105 的 SONET 需求。符合或优于 ITU-T G.812 的 2 类时钟、ETSI 的转接节点时钟以及 T1.101、Bellcore Stratum2 时钟的性能要求 |
| 抖动（锁定或保持） | $<4$ns p-p（测试于 CLKA/BIN 8kHz 输出） |
| 启动时间常数（最小 tau） | 300～10000（最小 tau 必须<最大 tau） |
| 完成时间常数（最大 tau） | 300～10000（最大 tau 必须>最小 tau） |

301

**表 10-9**                                   **晶体钟卡技术指标**

| 特征 | 描述 |
|---|---|
| 自由运行精度 | 第 1 年优于 $\pm 2.5\times10^{-7}$；<br>后 10 年优于 $\pm 3.7\times10^{-6}$ |
| 保持精度（LO 为铷钟） | |
| 0～24h，@+10 到 +50℃ | $\pm 5\times10^{-9}$ |
| 0～24h，@0 到 +50℃ | $\pm 1\times10^{-8}$ |
| 数控振荡器（NCO）PLL 锁定范围 | $\pm 5\times10^{-4}$ |
| 运行稳定度 | $<1\times10^{-13}$ |
| 预热时间（预热模式） | 20min |
| 输出漂移（保持，包括所有 SSU2000 模块） | 优于 ANSI T1.101-1994、T1.105.09、ITU G.811、T1X1.3 以及 G.823 |
| 抖动（锁定或保持） | $<$4ns p-p（测试于 CLKA/BIN 8kHz 输出） |
| 启动时间常数（最小 tau） | 150～1200（最小 tau 必须＜最大 tau） |
| 完成时间常数（最大 tau） | 150～1200（最大 tau 必须＞最小 tau） |

（3）SM2000 系列产品。SM2000 是高精度的具有 IEEE 1588 功能的传输级同步设备，其外观如图 10-34 所示。大容量的输出支持可以满足电信设备的同步需求。全冗余设计保证了产品的可靠性，完全满足 EMC 和 RoHS 环境安全要求。设备除了支持传统时钟网路需要的 E1/T1 以外，还支持中国移动的 PPS+TOD，以及网络时间协议 IEEE 1588 v2。

图 10-34　SM2000 设备外观

产品尺寸 4U（19im）设计，支持热插拔和扩展机框，全冗余设计，可靠性高（包括电源、输入、钟卡、输出），兼容 PTP/NTP/SyncE，满足高精度时间源的要求。单卡支持 1000 个客户端（每 s 128 个包）。NTP 支持单卡每 s 20000 个数据包。通过工信部一级、二级时钟节点入网测试。

主机最多支持 8 张输出卡；扩展箱最多支持 12 张输出卡；1 台主机最多支持 4 台扩展箱。E1/T1/10MHz、IRIG-B(DC)/PPS/TOD 输出卡单卡支持 16 路输出；PPS+TOD 输出卡单卡支持 8 路输出；NTP/PTP/SyncE 输出卡单卡支持 4 路输出。

支持 GPS/北斗输入；2 路卫星输入；8 路 E1/T1 输入；2 路 PPS+TOD 输入。

SM2000 设备技术指标见表 10-10。

**表 10-10**　　　　　　　　　　　　**SM2000 设备技术指标**

| 项目 | | 技术指标 |
|---|---|---|
| 同步性能 | 频率准确度（跟踪卫星） | ±1.0E-12 |
| | 频率准确度（自走） | ±1.0E-11 |
| | 牵引入范围 | ±2.0E-8 |
| | 保持入范围 | ±2.3E-8 |
| | 抖动 | <0.01UI |
| | 漂移 | 40ns/2 天 |
| | 相位瞬移 | ≤53ns |
| | 相位不连续性 | ≤53ns |
| | 保持能力 | −4.3E-12（3.5 天） |
| 管理端口 | | RS-232、RJ-45 |
| 网络协议 | | CLI、TL1、SNMP |
| 电源（直流） | | 48V |
| 功耗 | | 120W |
| 工作环境 | 温度 | −5～45℃ |
| | 湿度 | 0～95％（无凝结） |
| 尺寸 | | 482.6×177×287mm（4U） |
| 质量 | | 10kg |

**3.** 卫星接收机

泰坦 TimeSource3100 设备。TimeSource3100 是一个接收和处理来自 GPS 卫星信号的基准源（PRS），并且输出源自 UTC 的一级同步信号。TimeSource31 的应用包括对控制系统、无线电基站、传输节点以及其他可以使用基准源来提高网络设备性能的同步。

TimeSource3100 通过综合多个信号源的信号建立输出，这些信号源包括 GPS 信号、内置振荡器信号、E1/2048kHz 输入信号和远端振荡器输入信号，定时信号综合上述信号，选取其中最稳定和噪声最小的输入。同步输出包括带帧结构的统一的 E1/202048kHz 信号、1个 10MHz 信号、1 个秒脉冲信号和 TOD 时间信号。

TimeSource3100 最小的定时损耗，取决抖动和漂动，取决于网络和传输系统。同步定时起源于为电信网络提供最高级别同步的 GPS。TimeSource3100 使用 GPS 输入时是一个独立的 PRS。当综合使用选择性输入时，整体系统性能得到提高，当 GPS 信号丢失后的保持时间也可以延长。

## 10.1.10　故障举例及排故方法

**1.** 故障举例一

（1）故障现象：某市供电公司大楼的 GPS 卫星接收机陆续出现了时钟信号超限问题，导致 BITS 设备告警。针对 GPS 卫星接收机出现的问题，技术人员对该公司大楼的 GPS 卫星接收机信号进行了性能测试，测试表明，GPS 卫星接收机时钟信号与标准信号存在非常

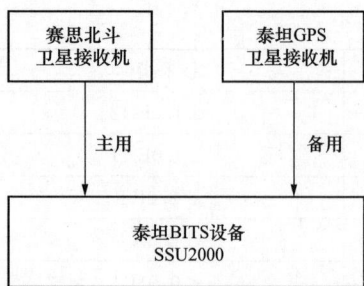

图 10-35　卫星接收机设备接线示意图

大的相位偏差，且偏差呈不断增大趋势。卫星接收机接线图如图 10-35 所示。

（2）故障排除方法。

1）初步判断。泰坦 GPS 卫星接收机已运行 10 多年，初步判断是由设备老化引起。计划将 GPS 卫星接收机统一成赛思 GPS 卫星接收机，保证 BITS 设备有可靠的北斗和 GPS 卫星源。

2）方案验证。为了验证本次更换方案的可行性，保证赛思 GPS 卫星接收机与泰坦 BITS 设备 SSU2000 能够兼容并且稳定运行。试点安装了 1 台赛思 GPS 卫星接收机，卫星天线与北斗卫星接收机共用，采用了加装信号分配器的方式。结果显示 BITS 设备接收赛思 GPS 卫星接收机信号无任何异常，设备稳定运行。

3）现场更换方案。因泰坦 GPS 卫星接收机天线、馈线和赛思 GPS 卫星接收机不兼容，需在楼顶新装 1 套 GPS 卫星接收天线并重新布放馈线至赛思 GPS 卫星接收机。

a. 拆除原泰坦 GPS 卫星接收机；

b. 将赛思 GPS 卫星接收机（测试机）移至原泰坦 GPS 卫星接收机位置；

c. 从大楼楼顶布放 1 根馈线至赛思 GPS 卫星接收机；

d. 在大楼楼顶安装 1 套 GPS 卫星接收天线；

e. 在馈线楼顶侧与机柜侧分别安装天线防雷器；

f. 安装完成后调试 GPS 卫星接收机正常锁定 GPS 信号；

g. 将赛思 GPS 卫星接收机时钟信号接到 SSU2000 输入端口，并确认 SSU2000 能够正确识别跟踪；

h. 调试完成后对 BITS 设备的输入源（北斗、GPS、地面链路）进行切换测试，切换过程中时钟业务设备应无告警产生；

i. 在 BITS 设备输入卡 1A04-03 端口 3 接入 1 路 BITS 输出信号，作为 BITS 的还回监测。

**2. 故障举例二**

（1）故障现象：GPS/北斗卫星接收机设备告警，无法接收卫星信号。此告警为次要告警，伴随输入卡 GNSS 指示灯红灯。

（2）故障排除方法：

1）拆除使用万用表分别测量天线端馈线接口、防雷器天线端接口、防雷器设备端馈线接口、GPS/北斗卫星接收机设备天线接口，测量是否存在 5V 左右的工作电压。如某部分无电压或电压极低，则从最靠近设备的那个无电压点到有电压点的馈线部分可能存在中断现象。要解决此类故障，需要更换存在中断的部分电缆或防雷器。

2）如经过检测，未发现馈线原因，则使用备用天线替换现有天线。如卫星接收恢复正常，则判定为天线硬件故障，应更换备用天线，并对故障天线进行维修。

最终判定为天线中断，其处理流程如图 10-36 所示。

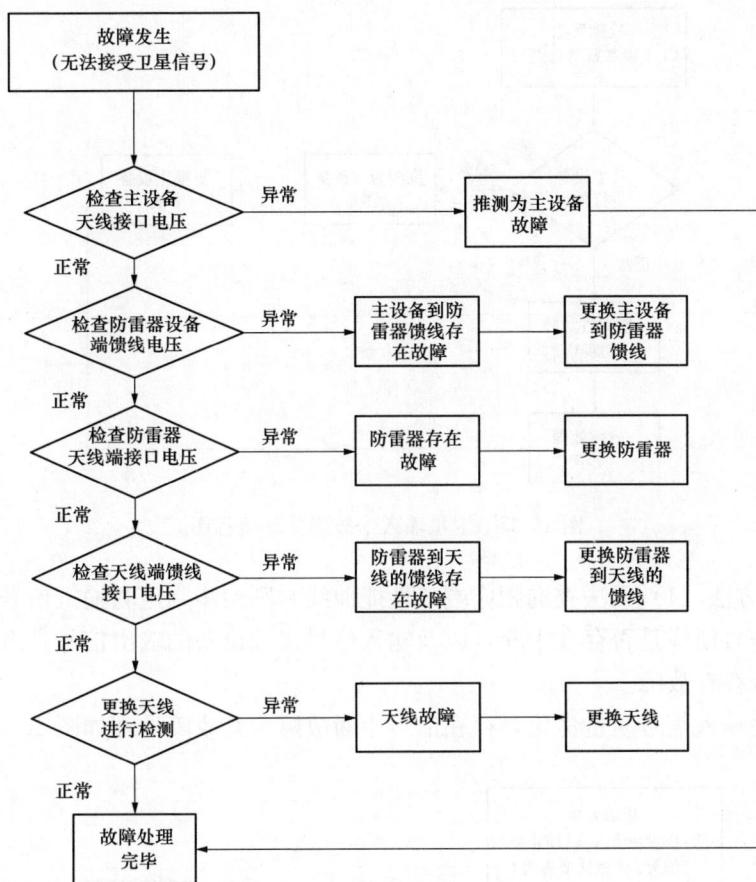

图 10-36　系统故障处理流程图

**3.** 故障举例三

（1）故障现象：卫星输入卡发生紧急告警，SYS 指示灯红灯。

（2）故障排故方法：

1）如经过检测，未发现馈线原因，则使用备用天线替换现有天线。如卫星接收恢复正常，则判定为天线硬件故障。此故障处理方法为更换备用天线，并对故障天线进行维修。

2）如采用方法（1）后，系统无法恢复正常工作，则判定为板卡硬件故障，需要对故障板件进行维修。

最终判定为卫星输入卡故障，其处理流程如图 10-37 所示。

**4.** 故障举例四

（1）故障现象：输入卡已打开并正常使用的输入端口 input 灯熄灭，伴随次要告警。

（2）故障排除方法：

1）使用监控软件查看相应端口的性能参数曲线，如曲线劣于标准曲线，则判定为输入信号质量劣化。此类故障不需要对同步设备进行处理，需检查信号来源的输出信号质量劣化原因。

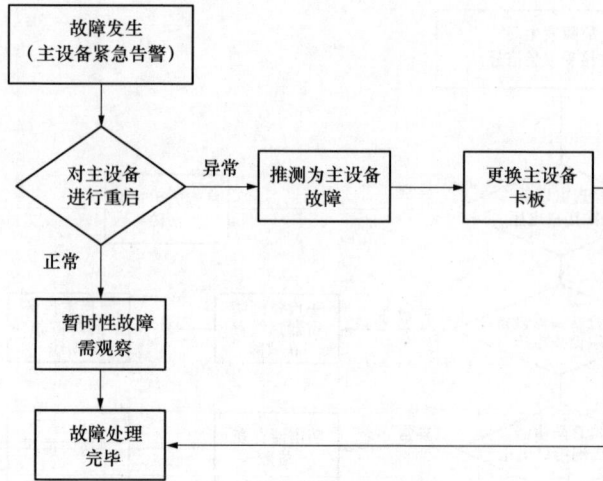

图 10-37　卫星输入卡故障处理流程图

2）如采用方法（1）无法查询相应端口性能曲线，则初步判定为输入信号中断。此类故障需检查输入信号馈线是否存在中断，以及输入信号来源设备的输出信号是否中断，输入信号来源设备是否存在故障。

最终判定为输入信号质量劣化，存在信号中断故障，其故障处理如图 10-38 所示。

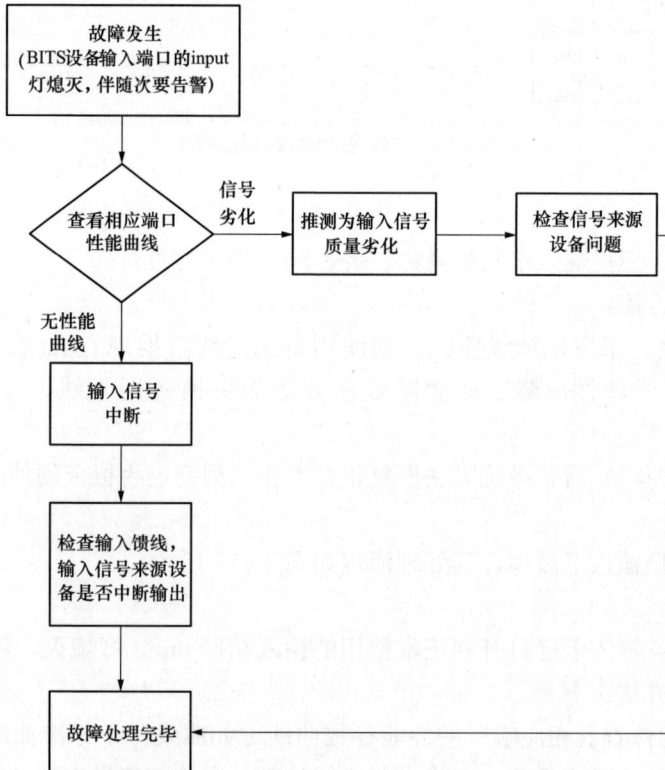

图 10-38　输入信号故障处理流程图

**5.** 故障举例五

（1）故障现象：钟卡告警，告警级别为主要告警。

（2）故障排除方法：

1）重启钟卡，需注意卡板拔出后，需等待 15s 以上方可重新插入。如插入后设备恢复正常，则判定为暂时性故障，无需处理，需进行长期观察。

2）如插入后无法恢复正常工作，则判定为钟卡硬件故障，需要进行卡板维修。

最终判定为钟卡硬件故障，其处理流程如图 10-39 所示。

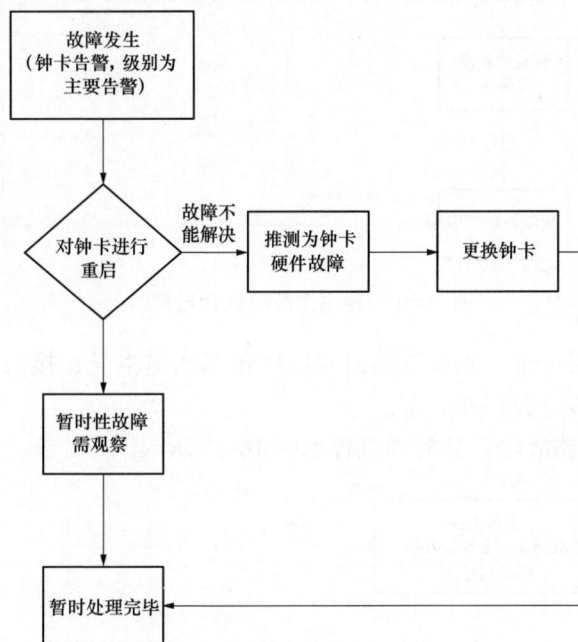

图 10-39　钟卡故障处理流程图

**6.** 故障举例六

（1）故障现象：输出卡显示告警，并伴随输出卡上 enable 指示灯红灯。

（2）故障排除方法：

1）重启输出卡，需注意卡板拔出后，需等待 15s 以上方可重新插入。如插入后设备恢复正常，则判定为暂时性故障，无需进行处理，需进行长期观察。

2）如插入后无法恢复正常工作，故障现象不变，则判定为硬件故障，需要进行卡板维修。

最终判定为输出卡硬件故障，其处理流程如图 10-40 所示。

**7.** 故障举例七

（1）故障现象：被同步设备无法接收到同步信号。

（2）故障排除方法：

1）将相应的输入端口信号环回到 BITS 设备的输入端口进行测试，或使用专用仪器设备对输出信号进行测试，如测试异常（如信号质量劣化或无信号），则对输出物理接口到输出卡板之间进行逐项检查，并根据检查结果对故障点进行检修。

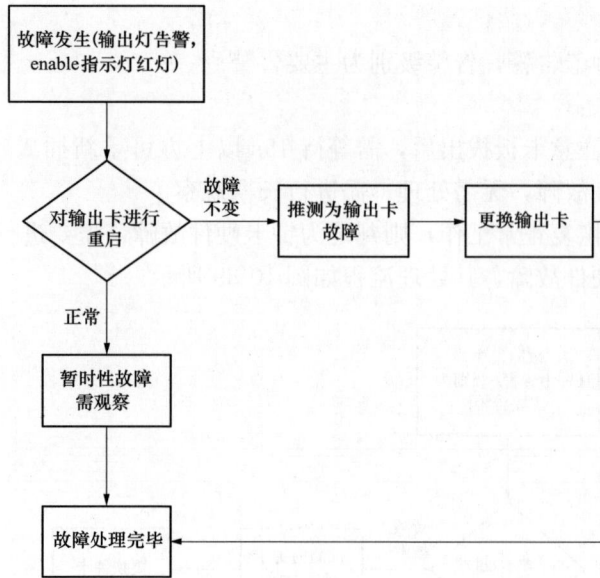

图 10-40  输出卡故障处理流程图

2）如上述测试结果正常，则检查输出线缆（包括线缆本身、接头，以及相关光纤配线架）、被同步设备设置等是否存在问题。

最终判定为输出链路故障，其处理流程如图 10-41 所示。

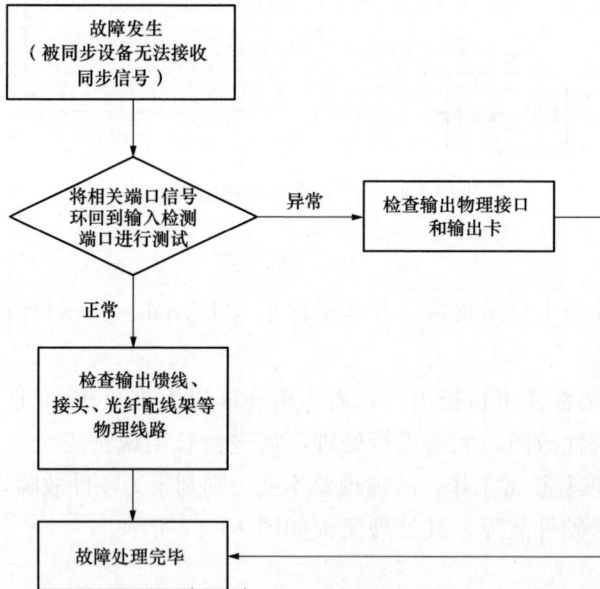

图 10-41  输出信号故障处理流程图

**8.** 故障举例八

（1）故障现象：某 1 路电源输入丢失；熔丝中断。

（2）故障排除方法：

1）如其中 1 路电源无电压，则对相应电源屏进行检查，寻找输入电压失效的原因。

2）如 2 路电压均正常，则检查输出分配熔丝是否存在熔断现象，并进行替换。

最终判定为电源故障，其处理流程如图 10-42 所示。

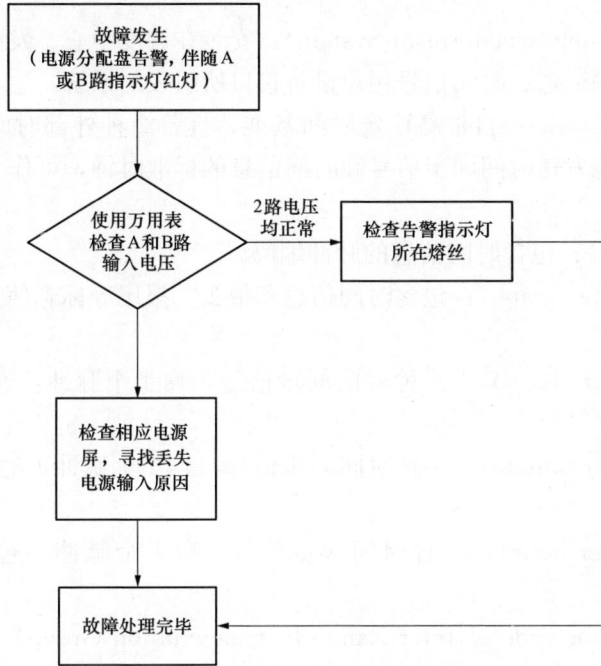

图 10-42　电源故障处理流程图

# 10.2　时　间　同　步

在电力系统中，继电保护、调度自动化、通信和其他应用需要一个全网统一的定时基准平台来提供可靠、稳定、精确的定时基准信号，满足电网向数字化、智能化发展的需求。本节主要介绍时间同步基础知识、时间同步技术及关于时间同步的具体应用。

## 10.2.1　时间同步基础知识

**1.** 时间同步常用术语

UTC 协调世界时（Coordinated Universal Time）：UTC 是由国际权度局（BIPM）、国际地球自转服务（IERS）组织保持的以国际原子时定义的秒长为秒长，通过闰秒方法使其时刻与世界时 UT1 接近的国际通用时间尺度。

UTC（CSAO）：由中国科学院国家授时中心（NTSC）保持的标准时间 UTC（CSAO），它与 UTC 的偏差保持小于 $0.1\mu s$。

北京时间（Beijing Standard Time，BST）：北京时间是我国公认的全国统一标准时间，采用东 8 时区的标准区时（Standard Zone Time），它比 UTC 提前 8h，即北京时间＝UTC＋8h。缺省标注时，均默认为北京时间。

基准时间（Time Reference of Electric Power Network）：北京时间是电网全网时钟和电网业务运转的基准时间，如：某日某时某分某秒，可以不加注"北京时间"字样。如涉外业务需要，使用 UTC 时间，并在相应时刻加注 UTC 字样，如 12h44m UTC＝20h44m BST。

时间同步系统（Time Synchronism System）：安装在调度中心、发电厂和变电站内，由主时钟、时间信号传输通道、时间信号用户设备接口所组成的系统。

主时钟（Master Clock）：自带高稳定时间基准，具备 2 种外部时间基准信号输入，以要求的准确度走时并能发送时间同步信号和时间信息的标准时钟，可作为时间同步系统的主时钟。

时码（Time Code）：包含时间信息的脉冲编码。

时间报文（Time telegraph）：包含时间信息和报头、报尾等标志信息的字符串，通常由串行口传输。

秒脉冲（lpulse per second）：一种时间同步信号，1s 1 个脉冲，通常用英文缩写 lpps 表示。

分脉冲（lpulse per minute）：一种时间同步信号，1s 1 个脉冲，通常用英文缩写 lppm 表示。

时脉冲（lpulse per hour）：一种时间同步信号，1s 1 个脉冲，通常用英文缩写 lpph 表示。

IRIG-B 时码（Btime code of Inter-Range Instrumentation Group）：IRIG-B 为 IRIG 委员会的 B 标准，是专为时钟传输制定的时钟码，每秒输出 1 帧，按秒、分、时、日顺序排列时间信息。IRIG-B 信号有调制 IRIG-B（AC）和非调制 IRIG-B（DC）2 种。

DCLS 时码（DC Level Shift）：DCLS 是 IRIG-B 的一种特殊形式，通过数字通道进行传输，无传输距离的限制。

时间准确度（Time accuracy）：标准时钟输出（输入）的时间信号（时码和 1pps 等）相对于北京时间的偏差，也称为绝对时间准确度。

时钟准确度（clock accuracy）：时钟计量时间的准确度，通常用某一时间间隔内时间计量的最大偏差表示，如 1 天误差不大于 1s；在技术文献中常以相对值表示，如 n×10m。

时间同步准确度（Time synchronization accuracy）：装置或系统接收主时钟发送的时钟同步信号，使其内部实时时钟的时间同步后，内部实时时钟达到的时间准确度。

**2.** 时间同步技术简介

（1）时间同步技术定义。

广义的时间包括时间和时间间隔两层含义，它们都可用时、分、秒的形式来表述，其中时间是用来标注某件事发生的时刻，而时间间隔则标注的是某件事的持续时间长度。时间有不同的参照体系，主要有通用时间 UTI、国际原子时 TAI 以及全球协调时 UTC。

数字同步网信号源并没有时、分、秒这种时间概念，而时钟同步网恰恰是建立起这种具有时间标志的新型同步网络，它以 UTC 为系统时间，并以高稳定时间源，经过交换分配输出时钟信号，为网络中系统（装置）提供同步信号源。

（2）时钟源。我国常用的时钟源有原子时钟源、GPS 系统、北斗系统 3 种。

目前，国际时间基准和国家时间基准主要采用铯原子钟，准确度达到 $\pm 3 \times 10^{-15}$，长期稳定度达到 $\pm 2 \times 10^{-15}$，成为现代最高标准时钟源。

GPS 发送美国海军天文台的 UTC（USTU），美国海军天文台的 UTC 由 20 多个铯原子钟构成。GPS 系统的定时精度能够达到 300ns 以内。在精确定位服务 PPS（Precise Position Service）下，GPS 提供的时间信号与 UTC 之差小于 100ns。若采用差分 GPS 技术，则与 UTC 之差能达到几个 ns。

北斗系统具有精密授时功能，授时精度可达 UTC 的 10～100ns。

（3）授时技术。我国主要通过以下 3 种授时方式：

1）地面无线电波授时。国内有 BPM 短波授时和 BPL 长波授时，具有覆盖大的优点，短波授时时间精度可达到 $50 \mu s$，长波授时时间精度可达到 $1 \mu s$。

2）卫星授时。GPS 定位系统覆盖全球，精度优于 100ns。

北斗定位系统是我国自主研制的区域性卫星导航定位系统，目前覆盖全国，精度可达到 50ns。

3）网络授时。通过网络方式实现授时，主要有 NTP 和 PTP。

## 10.2.2　时间同步传递协议

目前，时间同步传递协议主要有网络时间协议（Network Time Protocol，NTP）和精确同步时钟的协议（Precision Time Protocol，PTP）。

### 1. NTP

网络时间协议（Network Time Protocol，NTP）最早是由美国 Delaware 大学 Mills 教授设计实现的，它是用来使计算机时间同步化的一种协议，可以使计算机对其服务器或时钟源（如原子钟、GPS 卫星等国际标准时间）做同步化，能够提供高精准度的时间校正（LAN 上与标准间差小于 1ms，WAN 上误差几十毫秒），它由时间协议、ICMP 时间戳消息及 IP 时间戳选项发展而来，是 OSI 参考模型的高层协议，它使用 UTC 作为时间标准，是基于无连接的 IP 协议和 UDP 协议的应用层协议，使用层次式时间分布模型，所能取得的准确度依赖于本地时钟硬件的精确度和对设备及进程延迟的严格控制。

（1）工作原理。NTP 协议可测定时间服务器时钟和客户机时钟之间的时间偏移量。为了做到高精确度，客户机必须测量服务器－客户机传播延时，以计算和服务器之间的时间偏移量。NTP 服务过程示意如图 10-43 所示，NTP 协议的工作原理如图 10-44 所示。

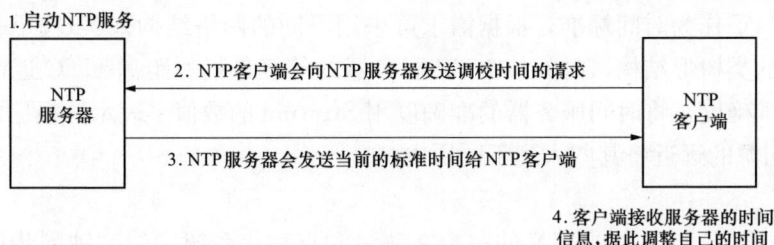

图 10-43　NTP 服务过程示意图

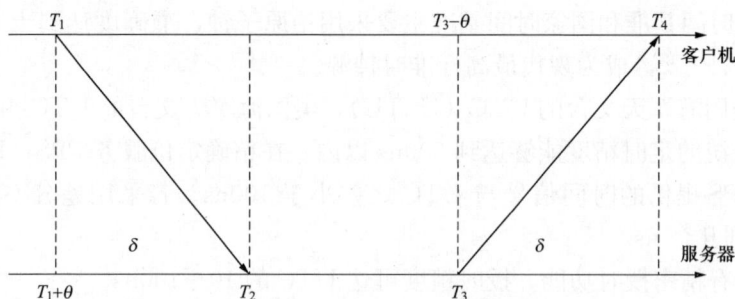

图 10-44　NTP 协议工作原理图

$T_1$、$T_4$—客户机发送、接收 NTP 消息的时间；$T_2$、$T_3$—时间服务器接收、发送 NTP 消息的时间

1）客户机发送一个 NTP 消息给服务器，该消息带有它离开客户机时的时间戳 $T_1$；

2）当上述 NTP 消息到达服务器时，服务器加上自己的时间戳 $T_2$；

3）服务器再发送这个 NTP 消息给客户机，此时再附加上它离开服务器时的时间戳 $T_3$；

4）当此 NTP 消息到达客户机时，客户机记录此时的时间戳 $T_4$。

服务器和客户端之间的时间偏差 $\theta$、两者之间单程网络传输时间 $\delta$ 的表达式如下

$$\left.\begin{array}{l} \delta = \dfrac{(T_2 - T_1) + (T_4 - T_3)}{2} \\[3mm] \theta = \dfrac{(T_2 - T_1) - (T_4 - T_3)}{2} \end{array}\right\} \tag{10-1}$$

从式（10-1）可以看到，$\theta$、$\delta$ 只与 $T_2$ 和 $T_1$ 的差值、$T_4$ 和 $T_3$ 的差值相关，而与 $T_3$ 和 $T_2$ 的差值无关，即最终的结果与服务器处理请求所需要的时间无关。据此，客户机即可通过这 4 个时间戳计算出的时间偏差 $\theta$ 和网络传输时间 $\delta$ 去调整本地时钟。

上下级时间服务器之间及时间服务器与同步设备间可采用光传输网、DDN、DCN、IP 等网络，但要求上下级时间服务器之间设置为转接次数较少的固定路由，传输距离也不宜太长。

（2）工作模式。

1）客户机/服务器模式。采用一对一连接，客户可以被服务器同步，服务器不能被客户机同步。

2）对称模式。与客户机/服务器模式基本相同，但双方均可与对方同步，先发出申请建立连接的一方工作在主动模式下，另一方则工作在被动模式下。

3）广播/多播模式。是一对多的连接，服务器周期性的主动发出时间信息，客户根据此信息调整自己的时间，由于忽略网络时延，精度较低，适用于高速局域网上。

NTP 以 UTC 作为时间标准，根据需求可采用不同的网络结构来实现。对于大型网络，一般采用分层的类树形结构，时间按 NTP 服务器的等级传播。距离 UTC 近的时间服务器有较高的时间准确度，将时间服务器的准确度用 Stratum 的数值来表示，根据每个时间服务器距 UTC 时间源的远近将其归入到不同层内。

**2. PTP**

PTP 是由 IEEE 1588 标准定义的一个在测量和自动化系统中的时钟同步协议，它使用时标来同步本地时间。

它规定了将分散在测量和控制系统内的分离节点上独立运行的时钟，同步到一个高精度和准确度的协议。这些时钟是在一个通信网络中互相通信的。按这个基本格式，这个协议要形成树形管理，使系统内的这些时钟产生一个主从关系。在一个子网中只有一个主时钟，从时钟从主时钟得到时间，所有时钟最终都是从一个称为祖母时钟那里得到它的时间。任何时钟和它的祖母时钟之间的通信路径都是最小跨度树的一部分。

PTP 系统包括多个节点，每一个节点都代表一个时钟，在网络中每一个时钟有从属时钟、主时钟和原主时钟 3 钟状态。

一个简单系统包括一个主时钟和多个从属时钟。如果同时存在多个潜在的主时钟，那么活动的主时钟将根据最优化的主时钟算法决定。所有的时钟不断地与主时钟比较时钟属性，如果新时钟加入系统或现存的主时钟与网络断开，则其他时钟会重新决定主时钟。如果多个 PTP 子系统需要互联，则必须由边界时钟来实现。边界时钟的某个端口会作为从属端口与子系统相联，并且为整个系统提供时钟标准。

分布时钟的 PTP 系统由普通时钟和边界时钟组成。普通时钟是只有一个 PTP 端口的时钟，边界时钟是带两个或多个不同的 PTP 通信路径的端口的时钟。如一个可在它的端口上实现 PTP 协议的交换机就是一个边界时钟。很明显普通时钟只有接收时间的能力，边界时钟具有传递时间的能力。

PTP 协议能取得高精度对时的主要原因一是采用 FPGA 技术，在物理层通过专用硬件进行时间标志，二是采用了最佳时钟算法。

PTP 继承了 NTP 基于局域网的低花费模式，同时又提供优于 IRIG-B 的对时精确度，并且 PTP 能在各种网络中传输，不会产生影响太多的时延和抖动。实验表明这种技术时间校准精度在选择优质的时间接收装置后目前可以达到 $1\mu s$，今后还可以进一步提高。

3. Carrier-Class　NTP

Carrier-Class NTP 技术是 ITU-T 为解决下一代网络 NGN 而推出的时间同步技术，首先从解决根本的来自于内部协议层编解码时标时产生的时延入手。采用 Carrier-Class NTP 技术的设备，当数据在物理层编码完成后立即被打上时标，因此大大减小了传统 NTP 技术在软件层打时标而导致的高时延。因此，Carrier-Class NTP 技术是一种采用了 NTP 协议，技术上趋近 PTP 的实现大型网络内高精度时间同步的技术。

采用 Carrier-Class NTP 技术的设备一般都采用了有较好的信号处理能力的硬件设备，强大和高速的实时处理信号的能力也使同步精度进一步提高，同时也保证了能够给广域数据网中大量的设备提供精确的时间基准。

目前，在局域网环境中测得的 Carrier-Class NTP 的精度为 $1.5\mu s$，已经成功将 Carrier-Class NTP 技术应用于时钟设备的厂家有美国的 Symmetricom、美国的 Brilliant Telecommunications 和英国的 Time & Frequency Solutions 等三家公司。

综上，各种协议性能比较如下：

采用 NTP 协议的时钟同步精度主要由时延决定。时延通常由 2 部分构成：一部分来自于网络传输上的时延，一部分来自于内部协议层编解码时产生的时延。NTP 协议本身就考虑了网络传输时延的因素，网络传输时延并不会对同步精度产生很大影响，因此内部协议层编解码时标的过程产生的时延是影响网络同步精度的主要因素。

与 NTP 协议相比，Carrier-Class NTP 则利用硬件完成编解码时标，大大降低了 NTP 在应用层进行时间标记而产生的抖动时延。Carrier-Class NTP 继承了传统 NTP 适宜互联网络传输的优点，大大改善了传统 NTP 时间精度不高的不足。目前，Carrier-Class NTP 协议采用 SDH 传输网方式，可以实现几个 $\mu s$ 的时间精度，利用 IP 数据网实现的时间精度需要根据现场最终测试结果确定。

PTP 协议本身就是针对工业自动化和测量领域的精密时钟同步，适合于更稳定和更安全的网络环境中，所以更为简单，占用的网络和计算资源也更少。PTP 协议的特别之处在于硬件、软件部分与协议的分离，因此，系统运行时对处理器的性能要求较低。因此，PTP 的体系结构是一种完全脱离操作系统的协议结构，此外，PTP 协议同时支持 NTP 协议。PTP 协议是针对更稳定和更安全的网络环境设计的，所以更为简单，占用的网络和计算资源也更少。

经过比较分析，PTP 协议是当今最新的、标准的时间同步协议，代表了时间同步技术的发展方向。

## 10.2.3　某省电力公司时间同步系统建设方案

### 1. 功能需求

电网对时间同步网的需求主要体现在电网调度、电网故障判断等与电力生产直接相关的自动控制领域。电力二次系统各种装置（系统）对时间同步准确度要求规定见表 10-11。

表 10-11　　　　　电力二次系统各种装置（系统）对时间同步准确度要求

| 装置（系统）名称 | 时间同步准确度 | 时间同步信号类型 |
|---|---|---|
| 线路行波故障测距装置 | $1\mu s$ | 1pps 及时间报文 |
| 雷电定位系统 | $1\mu s$ | 1pps 及时间报文 |
| 功角测量系统 | $40\mu s$ | 1pps 及时间报文 |
| 故障录波系统 | 1ms | IRIG-B 或 1pps 及时间报文 |
| 事件顺序记录装置 | 1ms | IRIG 或 1pps 及时间报文 |
| 微机保护装置 | 10ms | IRIG 或 1pps 及时间报文 |
| RTU | 1ms | IRIG 或 1pps 及时间报文 |
| 各级调度自动化系统 | 1ms | IRIG 或 1pps 及时间报文 |
| 变电站、换流站监控系统 | 1ms | IRIG 或 1pps 及时间报文 |
| 火电厂机组控制系统 | 1ms | IRIG 或 1pps 及时间报文 |
| 水电厂计算机监控系统 | 1ms | IRIG 或 1pps 及时间报文 |
| 配电网自动化系统 | 10ms | IRIG 或 1pps 及时间报文 |
| 电能量计费系统 | $\leqslant 0.5s$ | 时间报文 |
| 电力市场交易系统 | $\leqslant 0.5s$ | 时间报文 |
| 电网频率按秒考核系统 | $\leqslant 0.5s$ | 时间报文 |
| 自动记录仪表 | $\leqslant 0.5s$ | 时间报文 |
| 各级 MIS 系统 | $\leqslant 0.5s$ | 时间报文 |
| 负荷监控系统 | $\leqslant 0.5s$ | 时间报文 |
| 调度录音系统 | $\leqslant 0.5s$ | 时间报文 |
| 各类挂钟 | $\leqslant 0.5s$ | 时间报文 |

**2. PTP 协议组网方案**

PTP 组网中 PTP 协议设计之初主要是针对自动控制领域的精密时钟同步，而近年来 PTP 技术开始在通信等领域得到迅速发展和应用。PTP 在局域网中的时间精度最高，而通过 IP OVER SDH 的方式远距离传输 PTP，并且利用 SDH 传输网传输时钟源信号，通道可靠并且传输抖动低，其精度可达到优于 $1\mu s$ 的水平。PTP 组网需要支持 PTP 协议的交换机。

本示例时间同步系统主要针对地区局和 500kV 变电站，利用 PTP 协议方式需采用 IP over SDH 的传输方式。省公司配置成一级时钟节点，需要配置一级时钟设备和 PTP 交换机；地区局和 500kV 变电站均配置为二级时钟节点，需要配置 PTP 从钟设备。省公司和二级时钟节点需要配置协议转换器，完成 100M 以太网接口至 E1 接口的转换，利用省电力 SDH 光传输网组网。

由于 PTP 协议支持 NTP 协议，PTP 二级时钟节点支持 NTP 时钟输出。因此，地区局以下各站点的接入可采用 PTP 或 NTP 协议和数据网组网方式。

PTP 组网网络拓扑结构如图 10-45 所示。

**3. 变电站系统时钟同步方案**

针对分散多 GPS 时钟的变电站、全站统一 GPS 时钟的变电站和新变电站，可采取相应的同步方案。

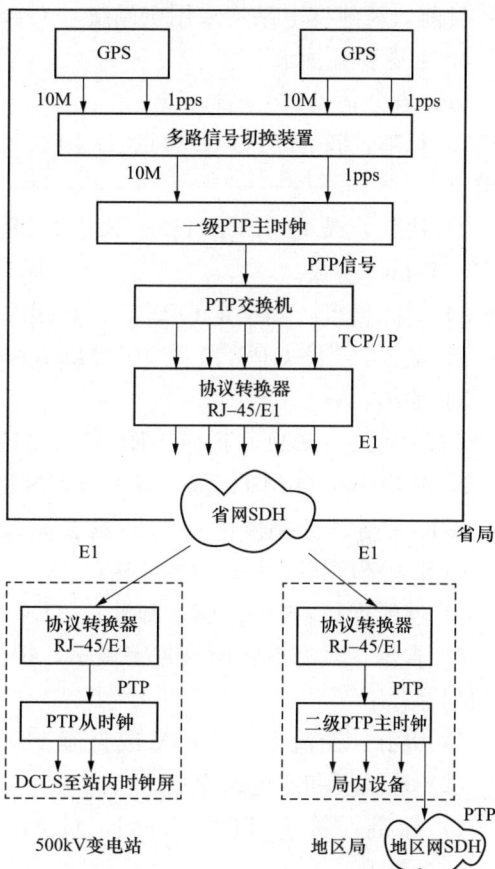

图 10-45　PTP 组网网络拓扑结构图

（1）分散多 GPS 时钟的变电站。分散多 GPS 时钟的变电站需要进行全站统一 GPS 时钟改造，首先要考虑统一站内时钟基准，并在此基础上实现时钟同步组网。而用于组建时间同步网的 PTP 从时钟可以直接承担站内时钟基准的角色，不需要另外增加基准时钟，只需要增加扩展时钟，如图 10-46 所示。同时组网时钟可以任意设置以 GPS 为参考或以地面链路为参考，并且进行自动保护切换。

PTP 从时钟接收上游地面链路信号时，可以通过独立式 E1/ETH 协议转换器，也可以直接将该转换模块内置于该时钟电路中。

目前准同步方式配置的变电站都是早期投运的 500kV 变电站。

（2）全站统一 GPS 时钟的变电站。全站统一 GPS 时钟的变电站的 GPS 时钟主屏可直接从二级节点新配的从

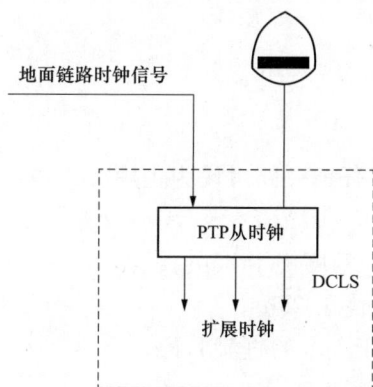

图 10-46　变电站内连接示意图

时钟利用 DCLS 接口引入时钟基准信号，实现同步组网。如果二级时钟从时钟设备布放位置与现有 GPS 时钟主屏走线距离较远（50m 以上），还需要增加时钟补偿模块，同时 PTP 从时钟也可以自由选择以 GPS 或地面链路为主参考信号。

目前，新建变电站均采用全站统一 GPS 时钟。

**4.** 主要设备技术要求

（1）省公司 PTP 主钟。

1）标准：符合 ITU G.811、G.812、G823、G8261、G703、G704、ETSI300/Class3.1 要求。

2）协议：支持 IEEE 1588 V2、NTP V4、SNTP、IP V4、IP V6、DHCP、HTTP、FTP、Telnet 协议。

3）时间精度：当锁定 GPS 时，其跟踪 UTC 的时间精度优于 100ns。

4）输入：1 路 GPS，1 路 10MHz/pps，冗余备份和自动切换，任何一路可设为主用。

5）输出：

PTP 为 10/100M 自适应、RJ-45，IEEE 1588 V2 协议，精度优于 $25\mu s$。

NTP 为 10/100M 自适应、RJ-45，NTP V4 协议，精度优于 $25\mu s$。

IRIG B 为 1 路精度优于 $10\mu s$ 的交流 B 码，4 路精度优于 $1\mu s$ 的直流 B 码。

PPS 为精度优于 $1\mu s$，BNC 接口。

6）性能保持：2E-11/d（铷钟），1E-10/d（恒温晶振）。

7）告警：具有本机面板告警显示，提供无源触点、串口、网络告警接口，支持远程监控和配置。

8）电源：交流 190～264V 或直流 110～370V。

（2）地区局和变电站 PTP 主钟。

1）标准：符合 ITU G.811、G.812、G.823、G.8261、G.703、G.704、ETSI300/Class3.1 要求。

2）协议：支持 IEEE 1588 V2、NTP V4、SNTP、IP V4、IP V6、DHCP、HTTP、FTP、Telnet 协议。

3）时间精度：当锁定 GPS 时，其跟踪 UTC 的时间精度优于 100ns。

4）同步精度：

作为 GPS 主钟不低于 $1\mu s$；

作为 PTP 从钟不低于 $1\mu s$；

作为 NTP 从钟不低于 $25\mu s$。

5）输入：1 路 GPS，1 路 PTP，冗余备份和自动切换，任何一路可设为主用。

6）输出：

PTP 为 10/100M 自适应、RJ-45，IEEE 1588 V2 协议，精度优于 $25\mu s$；

NTP 为 10/100M 自适应、RJ-45，NTP V4 协议，精度优于 $25\mu s$；

IRIG B 为 1 路精度优于 $10\mu s$ 的交流 B 码，2 路精度优于 $1\mu s$ 的直流 B 码；

PPS 为精度优于 $1\mu s$，BNC 接口。

7）性能保持：2E-11/天（铷钟），1E-10/天（恒温晶振）。

8）告警：具有本机面板告警显示，提供无源触点、串口、网络告警接口，支持远程监控和配置。

9）电源：交流 190～264V 或直流 110～370V。

（3）PTP 交换机。

1）支持 PTPv1 和 v2 版本。

2）PTP 支持 10/100BASE-T/TX 交换，实现端到端和点对点透明传输。

3）同时配有同轴电缆和光纤端口，支持单模或多模光纤。

4）交换机主要部件应冗余配置。

5）支持 DHCP、IGMP、FRNT、STP、RSTP、VLAN、QoS、SNMP。

6）支持即插即用。

7）容量：不少于 8 个端口，每端口双向转发速度不小于 200Mbps。

8）电源：交流 190～264V 或直流 110～370V。

## 10.2.4　典型设备介绍

目前，电力系统在时间同步方面主要使用上海泰坦通信工程有限公司的设备，时间同步设备采用号 TimeDA2000 系列设备型，时间同步卫星接收机采用 TP500 设备型号。下面将对一些典型设备进行详细介绍。

**1.TimeDA2000 系列设备**

TimeDA2000 系列设备是一款性能卓越的时钟设备，它可根据不同的板卡配置实现不同的时钟功能。按照输入板不同可分为 TimeDA2000（多输入扩展时钟）、TimeDA2000-GPS（GPS 精密时钟）、TimeDA2000-BD（GPS 北斗双模精密网络时钟）、TimeDA2000-PTP（GPS 及 PTP 双输入同步时钟）、TimeDA2000-SAT（GPS 及 BD 双输入同步时钟）。按照用途可分为 NTP 时间服务器、PTP 主时钟、PTP 从时钟、E1 基准时钟、变电站统一 GPS 时钟。

TimeDA2000 最大的优点是纳秒级的 NTP 输出，输出信号包括标准的 RS-232、RS-422/RS-485、TTL、光耦输出、IRIG（AC）、NTP、PTP 和 DCF77 等接口形式，提供各种电平输出方式的脉冲、IRIG-B、报文输出等，可以适应各种不同设备的对时需要。TimeDA2000 标配 OCXO，可选配铷钟，保持性能优越。设备提供可靠的本地监控接口，也可灵活选配远程管理接口。

（1）主要功能。电力控制系统和装置需要使用统一的、精确的时间，才能够准确完成规定的功能和特定的配合工作，更好地实现各系统的运行监控和故障分析，并通过各种电力系统自动化控制设备的开关动作、调整的先后顺序及准确时间来分析事故的原因及过程。

电力自动化系统对时间的精度有着不同的需求，对时间同步信号的需求种类也是多样化的。雷电定位系统和功角测量系统等时间同步精度需要达到微秒级的要求；变电站监控系统和配电网自动化系统等控制和监测类设备时间同步精度需要达到毫秒级的要求；电能量计费系统和自动记录仪表等计费和交易类系统的时间同步精度需求则通常为秒级。

TimeDA2000 设备提供用户精确的时间信号，超强的时间保持能力，可保证用户至少在 1 个月的时间内获得 10ms 以内的 NTP 授时精度。

（2）系统介绍。

1）电源：直流 110～300V；交流 95～265V。

2）输入信号：

TimeDA2000 扩展时钟输入支持 2 路 IRIG-B（TTL）、IRIG-B（RS-422/RS-485）或光纤输入 IRIG-B。

TimeDA2000-BD 主时钟支持北斗和 GPS 卫星双模天线输入，1 路 IRIG-B（TTL）、IRIG-B（RS-422/RS-485）或光纤输入 IRIG-B。

TimeDA2000-GPS 主时钟支持 1 路 GPS 天线输入，1 路 IRIG-B（TTL）、IRIG-B（RS-422/RS-485）或光纤输入 IRIG-B。

TimeDA2000-PTP 主时钟支持 1 路 GPS 天线输入，1 路 PTP 网口输入、1 路 GPS 天线输入。

TimeDA2000-SAT 主时钟支持 1 路 GPS 天线输入，1 路 BD 天线输入、1 路 IRIG-B 输入、1 路 10M 或 5M 频率输入。

3）输出信号：输出卡板分 TTL 输出板、RS-422/RS-485 输出板、无源触点输出板、RS-232 输出板、IRIG（AC）输出板、NTP 输出板、DCF77 输出板等 7 种输出板。

（3）产品结构。设备采用 3U（432mm×310mm×134mm，19im）机箱，模块化结构，便于安装调试。输入输出板（包括电源板、输入板和各种输出板）使用插板式结构。主控板、液晶键盘和指示灯固定在前面板上，通过串行电缆与主控板通信，如图 10-47 所示。

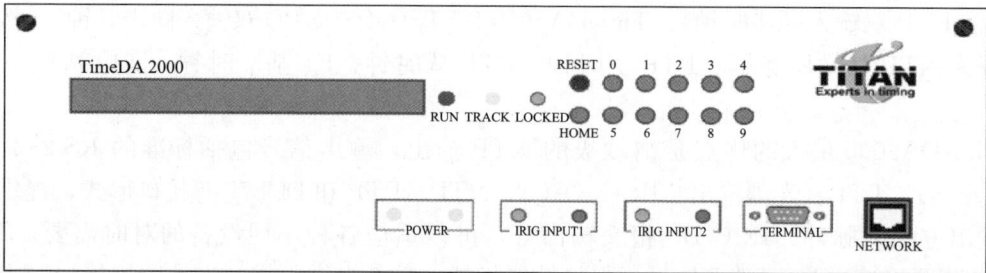

图 10-47　TimeDA2000 扩展时钟前面板示意图

机箱插板采用 14 块单板设计，其中电源板占用 2 块单板位置，其他输入、输出板都只占用单块板的位置。

机箱位置编号（从左到右 1～14），1～2 2 个插槽位置属于主电源板，13～14 槽可以插冗余电源板，如果电源不用冗余备份的话，可以插入任意输入输出板；对于输入板可以插入 12～14 插槽位置中任意 1 个；其他位置插入任意输出板都可。

北斗及 GPS 双卫星输入模块主时钟，北斗输入板插入第 3 个插槽，GPS 输入板可插入 12～14 任意插槽，北斗及 GPS 双卫星输入模块机箱背板示意如图 10-48 所示。

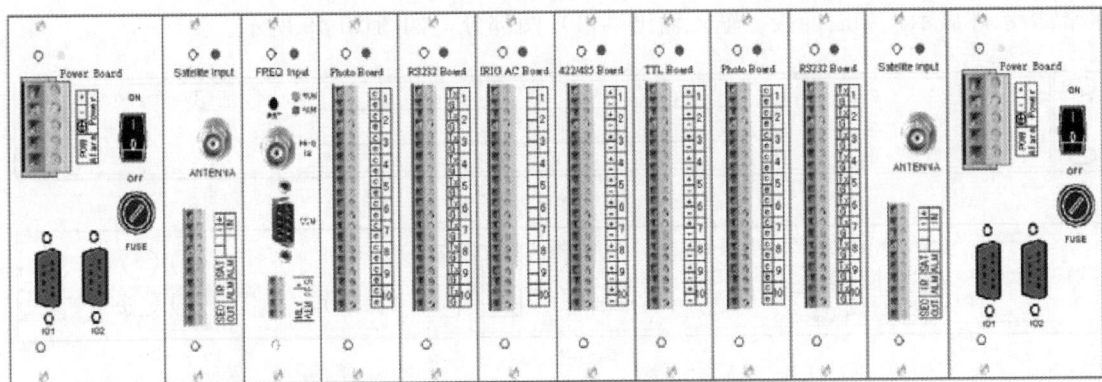

图 10-48　北斗及 GPS 双卫星输入模块机箱背板示意图

（4）主要性能指标。

1）时间精度：锁定卫星信号，或与输入 IRIG 码信号保持同步（IRIG-B 精度优于 100ns）；输出端口的 IRIG-B、PPS 及 PPM 精度≤100ns；脉冲前沿时间≤20ns；交流 B 码精度＜1$\mu$s。

2）时间保持精度：≤2.77×10$^{-10}$。

3）NTP 网口能力：NTP 授时精度＜1$\mu$s，单个网口 NTP 授时能力不小于 5000 次/s。

4）脉冲信号宽度：pps、ppm、pph、ppd 脉冲信号的宽度均为 100ms。

**2. TP500 设备**

TP500 设备是一款功能先进，采用业界领先的专有技术，实现卫星与 PTP 双输入功能，多种输出的授时系统；其提高用户完整的 PTP 组网方式，内嵌高性能、高可靠的铷钟，提供卓越的保持性能；设备提供可靠的本地监控接口，也可以灵活选配远程管理接口。

TP500 设备提供用户精确的时间信号，超强的时间保持能力。设备既能进行网络 PTP 授时，又能进行卫星授时，同时又可作为同步网的网络授时设备，以及 PTP 边界时钟，为下一级同步网络提供授时。

（1）主要性能指标。

1）时间精度：锁定卫星信号，或与 PTP 主时钟同步；输出端口的 DCLS≤100ns（锁定卫星）；输出端口的 DCLS≤300ns（PTP 同步）。

2）时间保持精度：≤5×10$^{-11}$。

（2）系统简要介绍。

1）电源：直流 40～72V。

2）输入信号：TP500-BD 支持北斗和 GPS 卫星双模天线输入，1 路 PTP 输入；TP500-GPS 支持 1 路 GPS 天线输入，1 路 PTP 输入。

3）输出信号。输出信号分成时间和时钟信号两部分：时间信号：4 路 DCLS、4 路光 B 码、1 路 PTP 输出信号；时钟信号：1 路 E1 时钟信号、1 路 10M 时钟信号。

4）管理信号。1 路网管信号（RJ-45）、1 路本地网管端口。

5）告警功能：设备面板提供指示灯告警功能。

（3）产品总体结构。设备采用 1U（432mm×340mm×44mm，19im）机箱，分前面板

（液晶指示灯显示）和后面板（输入输出端口）两部分，如图 10-49 所示。

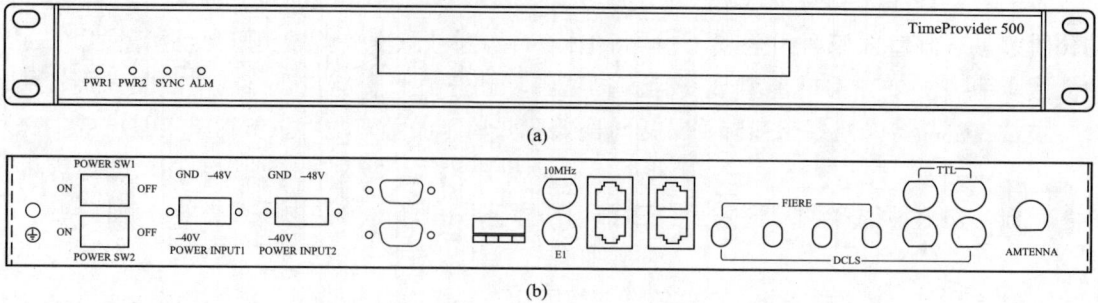

图 10-49　TP500 设备面板图

(a) 前面板图；(b) 背板图

1）输出接口：DCLS 输出 4 路；光纤 DCLS 输出 4 路；PTP 输出端口 1 路；10M 输出 1 路；E1 输出 1 路。

2）输入接口：PTP 输入端口 2 路；卫星天线 1 路；电源输入端口 2 路（支持双电源）；电源开关 2 路。

3）管理端口：MGMT 端口 1 个；TERMIANAL 1 个。

4）显示接口：液晶屏（双行 80Byte 显示，蓝屏）；电源指示灯 2 路；状态指示灯（红蓝双色）2 个。

（4）天线的安装。

1）北斗天线的安装。北斗/GPS 双模接收天线采用天线和低噪声放大器的一体化设计，其外观示意如图 10-50 所示，能同时接收北斗卫星信号和 GPS 卫星信号，本天线具有高增益、低噪声、低能耗，抗振动、冲击性能强，抗干扰性能好，自带防雷功能等特点，使用天线接收距离可达 60m 以上，北斗双模天线架设方式如图 10-51 所示。

图 10-50　北斗双模天线外观示意图

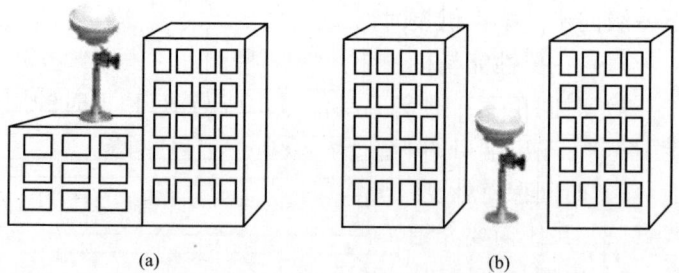

图 10-51　北斗双模天线架设方式

(a) 正确架设；(b) 错误架设

天线应架设在高处没有遮挡的地方，比如楼顶上，上方要开阔。最好保持天线仰角 15° 以上没有遮挡，并且尽量避免大功率的电磁辐射。

北斗天线可按图 10-52 所示安装：将馈线穿过安装管，与天线连接；连接天线与安装管，将安装管固定在抱杆上，抱杆直径 30～60mm，优先选用 47（可按客户要求采用其他固定方式）。安装过程中要拧紧螺钉，做到固定良好。

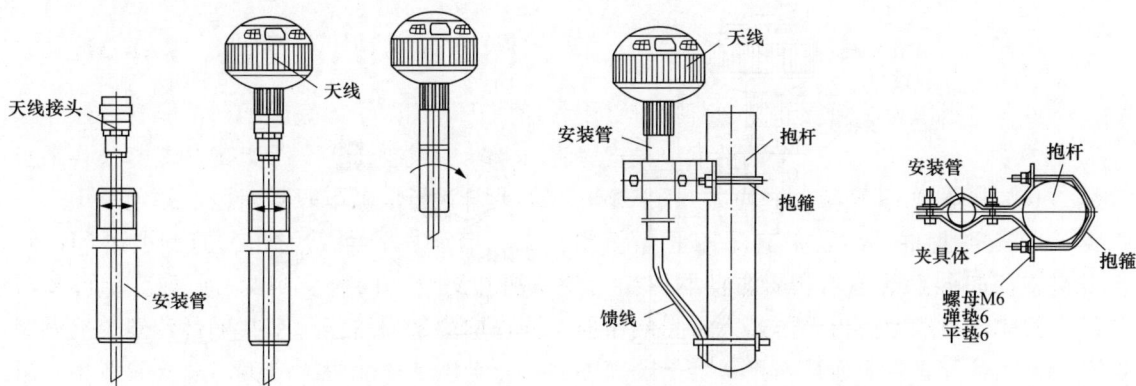

图 10-52　北斗天线安装示意图

　　用馈线 N 型头的一段与天线的输出接口相连，连接时要拧紧接头，避免电缆接触不良。天线入户和固定时需注意弯度不要过大，一面造成馈线内导体折断，并且在馈线进入室内时应该弯成 U 形，防止雨水流入，如图 10-53 所示。

　　2）GPS 天线的安装。GPS 主时钟配有一条易于安装的天线，天线头封装在塑料圆盘内，如图 10-54 所示。天线长度为 30、50、80、100m 多种规格，如 100m 天线仍不能满足长度的要求，可选用 GPS 信号放大器。装置的天线标准配置为 30m。GPS 天线架设方式如图 10-51 所示。

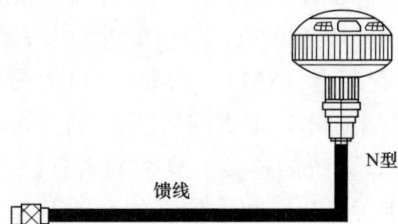

图 10-53　北斗天线、馈线连接示意图　　　　图 10-54　GPS 天线示意图

　　天线应架设在高处没有遮挡的地方，如楼顶上，上方要开阔，最好保持天线仰角 15°以上没有遮挡，并且避免大功率的电磁辐射。

　　GPS 天线可按图 10-55 所示进行安装：将馈线穿过安装管，与天线连接，连接天线与安装管，并将安装管固定在抱杆上。抱杆直径为 30～60mm，优先选用 48mm（可按客户要求采用其他固定方式）。安装过程中要拧紧螺钉，固定良好。天线不要安装在电线附近。

　　馈线的一端与天线的输出接口相连，连接时要拧紧接头，避免电缆接触不良。天线入户和固定时注意弯度不要过大，以免造成馈线内导体折断，并且在馈线进入室内时应该弯成 U 形，防止雨水流入。

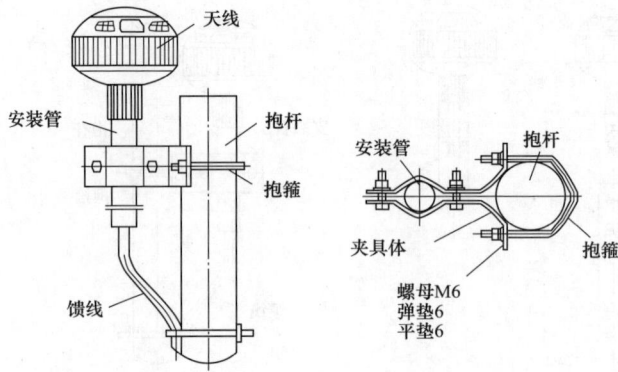

图 10-55　GPS 天线安装示意图

# 10.3　传　输　网　管　系　统

随着网络业务的种类，数量和设备品牌的急剧增加，通信网络正变的庞大、复杂，这给网络的运行、管理和维护（OAM）带来了挑战，在这种形势下，网管网应运而生。本节主要介绍电信管理网（TMN）、SDH 管理网（SMN）基础知识，以及某省电力公司通信网管网的实现方案。

## 10.3.1　电信管理网（TMN）

能否对网络实施有效的控制和管理是所有网络运营者十分关注的问题，而 TMN（Telecommunications Management Network）正是 ITU-T 提出来的关于网络管理系统化的解决方案，是实现电信网管理功能的一个支撑网。TMN 在概念上是一个独立于被管理对象的网络，它是包括一系列标准接口的统一体系结构，使得各种不同类型的操作系统能够与电信设备互联，从而实现电信网的自动化和标准化运行、维护和管理（OAM）。TMN 提供大量的管理功能，可以提高电信网的运行效率和可靠性，降低 OAM 成本，促进网络及业务的发展。

TMN 的规模可大可小，最简单的是单个操作系统的连接。复杂的则有许多不同类型的操作系统和电信设备进行互联。如图 10-56 显示了 TMN 和电信网的一般关系。TMN 可利用电信网的部分设施来提供通信联络，因而两者可以有部分重叠。

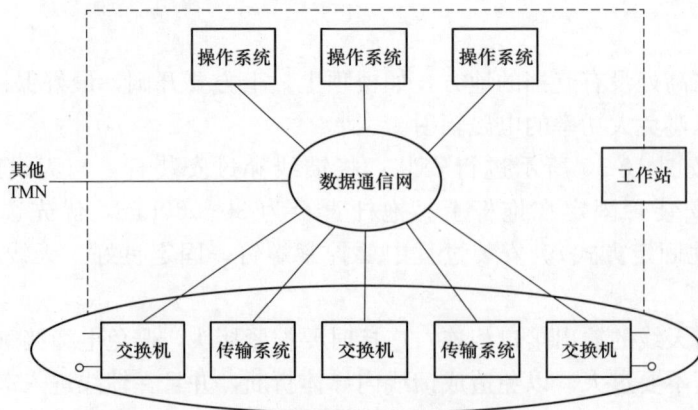

图 10-56　TMN 和电信网的一般关系

**1.** TMN 的管理功能

TMN 的各类管理功能支持 TMN 的管理业务的实现，满足对被管理网络的操作、维护和管理的需要。管理人员通过人机接口与管理应用交互，通过 TMN 提供的管理功能对被管理网络进行各项管理操作活动。TMN 为电信网及电信业务提供一系列的管理功能，主要划分为以下五种管理功能域：

性能管理：是对电信设备的性能和网络单元的有效性进行评估，并提出评价报告的一组功能。包括性能测试、性能分析及性能控制。

配置管理：包括提供状态和控制及安装功能。对网络单元的配置，业务的投入，开/停业务等进行管理，对网络的状态进行管理。

账务管理：测试电信网中各种业务的使用情况，计算处理使用电信业务的应收费用，并对电信业务的收费过程提供支持。

故障管理：是对电信网的运行情况异常和设备安装环境异常进行管理，对网络的状态进行管理。

安全管理：主要提供对网络及网络设备进行安全保护的能力，主要有接入及用户权限的管理，安全审查及安全告警处理。

**2.** TMN 功能结构

TMN 的功能结构主要指 TMN 内的功能分布，其基础是功能块。各功能块之间应用数据通信功能（DCF）来传递信息，并由参考点（两个功能块之间进行信息交换的点）隔开。图 10-57 显示了 TMN 功能块与参考点的关系。

TMN 的基本功能块有系统功能（Operation System Function，OSF）、网络单元功能（Network Element Function，NEF）、Q 适配器功能（Q Adapter Function，QAF）、工作站功能（Work Station Function，WSF）、协调功能（Mediation Function，MF）5 种。

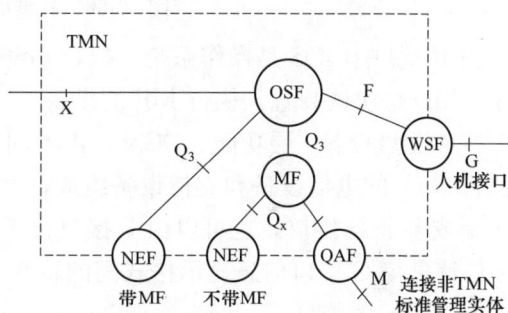

图 10-57　TMN 功能块与参考点的关系

OSF 的主要功能是处理 TMN 方面的数据，实现 TMN 中定义的管理功能（性能管理、故障管理、配置管理、账务管理和安全管理），在实现管理功能的基础上提供各种管理业务。

NEF 的主要功能是完成改通信设备的通信功能和提供网管系统和被管理通信设备之间的接口。

QAF 的主要功能是提供和非 TMN 标准的管理实体的接口，在通信网中，由于各种原因，会有一些设备不能提供标准的 TMN 接口。采用 TMN 的目的之一就是对全网进行统一和综合的管理，即能够进行端到端的管理，因此，必须有手段对不能提供标准 TMN 接口的设备进行管理，QAF 的功能就是对这些不具备 TMN 标准接口的设备提供接口适配功能。

WSF 的功能可以从 2 个层次上理解。从 TMN 提供管理业务的角度来理解，WSF 的主要功能是提供管理业务的接入手段，网管系统的使用人员通过 WSF 使用 TMN 提供的管理业务；从 TMN 作为网络管理系统提供网络管理功能的角度来理解，WSF 的主要功能是提供人机界面，网管系统的使用人员通过 WSF 使用 TMN 提供的网络管理功能。

在 TMN 的接口系列中，Q3 接口是用于管理的接口，但由于各种原因，有的通信设备不提供 Q3 接口，而只能提供 Qx 接口。在 TMN 的体系结构中，为了支持 OSF 实现与具体通信设备的无关性，OSF 支持的管理接口只能是 Q3 接口，为了支持 OSF 这个特性，在 TMN 中专门利用 MF 实现 Qx 到 Q3 的转换。

**3.** TMN 物理结构

TMN 物理结构主要包括物理实体及其接口，图 10-58 给出了典型的 TMN 物理结构图。

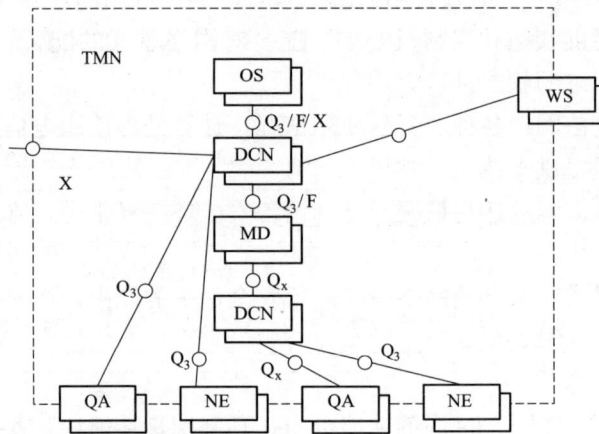

图 10-58　典型的 TMN 物理结构图

图 10-59 中，OS 是操作系统，执行 OSF 功能，它实际上是大型的管理网络资源的系统程序。MD 是协调装置，执行 MF 的设备。DCN 是 TMN 内支持 DCF 的通信网，主要实现 OSI 参考模型的下三层功能。DCN 可由不同类型的子网例如 X.25、DCC 等构成。网元 NE 由执行 NEF 的电信设备和支持设备组成，可包含 TMN 功能块，例如 MF 功能块。通常 NE 有一个或多个 Q 接口，也可以由 F 接口接工作站 WS。WS 是执行 WSF 的设备，主要完成 F 接口信息与 G 接口信息显示格式间的转换。

**4.** TMN 的接口

接口是物理结构中的概念，功能结构中的参考点可以映射为物理结构中的接口。由于 TMN 物理结构中各个物理实体的组成采用了重要功能实体的方法，因此，为了清楚地表达概念，利用功能结构来讨论参考点。TMN 参考点安排如图 10-59 所示。

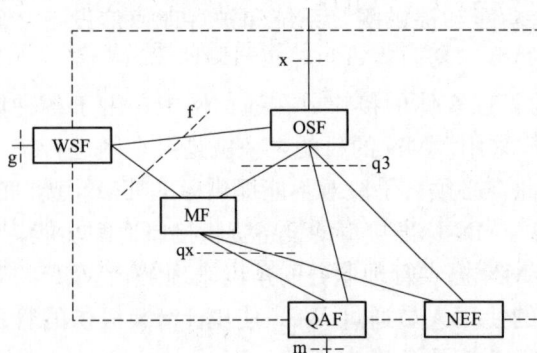

图 10-59　TMN 参考点安排

（1）g 参考点。g 参考点位于 WSF 和 TMN 外部的有关实体之间，由于 WSF 的基本功能是提供网管系统使用人员的接入手段，因此，g 参考点实际上就是网管系统使用人员和网管系统的界面。

（2）m 参考点。m 参考点位于 QAF 和 TMN 外部的有关实体之间，为了对不具备 TMN 标准接口设备的接口进行适配，必须要确定 m 参考点，否则 QAF 无法实现。目前，一般的 QAF 支持的 m 参考点接口类型有 SNMP 和简单网络管理协议（CORBA）中的 IDL（接口定义语言）。

（3）f 参考点。f 参考点是和 WSF 有关的参考点，因为 WSF 的基本功能是提供网管系统使用人员的接入手段，因此，在 f 参考点要将在 TMN 中内部使用的数据格式转换为适合人机界面使用的数据格式。

（4）x 参考点。x 参考点就是 2 个 TMN 之间的参考点，2 个 TMN 之间互联实质是 2 个 TMN 中对等的 OSF 之间互联。

（5）q3 参考点。q3 参考点是和 QSF 有关的参考点，凡是进入 OSF 的数据均要经过 q3 参考点。因此，q3 参考点的设计目的是要做到与通信设备无关。q3 参考点是 TMN 各参考点中最重要和最复杂的参考点。

（6）qx 参考点。qx 参考点是和 MF 有关的参考点。由于 Q3 接口是最复杂的参考点，因此，Q3 接口的标准制定过程是一个长期的过程，在 Q3 接口的制定过程中，产生的一些和现有 Q3 接口不同的部分，一般称为 Qx 接口。

## 10.3.2　SDH 管理网（SMN）

SDH 管理网（SMN）是 SDH 传送网的一个支撑网，它是 TMN 的子集，专门负责管理 SDH 的 NE。SMN 又可细分为一系列的 SDH 管理子网（SMS），这些管理子网由各自独立的嵌入控制通路（ECC）和有关的站内数据通信链路将 SDH 的 NE 连接起来。ECC 在 NE 之间提供逻辑操作通路，并以数据通信通路（DCC）作为物理层，构成可操作的数据通信控制网，或称为 TMN 中的一个 SDH 特定的本地通信网（LCN）。具有智能的 NE 和采用 ECC 通信时 SMN 的显著、重要特点，这种结合使 TMN 信息的传送和响应时间大大缩短，由于 NE 有智能性故可将网管功能或修改增补的新版本软件经 ECC 下载给 NE，代理管理应用功能，从而实现 TMN 或 SMN 的分布式管理。

**1. SMN 的组织模型**

TMN 是最一般的电信管理网范畴，而 SMN 是它的子集，负责管理 SDH NE，SMN 又是由若干个 SMS 组成，SMN、SMS 和 TMN 之间的关系如图 10-60 所示。

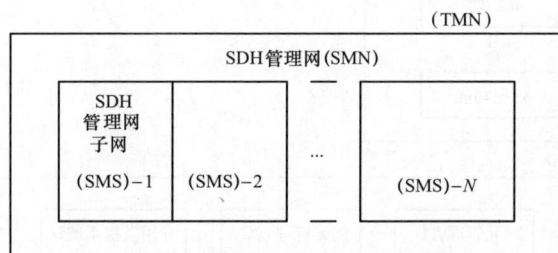

图 10-60　SMN、SMS 和 TMN 之间的关系

一个 SDH 管理子网是以数据通信通路（DCC）为物理层的嵌入控制通路（ECC）互联的若干网元（NE），其中至少应有一个网元具有 Q 接口，并可以通过此接口与上一级管理层互通，这个能与上级互通的网元称为网管（GNE）。图 10-61 所示为 SMN、SMS 和它们在 TMN 范围内的连接情况的一个示例，图中 NNE 表示非 SDH NE，GNE 表示网关，经 Q

接口与 OS 或 MD 相连，SMN 内部各个 NE 经 ECC 互连，局站内也可用本地通信网
（LCN）互连。

由图 10-61 可知，GNE 与 TMN 各部分的连接可通过一系列的标准接口（Q3、Qx、F）
实现，故 SMS 的接入总是利用 GNE 功能块实现。

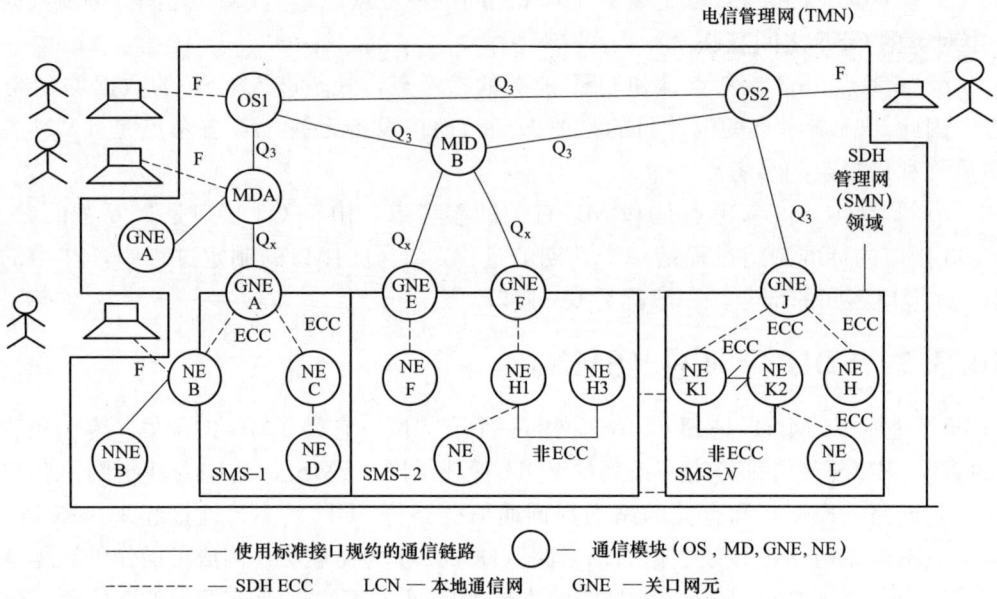

图 10-61　SMN、SMS 和 TMN 具体应用示例

**2. SMN 的分层结构**

SMN 可像 TMN 那样粗分为三层进行分层管理，从上至下为网络管理层（NCL）、网元
管理层（EML）和网元层（NEL），如图 10-62 所示。

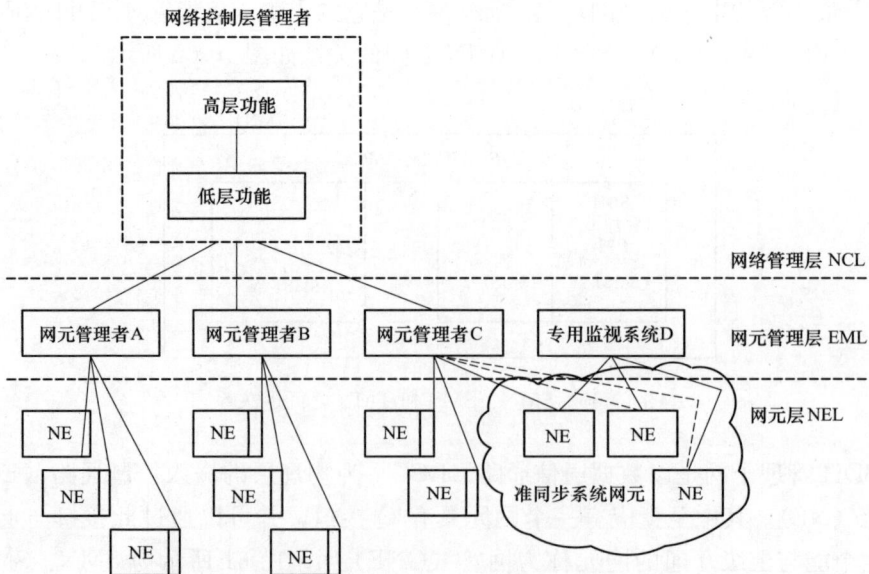

图 10-62　SMN 的分层结构

(1) 网络管理层。NCL 负责对所辖管理区域进行管理与监控,应具备 TMN 所要求的主要管理应用功能。并要求能同不同厂家的网元管理者通信、包括通过 MD 与 PDH 系统的网元通信。

(2) 网元管理层。EML 应提供配置管理、故障管理、性能管理、安全管理等功能,还可提供一些附加管理软件包以支持像计费、维护分析等功能。

(3) 网元层。NEL 本身也应该有一些管理功能,特别是在实现分布管理的情况下,要求 NEL 有相当高的智能。在一些特定的管理区域,某个网元担任网元管理者的主要功能会带来很大的灵活性。NEL 应包含配置、故障、性能等基本管理功能,这样,网络响应各种事件的速度快,尤其是为保护目的而进行的通路恢复显得更加重要。给 NEL 予更高的智能,实现分布式管理是网管的发展趋势。

**3. SMN 的管理功能**

SMN 是 TMN 的子集,故 SMN 的管理功能和 TMN 的功能是一致的。不过 SMN 有一套起码的管理功能,可按 ITU-T 建议 M.3400 的分类形式进行分类如下。

(1) 通用功能。

1) 主要是 ECC 管理功能。为了 SNE 间进行通信,必须对其通信链路 ECC 进行有效管理,主要包括对网络参数的检索、在 DCC 节点间建立消息路由、进行网络地址的管理、对给定节点 DCC 的运行状态进行检索等。

2) 其次是时间标记功能,即时间和性能报告标以 1s 的时间标记,以及还有安全、软件下载、远端请求联机等一般功能。

(2) 告警监视。涉及网络中发生的相应事件、情况的检出和报告。所谓告警就是作为某一事件、情况引起的结果由 NE 自动产生的指示。网管应支持与告警有关的功能,包括告警的自动报告、请求报告所有告警、所有告警报告、允许或禁止自动告警报告、对所要求的告警报告的允许或禁止状态的报告。

(3) 告警历史管理。告警历史指涉及告警的记录,通常将告警历史数据存在 NE 的寄存器内,每个寄存器包含告警消息的所有参数,并应能周期地读出。当寄存器填满后,操作系统应能决定是停止记录,删去部分记录,还是清零。

(4) 性能管理。

1) 性能数据采集:是指涉及 ITU-T 建议 G.826 中所规定的有关误码性能参数的事件数的采集及应用的采集。

2) 性能监视历史数据:可进行故障的区段定位和分析传输系统的近期性能。通常将性能历史数据存放在 NE 的寄存器中,所有这些寄存器都有时间。每一传输方向和每个性能事件都配有 24h 和 15min 两种寄存器。

3) 门限设置:在 NE 中可通过 OS 为各种性能事件设置门限值。OS 应能检索和改变这些门限,门限位突破时不必报告,以减轻 OS 的负担,一旦突破,NE 将自动产生门限突破通知、报告给 OS。

4) 性能数据报告:OS 可以将存放在 NE 中的性能数据收集起来进行分析,对启动合适的维护行动和故障都很有用。只要 OS 需要,性能数据就能经 OS/NE 接口报告。数据收集可周期性地进行以支持趋势分析,以预测未来可能发生的失效或劣化。当 OS 要求时，指定端口的性能数据能周期上报。一旦性能事件门限突破，可通过 NE/OS 接口自动报告给 OS。

5）不可用时间内的性能监视：在不可用时间内，性能事件计数应该禁止。不可用事件的起始时间和结束必须有时间标记并存在 NE 的寄存器中。要求寄存器一天至少能存 6 个不可用时间段，还应至少被 OS 读取 1 次。

6）附加监视事件：附加监视事件有帧失步秒（OFS）、保护转换计数（PSC）、保护转换时间（PSD）、不可用秒（UAS）、连续严重误码秒计数（CSES）和指针调整事件（PJE），均为人为选项，视实际需要而定。

（5）配置管理。按照 TMN 功能，配置管理主要实施对 NE 的控制、识别和数据交换，实现对 NE 的调度功能以及 NE 状态和控制功能，其中一个重要的手段是实施保护转换，以确保控制、保护线路传输的业务不中断。

（6）安全管理。同 TMN 一样，安全管理涉及注册、口令和安全等级等方面，防止未经许可与 SNE 通信，保证安全地接入 SNE 的数据库。

**4. SMN 规约栈**

SMN 管理目标之一是实现横向、纵向兼容性，其实质是对面向目标的网络信息模型进行管理，而管理的实现又取决于管理信息的传送。如何有效、快速、可靠地传送管理信息则依赖于各种接口功能（包括规约、规约栈）的实现。在 SMN 中需要开发的符合 ITU-T 建议的规约栈有 NE 之间通信用的 ECC 规约栈、NE 与 WS 之间的 F 接口、GNE 与 OS 之间的 Q3 接口、NE 与 MD 之间的 Qx 接口 4 种。

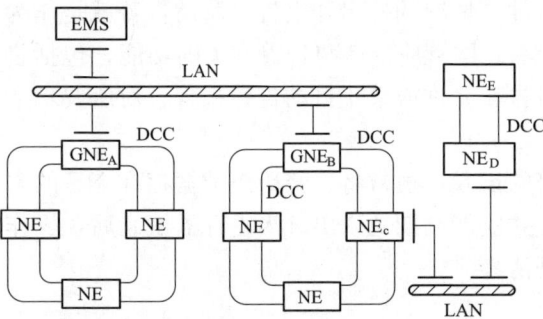

图 10-63　典型的 SDH 管理网 DCN 示例

**5. SDH 管理网 DCN 的实现**

图 10-64 是一个典型的 SDH 管理网 DCN 示例，DCN 包含 2 条 LAN 和 1 组 DCC 通道，EMS 利用 LAN 通过网关网元 GNEA 和 GNEB 连接到 SDH 传输网络，其他网元通过 DCC 通道或 LAN 相互联系。

图 10-63 中数据通信网涉及 DCC 和 10/100Base-T 2 种通信接口及多种通信协议。假设示例中的 DCN 为 OSI 型，且 EMS 对网元 NE 的管理基于 CMIP（公用管理信息协议）应用层协议，那么 EMS 与网元 NE 间 DCN 涉及的协议，见表 10-12。

表 10-12　　　　　EMS 与网元 NE 间 DCN 所涉及的协议

| EMS | GNE_B | | GNE_C | | GNE_D | | GNE_E |
|---|---|---|---|---|---|---|---|
| CMIP | — | | — | | — | | CMIP |
| ES-IS, CLNP | ES-IS, IS-IS, CLNP | | ES-IS, IS-IS, CLNP | | ES-IS, IS-IS, CLNP | | ES-IS, CLNP |
| LLCI | LLCI | LAPD | LLCI | LAPD | LLCI | LAPD | LAPD |
| LAN | LAN | DCC | LAN | DCC | LAN | DCC | DCC |

## 10.3.3 国网某省电力公司网管网建设方案

**1.** 网管网建设方案

根据传输设备网管系统省级集中指导意见的建设要求，在建设原则上，确保省、地之间存在多条不同的路径，提高网络的可靠性和生存性。充分利用 SDH 环网保护，并将网管网平台主、备路由分配在 2 套传输网络上。同时，不同厂家的网管系统、操作终端与网关网元之间应通过 VLAN 进行隔离，提高网管系统的安全性。

网管网络拓扑示意如图 10-64 所示，网管网满足双平面要求：平面一通过思科基础网通道传输，带宽为 1000M；平面二通过阿尔卡特朗讯传输网通道传输，带宽为 1000M。在后期优化工作中，根据建设规范，逐步完善网管网，形成核心层与接入层架构。

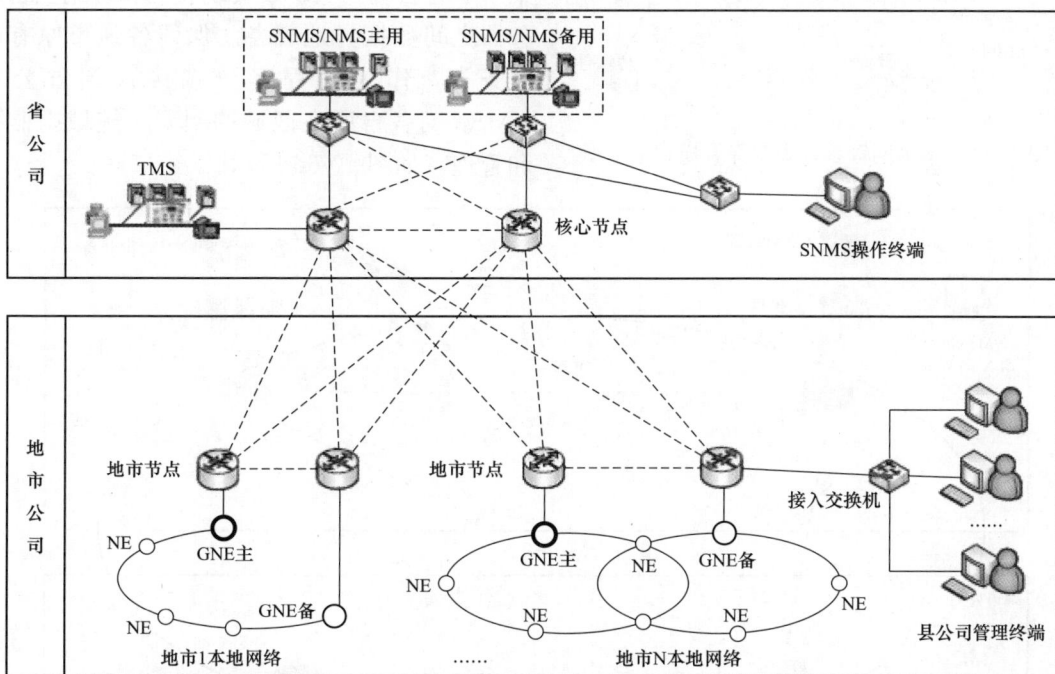

图 10-64　网管网络拓扑示意图

**2.** 网管系统省集中

网管系统的集中部署方案是在省公司部署统一的网管服务器，管理全省范围内同一品牌的传输网络，地市公司通过分权分域的方式远程登录至省公司网管服务器，从而管理本区域内的设备。集中建设的网管系统，应按照异地双机热备部署，主用网管系统安装在省公司，备用网管系统安装在备调。该示例实施传输设备网管系统省级集中的厂家共有华为、ECI 2 家，针对不同厂家的网管系统需制定不同的集中部署方案。

（1）华为网管系统省集中方案。在省调和备调各部署 1 套 U2000 高可用性网管服务器，各地市传输网关网元通过网管网与某省调和备调相连接，实现省公司对各地市华为网络的统一调度与监控。同时，省调和备调 U2000 网管系统进行心跳连接，形成异地网管系统热备

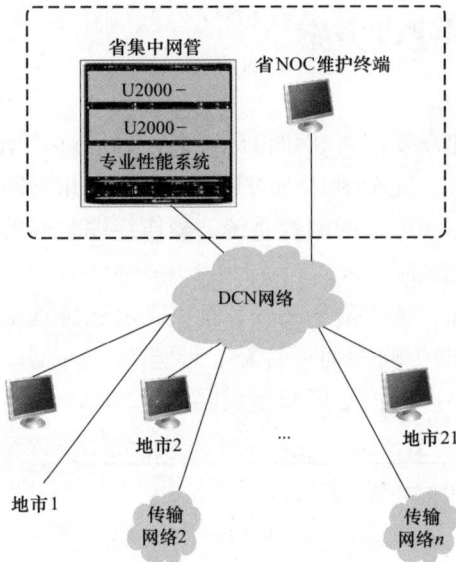

图 10-65　华为网管系统集中部署模式组网图

份，满足省级传输网管容灾要求。各地市公司地调和第二汇聚节点通过反拉省调 U2000 网管系统，实现对本地市华为网络的统一调度与监控，如图 10-65 所示。

（2）ECI 网管系统省集中方案。ECI 的集中部署实施方案支持分层统一管理模式，在省调和备调安装 2 台服务器（1 主 1 备），安装 LightSoft（NMS＋EMS）和 RDR 软件，LightSoft（NMS＋EMS）实现各地市网络 ECI 传输设备的网管统一管理（数据库全部集中在省公司），RDR 实现省调和备调主备服务器之间数据异地灾备。保留各地市原有的服务器，作为远程客户端接入到省公司 NMS，对各自所在区域的网元实施域内监控和管理，如图 10-66 所示。

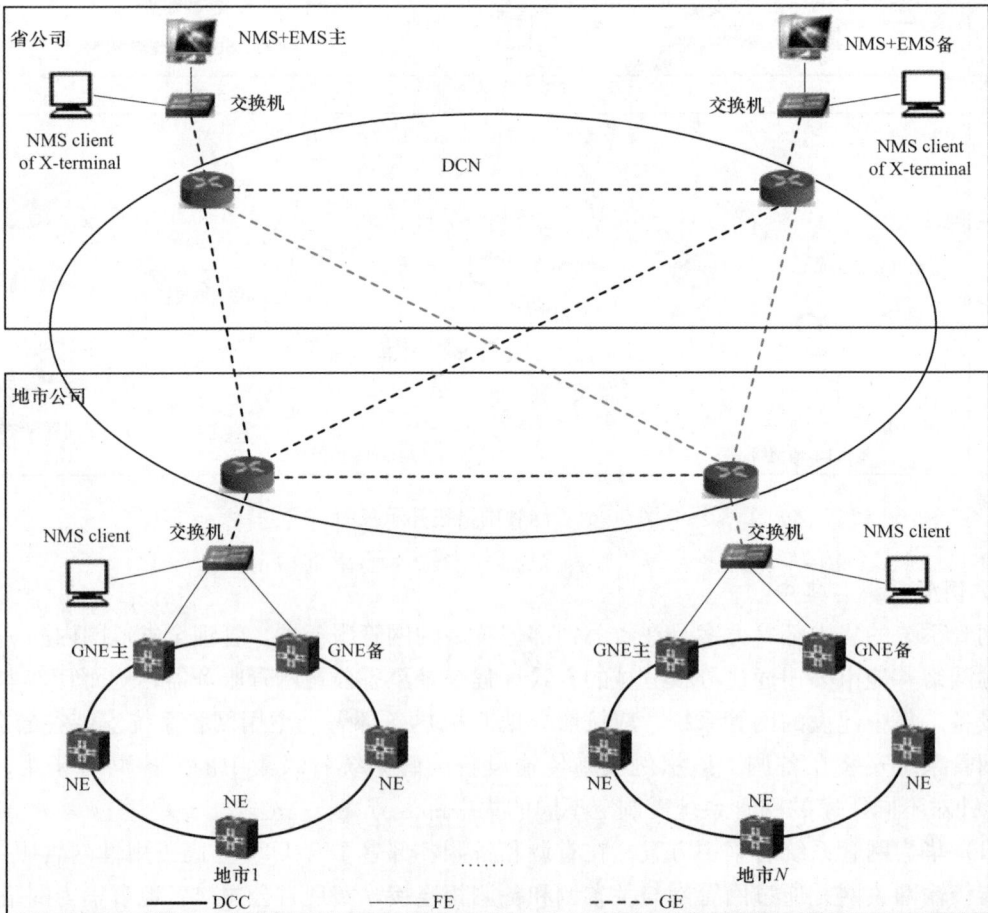

图 10-66　ECI 网管系统集中部署模式组网图

# 10.4 通信管理系统 TMS

通信管理系统是国网公司统一部署的一体化企业级通信管理平台。该系统集数据采集、监视、分析、管理、方式、检修、智能化等多种功能于一体，覆盖了全省所有 35kV 以上县公司通信网络，是各类电网通信业务的主要支撑系统，也是通信专业信息化的重要载体。一体化通信管理系统的建成将有效改善通信管理分散、效率低下的状况，为通信专业化、集约化管理提供有效手段，进一步提高通信规划、建设和运维的专业管理水平。

## 10.4.1 电力通信网现状

电力通信网是公司除电网外的另一张实体网络，它是国家电网公司安全生产的重要保障，是电网一次系统安全稳定运行的基础，是各类电力信息化业务的运行平台。同时，它具有网络规模大、网络设备全、覆盖范围广、人均设备运维任务重、网络运行安全责任大、调度业务要求保障高等特点。

电力通信网由骨干通信网和终端通信接入网组成。骨干通信网涵盖 35kV 及以上电网，由跨区、区域、省、地市（含区县）共 4 级通信网络组成。终端通信接入网由 10kV 通信接入网和 0.4kV 通信接入网 2 部分组成，分别涵盖 10kV（含 6、20kV）和 0.4kV 电网，具体如图 10-67 所示。

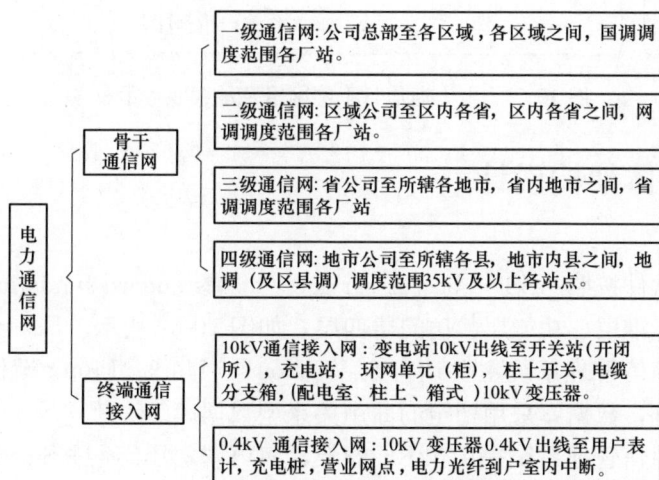

图 10-67 电力通信网构成

通信骨干网包括传输网、业务网和支撑网：传输网包括光缆、光通信系统、微波通信系统、卫星通信系统、载波通信系统等；业务网包括数据通信网、调度电话交换网、行政电话交换网、会议电视网、应急通信系统等；支撑网包括时钟（时间）同步网、通信网络管理系统等。电力通信骨干网网络及承载业务示意如图 10-68 所示。

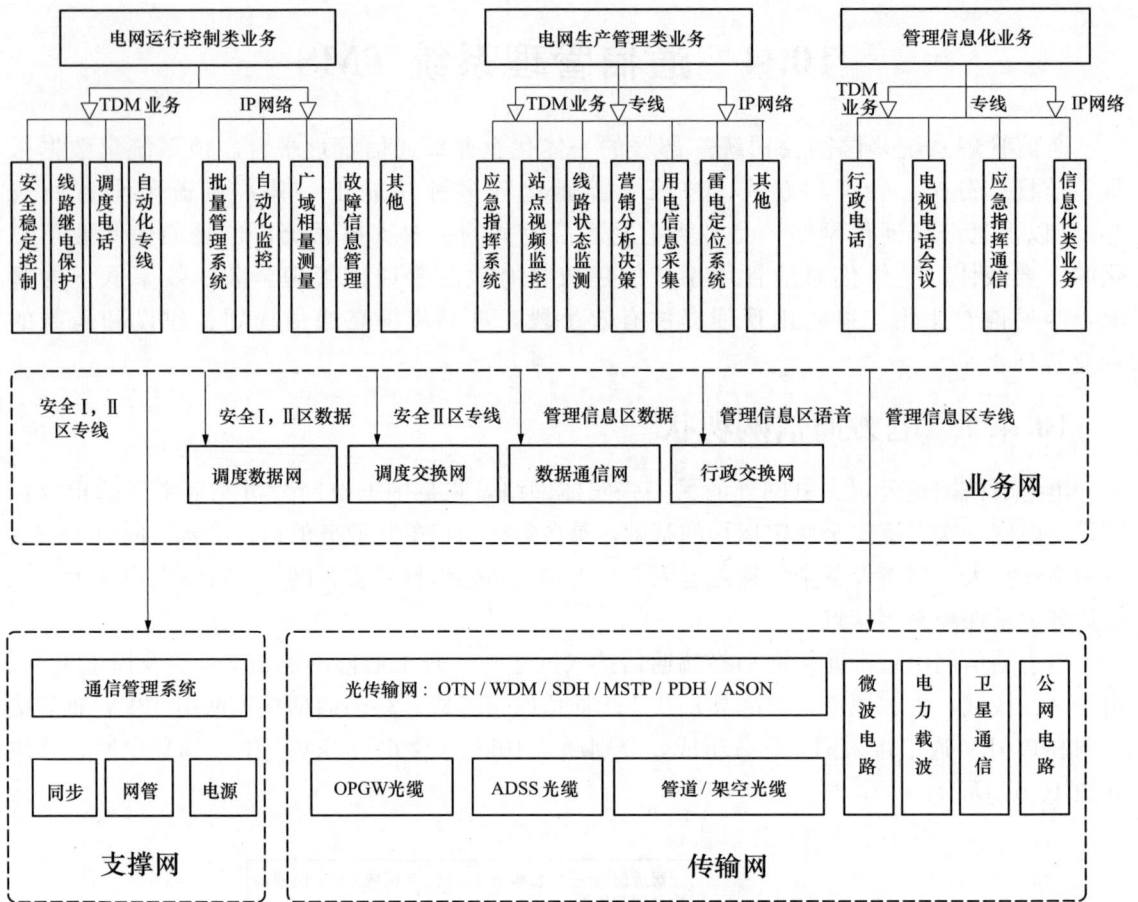

图 10-68　电力通信骨干网网络及承载业务示意

## 10.4.2　总体架构设计

**1.软件架构**

通信管理系统软件按照 ASSF［access-service（biz)-standard-fundation］总体架构设计模式分为基础层、标准层、功能层、访问层四层，如图 10-69 所示。

（1）基础层。通信管理系统主要运行在 Windows、Unix、Linux 操作系统中，软件部署采用成熟的中间件，数据库采用稳定的商用关系型数据库。

（2）标准层。通信管理系统采用 J2EE 框架，MVC 模式，通过 Spring 在 Structs、Hibernate、Flex BladeDS 等框架之间相互调用实现整体技术框架。

（3）功能层。通信管理系统的软件功能服务由数据采集服务、数据总线服务、数据标准化服务、任务调度服务、数据计算服务、文件传输服务、工作流服务、数据分析服务、报表服务、图形服务、网站服务、权限服务、自监视服务等组成。其中数据采集服务主要支撑通信管理系统的数据获取，数据总线服务主要支撑系统内外的数据传输，数据标准化服务主要支撑数据在系统中标准化和规范化，任务调度服务实现系统内各项技术任务有序稳定运行，数据计算服务实现数据的加工与统计，文件传输实现系统内、外的数据文件传输，工作流服务支撑系统工作流的设计、发布与流转，数据分析服务提供系统综合智能的分析方法，报表服务支撑系统中各类报表的数据获取与数据呈现，图形服务为整个系统的图形化展示提供技术支撑，网站服务支撑系统的网站设计、发布、呈现，权限服务负责系统中所有的数据、功能的权限控制，自监视服务对系统中所有的运行模块进行监视和运行管理。

（4）访问层。系统主要通过 Web 浏览器访问，提供各类 Web 应用，同时部分功能采用应用客户端的方式访问。

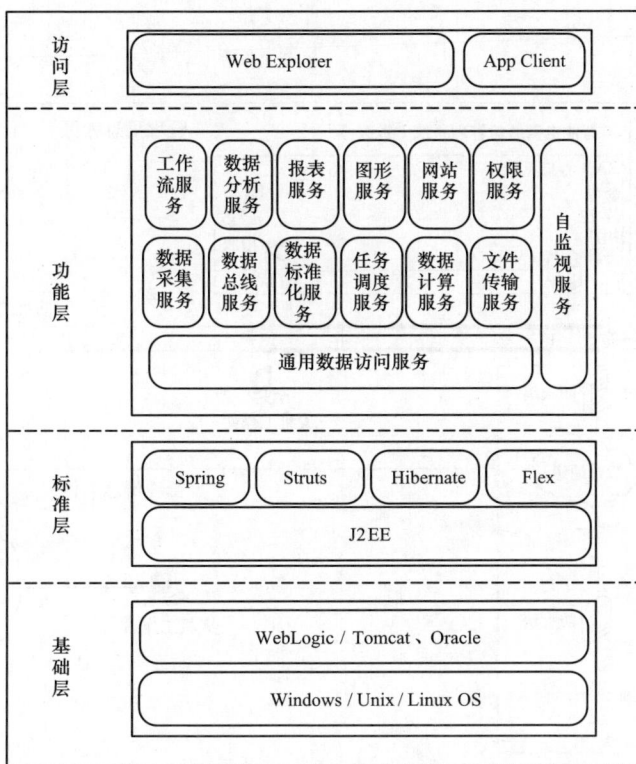

图 10-69 TMS 系统软件架构

**2.** 部署架构

通信管理系统采用总部（分部）、省两级部署，总部（分部）、省、地市三级应用的物理架构。在国网信通公司和各区域分部集中部署跨区、跨省的骨干通信网管理系统，在省公司集中部署省内骨干通信网管理系统，地市公司通过远程终端使用省级部署的系统。TMS 系统物理架构如图 10-70 所示。

各层级系统之间采用标准数据互联接口进行互联。考虑到集中部署的高可靠性要求，通信网管系统架构采用双机双网方式配置。系统内硬件配置按网段划分为数据交互、数据存储、应用服务、人机交互四类。数据交互使用高性能独立采集服务器，保证数据采集的高效与可靠性；系统数据采取基于 SAN（Storage Area Network）模式进行存储；根据不同应用的业务特性来配置相应的应用服务器群；人机工作站根据安全区统一配置，既可节省硬件投资，又能实现界面统一，实现最大化的资源共享。各级系统和设备网管服务器部署时必须配备必要的机房环境，以满足电力二次安全和等级保护的规定。

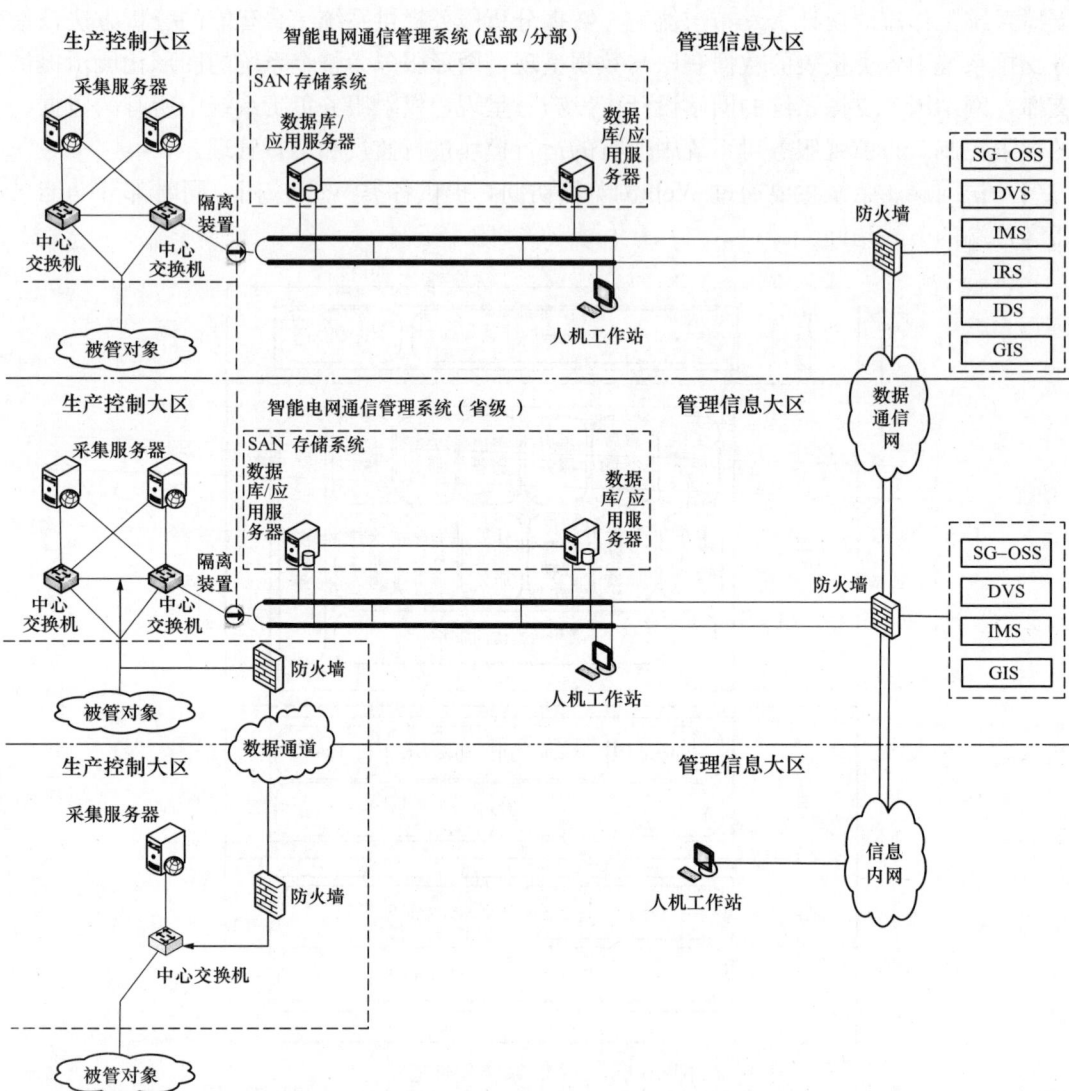

图 10-70　TMS 系统物理架构图

设备网管的部署应兼顾运行、维护的方便和便于集中管理。由于历史的原因目前设备网管的部署比较乱，各单位应按照《设备网管技术规范》的要求重新部署，骨干网应尽量实现总部（分部）、省两级集中，部分地区网络比较发达的地区也可以在地（市）集中，所有设备网管都必须安排通道接入各层级的数据采集系统。

**3.** 安全架构

依据电力二次系统安全防护要求，通信管理系统安全防护的总体原则为"安全分区、网络专用、横向隔离、纵向认证"。TMS 系统安全架构如图 10-71 所示。

各层级的通信管理系统依据安全要求部署于生产控制大区和信息管理大区。通信设备网管系统和与其相关的数据采集系统位于生产控制大区，参考安全等级保护（公安部）等同调度自动化系统要求为 4 级。通信管理系统的其他部分部署于信息管理大区；通信管理系统上下级之间的联网，与同层级其他系统（SG-OSS、DVS 等）之间的联网位于信息管理大区，通过部署硬件防火墙实现逻辑隔离。在管理系统的生产控制大区和信息管理大区之间设置经国家指定部门检测认证的电力专用横向单向安全隔离装置，隔离强度应接近或达到物理隔离。

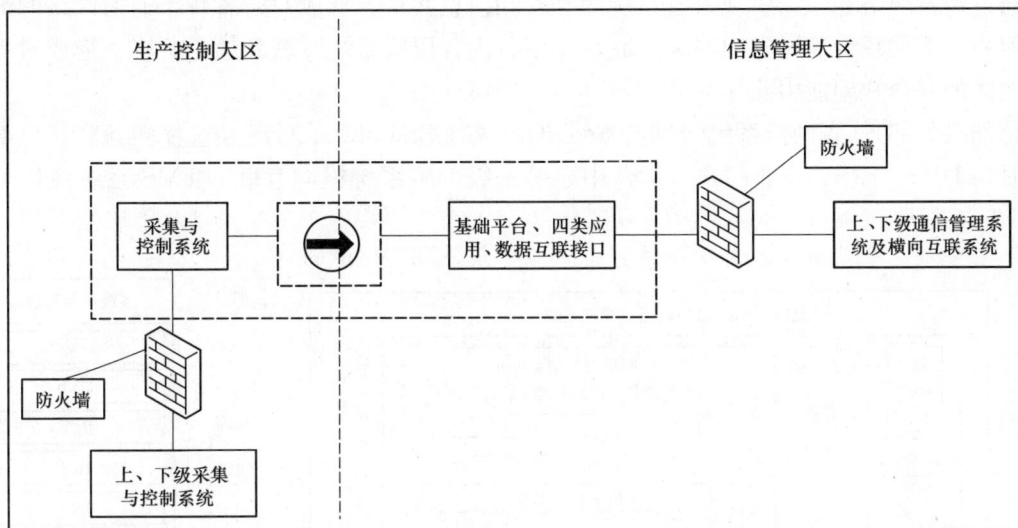

图 10-71　TMS 系统安全架构图

**4．业务架构设计**

通过对电力通信管理工作内容、业务流程、工作职责的分析梳理，将电力通信管理业务划分为通信资源管理、通信监视管理、通信运维调度、专业支撑管理四个业务域，TMS 系统业务架构如图 10-72 所示。

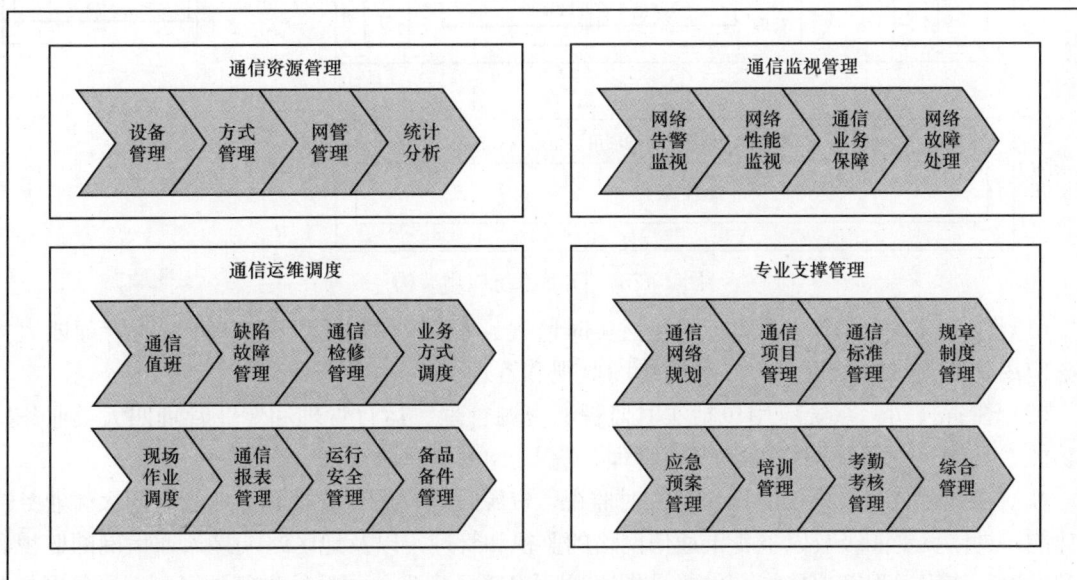

图 10-72　TMS 系统业务架构

**5.** 应用架构设计

通信管理系统作为一个整体，其应用架构由总部（分部）、省两级系统和互联网络组成。上层由总部（分部）系统组成，下层由省级系统组成。上层系统间通过跨区域网络互联，实现跨区域系统的互联和信息共享，形成对跨区域骨干通信网络的综合管理能力；上下两层系统间通过跨省网络互联，实现跨省系统的互联和信息共享，形成对跨省骨干通信网络的综合管理能力；下层系统通过省内网络互联，实现省内各层级系统互联和信息共享，形成对省内骨干网络的综合管理能力。

总部（分部）、省两级系统分别与本级单位 SG-OSS、IMS、GIS 系统横向互联，总部系统同时与 DVS、IRS、企业门户、运营中心等一级部署系统横向互联。TMS 系统应用架构如图 10-73 所示。

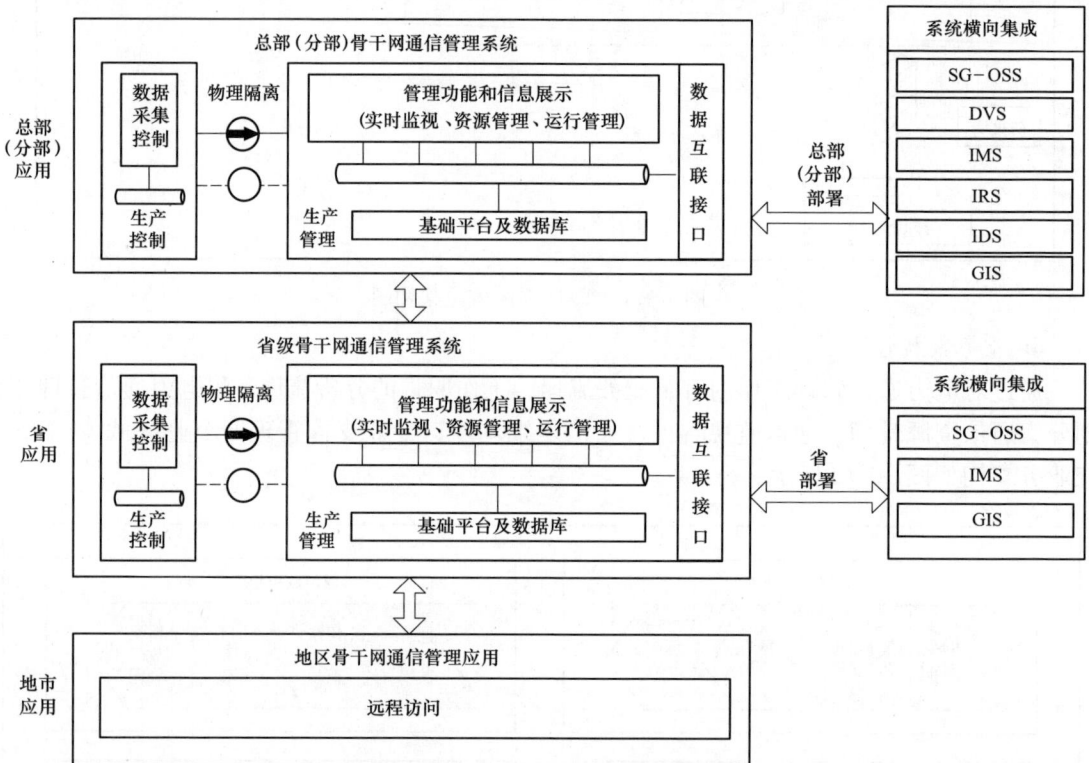

图 10-73　TMS 系统应用架构

（1）在总部（分部），系统应用包括实时监视、资源管理、运行管理和专业管理四大类业务应用功能，具体负责一、二级网络的监视和管理。

（2）在省公司，系统应用包括实时监视、资源管理、运行管理和专业管理四大类业务应用功能，具体负责三级网络的监视和管理。

（3）在地区公司，系统应用包括实时监视、资源管理、运行管理和专业管理四大类业务应用功能，具体负责四级及以下骨干通信网络的监视和管理，以及地区终端接入通信网的监视和管理。地区使用远程管理功能，主要是指通过远程登录到省公司系统进行地区骨干通信网的监视和管理，实现全套的实时监视、资源管理和运行管理和专业管理功能；通过远程登录到省公司系统终端进行地区终端通信接入网的监视和管理，实现实时监视、资源管理和运行管理功能。

（4）横向集成互联，系统主要是把通信网运行指标数据、通信检修、通信业务申请、通信网络状态及告警、台账数据等进行共享和流转交互。把 GIS 地理信息、一次停电信息、通信专业管理信息进行集成应用。

**6.** 数据架构设计

通信管理系统数据分为基础数据、系统业务数据、动态采集数据、横向协同数据和纵向联网数据等，TMS 系统数据架构如图 10-74 所示。

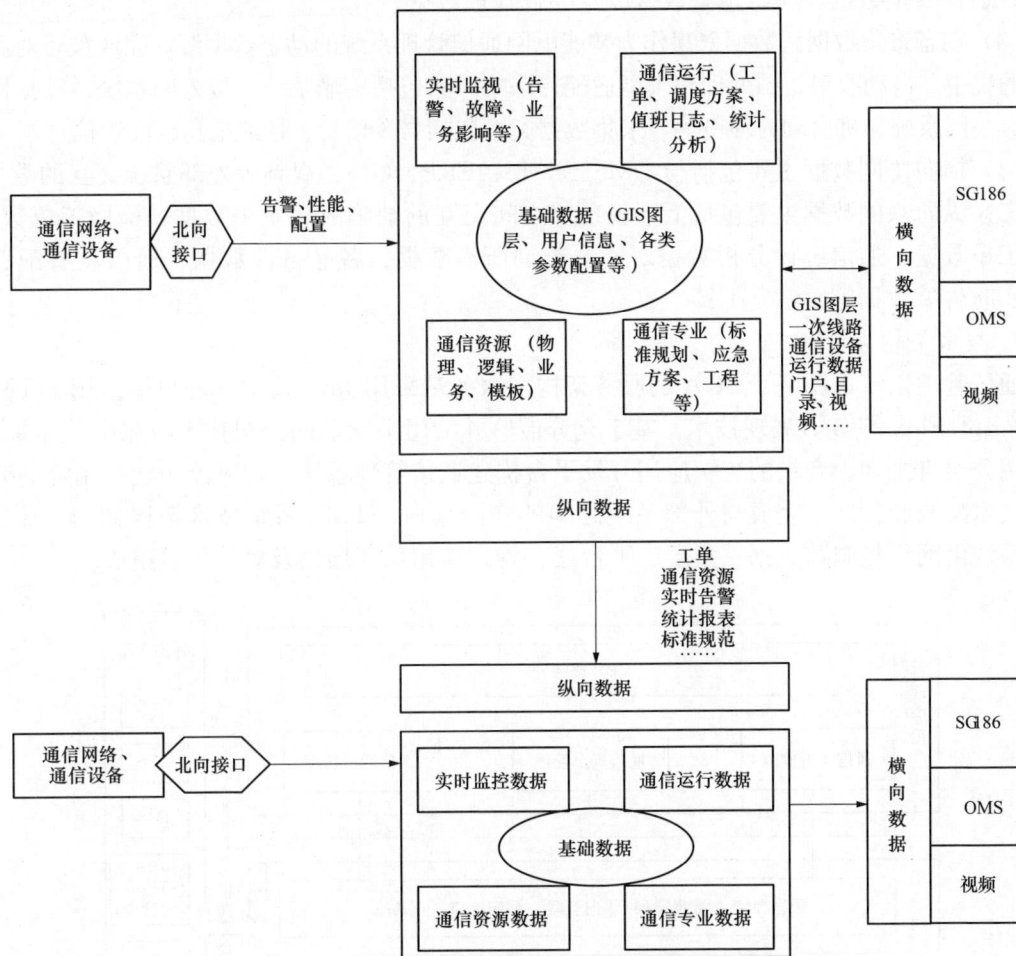

图 10-74　TMS 系统数据架构

（1）基础数据。是系统基础功能所需的非业务数据，主要包括权限管理数据、GIS 图层数据、系统参数配置数据等。

（2）系统业务数据。主要指实时监视、资源管理、运行管理、专业管理四大类应用数据。

1）实时监视类数据反映通信网的运行状态，是进行通信运行和资源调度的基础，包括告警故障数据、性能数据、动环实时数据、网络配置数据等。

2）通信资源类数据是通信管理系统资源管理的基础，包括来自数据采集的动态资源数据、通过人工维护的静态数据、通过外部系统获得的电网数据，以及设备模板数据、调度方案等数据。

3）通信运行管理类数据是实现通信运行工作标准化、流程化管理的基础，是数据分析和统计报表的数据源，是自动统计报表的基础，与通信资源管理和通信专业管理等紧密关联，主要包括工单流转过程中产生的工单处理数据，以及通调值班数据、备品备件数据、统计报表数据、仿真培训数据。

4）通信专业类数据主要包括通信标准数据、通信工程数据、网络规划数据、通信考核数据、通信安全数据、应急预案数据以及综合管理数据。

（3）动态采集数据。数据采集作为智能电网通信管理系统的动态数据源，完成被管对象层数据的集中、自动收集、预处理和模型适配；采集对象包括传输系统、接入网系统、数据网系统、交换网系统、机房动力环境等，采集数据类型包括告警信息、性能信息或配置信息。

（4）横向协同数据主要包括与 OMS、PMS、ERP、GIS、视频等外部系统交互的数据。

（5）纵向联网数据主要包括上下级系统之间交互的缺陷故障工单数据、检修工单数据、方式工单数据、通信统计分析数据，资源查询所需数据、备品备件数据、通信设备配置数据、实时告警数据等。

**7. 技术架构设计**

通信管理系统采用基于 SOA 的服务架构，服务端采用 Java 技术，客户端采用 HTML/JavaScript/Flex 等 B/S 展现技术。基于充分借鉴并沿用国家电网公司技术成果的技术原则，将采用公司自主知识产权的统一应用开发平台构建通信管理系统。遵循公司统一制定的应用集成技术架构和标准，完成与外部系统之间的横向集成。TMS 系统技术架构如图 10-75 所示，系统由网络控制和数据采集层、平台层、管理应用层三层以及对外接口组成。

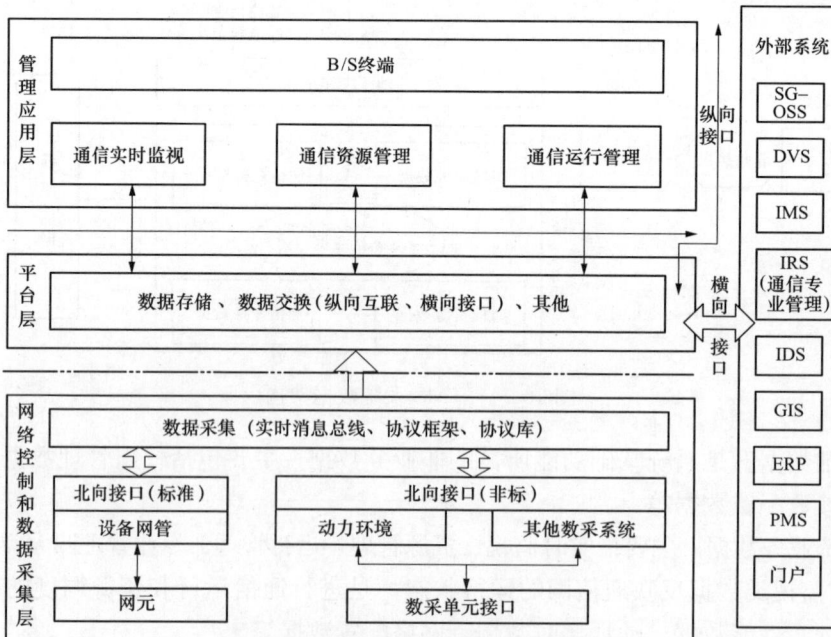

图 10-75　TMS 系统技术架构

（1）网络控制和数据采集层：由各种下层系统（设备网管、动力环境和其他数采系统）和数据采集与智能控制系统组成。其中设备网管包括光缆监测、传输网管、数据网管、交换网管等；动力环境监控系统包括机房环境监控、门禁系统监控、视频监控和电源监视系统等；其他数采系统包括电话测试、配线架监控等。下层系统依据相关接口标准转换成北向接口接入数据采集与智能控制系统，实现数据的集中上送与配置下发。

（2）平台层：软件基础平台提供通用的管理工具，简化上层应用功能的开发。平台层主要包括数据建模、安全管理、系统管理、图形引擎、流程引擎、服务总线、报表管理、数据存储和数据互联等模块。

（3）管理应用层：为整个通信专业提供各类业务应用功能模块，是整个系统的呈现。按照应用将功能分类展现，包括实时监视、资源管理、运行管理。

（4）对外接口：主要有数采单元接口、北向接口、横向接口和纵向接口。

1）数采单元接口。数采单元部署在厂站端，实现厂站端动力环境监控设备数据的集中采集并转发到上级的动力环境监控系统，目前在系统内数采单元存在多种厂家、多种形态，包括独立的数采单元、电源和环境系统内嵌模块。多种厂家的接口数据缺乏规范性，标准化程度较低，不利于动力环境的数据采集和管理功能的实现，因此，应制定相应的接口标准，规范接口类型、数据格式和采集方式。

2）北向接口。北向接口是设备网管系统提供的与上层通信管理系统进行数据交互的接口。通信管理系统通过该接口实现对通信网络的动态监视和管理。通信管理系统通过规范设备网管北向接口、定义数据格式与通信协议，实现设备网管与通信管理系统之间数据交互的标准化。目前主流的北向接口主要分为通用标准接口和专用私有协议接口。

3）横向接口。通过标准的数据互联接口与本级公司信息系统（IMS、DVS、SG-OSS等）进行数据共享、流程互通和应用交互。

4）纵向接口。通过标准的数据互联接口与上、下级通信管理系统进行数据共享、流程互通和应用交互。

## 10.4.3　TMS 系统功能

**1. 资源管理**

提供对通信网络各种通信资源数据的规范、常态管理功能，实现面向通信网络、通信设备、通信业务等各类通信资源的规范化管理，使资源的使用更加便利、资源数据的查询更加准确，并为通信资源的建设和规划提供依据。

通信资源管理主要包括资源信息管理、配置管理、资源图形管理、资源调度管理、资源查询统计分析和资源预警分析等功能。各资源管理功能模块关系如图 10-76 所示。

通信资源管理是指通信管理部门对其建设运维的各类通信设备和网络资源的管理工作。它是建立在对各类资源信息收集、整理的基础上对通信资源的台账管理、分配使用以及统计分析。具体业务可以分为设备管理、方式管理、网管管理和统计分析。在通信管理系统中主要由资源管理模块功能支撑通信资源管理业务的开展。

（1）设备管理。设备管理是对各类通信资源的台账管理，是通信资源管理业务中的日常基础业务之一。其主要业务工作是对包括站点、机房、光缆、电缆、配线设备、传输设备、

PCM 设备、业务网设备、支撑网设备、接入网设备、通信电源等设备信息进行台账查询、分类、汇总、维护。通信管理系统通过资源信息管理对设备管理业务提供支撑。

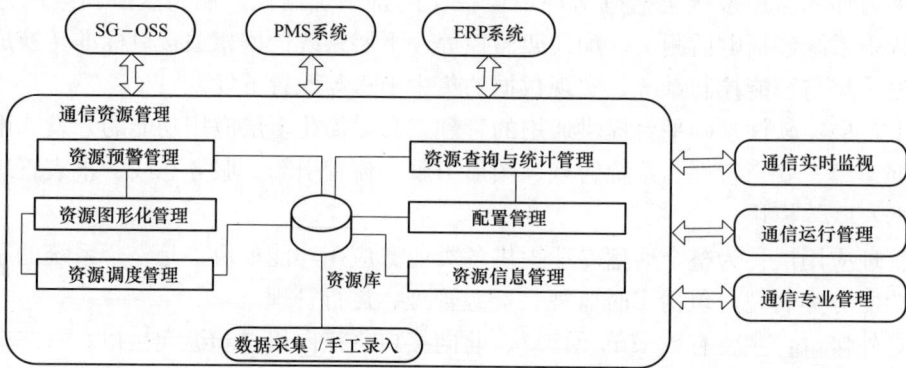

图 10-76　资源管理功能模块关系图

（2）方式管理。方式管理是指通信部门按照部门内外的需求，设计编制业务电路方式方案，包括业务的开通、变更和退出，覆盖了光纤、传输复用 2M/155M、64K 等业务类型。其主要业务工作是依据通信资源的占用空闲情况、电力通信安全、路由优化等相关信息和原则设计业务通道的详细连接路径，作为业务方式调度工作的方案依据。

通信管理系统通过资源信息管理、资源查询统计、资源图形管理等基础功能为方式管理业务提供基础数据支撑，并通过资源调度功能为方式方案编制提供智能化辅助设计支撑。

（3）网管管理。网管管理是指通信部门对传输网、PCM、业务网、支撑网、接入网等网络的设备网管进行专项专人的使用、维护。其主要业务工作是对设备网管进行维护，并按照业务方式方案使用网管软件功能进行网络配置的修改。

通信管理系统通过配置管理、资源图形管理、资源信息管理等功能实现对设备网管的数据同步应用支撑；并通过支撑网管理实现对设备网管本身的信息管理、状态监视与维护支撑。

（4）统计分析。通信资源的统计分析是通信管理的常用功能，在报表编制、方式管理、网络规划、预案制定等多项工作中，均需要统计分析工作的支持。资源统计分析是对网络资源进行整体或分类的分析，对通信网的规模、资源占用、负荷状况等提供趋势、建议、预警等输出。

通信管理系统通过资源查询统计、资源分析与预警等功能提供对统计分析业务的支撑。

**2. 实时监视**

通信实时监视是整合、处理和分析设备网管、动力环境和其他系统传送至智能电网通信管理系统的各种告警信息和性能信息，实现在统一的界面下对多厂商设备运行状态的集中监视，实现面向网络、面向业务的告警管理以及智能化的故障分析处理手段。主要功能模块包括告警集中监视、网络运行状态监视、重要业务电路监视、故障智能分析与处理、性能管理。实时监视功能模块关系如图 10-77 所示。

通信监视管理是通信管理系统的实时数据流的源头，是指通信管理部门对其运维的各通信网络运行状态的实时监视和故障处理工作。该业务建立在网络实时告警和性能数据实时采集和通信资源信息动态同步的基础上，对各通信网络子系统上报的实时状态数据（告警、性

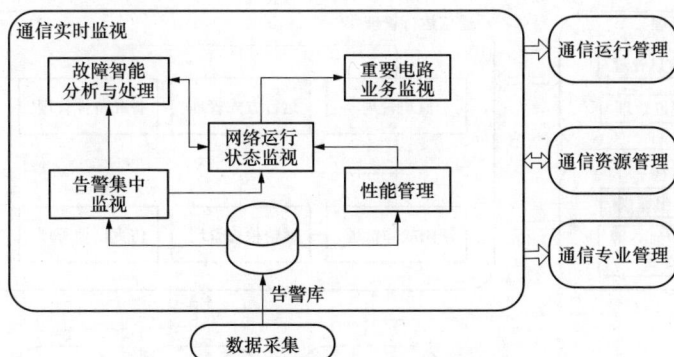

图 10-77　实时监视功能模块关系图

能）集中监视、综合分析、统一处理。具体的业务可以分成网络告警监视、网络性能监视、通信业务保障和网络故障处理。

（1）网络告警监视。网络告警监视是对网络中各专业，不同厂家的通信子系统告警数据的集中监视，是通信监视保障业务的核心组成部分。其主要工作是通过及时捕捉通信系统各环节（子系统）的网络异常事件，并维护相关事件记录，驱动故障分析和业务保护分析工作顺序进行。

（2）网络性能监视。网络性能监视是对网络中各专业，不同厂家的通信子系统性能量数据的集中监视与分析，是通信监视保障业务的核心组成部分之一。其主要工作是通过及时获取通信系统各环节（子系统）的网络性能量指标值，辅助分析网络运行状态，从而通过预警等手段降低网络故障率。

（3）通信业务保障。通信业务保障是对通信网所承载的业务状态的保障功能，是通信监视保障业务的重要组成部分之一。其主要的工作是以网络告警和性能监视的输出作为驱动，结合各类资源间关联关系分析各业务的实时运行状态，从而保障通信承载业务的服务质量、可靠性等。

（4）网络故障分析。网络故障分析是对通信网故障的分析辅助功能，其主要工作是在实时告警数据的驱动下，帮助快速发现并定位故障源，并通过经验库等手段辅助得出故障处理方案。

**3.** 运行管理

通信运行管理应用从通信运行的值班调度、方式、检修、故障、备件等方面的流程化管理角度定义相关功能，通过对各类工作的流程化、标准化、信息化管理，实现通信工作的规范管理和信息共享的目的，将通信运行管理实际需求与信息化手段有效结合，全面提高通信运行管理水平。

通信运行管理主要包括运行值班管理、通信运行方式管理、通信检修管理、缺陷故障管理、备品备件管理、仿真培训管理等功能。各运行管理功能模块关系如图 10-78 所示。

运行管理是指通信专业管理人员、运行人员、检修人员的日常运维工作，是建立在通信流程标准化基础上，将通信专业调度、运行、检修、处缺等工作进行流程化、信息化。具体业务可分为通信值班、缺陷故障管理、通信检修、业务方式调度、现场作业调度、通信报表管理、运行安全管理和备品备件管理。

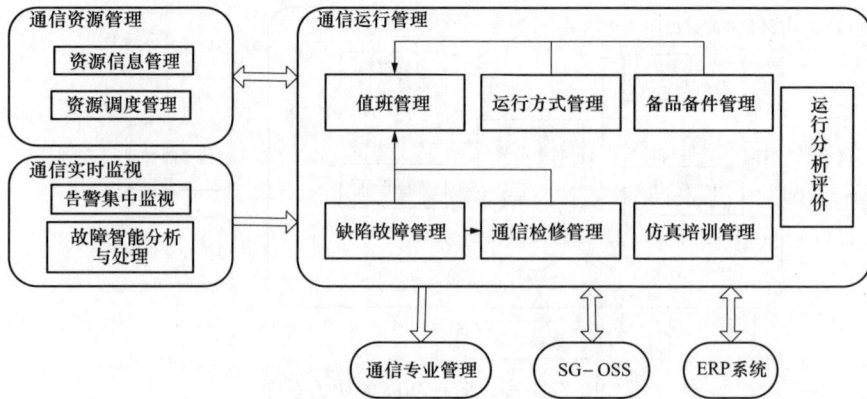

图 10-78　运行管理功能模块图

（1）通信值班。通信值班是指通信调度人员监控网络状态、跟踪运行工作、执行通信方式的集中管理。其主要业务工作是对通信设备、通信机房环境的实时监视和告警进行分析、判断、处理，跟踪指导通信检修工作。

（2）缺陷故障管理。缺陷故障管理是指对通信设备、线路缺陷处理全过程监控管理。其主要业务工作是减少缺陷处理时长，确保缺陷处理的及时性和可控性；并对数据进行分析统计，全面掌握设备运行状态。

（3）通信检修。通信检修是指对通信网络设备、通道检修工作的合理流转与执行进行管理的工作。其主要业务工作是对检修时间、检修设备、影响范围、风险措施等内容进行详细的制订，通过相关调度部门、通信调度部门进行审批，提前通知相关业务使用用户业务中断、影响时间，便于用户提前制订有效应对措施；通过通信调度的监控指导，使现场准确、可控地完成检修工作。

（4）业务方式调度。业务方式调度是指对方式方案的合理性、准确性进行审批，并对方式方案的执行过程进行管理。其主要业务工作是通过管理人员审核、运行人员方式执行、方式人员执行校核工作，确保通信资源有效、合理利用。

（5）现场作业调度。现场作业调度是指规范施工现场操作工作。其主要业务工作是对现场标准化作业卡或标准化作业指导书进行信息化，展开危险点分析、风险源辨识，规范检修、调度、处缺等现场施工工作。

（6）通信报表管理。通信报表管理是运行管理工单数据的深入加工，通过灵活定制报表与自动生成报表数据，将通信工作从被动式运维向主动式和预防式运维过渡。通信管理系统通过通信值班、缺陷管理、通信检修、业务方式调度、现场作业调度、备品备件管理等对通信报表管理提供支撑。

（7）运行安全管理。运行安全管理是指通过对通信运行维护人员进行安全管理素质、安全教育的管理工作。其主要业务工作是依据通信安全管理规程，通过系统开展安全教育与安全活动，对工作票、操作票进行规范定制，制定通信反事故措施，提高运行维护安全管理素质。

（8）备品备件管理。备品备件是指对通信设备备品备件的采购、供应、成本进行物资管理。其主要业务工作是备品备件的入库、出库、调拨、返修、库存、成本等的规范管理。

## 10.4.4 典型组网结构实例

通信管理系统已经完成了四级以上通信骨干传输网核心功能建设和应用推广，具备日常运维办公功能，实现了全省告警集中监控、流程省集中审批等。

下一阶段，通信管理系统建设实现 OTN、MSTP、数据网、动环系统监视提升，通信网 GIS 拓扑展现、指标数据自动统计、数据批量治理辅助支持等第一批业务支撑。实现 IMS 行政交换网、调度交换网、会议电视系统、接入网监视提升，业务疏导辅助支持，光缆线路关联及台账共享、巡视检修横向协同、通信网优化大数据分析、状态检修辅助支持等第二批业务支撑。实现无线虚拟专网监视、性能监测预警、资产投退运管理、备品备件互济共享等第三批业务支撑。

**1.** 硬件现状

硬件构成为部署 2 台数据服务器、2 台采集服务器、2 台防火墙、4 台交换机、工作站、正向隔离装置。

电力通信管理系统采集部分部署在生产控制大区（Ⅱ区），其他系统部署在管理信息大区（Ⅲ区），两大安全分区之间采用单向隔离装置进行隔离。系统通过接入信息 VPN 实现与国网总部、某大区分部及各地市之间的纵向互联，并实现与 OMS、IMS、DVS、GIS、ISC 等系统的横向集成。TMS 系统网络拓扑如图 10-79 所示。

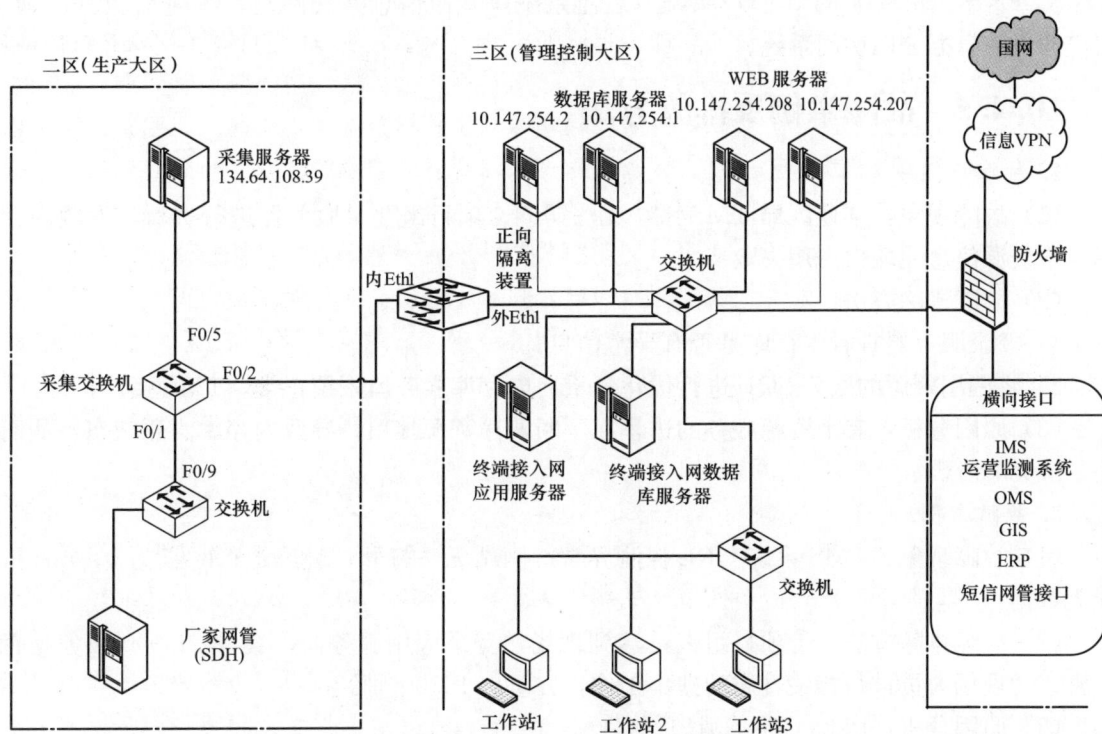

图 10-79　TMS 系统网络拓扑图

**2.** 数据现状

某公司通信管理系统已完成某省四级骨干传输网覆盖通信资源的接入。系统建设至今，已实现管理局站 6894 个，机房 6321 个，通信设备 6321 套，通信电源 5050 套，辅助设备 8298 套，光缆 9242 条（共计 84075km），业务 26730 条，业务通道 7667 条，并完成所有四级及以上骨干网传输设备的上架工作，在光路制作及业务通道的关联上继续完善数据，实现现状网数据资源的实时更新。

**3. 网络方案**

依据当今电网的发展需求，集约化、智能电网势在必行。通信网管系统是打造智能电网的基础，通信网管系统建设考虑以下方案。

（1）集中部署的高可靠性要求，通信网管系统架构由单机模式改为采用双机双网方式配置。

（2）依据电力二次安全和等级保护的规定，系统的数据采集与控制系统部署在生产控制大区（Ⅱ区），其他系统部署在管理信息大区（Ⅲ区），两大安全分区之间采用单向隔离装置进行隔离。

（3）地市级设备网管系统、业务网及支撑网监控系统、终端通信接入网网管系统和其他数采系统在与上层通信网管采集系统进行数据交互时需配备硬件防火墙进行逻辑隔离，以确保各系统安全稳定运行。

（4）依据通信网管横向系统的互联要求，系统横向互联通过接入信息办公网（信息 VPN）实现。系统通过系统中的横向互联防火墙连接信息办公网的边界防火墙，横向系统（DVS、OMS、GIS、ERP、门户系统、运监系统等）通信息办公网与系统进行数据交换。用户通过信息办公网访问系统。

## 10.4.5 故障举例及排故方法

**1. 故障举例一**

（1）故障现象：某地区局 TMS 系统无法访问。项目组登录服务器进行查看，发现内存库在报资源信息化端口占用失败。

（2）故障排除方法：

1）登录服务器查看内存库是否有异常信息；

2）将调用资源的服务 SQL 进行优化，重启内存库服务后系统正常，TMS 接口正常。

（3）原因分析：有个资源服务的进程在不断调用资源接口，导致内存库假死状态，从而使系统无响应。

**2. 故障举例二**

（1）故障现象：TMS 系统 URL 探测异常，网站无法打开，健康运行时长为 0，ims 指标无数据。

（2）故障排除方法：①项目组人员达到现场，登录应用服务器，查看 PI3000 服务是否正常；②现场人员进行相关日志的搜集工作，并重启 PI3000 服务。

（3）原因分析：PI3000 服务消失。

**3. 故障举例三**

（1）故障现象：信息调度值班员反复发现 TMS 系统探测一栏红灯，几分钟之后又恢复。

（2）故障排除方法：

1）优化大工作量的 SQL 语句，替换原有的后台文件包；

2）更改 TMS 系统后台处理模式；

3）重启 PI3000 服务。

（3）原因分析：TMS 系统操作资源信息统计，资源同步共享等大工作量，导致 PI3000 服务 cpu 占用率过高，系统瞬间卡死处于假死状态，数据延迟推送，短时间内无法响应客户端的请求甚至无法操作。

**4.** 故障举例四

（1）故障现象：某日 10：50，TMS 探测一栏红灯，10：55 分恢复正常；10：55TMS 运行时长增长无数据，健康运行时长无数据，11：00 恢复正常；11：15TMS 健康运行时长、在线用户数、数据库平均响应时长无数据，11：20 恢复正常。

（2）故障排除方法：

1）检查应用服务器中各服务是否正常；

2）发现与 IMS 系统对接的接口程序一直处于假死状态，并重启接口程序。

（3）原因分析：接口程序在 CPU 和内存占用过高的情况下会出现请求不到占用的资源，出现假死状态，导致 IMS 侧获取不到数据。待应用服务器内存降下来之后，接口恢复正常。产生程序占用 CPU 和内存过高的原因主要是目前各地区局正开展配线及光路制作工作。

**5.** 故障举例五

（1）故障现象：TMS 系统运行状态异常，数据指标缺失，业务地址无法访问。

（2）故障排除方法：

1）项目组通过 PI/SQL 连接数据库时，报 ORA-12520TNS（监听程序无法找到需要的服务器类型的可用句柄）；

2）项目组查看到 v$process 当前的数值为 128（设置值为 500），查看 process 连接数为 108（设置值为 500）；

3）登录服务器查看是否有硬件报错信息；

4）对数据库 tnsnames.ora 进行修改；

5）现场重启数据库服务器。

（3）原因分析：对数据库做 awr 报告，发现 sqlid 为 44brbr0sqf6dn，消耗了一半的资源，且没有执行成功（执行 0 次），此问题可能导致数据库负载较重，其他客户端无法连接数据库。目前整个 SGTMS 服务较多，都在使用数据库，对于数据库的压力较大，而数据库的 memory target 的内存较小只有 7G，建议进行增大。该 SQL 语句没有执行完成的原因，应当是由于当时调用数据库的服务较多，数据库内存已经满了，没有空余资源提供给该 SQL 语句执行，所以才会出现长时间没有执行成功的情况。

# 第11章

# 电 网 新 技 术

终端通信接入网中无线通信解决终端全覆盖的优越性越来越受到重视，5G技术在无线专网中逐步试点应用；软件定义网络到软件定义带宽、数据等应用也在推行；电力通信网打造多网融合，窄带物联网技术也势在必行，还有量子通信的加密技术等都在电网通信中进行试验。

## 11.1　第 五 代 移 动 通 信

移动通信自20世纪80年代诞生以来，经过三十多年的爆发式增长，已成为连接人类社会的基础信息网络。移动通信的发展不仅深刻改变了人们的生活方式，而且已成为推动国民经济发展、提升社会信息化水平的重要引擎。将来，移动互联网和物联网业务将成为移动通信发展的主要驱动力，面向2020年及未来的第五代移动通信（5G）已成为全球研发热点。

5G将满足人们在居住、工作、休闲和交通等各种区域的多样化业务需求，即便在密集住宅区、办公室、体育场、露天集会、地铁、快速路、高铁和广域覆盖等具有超高流量密度、超高连接数密度、超高移动性特征的场景，也可以为用户提供超高清视频、虚拟现实、增强现实、云桌面、在线游戏等极致业务体验。与此同时，5G还将渗透到物联网及各种行业领域，与工业设施、医疗仪器、交通工具等深度融合，有效满足工业、医疗、交通等垂直行业的多样化业务需求，实现真正的"万物互联"。

5G将解决多样化应用场景下差异化性能指标带来的挑战。不同应用场景面临的性能挑战有所不同，用户体验速率、流量密度、时延、能效和连接数都可能成为不同场景的挑战性指标。从移动互联网和物联网主要应用场景、业务需求及挑战出发，可归纳出支持连续广域覆盖/热点高容量的增强移动宽带通信、低功耗大连接、低时延高可靠三个5G主要技术场景。

增强移动宽带通信场景主要满足2020年及未来的移动互联网业务需求，也是传统的4G

主要技术场景。连续广域覆盖场景是移动通信最基本的覆盖方式，以保证用户的移动性和业务连续性为目标，为用户提供无缝的高速业务体验。该场景的主要挑战在于随时随地（包括小区边缘、高速移动等恶劣环境）为用户提供 100Mbps 以上的用户体验速率。热点高容量场景主要面向局部热点区域，为用户提供极高的数据传输速率，满足网络极高的流量密度需求。1Gbps 用户体验速率、数十 Gbps 峰值速率和数十 Tbps/km$^2$ 的流量密度需求是该场景面临的主要挑战。

低功耗大连接和低时延高可靠场景主要面向物联网业务，是 5G 新拓展的场景，重点解决传统移动通信无法很好地支持物联网及垂直行业应用。低功耗大连接场景主要面向智慧城市、环境监测、智能农业、森林防火等以传感和数据采集为目标的应用场景，具有小数据包、低功耗、海量连接等特点。这类终端分布范围广、数量众多，不仅要求网络具备超千亿连接的支持能力，满足 100 万/km$^2$ 连接数密度指标要求，而且还要保证终端的超低功耗和超低成本。

低时延高可靠场景主要面向车联网、工业控制等垂直行业的特殊应用需求，这类应用对时延和可靠性具有极高的指标要求，需要为用户提供毫秒级的端到端时延和接近 100% 的业务可靠性保证。

## 11.1.1　5G 关键技术

5G 技术创新主要来源于无线技术和网络技术两方面。在无线技术领域，大规模天线阵列、超密集组网、新型多址和全频谱接入等技术已成为业界关注的焦点；在网络技术领域，基于软件定义网络（SDN）和网络功能虚拟化（NFV）的新型网络架构已取得广泛共识。此外，基于滤波的正交频分复用（F-OFDM）、滤波器组多载波（FBMC）、全双工、灵活双工、终端直通（D2D）、多元低密度奇偶检验（Q-ary LDPC）码、网络编码、极化码等也被认为是 5G 重要的潜在无线关键技术。

大规模天线阵列在现有多天线基础上通过增加天线数可支持数十个独立的空间数据流，将数倍提升多用户系统的频谱效率，对满足 5G 系统容量与速率需求起到重要的支撑作用。大规模天线阵列应用于 5G 需解决信道测量与反馈、参考信号设计、天线阵列设计、低成本实现等关键问题。

超密集组网通过增加基站部署密度，可实现频率复用效率的巨大提升，但考虑到频率干扰、站址资源和部署成本，超密集组网可在局部热点区域实现百倍量级的容量提升。干扰管理与抑制、小区虚拟化技术、接入与回传联合设计等是超密集组网的重要研究方向。

新型多址技术通过发送信号在空/时/频/码域的叠加传输来实现多种场景下系统频谱效率和接入能力的显著提升。此外，新型多址技术可实现免调度传输，将显著降低信令开销，缩短接入时延，节省终端功耗。目前业界提出的技术方案主要包括基于多维调制和稀疏码扩频的稀疏码分多址（SCMA）技术，基于复数多元码及增强叠加编码的多用户共享接入（MUSA）技术，基于非正交特征图样的图样分割多址（PDMA）技术以及基于功率叠加的非正交多址（NOMA）技术。

全频谱接入通过有效利用各类移动通信频谱（包含高低频段、授权与非授权频谱、对称与非对称频谱、连续与非连续频谱等）资源来提升数据传输速率和系统容量。6GHz 以下频段因其较好的信道传播特性可作为 5G 的优选频段，6～100GHz 高频段具有更加丰富的空闲频谱资源，可作为 5G 的辅助频段。信道测量与建模、低频和高频统一设计、高频接入回传一体化以及高频器件是全频谱接入技术面临的主要挑战。

未来的 5G 网络将是基于 SDN、NFV 和云计算技术的更加灵活、智能、高效和开放的网络系统。5G 网络架构如图 11-1 所示，包括接入云、控制云和转发云三个域。接入云支持多种无线制式的接入，融合集中式和分布式两种无线接入网架构，适应各种类型的回传链路，实现更灵活的组网部署和更高效的无线资源管理。5G 的网络控制功能和数据转发功能将解耦，形成集中统一的控制云和灵活高效的转发云。控制云实现局部和全局的会话控制、移动性管理和服务质量保证，并构建面向业务的网络能力开放接口，从而满足业务的差异化需求并提升业务的部署效率。转发云基于通用的硬件平台，在控制云高效的网络控制和资源调度下，实现海量业务数据流的高可靠、低时延、均负载的高效传输。基于"三朵云"的新型 5G 网络架构是移动网络未来的发展方向，但实际网络发展在满足未来新业务和新场景需求的同时，也要充分考虑现有移动网络的演进途径。5G 网络架构的发展会存在局部变化到全网变革的中间阶段，通信技术与 IT 技术的融合会从核心网向无线接入网逐步延伸，最终形成网络架构的整体演变。

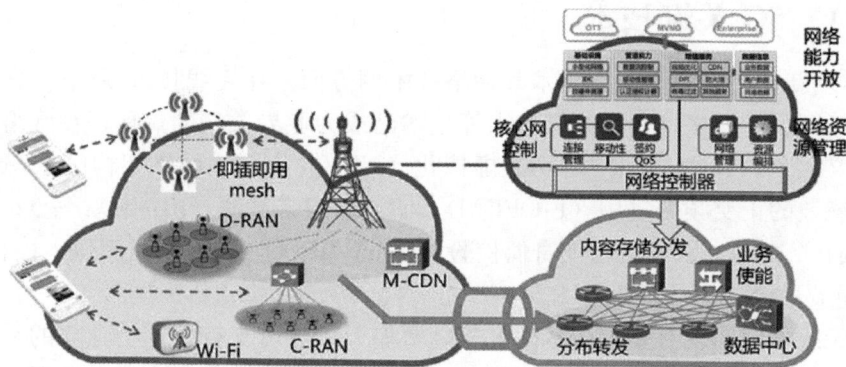

图 11-1　5G 网络架构

## 11.1.2　5G 场景和关键技术的关系

增强移动宽带通信、低功耗大连接和低时延高可靠三个 5G 典型技术场景具有不同的挑战性指标需求，在考虑不同技术共存可能性的前提下，需要合理选择关键技术的组合来满足这些需求。

在连续广域覆盖场景，受限于站址和频谱资源，为了满足 100Mbps 用户体验速率需求，除了需要尽可能多的低频段资源外，还要大幅提升系统频谱效率。大规模天线阵列是其中最主要的关键技术之一，新型多址技术可与大规模天线阵列相结合，进一步提升系统频谱效率和多用户接入能力。在网络架构方面，综合多种无线接入能力以及集中的网络资源协同与 QoS 控制技术，为用户提供稳定的体验速率保证。

在热点高容量场景，极高的用户体验速率和极高的流量密度是该场景面临的主要挑战，超密集组网能够更有效地复用频率资源，极大提升单位面积内的频率复用效率；全频谱接入能够充分利用低频和高频的频率资源，实现更高的传输速率；大规模天线、新型多址等技术与前两种技术相结合，可实现频谱效率的进一步提升。

在低功耗大连接场景，海量的设备连接、超低的终端功耗与成本是该场景面临的主要挑战。新型多址技术通过多用户信息的叠加传输可成倍提升系统的设备连接能力，还可通过免调度传输有效降低信令开销和终端功耗；F-OFDM 和 FBMC 等新型多载波技术在灵活使用碎片频谱、支持窄带和小数据包、降低功耗与成本方面具有显著优势；此外，终端直接通信（D2D）可避免基站与终端间的长距离传输，可实现功耗的有效降低。

在低时延高可靠场景，应尽可能降低空口传输时延、网络转发时延及重传概率，以满足极高的时延和可靠性要求。为此，需采用更短的帧结构和更优化的信令流程，引入支持免调度的新型多址和 D2D 等技术以减少信令交互和数据中转，并运用更先进的调制编码和重传机制以提升传输可靠性。此外，在网络架构方面，控制云通过优化数据传输路径，控制业务数据靠近转发云和接入云边缘，可有效降低网络传输时延。

面向 2020 年及未来的移动互联网和物联网业务需求，5G 通过采用大规模天线阵列、超密集组网、新型多址、全频谱接入和新型网络架构等核心技术，沿着新空口和 4G 演进两条技术路线，将实现 Gbps 用户体验速率，重点支持增强移动宽带、低功耗大连接和低时延高可靠三个主要技术场景，并保证在多种场景下的一致性服务。

# 11.2　窄带物联网 NB-IOT

物联网（Internet of Things，IoT）即物物相联的互联网，它是新一代信息技术的重要组成部分，主要包含两层意思：一是在互联网基础上延伸与扩展的网络；二是用户端延伸与扩展到任何物品之间，从而达到物与物之间的信息交流。物联网的技术手段主要包含智能感知、识别技术、传感技术与通信感知技术等。智慧城市、大数据计算、车联网与智能家居等是物联网技术的主要应用领域。

据市场研究机构 Gartner 公司预测，到 2020 年，全球物联网设备的数量将达到 250 亿台左右。而"万物互联"实现的基础之一在于数据的传输，不同的物联网业务对数据传输能力和实时性都有着不同要求。根据传输速率的不同，可将物联网业务进行高、中、低速的区分：高速率应用包括摄像监控、电子广告牌等通常基于 3G/4G 网络实现传输；智能家居、POS 机等中等速率应用可通过 2G、WiFi 等来承载；以智能抄表、资产跟踪、智能停车为典型应用的低速率业务所对应的物联网技术则被归纳为低功耗广域网（Low Power Wide Area Network，LPWAN）。

窄带物联网具有传输距离远、节点功耗低、网络结构简单、运行维护成本低的技术特点，从而，为物联网的更大规模发展奠定了基础，也为电力物联网的泛在感知、碎片化的小数据连接提供支撑。

目前较受关注的 LPWAN 技术包括采用授权频谱的 NB-IoT 和 eMTC，主要由 3GPP 主导的运营商和电信设备商投入，以及采用非授权频谱的 LoRa、Sigfox、RPMA 等技术。其中窄带物联网（Narrow Band-Internet of Things，NB-IoT）是窄带蜂窝物联网（NB-CIoT）和 NB-LTE 的融合技术，采用超窄带、重复传输、精简网络协议等设计，以牺牲一定速率、时延和移动性能，来获取面向低功耗广域物联网的承载能力。与其他的 LPWAN 技术相比，

NB-IOT 具有网络建设、信号深覆盖、技术标准化、网络可靠性和安全性等优势。

eMTC 是 3GPP R13 标准同期推出的另一种基于蜂窝网络的低功耗广域物联网通信技术，eMTC 和 NB-IoT 都遵循降低系统复杂度的原则，放弃高数据速率，用以延长续航时间和电池寿命，以实现广覆盖、低成本。eMTC 可以应用在不少 NB-IoT 无法有效发挥作用的场景，如智慧物流可以及时检测和定位，将物流信息上传至平台；可穿戴设备应用中，发挥定位、语音的功能；电梯、电子广告、资产跟踪管理等，NB-IoT 目前主要应用于相对固定的场景。

不同通信技术的覆盖范围及连接成本如图 11-2 所示。

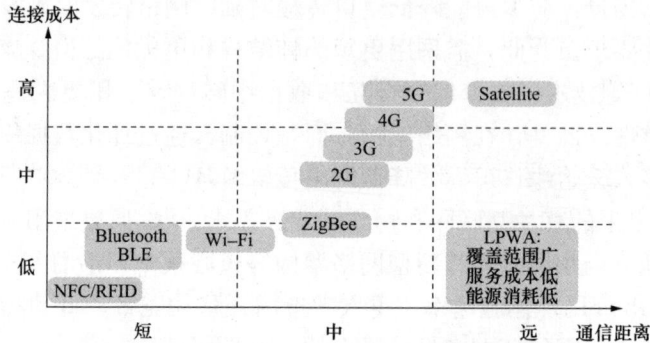

图 11-2　不同通信技术的覆盖范围及连接成本

## 11.2.1　NB-IoT 技术特点

作为低功耗广域网中的一门关键技术，NB-IoT 采用 200kHz 窄带频谱，通过终端发射窄带信号提升信号的功率谱密度和覆盖增益，从而提升频谱利用效率，同时降低终端的激活比以及终端基带的复杂度。NB-IoT 的技术特点可以总结为：

（1）广覆盖。NB-IoT 的室内覆盖能力强，相比 GSM 提升 20dB 增益，相当于提升了 100 倍覆盖区域能力，不仅可以满足农村广覆盖的需求，对于厂区、地下车库、井盖这类对深度覆盖有要求的场合同样适用。支撑该技术特点的关键主要有两项：一是由于带宽更窄，NB-IoT 的上行功率谱密度相较 GSM/GPRS 终端功率谱密度增强 17dB；二是通过采用重复编码技术，2～16 次的重复可以提升 6～16dB 的覆盖增益。NB-IoT 上行功率谱密度增强示意如图 11-3 所示。

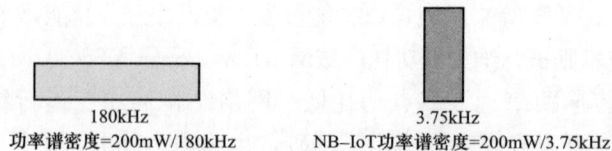

180kHz
功率谱密度=200mW/180kHz

3.75kHz
NB-IoT功率谱密度=200mW/3.75kHz

图 11-3　NB-IoT 上行功率谱密度增强示意图

（2）大连接。在同一基站的情况下，NB-IoT 可以提供比现有无线技术多 50～100 倍的接入数，1 个扇区能够支持 5 万个连接。通过信令简化，相比 LTE 节省 40％的开销。

（3）低功耗。NB-IoT 借助节电模式（Power Saving Mode，PSM）和 eDRX（Extended Discontinous Reception，非连续接收）可实现更长待机。其中在 PSM 模式下，终端仍旧注册在网但信令不可达，从而使终端更长时间驻留在深睡眠状态，以达到省电的目的。eDRX

则进一步延长终端在空闲模式下的睡眠周期，减少接收单元不必要的启动，相对于 PSM，大幅度提升了下行的可达性。

（4）低成本。通过低采样率、单天线、半双工、协议栈简化等技术，使得 NB-IoT 与 LoRa 等非授权频段的窄带物联网技术相比，NB-IoT 无需重新建网，射频和天线基本上都是复用的，可以直接进行 GSM/UMTS/LTE 和 NB-IoT 的同时部署。

与其他窄带物联网通信技术相比，NB-IoT 尽管发展稍晚，目前却备受瞩目。该技术由 3GPP 主导，几大电信设备商支持，使得 NB-IoT 有更好的生态系统，优势突出表现在：采用授权频谱，可避免其他无线干扰；符合 3GPP 国际标准，避免了私有技术的不兼容；支持现网升级，可在最短时间内抢占市场；提供运营商级的安全和质量保证；支持较 GSM 20dB 增强的广/深覆盖；成本更低；支持 50k 终端/200kHz 小区的大连接。

## 11.2.2　NB-IoT 的部署及应用

NB-IoI 支持 3 种部署场景，如图 11-4（a）所示，分别是：独立部署，即 stand-alone 模式，利用独立的频带，与 LTE 频带不重叠；保护带部署，即 Guard-band 模式，利用 LTE 频带中边缘频带；带内部署，即 In-band 模式，利用 LTE 频带进行部署，其组网方式如图 11-4（b）所示，包含 5 个部分：NB-IoT 终端，支持各行业的 IoT 设备接入；NB-IoT 基站，主要指运营商架设的 LTE 基站；NB-IoT 核心网，通过 NB-IoT 核心网就可以将 NB-IoT 基站和 NB-IoT 云进行连接；NB-IoT 云平台，在 NB-IoT 云平台可以完成各类业务的处理，并将处理后的结果转发到垂直行业中心或 NB-IoT 终端；垂直行业中心，垂直行业中心既可以获取到本中心 NB-IoT 业务数据，也可以完成对 NB-IoT 终端的控制。

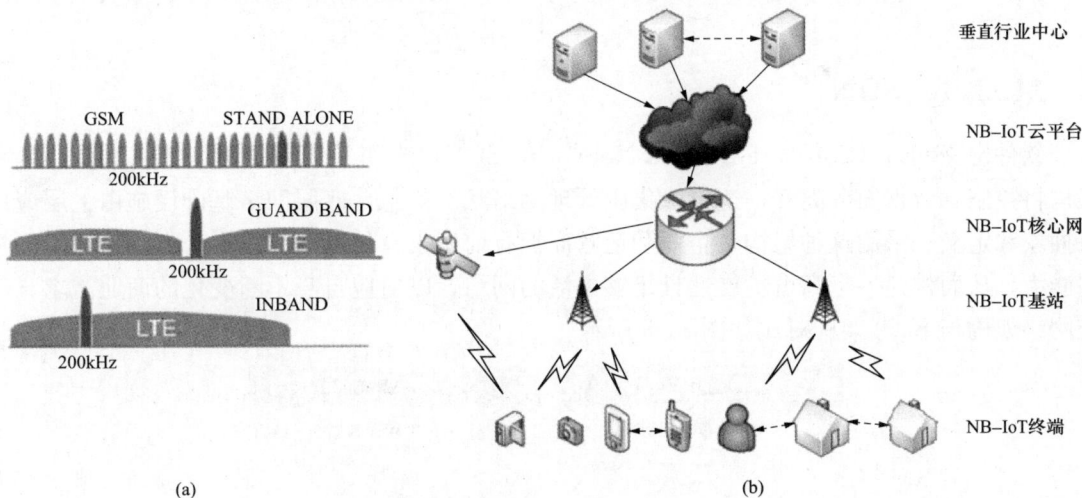

图 11-4　NB-IoT 部署方式和组网方式
（a）部署方式；（b）组网方式

相比面向娱乐和性能的物联网应用，NB-IoT 面向低端物联网终端，更适合广泛部署，适用于智能抄表、智能停车、智能追踪为代表的智能家居、智能城市、智能生产等领域的应用。为更好地承载以上应用，定位增强作为其中一项重要功能，被 3GPP 写入 NB-IoT REL-14 版本中，其应用领域可大致分为以下七类。

（1）公共事业：智能水表、智能气表；

（2）工业应用：设备状态监测、工业控制、自动贩卖机；

（3）后勤保障：工业资产、货柜追踪；

（4）智能建筑：报警系统、HVAC 系统、接入系统；

（5）消费与医疗：穿戴设备、大型家电、VIP 追踪、智能自行车；

（6）农业与环境：农林牧渔监控、家畜监控、环境监控；

（7）智慧城市：智能停车、智能垃圾桶、智能灯杆。

### 11.2.3　窄带电力物联网的定位

NB-IoT 具有长距离、低功耗、支持海量连接等优势，但通信速率相对较低、时延较长。建议应用 NB-IoT 技术来支撑智能抄表、配电设备状态监测、配电线路监测等业务。

在智能抄表系统中，数据量要求为几 Kbps，实测数据表明 NB-IoT 在密集城区的覆盖范围为 1～3km、城乡结合部的覆盖范围约 7km、农村空旷地区的覆盖范围可达 10km，NB-IoT 具有很强的穿透能力，且单基站可支持 5 万～10 万连接，可以满足智能抄表系统的覆盖需求。在配电设备状态监测及配电线路监测业务中，NB-IoT 技术功耗低，设备寿命约在 10 年；终端价格低，适合大量部署；单设备 15kHz 带宽，能够满足配电设备状态监测及配电线路监测的数量和时延需求。此外，NB-IoT 技术与其他无线专网技术相比，覆盖范围约扩大 100 倍，建网成本降低 2 个数量级。

# 11.3　软件定义网络（SDN）与网络功能虚拟化（NFV）

### 11.3.1　SDN

软件定义网络（Software Defined Network，SDN）改变了传统的网络体系结构。这种架构将控制和数据面分离开，逻辑上集中处理网络状态信息，底层网络基础设施由上层应用来抽象和定义。采用这种架构，企业和运营商拥有前所未有的可编程能力、自动化和网络控制能力，从而构建一个高可扩展性且足够灵活的网络，以适应自身不断变化的商业需求。传统网络架构与 SDN 架构对比如图 11-5 所示。

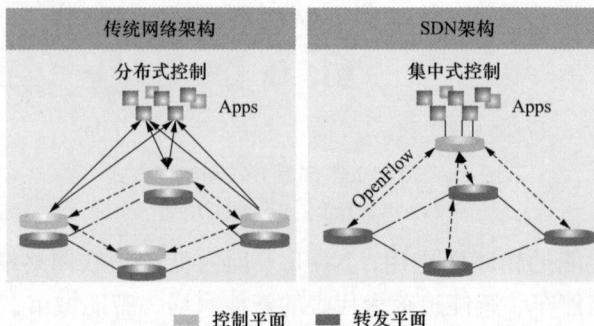

图 11-5　传统网络架构与 SDN 架构对比图

开放网络基金会（Open Networking Foundation，ONF）是一个非营利性产业团体，主导 SDN 的演进和体系结构关键部分的标准化，定义了 OpenFlow 网络设备控制面和数据面交互过程的 OpenFlow 协议。OpenFlow 是第一个 SDN 专用标准接口，在多个厂商网络设备之间提供高性能和更细颗粒度的流量控制。

基于 OpenFlow 的 SDN 部署如图 11-6 所示，现已应用在很多网络设备上，其优势：使用通用 API 脱离繁琐的底层网络细节，作为系统和应用的调用接口，提升了网络自动化和管理能力；加快了网络部署新功能和服务的创新速度；可供运营商、企业、软件供应商和用户使用的通用编程环境，给产业链上各方提供了更多增收和实现差异化的机会；通过集中和自动化管理网络设备，统一的部署策略和更少的配置错误，可提升网络的可靠性和安全性；更加灵活颗粒度的网络控制，具备在会话层、用户、设备和应用级实施易于理

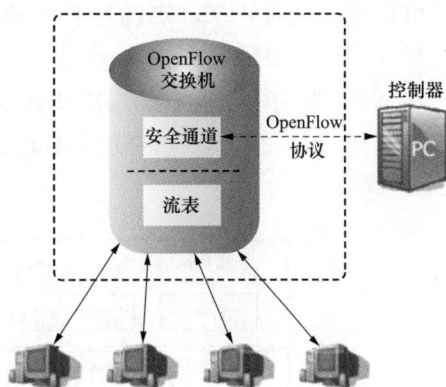

图 11-6　基于 OpenFlow 的 SDN 部署

解且范围较宽的控制策略；能够利用集中的网络状态信息，使得网络行为自然适应用户需要，提供更好的网络端用户体验。

SDN 的本质就是让用户/应用可以通过软件编程充分控制网络行为，让网络软件化，进而敏捷化。这种动态灵活的网络体系结构，能够在网络演进中保护现有基础设施投资。同时将现有的静态网络升级成一个可扩展的服务交付平台，能迅速响应不断变化的商业、网络端用户和市场需求。SDN 的主要特点表现在用户可编程、网络可编程、网络与 IT 的无缝集成三个方面。

SDN 将原有的设备提供商可编程模式转变为用户可编程模式。通过将控制面从封闭的厂商设备中独立出来，并且可以完全控制转发面行为，使得新的网络协议的实现可以完全在控制面编程实现。这个控制面是一个开放的、基于通用操作系统的可编程环境，故而有实力的 IT/电信运营商/大型企业可以不求助于厂商和标准组织就自行实现新的功能。

网络可编程指的是 SDN 的可编程不仅针对单个网络节点而言，而是可以对整个网络进行编程。控制器具有全局的拓扑，可以计算任意端点之间的路由，并控制转发路径。同样其也可以控制每个端点的接入权限，无论从哪个节点接入。

网络和 IT 应用的无缝集成指通过虚拟数据中心管理器的协调，VDC 业务开通、虚拟机的迁移、加载以及负载均衡和网络策略的迁移、生成可以实时联动，从而使 IT 服务响应速度、服务质量进一步提升。

## 11.3.2　NFV

网络功能虚拟化（Network Function Virtualization，NFV）的架构使网络功能能够动态的定义，这使得网络功能的构建和管理能够更好地支持网络环境。虚拟网络功能（Virtualized Network Function，VNF）能够利用物理和虚拟的基础设施资源进行部署，以满足企业对于可扩展性、性能和容量方面的需求。这使得运营商和企业能够快速的部署新服务，同时是现有平台的投资收益最大化。

NFV 的最终目标是通过基于行业标准的 x86 服务器、存储和交换设备，来取代通信网的私有的专用网元设备。由此带来的好处是，一方面基于 x86 标准的 IT 设备成本低廉，能够为运营商节省巨大的投资成本；另一方面，开放的 API 接口能帮助运营商获得更多、更灵活的网络能力。可以通过软硬件解耦及功能抽象，使网络设备功能不再依赖于专用硬件，资源可以充分灵活共享，实现新业务的快速开发和部署，并基于实际业务需求进行自动部署、弹性伸缩、故障隔离和自愈等。

在 NFV 架构中，所有的网络功能都是以纯软件的方式运行于统一分配的计算、存储和网络等基础设施之上，软件功能不再和原有的专用硬件平台相捆绑。NFV 体系架构如图 11-7 所示。

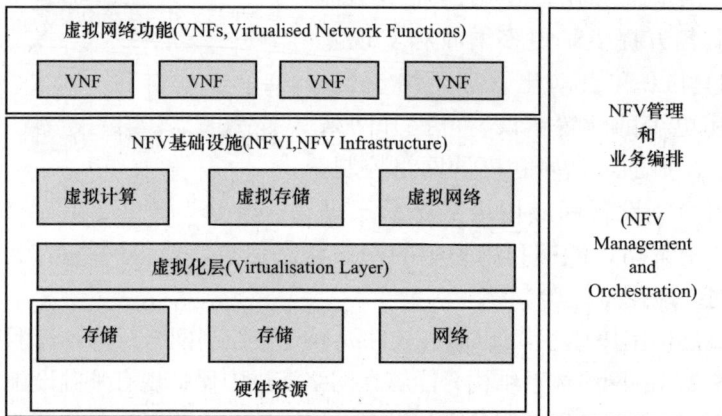

图 11-7 NFV 体系架构图

NFV 体系架构包括虚拟网络功能（Virtualised Network Functions，VNFs）、NFV 基础设施（NFV Infrastructure，NFVI）、NFV 管理和业务编排（NFV Management and Orchestration）3 个核心工作域，具体如下：

（1）虚拟网络功能（VNFs）：运行在 NFVI 之上的执行指定网络功能的软件，一个 VNF 可以由多个内部组件构成。同一个 VNF 可以部署在多台虚机上，也可以运行在同一台虚机上。

（2）NFV 基础设施（NFVI）：包括硬件和软件在内的提供 VNFs 部署、管理和执行的环境。硬件资源包括通过虚拟化层为 VNFs 提供处理、存储和连接能力的计算、存储和网络资源。虚拟化层对硬件资源进行了抽象，并把 VNF 的软件功能和底层的硬件解耦合，从而保证硬件资源与 VNFs 的无关性。

（3）NFV 管理和业务编排：包括业务编排系统、VNF 管理系统和 NFVI 管理系统 3 部分。其中，业务编排系统负责 NFV 基础设施、软件资源的编排和管理，并在 NFV 上提供网络服务；VNF 管理系统负责 VNF 生命周期的管理（如建立、更新、扩展、终结）；NFVI 管理系统为 VNF 提供管理和控制其所需的计算、存储及网络资源的能力。

## 11.3.3 SDN 与 NFV 的结合

SDN 提供的是集中化的网络控制和管理，NFV 是 SDN 的补充。SDN 和 NFV 虽然都能够改进网络的整体可管理性，但是两者的目标和方式有所差异。SDN 通过将控制面和转发面分离来实现集中的网络控制，而 NFV 重点是优化网络服务本身，这两种技术属于不同维度。利用 SDN 技术在流量路由方面所提供的灵活性，结合 NFV 的架构，可以更好地提升网络的效率，提高网络整体的敏捷性。